풀어쓰는

재료열역학

제3판

풀어쓰는
재료열역학

제3판

류한일 지음

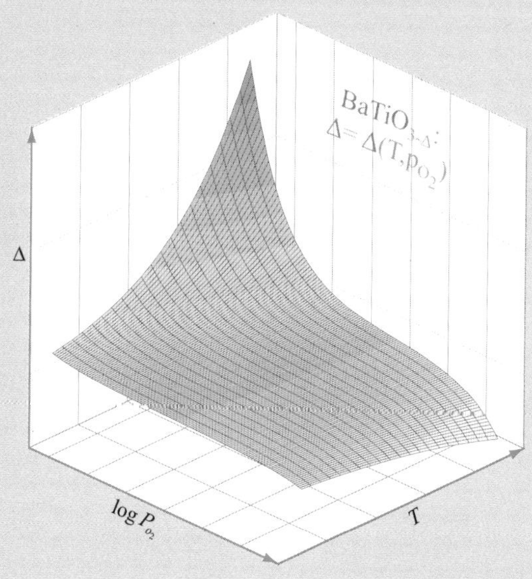

TEXTBOOKS
텍스트북스

저자소개

류한일

2017~현재　서울대학교 공과대학 명예교수
2004~현재　일본 동경대학교 공과대학 펠로우
2017~2021　DGIST 초빙석좌교수
2017~2019　국제고체이온학회(ISSI) 회장
2004　독일 Humboldt Research Award 수상
1985~2017　서울대학교 공과대학 재료공학부 교수
1984　미국 MIT 재료공학과, 박사

겉표지 그림 설명
열역학 논리의 바탕. 이 책을 공부하고 나면 이 표지그림이 의미하는 바가 환하게 보일 것이다.

풀어쓰는 재료열역학, 3판

발행일 2023년 2월 28일
저자 류한일
발행인 양정완 **발행처** (주)텍스트북스 **주소** 서울시 영등포구 양평로 30길 14, 세종앤까뮤스퀘어 1109호
전화 02-702-5725 **팩스** 02-702-5727 **웹사이트** www.textbooks.co.kr
등록번호 제2023-000190호
ISBN 979-11-91679-14-4 93550
정가 35,000원

머리말

열역학은 역학 및 전자기학과 더불어 현대 과학문명을 떠받치고 있는 세 기둥 중 하나이다. 특히 재료공학에 있어서 열역학이란 재료공학의 필요조건이라 해도 과언이 아니다. 이는 재료공학의 기본적 방법이 온도·압력·조성과 같은 재료의 열역학적 변수를 제어함으로써 재료특성을 제어하고 재단하는 것인데, 열역학은 주어진 열역학적 조건에서 가능한 재료특성 변화의 자연적 방향을 제시해 주는 소이이다. 따라서 열역학은 자연적 재료특성 변화의 속도를 기술하는 동역학(kinetics)과 함께 재료공학의 바탕이 되어, 재료공학이 하나의 학문 영역으로 확립되면서부터 필수 교과목으로 전수되어 오고 있다.

그러나 많은 재료공학도들에게 열역학이란 그저 난삽하고 어렵기만 한 교과목으로 인식되고 있는 것 또한 사실이다. 무엇보다도 주눅 들게 하고 그래서 심지어 포기까지 하게 만드는 것은 열역학의 바탕이 되는 제 법칙들 특히 제2법칙 엔트로피 개념도 개념이지만, 열역학에 나오는 하고많은 관계식일 것이다. 게다가 이들은 이따금 서로 어슷비슷하여 혼돈스럽기까지 하다.

세상에서 가장 질서정연한 논리로 이루어진 열역학이 왜 난삽하고 난해하고 혼돈스럽게 인식되는가? 강산이 한 번 너머 바뀔 동안 배우고 거의 세 번이나 바뀌어 가는 동안 가르치면서 얻은 결론은 열역학 모든 법칙의 개념도 개념이지만 수많은 관계식들을 관통하는 논리적 체계가 올바로 이해되지 못한 때문이라는 것이다. 이번 〈풀어쓰는 재료열역학〉은 학생들로 하여금 바로 이 논리적 체계를 확실하게 파악하도록 함으로써 난삽하고 혼돈스럽게 보이는 재료열역학을 간단하고 질서정연한 본디의 아름다움으로 이해하도록 하기 위하여 쓰였다. 그리고 또 하나, 특히 영어가 모국어가 아닌 우리 학생들에게 열역학을 개념적으로 어렵게 만드는 것이 열역학에 나오는 수많은 낯설고 생경한 우리말 표현들이라는 것이다. 이는 대개 영어로 쓰인 열역학 교재들을 직역하면서 생기는 피할 수 없는 비영어권의 고충이 아닐 수 없다. 〈풀어쓰는 재료열역학〉은 기존 영어교재의 단순한 번역이 아니라 모든 용어를 순 우리말로 풀어쓴 것이다. 그러나 자연과학 용어로서 순 우리말은 그 어휘에 한계가 있는데, 이는 우리말 어휘의 상당 부분이 한자말인 까닭이다. 한자를 잘 모르는 학생들에게 한자 어휘는 영어의 직역만큼이나 생소하다. 그래서 〈풀어쓰는 재료열역학〉에서는 필요한 경우에 한글/한자 혼용 대신 한글/영어 혼용을 택하였다.

대개 재료열역학에서 가르치는 내용은 열역학 논리의 바탕으로서 엔트로피 최대 원리(entropy maximum principle) 또는 에너지 최소 원리(energy minimum principle)와 이를 적용하여 재료계의 화학반응 평형, 상평형, 용액 등 그 열역학적 특성을 기술하는 것이다. 재료열역학 교재로 말하자면, 지금은 고전이 된 C. Wagner의 Thermodynamics of Alloys(Addison-Wesley, 1952), L. S. Darken과 R. W. Gurry의 Physical Chemistry of

Metals(McGraw-Hill, 1953), G. N. Lewis와 M. Randall의 Thermodynamics(McGraw-Hill, 1961), H. B. Callen의 Thermodynamics and an Introduction to Thermostatics(John Wiley & Sons, 1960), K. Denbigh의 The Principles of Chemical Equilibrium(Cambridge University Press, 1966), E. A. Guggenheim의 Thermodynamics(Elsevier, 1967), M. W. Zemansky의 Heat and Thermodynamics(McGraw-Hill, 1968), H. Schmalzried와 A. Navrotsky의 Festkoerperthermodynamik(VerlagChemie, 1975) 등을 위시하여 벌써 5판이나 찍은 그 유명한 D. R. Gaskell의 Introduction to the Thermodynamics of Materials(Taylor & Francis, 2008)에 이르기까지 무수히 많다.

따라서 〈풀어쓰는 재료열역학〉에 특별히 새로운 것은 전혀 없다. 그리고 내용 전개도 대개 Gaskell 책의 전개 순서를 따랐다. 그러나 같은 쌀로 밥을 지어도 집집이 밥맛이 다르듯이 〈풀어쓰는 재료열역학〉도 그 맛은 다를 것이다.

대개 재료열역학은 물리화학의 들입부인 열화학을 선수과목으로 깔고 시작한다. 그러나 〈풀어쓰는 재료열역학〉은 열화학을 미리 공부하지 않아도 이해할 수 있도록 썼다. 수학도 그저 간단한 편미분만 알면 된다. 열역학이라면 경기를 하는 사람도 이 책을 따라 읽다보면 이해될 것이다. 그리고 매 장 말미에 그 장의 핵심 내용을 충분히 복습할 만큼 익힘문제를 붙여 두었으니, 모쪼록 이 책을 통하여 열역학이 더 이상 난삽하고 난해하고 혼돈스러운 교과목이 아니길 바라는 마음 간절하다.

그러나 처음 세상에 나오는 책이니만큼 완벽할 리 없다. 최선을 다했다고는 하지만 착오도 있을 수 있고 혹 틀린 내용도 있을지 모른다. 이 모든 것은 오로지 저자의 책임이다. 이 책으로 열역학을 공부하는 독자들의 끊임없는 질책과 피드백을 기대해 마지않는다. 저자는 항상 hiyoo@snu.ac.kr에 있다.

졸고를 마무리하면서 감사드릴 분들이 너무도 많다. 그중에서도 미국 MIT 시절부터 사숙했던 고 Carl Wagner 교수님과 오늘까지 근 25년간 저자를 가르쳐 주시는 그의 전인, 독일의 Hermann Schmalzried 교수님께 감사드린다. 이 분들은 저자에게 '그리 있음의 과학(science of being)'과 '그리 됨의 과학(science of becoming)'을 가르쳐 주셨다. 그리고 우리 고체이온공학 연구실을 거쳐 간 모든 졸업생들에게 감사한다. 지난 30여 년 동안 그들은 끊임없이 저자를 자극했고 열역학을 우리말로 강의하는 대로 풀어 쓸 것을 재촉해 왔다. 그중에서도 특히 우리 연구실의 마지막 박사가 될 주원효가 아니었다면 이 책은 탈고할 수 없었을 것이다. 그는 원고를 교정하고 이 책에 나오는 수많은 그림들을 준비했으며, 표지 그림 작업까지 해 주었다. 그리고 관악을 이미 떠났던 장혜진은 회사에 매어 있으면서도 이 책의 색인을 준비해 주었다. 마지막으로 해가 떠 있는 동안은 얼굴 보기를 오랜 동안 포기해 온 지근의 모든 인연들, 그들의 인내에 감사드린다.

2014년 서울, 관악 연구실,

류한일

3판 머리말

초판에 미쳐 다 못 걸러낸 오자나 탈자 그리고 부정확하거나 불분명한 표현 등을 2판에서 다 수정/보완했다고 생각했으나 역시 "엔트로피 법칙"은 피해 갈 수 없었고, 이 책으로 가르치거나 공부하는 재료공학도들의 예리한 눈은 이들을 그대로 스쳐 지나가지 않았다.

이 3판에서는 그 오자나 탈자를 "다" 고치고 그러한 표현들을 "모두" 수정하고 보완하였다. 특히 2장(열역학 제1법칙)과 9장(용액열역학)에서, "잔류 엔트로피"가 진짜 0이 되길 간절히 바라며. 아울러 강호 독자들의 잦은 요청에 부응하여 이 책의 모든 익힘문제에 대하여 필요한 경우 그 풀이과정을 추가하였다. 이젠 이 책을 혼자서도 정독하고 나면 겉 표지 그림에 담겨 있는 열역학 논리체계의 바탕이 뱀장어 물속같이 환하게 보일 것이다.

그 동안 이 책에 관하여 피드백을 준 서울대학교 고체이온공학연구실 졸업생을 포함하여 강호의 많은 재료공학도 독자들께 감사드린다. 특히 이 졸저 전체의 오자, 탈자, 표현, 기호(symbols)등을 일일이 꼼꼼히 점검해 준 경희대학교 원자력공학과의 장근옥 교수께 감사드린다.

앞으로도 독자들의 끊임없는 질책과 피드백을 고대해 마지 않는다. 저자는 아직도 hiyoo@snu.ac.kr에 있다.

2023년 1월 서울 볏고을,

저자 류한일

차례

Chapter 03 열역학 제2법칙

Chapter 04 엔트로피의 물리적 의미

Chapter 13 열역학의 응용: 몇 가지 예

Chapter 1

열역학 제-1법칙

1.1 | 기본 용어 정의

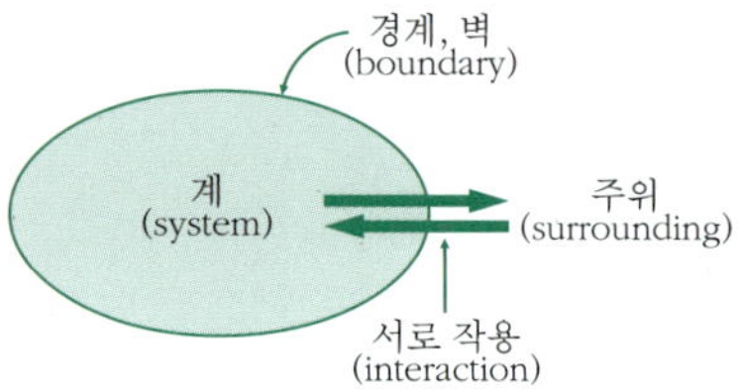

그림 1.1

열역학에서 가장 기본이 되는 용어 3개를 먼저 정의하자(그림 1.1).

i) **계**(system): 우리가 다루고자 하는 대상. 당연히 그것은 이 우주 삼라만상의 일부분으로서 한 종류의 물질(substance 또는 matter)일 수도 있고 여러 종류 물질의 복합체일 수도 있다.

ii) **주위 또는 바깥**(surrounding): 계 이외의 모든 것.

iii) **경계 또는 벽**(boundary/wall): 경계는 우리의 계와 그 주위를 나눈다. 이를 벽(wall)이라고도 부른다. 이 경계는 물리적인 벽일 수도 있고 상상 속의 경계일 수도 있다.

예를 들어 여기 물 한 컵이 있다고 하자. 이때 물을 우리의 대상 계라고 하면 물을 담고 있는 컵까지 포함하여 물 이외의 모든 것들이 주위가 된다. 이때 물이 컵 및 공기와 맞닿는 계면이 경계가 된다. 만약 물과 컵을 합한 것을 대상 계라 한다면 물과 컵을 제외한 그 외의 모든 것들이 주위를 이루며 따라서 경계가 정해진다.

1.2 | 계의 존재상태

여기 우리 계인 물이 유리컵에 담겨 있다. 이 컵을 들고 흔들면 물은 컵 안에서 일렁이며 요동칠 것이다. 그러나 이 일렁이는 물컵을 움직이지 않는 책상 위에 가만히 놓아두면 일렁이는 움직임이 잦아들면서 움직임이 없는 조용한 상태가 될 것이다. 이러한 요동이나 조용함은 우리 계의 **존재상태**(state of existence) 또는 간단히 **상태**(state)를 나타내는 말이다. 물이 일렁이며 요동칠 때는 각 부분의 특성이 시간적으로 공간적으로 서로 다를 것이다. 그러나 움직임이 없는 조용한 상태가 되면 모든 특성이 시간과 위치에 상관없이 균일할 것이다. 요동치는 상태 그래서 계 각 부분의 특성이 시간적으로 공간적으로 서로 다른 상태를 **비평형 상태**(nonequilibrium state), 움직임이 없는 조용한 상태 그래서 계 각 부분의 특성이 시간적으로 공간적으로 균일한 상태를 **평형 상태**(equilibrium state)라 부른다.

1.3 | 계의 존재상태는 어떻게 바뀌는가?

요동치는 물을 가만히 두면 요동은 저절로 잦아들면서 조용해진다는 것을 우리는 경험으로부터 알고 있다. 즉 우리 계는 비평형 상태로부터 '저절로(spontaneously)' '자연적으로(naturally)' 평형상태에 이른다. 평형상태에 있는 이 물을 다시 요동치게 하려면 어떻게 해야 할까? 물이 담긴 이 컵을 들고 흔들거나, 아니면 흔들지 않더라도 열을 가하면 물을 다시 요동치게 할 수 있는 것을 우리는 안다. 이렇게 우리 계의 상태를 바꾸기 위해서는 경계를 사이에 두고 우리 계와 그 주위가 서로 작용(interaction)을 해야 한다. 서로 작용하는 방법은 두 가지이다. 물컵을 흔드는 것처럼 기계적 일(work)을 하는 방법과 기계적 방법 말고 열(heat)을 가하는 것이다. 즉 우리 계는 경계 또는 벽을 매개로 주위와 작용을 함으로써 그 상태가 바뀌며, 작용하는 방법은 일 아니면 열이다. 그래서 일과 열은 우리 계가 주위와 소통하는 방법(modes of interaction)이다(그림 1.1).

우스개 소리로 쇠붙이(금속) 소재 공정은 "달구고(heat) 때린다(beat)"라고 하고, 흙붙이 소재(세라믹스) 공정은 "굽고(bake) 흔든다(shake)"라고 하는데, 이는 소재의 형상을 가공하거나 특성을 제어하는 즉 소재의 상태를 변화하는 방법이 열(heat, bake)과 일(beat, shake)에 의한 것임을 말한다.

1.4 | 열역학이 다루는 것

평형상태에 있는 우리 계는 일작용(work interaction)과 열작용(heat interaction)에 의하여 비평형 상태를 거쳐 새로운 평형상태로 그 상태가 바뀐다. 열역학은 한 평형상태를 기술하고, 나아가 이 두 가지 작용에 의하여 평형상태가 바뀔 때 그 특성들의 차이를 기술하기 위한 것이다. 그러나 열역학은 한 개의 평형상태로부터 다른 평형상태로 얼마나 빨리 바뀌는지는 기술하지 못한다. 이 변화속도를 기술하는 것은 동역학(kinetics)의 몫이다.

1.5 | 평형상태의 기술

그럼 평형상태를 어떻게 기술하는가? 한 존재상태가 적절히 기술되어 있으면 누구든지 이 기술에 따라 그 존재상태를 재현할 수 있을 것이다. 이를테면 약 처방전이 있으면 어느 약국에서든 똑같은 약을 지을 수 있는 것과 같은 이치다.

1.5.1 미시적 기술

양자역학에 의하면, 한 물질계를 구성하는 각 입자의 질량(mass)과 이들 각각

이 움직이는 속도(velocity)의 세 성분과 위치(position)의 세 성분, 그리고 직진운동(translation), 회전운동(rotation), 진동(vibration) 등 운동의 종류를 알면 이 물질계의 모든 평형특성을 계산할 수 있다. 이렇게 기술하는 것을 **미시적 기술**(microscopic description)이라 한다. 요즈음 재료의 특성을 예측하는 데 사용하는 **제1원리 계산**이라는 게 바로 여기에 그 바탕을 두고 있다.

한 계를 미시적으로 기술하기 위해서 얼마나 많은 변수가 필요한지 한번 생각해 보자. 여기 직진운동(translational motion)만 하는 단원자 기체 아르곤 1몰이 있다고 하면, 이 기체를 미시적으로 기술하기 위해서는 원자 1개당 3개의 위치변수와 3개의 속도변수, 도합 6개가 필요하고 1몰에는 아보가드로 수($\sim 6\times10^{23}$)만큼 원자가 있으니 이 계를 완전하게 기술하기 위해서는 도합 $6\times6\times10^{23}\approx4\times10^{24}$개의 변수가 필요하다. 계산은 미루어 두고 이 변수를 적는 데만 시간이 얼마나 필요할까? 1초당 100개씩 적는다고 해도 4×10^{22}초가 필요하다. 우주의 수명을 대개 10^{18}초로 보는데, 이는 우리 우주 수명의 만(10^4) 배에 해당하는 시간이다. 그래서 미시적 기술은 실상 불가능한 것이다. 제1원리 계산을 하는 데 원자 1000개를 가지고 계산했느니 하는 말은 원칙적으로 1000개의 변수를 넣어서 계산했다는 말이니, 1몰의 특성을 계산하는 데 필요한 변수의 개수와 비교해 보면 그 제약을 짐작할 수 있을 것이다.

1.5.2 거시적 기술

이렇게 1개의 계를 미시적으로 완전하게 기술하는 것은 사실 불가능하다. 그렇다면 눈으로 볼 수도 없는 미시적인 변수로 기술하는 대신, 결국 이 미시적인 변수들이 어울려 빚어내는 현상이 우리가 측정할 수 있는 계의 여러 가지 특성일 터이니, 이 특성들을 죽 나열함으로써 평형상태에 있는 계를 기술할 수 있을 것이다. 이와 같이 거시적 특성을 나열하여 평형계를 기술하는 것을 **거시적 기술**(macroscopic description)이라 한다. 이를테면 온도, 압력, 부피, 질량 등 모든 특성을 나열해 두면 원칙적으로 누구든지 이 계를 재현할 수 있다는 말이다. 그러나 평형특성도 무지무지하게 많을 것이다. 즉 이들을 다 나열한다는 것도 미시적 기술만큼이나 무망한 일이 아닐 수 없다.

1.6 | 열역학 제-1법칙

그러나 우리는 경험을 통하여 한 평형상태를 기술하기 위해 모든 거시적 특성을 다 열거할 필요가 없다는 것을 알았다. 보다 정확하게 표현하면, 조성과 전체 물질의 양이 고정되어 있는 계, 즉 **단순계**(simple system)의 평형상태를 기술하기 위해서는 **평형특성**(properties) 혹은 **변수**(variables) 2개만 있으면 된다. 즉 2개만 주면 다른 모든 평형특성을 이 두 독립변수의 함수로 기술할 수 있다는 것이다. 고전적이자 대표적인 예가 **이상기체 법칙**이다.

이상기체 법칙에 이르는 논리적 경로를 살펴보자. 1660년 Boyle은 온도(T)가 일정할 때 기체의 부피(V)는 압력(P)에 반비례한다는 사실을 발견하였다(Boyle의 법칙):

$$V \propto \frac{1}{P} \tag{1.1}$$

1787년 Charles는 압력이 일정할 때 기체의 부피가 온도에 비례한다는 것을 발견하였다(Charles의 법칙). 1802년 Gay-Lussac은 보다 정량적으로 일정 압력하에서 기체가 0°C일 때 부피 V_0에 대한 상대 **부피팽창률** α는 모든 기체에 대하여 일정하다는 사실을 발견하였다(Gay-Lussac의 법칙):

$$\alpha = \frac{1}{V_0}\left(\frac{\partial V}{\partial \theta}\right)_P \tag{1.2}$$

처음 그가 보고한 이 부피팽창률은 온도 θ를 **경험적 온도 눈금**(practical temperature scale)인 섭씨온도 °C를 사용할 때 $\alpha/°\text{C}^{-1} = 1/267$이었으나, 후에 확립된 값은

$$\alpha/°\text{C}^{-1} = \frac{1}{273.15} \tag{1.3}$$

이다.

식 (1.2)를 적분하면 일정한 압력하에서 온도 θ일 때 부피 V는

$$V = V_0\alpha\left(\theta + \frac{1}{\alpha}\right) \tag{1.4}$$

여기서 $\theta + 1/\alpha$는 온도에 해당하는 값으로, 이 온도를 **이상기체 온도 눈금**(ideal gas temperature scale) 또는 **절대온도** T라 하고, 그 단위를 K(Kelvin)로 쓴다. θ를 °C 온도 눈금으로 사용하면

$$T\,/\,K = \theta\,/\,°\text{C} + 273.15 \tag{1.5}$$

그러므로 Charles의 법칙은 압력이 일정할 때

$$V \propto T \tag{1.6}$$

이다.

여기서 주목할 사실은 Boyle의 법칙[식 (1.1)]은 온도가 일정할 때만 그렇다는 것이고, Charles의 법칙[식 (1.6)]은 압력이 일정할 때만 그렇다는 것이다. 이 사실은 이미 일정량 기체의 부피가 온도와 압력에 의하여 전적으로 결정된다는 것을 암시해 준다. 정량적으로 두 법칙을 조합해 보자. 지금 일정량의 우리 기체가 기준온도 T_0, 기준압력 P_0에서 부피가 V_0라 하자. 이 기체를 먼저 온도를 T_0로 일정하게 유지한 채 압력을 P로 바꾸면 그때 부피 V_1은 Boyle의 법칙에 의하여

$$V_1 = \frac{P_0 V_0}{P} \tag{1.7}$$

가 될 것이다. 이 기체를 이번에는 압력은 P로 동일하게 유지하고 온도를 T로 바꾸면 부피 V는 Charles의 법칙에 의하여

$$V = T\frac{V_1}{T_0} \tag{1.8}$$

가 될 것이다. 식 (1.8)의 V_1을 식 (1.7)로 치환하면

$$\frac{PV}{T} = \frac{P_0 V_0}{T_0} \tag{1.9}$$

즉 PV/T가 항상 기준상태의 값으로 상수가 된다. 기체의 기준상태를 $T_0=273.15$ K, $P_0=1$ atm으로 잡으면, 그때 기체 1몰의 부피는 $V_0=22.41$ L가 된다. 이때의 상수를 **기체상수(gas constant)**라 부르고 R로 표시한다. 그러면 R값은

$$\begin{aligned} R \equiv \frac{P_0 V_0}{T_0} &= 0.08205\ \text{L}\cdot\text{atm / mol}\cdot\text{K} \\ &= 1.987\ \text{cal/mol}\cdot\text{K} \\ &= 8.314\ \text{J/mol}\cdot\text{K} \end{aligned} \tag{1.10}$$

기체의 양이 n몰이 되면, 압력이나 온도는 동일하겠지만 당연히 부피가 nV_0가 되어 그 상수의 크기도 n배만큼 커져 nR이 될 것이다. 따라서 기체 n몰에 대하여 두 법칙을 조합한 식 (1.10)은 다음과 같이 간단히 표현된다.

$$\frac{PV}{T} = nR \tag{1.11}$$

그 시절 계측기가 오늘 우리가 사용하는 것들만큼 정밀했다면 이렇게 간단한 관계식은 도출할 수 없었을 것이다. 이미 우리가 아는 것처럼 실제 기체는 이렇게 간단한 식을 따르지 않는다. 그래서 이 식을 이상적인 기체에 대한 것이라 해서 **이상기체 법칙**이라 부른다.

중요한 사실은 주어진 계의 양 n이 일정하면 이 식은 $P=P(T,V)$ 또는 $V=V(T,P)$ 또는 $T=T(V,P)$의 형태로서 기체의 한 특성이 다른 2개의 특성의 함수로 결정된다는 사실이다. 이런 의미에서 식 (1.11)을 **이상기체 상태방정식**이라고도 부른다.

무수히 많은 특성들이 있는데 2개만이 독립적이다! 이상기체 법칙에 도달하기까지의 과정을 다시 한 번 생각해 보자. 기적 같은 인간 지혜의 산물이 아니겠는가! 이를 '**열역학 제–1법칙**(the –1st law of thermodynamics)'이라 부르자.

열역학 제–1법칙: 단순계의 평형상태는 단 2개의 독립변수로 정의된다.

그러면 어떻게 2개 독립변수만으로 단순계의 평형상태를 기술할 수 있는 것일까? 이는 자연이 그리 거동하는 것이다. 그래서 법칙이라 부른다. 법칙(law)이란 뉴턴의 법칙처럼 유도되는 것이 아니라 자연이 그리 되어지는 것을 설명하는 것으로, 아무도 그리 되지 않는 것을 보지 못한 것을 말한다.

1.7 상태함수, 상태특성, 본디 있는 특성, 열역학 특성, 열역학 변수

제–1법칙에 의하면 평형상태에서 단순계의 모든 평형특성은 단 2개의 독립적 평형특성의 함수로 주어진다. 이렇게 종속함수로 결정되는 특성을 **상태함수**(state function) 혹은 **상태특성**(state property)이라 부른다. 모든 특성들이 이 법칙에 의해 서로 연계되어 있으니 결국 모든 열역학적 **평형특성**은 **상태함수**가 되고, **상태특성**이 되고, **열역학적 변수**(thermodynamic variables)가 된다.

T와 P가 주어지면 V가 종속변수로서 결정되듯이 2개의 상태특성이 규정되면 다른 평형특성들이 일의적으로 결정된다. 서울이라는 평면 위에서 관악산 정상의 x, y 좌표가 주어지면 629 m 높이의 관악산 정상이 항상 거기 있듯이 좌표 T, P가 결정되면 거기에 특정 값 V가 항상 있나. 이런 의미에서 열역학적 평형특성은 '본디 거

기 있는 **특성**(already existing property)'이다. 특정 좌표 (T,P)에 오면 거기에 해당하는 $V=V(T,P)$가 있다.

1.8 | 열역학적 특성, 경로에 무관한 특성

2개의 독립된 열역학적 변수와 1개의 종속 열역학적 변수로 이루어진 공간을 **열역학적 배치 공간**(thermodynamic configuration space)이라 부른다. 이제 T와 P와 V로 이루어진 열역학적 배치 공간에서(그림 1.2), 독립변수 T와 P가 좌표 (T_1,P_1)에서 (T_2,P_2)로 이동할 때 부피 변화를 생각해 보자. 부피는 **'본디 거기 있는 특성'**으로, 상태 1에서는 $V(T_1,P_1)=V_1$, 상태 2에서는 $V(T_2,P_2)=V_2$의 값을 가지고 있을 것이다. 따라서 상태 $1(T_1,P_1)$에서 중간상태 (T_1,P_2)를 거쳐 최종상태 $2(T_2,P_2)$로 가든, 상태 $1(T_1,P_1)$에서 중간상태 (T_2,P_1)을 거쳐 최종상태 $2(T_2,P_2)$에 이르든 그 부피 차이 $\Delta V = V_2 - V_1$은 항상 같아야 할 것이다.

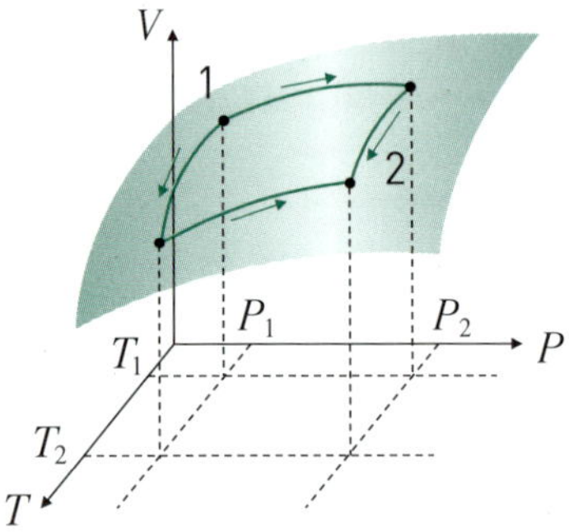

그림 1.2

이를 수학 식으로 나타내 보면

$$\Delta V = V_2 - V_1 = \int_{T_1,P_1}^{T_1,P_2}\left(\frac{\partial V}{\partial P}\right)_{T=T_1} dP + \int_{T_1,P_2}^{T_2,P_2}\left(\frac{\partial V}{\partial T}\right)_{P=P_2} dT$$
$$= \int_{T_1,P_1}^{T_2,P_1}\left(\frac{\partial V}{\partial T}\right)_{P=P_1} dT + \int_{T_2,P_1}^{T_2,P_2}\left(\frac{\partial V}{\partial P}\right)_{T=T_2} dP \quad (1.12)$$

즉 ΔV는 상태 1에서 상태 2로 어떻게 가든 상태 1과 2만 주어지면 항상 같다. 즉 경로에 무관하다. 이는 상태 1에는 그에 해당하는 특성 V_1이 이미 있고, 상태 2에도 그에 해당하는 특성 V_2가 이미 있어서 그 차이는 항상 같을 수밖에 없다. 그래서 열역학적 특성 V는 **경로에 무관한 특성**(path-independent property)이라 한다. 모든 열역학적 변수 또는 특성은 모두 경로에 무관하다. 자연히 상태 1에서 출발하여 다시 상태 1로 돌아오면 특성 V의 변화는 0이 될 것이다. 이를 수학적으로 표현하면,

$$\oint dV = 0 \quad (1.13)$$

1.9 | 열역학적 함수의 수학적 특성

모든 열역학적 변수는 '본디 거기 있는 특성'이므로 식 (1.13)이 표현하는 대로 경로에 무관하다. 수학에서 어떤 변수가 식 (1.13)을 만족할 때 우리는 특성 V의 미분(differential) dV가 '완전(exact)'하다라고 한다.

제-1법칙에 의하면 $V=V(T,P)$이므로, dV는 T의 변화 dT와 P의 변화 dP에 의한 부분미분(partial differential)의 합, 즉 전미분(total differential)으로 주어진다.

$$dV = \left(\frac{\partial V}{\partial T}\right)_P dT + \left(\frac{\partial V}{\partial P}\right)_T dP \tag{1.14}$$

따라서

$$\Delta V = \int_{T_1,P_1}^{T_2,P_2} dV = \int_{T_1,P_1}^{T_2,P_2} \left(\frac{\partial V}{\partial T}\right)_P dT + \left(\frac{\partial V}{\partial P}\right)_T dP \tag{1.15}$$

전미분 dV가 완전(exact)하면 V는 '경로에 무관한' '본디 거기 있는' 특성이고, 그래서 식 (1.13)이 만족되고, 그러면 식 (1.15)는 식 (1.12)와 같이 아무 경로나 따라 적분하면 같은 값 ΔV를 얻게 되는 것이다.

식 (1.14)의 dV가 완전(exact)하기 위해서는, 그래서 V라는 특성이 경로에 무관해서 적분식 (1.15)를 식 (1.12)처럼 적분할 수 있는 필요하고도 충분한 조건은

$$\left(\frac{\partial^2 V}{\partial T \partial P}\right) = \left(\frac{\partial^2 V}{\partial P \partial T}\right) \tag{1.16}$$

이다. 열역학 변수는 모두 이와 같은 수학적 관계식을 만족하는데, 열역학에서는 이 관계식을 Maxwell 관계식이라 부른다. 이는 열역학적 변수를 다루는 데 매우 중요한 관계식이니 아무 미적분학 책을 참조하여 그 수학적 연원을 확실하게 이해하도록 하자.

1.10 | 크기변수와 세기변수

열역학 변수는 변수에 따라 계의 크기 또는 물질 양에 비례하는 것이 있고 그렇지 않은 것들이 있다. 예를 들어 전체 몰수가 n이고 부피가 V인 이상기체 계를 N개의 작은 방으로 나눈다고 생각해 보자(그림 1.3). 그러면 부피는 각 방의 부피를 다 더한 것

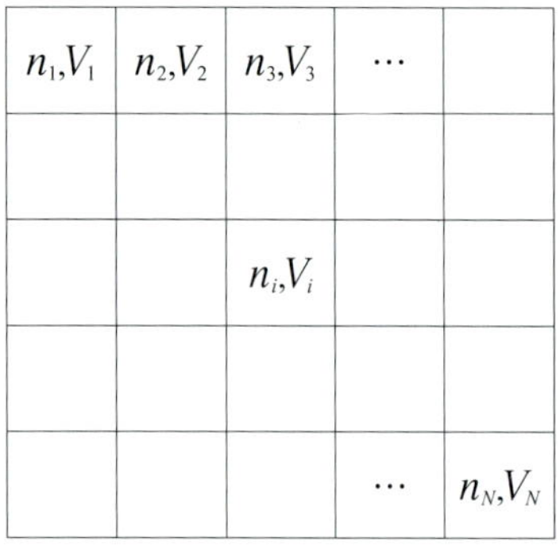

그림 1.3

과 같고, 전체 몰수도 각 방에 있는 몰수를 전부 합한 것과 같을 것이다. 즉

$$V = \sum_{i=1}^{N} V_i \ ; \ n = \sum_{i=1}^{N} n_i \tag{1.17}$$

그러면 온도나 압력도 각 방의 온도를 합하고 압력을 합한 것과 같을까? 평형상태라면 모든 방의 온도와 압력이 같아서 크기와는 무관한 1개만의 온도, 1개만의 압력이 정의된다는 것을 우리는 경험으로부터 알고 있다. 즉

$$T \neq \sum_{i=1}^{N} T_i \, (T = T_i) \ ; \ P \neq \sum_{i=1}^{N} P_i \, (P = P_i) \tag{1.18}$$

부피나 몰수와 같이 계의 크기에 비례하는 변수를 **크기변수**(extensive variables), 온도나 압력처럼 크기에 상관없이 1개의 값만 정의되는 변수를 **세기변수**(intensive variables)라 부르며, 모든 열역학 변수는 이 두 종류의 변수로 구성된다.

한 가지 유의할 사실은 이들 크기변수는 계의 크기에 일차 비례한다는 것이다. 같은 온도 같은 압력에서 몰수가 2배가 되면 부피도 정확히 2배가 된다. 따라서 한 크기변수를 다른 크기변수로 나누면 크기에 무관한 세기변수가 된다. 예를 들어 부피를 몰수로 나누면 크기에 비례하는 비례상수는 서로 상쇄되고 크기에 무관한 **세기변수 몰 부피**(molar volume) V_m이 된다.

$$\frac{V}{n} = V_m \tag{1.19}$$

몰 부피는 온도나 압력처럼 어디에서나 같다.

익힘문제

1.1 전미분(total differential) dz가 x와 y의 함수로 다음과 같이 주어질 때

$$dz = Mdx + Ndy$$

dz가 완전미분(exact differential)이 되기 위한 필요하고도 충분한 조건은

$$\left(\frac{\partial M}{\partial y}\right)_x = \left(\frac{\partial N}{\partial x}\right)_y$$

임을 증명하라.

1.2 (a)에서 (d)까지 주어진 표현식들이 완전미분인지의 여부를 판단하고 완전미분인 경우, 즉 함수 $f(x, y)$의 미분에 해당하면 그 모함수 f를 구하라.

(a) $e^y dx + x(e^y + 1)dy$

(b) $(2x + y)dx + (x + 2y)dy$

(c) $(1 + e^x)dy + e^x(y - x)dx$

(d) $2x(x^3 + y^3)dx + 3y^2(x^2 + y^2)dy$

1.3 반경이 r이고 높이가 h인 원기둥의 부피는 $V = \pi r^2 h$이다. 편미분 $(\partial V/\partial r)_h$와 $(\partial V/\partial h)_r$을 구하라. 전미분 dV를 쓰고 이 전미분이 완전함을 보여라.

1.4 수소기체 1몰의 온도(T)와 압력(P)과 부피(V) 사이의 관계는 제한된 범위에서 다음과 같은 상태방정식으로 나타낼 수 있다.

$$P = \frac{RT}{V - b}$$

여기서 b는 P에는 무관하나 온도의 함수이다.

(a) 편미분 $(\partial V/\partial T)_P$와 $(\partial V/\partial P)_T$를 구하고, 전미분 dV를 T와 P의 함수로 나타내라.

(b) 이때 dV가 완전미분임을 보여라.

Chapter

2

열역학 제1법칙

2.1 | 계의 상태 변화

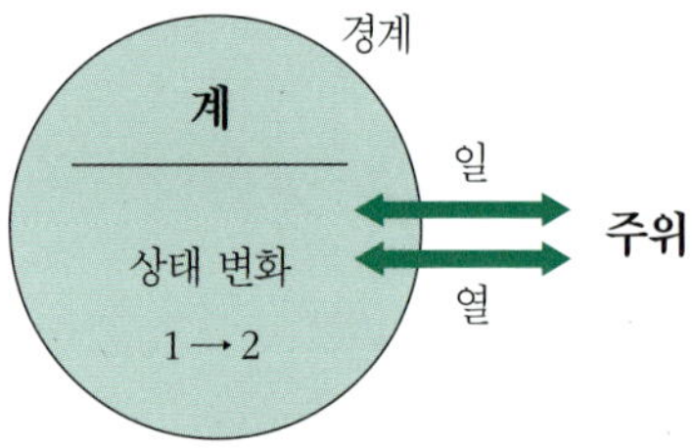

그림 2.1

계의 존재상태(state of existence)는 경계를 사이에 두고 계와 주위가 서로 작용(interaction)을 함으로써 변화하는데, 서로 작용하는 방법은 일작용(work interaction)과 열작용(heat interaction) 두 가지뿐이다. 이런 의미에서 일(work)과 열(heat)은 계가 주위와 소통하는 방법 혹은 수단(interaction modes)이다(그림 2.1).

2.2 | 일작용

2.2.1 일의 역학적 정의 및 특징

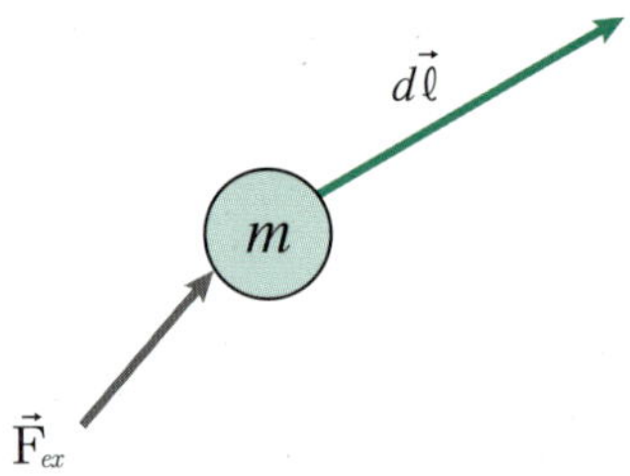

그림 2.2 일의 정의.

역학(mechanics)에서는 일을 이렇게 정의한다. 질량이 m인 물체가 있어서 외부에서(주위) 이 물체(계)에 벡터 힘 $\vec{F}_{ex}$를 가했을 때 그 힘의 방향으로 $d\vec{\ell}$ 만큼 벡터 변위(vectorial displacement)가 생기면, "주위가 계에 일을 하였다(work done on the system by the surrounding)"라고 한다(그림 2.2).

이때 일의 증분 dw_{mech}는

$$dw_{mech} = \vec{F}_{ex} \cdot d\vec{\ell} \tag{2.1}$$

와 같이 정의된다. 만약 변위가 힘의 반대 방향이면(즉 힘과 변위 사이의 안각이 90°보다 크면) $dw_{mech} < 0$이며, 이때는 "주위가 계에 의하여 일을 해 받았다" 혹은 "계가 주위에 일을 했다"라고 한다(work done by the system on the surrounding). 설령 변위가 있다 하더라도 순방향이든 역방향이든 힘의 방향으로 변위가 없으면($\vec{F}_{ex} \cdot d\vec{\ell} = 0$) 당연히 일은 전혀 안 한 것과 같다($dw_{mech} = 0$). 따라서 주위가 계에 한 전체 일의 양 w_{mech}는 식 (2.1)을 전체 변위에 대하여 적분함으로써 얻어진다:

$$w_{mech} = \int dw_{mech} = \int \vec{F}_{ex} \cdot d\vec{\ell} \tag{2.2}$$

그러나 이 적분은 보는 것처럼 선적분(line integral)으로서, 외부에서 작용하는 힘 $\vec{F}_{ex}$을 변위 $\vec{\ell}$의 함수로 알아야, 즉 경로에 따라 힘이 어떻게 변화하는지를 알아야 적분을 할 수 있다. 이런 의미에서 일은 경로에 의존하는 양(path-dependent)으로서 열역학적 상태함수가 아니다. 열역학에서는 이렇게 경로에 의존하는 양의 증분을 열역학 함수와 같이 경로에 무관한 양의 증분과 구별하기 위하여 미분작용소를 d 대신에 δ로 나타내기도 한다.

$$\delta w_{mech} = \vec{F}_{ex} \cdot d\vec{\ell} \tag{2.3}$$

이제 몇 가지 간단한 경우에 대하여 정의식 (2.2)에 따라 일을 계산해 보도록 하자.

(i) 무게를 들어 올리는 일(raising work)

질량이 m인 물체를 지표에서 높이 $z=h_1$에서 $z=h_2$까지 내가 들어 올렸다고 하자(그림 2.3). 이때 지구 중력가속도를 g, z 방향으로의 단위 벡터를 $\hat{k}$ 라 하면, 내(주위)가 이 물체(계)에 작용하는 힘은 $\vec{F}_{ex} = mg\hat{k}$, 변위의 방향은 $d\vec{\ell} = dz\hat{k}$, 그러므로

$$w_{mech} = \int_{h_1}^{h_2} \vec{F}_{ex} \cdot d\vec{\ell} = \int_{h_1}^{h_2} mgdz = mg(h_2 - h_1) > 0 \tag{2.4}$$

이 되어, 이 물체를 들어 올리는 데 내(주위)가 물체(계)에게 $mg(h_2-h_1)$만큼 일을 하였다. 이 결과 우리 계의 위치에너지가 w_{mech}만큼 증가하였다.

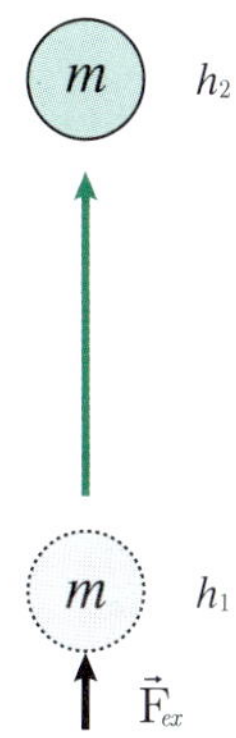

그림 2.3 무게를 들어 올리는 일.

(ii) 막대를 늘여 당기는 일(extension work)

길이가 L인 막대에 길이 방향으로 일정한 장력(tension) T를 가하여 길이를 ΔL만큼 늘였다고 하자(그림 2.4). 그때 내(주위)가 막대(계)에 한 일은 $F_{ex}=T$이고 힘과 변위의 방향이 같으므로

$$w_{mech} = \int_{L}^{L+\Delta L} \vec{F}_{ex} \cdot d\vec{\ell} = T\int_{L}^{L+\Delta L} d\ell = T\Delta L \tag{2.5}$$

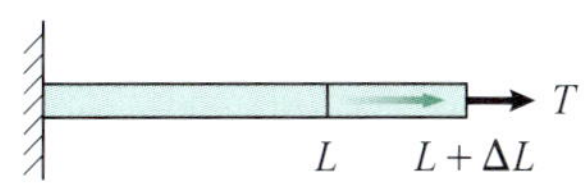

그림 2.4 막대를 늘여 당기는 일.

(iii) 부피팽창 일(expansion work)

어떤 기체가 그림 2.5와 같이 단면적이 'A'인 실린더에 들어 있고 바깥에 압력 P_{ex}가 피스톤을 통하여 이 기체에 가해지고 있을 때, 피스톤이 바깥쪽으로 dz만큼 움직여 기체의 부피가 $Adz(=dV)$만큼 늘어났다고 하면 주위가 기체에 한 일은 얼마일까? $\vec{F}_{ex} = P_{ex}A(-\hat{k})$, $d\vec{\ell} = \hat{k}dz$, 즉 작용하는 힘과 변위가 반대 방향이므로 주위가 우리 계에 한 일의 증분은

$$\delta w_{mech} = P_{ex}A(-\vec{k}) \cdot (+\vec{k})dz = -PdV \tag{2.6}$$

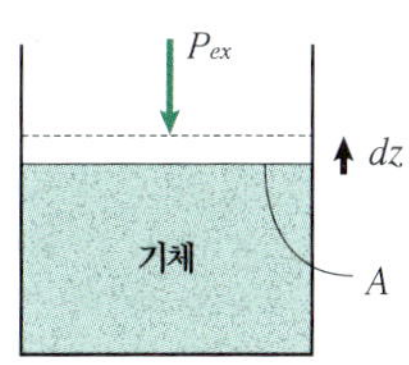

그림 2.5 부피팽창 일.

따라서

$$w_{mech} = \int \delta w_{mech} = -\int_{V_1}^{V_2} P_{ex} dV \qquad (2.7)$$

P를 V의 함수로 알면, 즉 P의 경로 의존성을 알면 이 식을 적분함으로써 부피가 V_1에서 V_2까지 팽창할 때 외부가 우리 계에 하는 전체 일을 계산할 수 있다.

식 (2.6)을 유도할 때 그림 2.5와 같이 단면적이 일정한 경우를 가정했지만, 이 식은 일반적인 경우에도 유효하다. 계의 부피팽창에 연계된 이 일을 통상 *PV*−일(work)이라 부른다.

여기서 잠깐 *PV*−일의 단위를 살펴보자. 열역학에서 주로 사용하는 압력과 부피의 단위는 각각 기압(atm)과 리터(L)이다. 그러므로 [*PV*]=L·atm의 단위를 갖는다. 이를 SI 단위로 바꾸면, 1 L=10^{-3} m^3이고 1 atm=1.013 bar=1.013×10^5 Pa(=N/m^2)이므로 1 L·atm=101.3 J이다. 열역학에서는 필요에 따라 단위를 변환해야 할 때가 자주 있다. 이때를 대비하여 기체상수 R값을 그 단위와 함께 외워 두자.

2.2.2 일의 제어와 측정

모든 물리량은 제어하고 측정할 수 있을 때 그 물리적 의미를 지닌다. 그러면 일은 어떻게 측정하고 제어할 수 있을까? 일의 정의식 (2.1) 또는 (2.2)에 의하면 일작용을 하기 위해서는 작용하는 힘의 방향으로 변위가 있어야 한다. 변위란 계와 주위를 나누는 경계 혹은 벽의 이동에 다름 아니다. 그러므로 **일작용이 일어나기 위해서는 벽이 움직일 수 있어야 한다**. 벽이 움직이지 못하여 아무런 변위를 못 일으키면($d\vec{\ell} = 0$) 아무리 큰 힘을 작용한다 하더라도 일작용은 일어나지 못한다. 움직이지 못하여 일작용을 차단하는 이런 벽을 '**고정된 벽**(rigid wall)' 혹은 '**못 움직이는 벽**(immoveable wall)'이라 하고, 움직여서 일작용을 허용하는 벽을 '**고정되지 않은 벽**(nonrigid wall)' 혹은 '**움직이는 벽**(moveable wall)'이라 부른다. 예를 들어 우리의 계인 물이 고무풍선 속에 들어 있다면 고무풍선은 '고정되어 있지 않고(nonrigid)' '움직일 수 있으므로(moveable)' 주위와 일작용을 할 수 있지만, 아주 단단한 구리 통에 들어 있다면 구리 통은 '고정되어 있어서(rigid)' '움직일 수 없으므로(immoveable)' 일작용을 할 수 없다. 따라서 경계 혹은 벽을 이용하여 우리는 일작용을 조절할 수가 있다. 일단 일작용이 생기면 우리 계에 행해진 일의 양은 식 (2.2)에 의하여 기계적으로 측정할 수 있다.

2.2.3 일작용의 부호

우리는 지금까지 역학에서 정의한 일의 정의식 (2.2)를 이용하여 일을 계산하면서, 무게를 들어 올릴 때나 막대를 늘일 때는 w_{mech}가 +부호를 가지고, 외부 압력에 반하여 부피가 팽창할 때는 그 PV 일이 −부호를 가지는 것을 보았다. 역학에서 $w_{mech} > 0$인 경우는 주위가 계에 일을 한 경우(work done on the system by the surrounding), $w_{mech} < 0$인 경우는 반대로 계가 주위에 일을 한 경우(work done by the system on the surrounding)이다. 이를 우리말 수동태로 표현하면 $w_{mech} > 0$이면 (주위에 의하여) **"계에 일이 하여졌다"**라고 하고, $w_{mech} < 0$이면 (계에 의하여) **"주위에 일이 하여졌다"**라고 한다.

약간 혼란스럽게도 열역학에서는 통상 일의 부호를 역학에서 정의하는 것과 반대로 쓴다. 즉 우리 계가 주위에 일을 할 때(work done by the system on the surrounding)를 +, 우리 계가 일을 하여 받을 때(work done on the system by the surrounding)를 −로 정의한다. 이는 본디 열역학의 목적이 계로 하여금 주위로부터 열을 받아 어떻게 효율적으로 주위에 일을 하게 하는가 하는 것이었기 때문이다. 이 책에서는 이 열역학 정의를 따르겠다.

$$\delta w \equiv -\delta w_{mech} = -\vec{F}_{ex} \cdot d\vec{\ell} \;\; ; \;\; w = -w_{mech} = -\int \vec{F}_{ex} \cdot d\vec{\ell} \qquad (2.8)$$

이 정의에 따르면 앞에서 계산한 무게를 들어 올리는 일, 막대를 늘이는 일은 이제 우리 계의 관점에서 보는 것이니까 −부호를 붙여서

$$w = -mg(h_2 - h_1) \qquad (2.9)$$

$$w = -T\Delta L \qquad (2.10)$$

와 같이 나타내고, 그 의미는 각각 우리 계에 '일이 하여진' 것을 의미한다. 그러나 PV−일의 경우는

$$\delta w = PdV \;\; ; \;\; w = \int PdV \qquad (2.11)$$

와 같이 되고, 이는 우리 계가 외부 압력에 반하여 부피가 팽창하면($dV > 0$) 외부, 즉 주위에 계가 **'일을 한'** 것이 된다.

그러나 많은 물리 쪽 열역학 책에서는 역학에서 정의한 부호를 따른다. 일의 부호 때문에 약간은 혼란스러울지 모르나 공부를 해 나가다 보면 역학의 정의를 따르든 열역학의 정의를 따르든 문맥상 그 의미가 분명해질 것이다.

2.2.4 계가 일 한 것과 하여 받는 것의 구별

일찍부터 일의 부호에 관하여는 많은 혼란이 있었던 것 같다. 그래서 Gibbs는 다음과 같은 구별방법을 제시하고 있다. 즉 우리 계가 주위에 일을 하면 움직이는 경계에 도르래와 같은 적절한 기계적 장치를 연결하여 외부에 무게를 중력에 반하여 위로 올린 효과(weight raising effect)가 나타나고, 반대로 일을 하여 받으면 동일한 장치를 통하여 무게가 아래로 내려간 효과(weight lowering effect)가 나타난다. 그래서 우리 계가 바깥과 일작용을 한 후 바깥에 연결된 무게의 위치가 올라갔는지 내려갔는지를 보고 계가 일을 했는지(work done by the system) 혹은 하여 받았는지(work done on the system)를 구별한다는 것이다.

유익한 판별법이지만 공중에 달린 무게와 연결하는 장치를 구상하는 것도 항상 쉬운 일은 아니니 너무 신경 쓰지 말자. 열역학 제1법칙을 배우면서 스스로 분명해질 것이다.

2.3 | 열작용

2.3.1 열작용의 정의

우리 계가 외부와 소통하는 방법이 일과 열 두 가지인데, 일작용은 경계의 이동 또는 변위에 의하여 구현된다는 것을 배웠다. 그러면 열에 의한 소통, 즉 열작용은 어떤 것인가? 소통의 방법이 두 가지밖에 없으니 계와 바깥의 상호작용이 일에 의한 것이 아닌 것은 모두 열작용이다. 좀 더 정량적으로 얘기하면, 일작용에는 가장 기본적인 특성이 변위가 수반된다는 것이다. 즉 $d\vec{l} \neq 0$이다. **변위 없이 우리 계의 존재상태가 바뀌면 우리 계는 외부와 열작용을 한 것이다.** 예를 들어 여기 일정한 부피의 단단한 구리통 안에 물과 얼음이 같이 들어 있는데 얼음이 자꾸 녹는다든지 또는 물이 언다든지 하면 우리 계(얼음+물)의 존재상태가 변화하는 것인데, 통(경계)은 단단하여(rigid) 움직이지 않으니(immobile) 일작용은 차단된 상태, 그러면 결국 이 상태 변화는 열작용에 의한 것일 수밖에 없다. 보다 구체적으로

"열작용이란 경계의 변위 없이 계와 바깥의 온도 차이에 의하여 일어나는 작용이다."

2.3.2 열작용의 제어와 측정

일작용이 그러하듯이 **열작용**도 제어할 수 없고 측정할 수 없으면 추상적인 개념일 뿐이다. 일작용이 경계를 통하여 일어나듯이 열작용 역시 경계를 통하여 일어나므로 경계 또는 벽을 가지고 열작용을 제어할 수 있을 것이다.

이제 여기에 물이 담겨 있는 주전자가 하나 있다고 하자. 이 주전자를 불 위에 얹어 두면 오래지 않아 물이 끓는 것을 우리는 경험으로부터 알고 있다. 이 주전자를 이번에는 열이 잘 통하지 않는 단열재로 바닥을 마감한 후 불 위에 얹어 둔다고 하자. 아까와는 달리 한참 오래 두어도 물은 끓지 않을 것이다. 이는 단열재로 마감된 바닥이 주전자 맨바닥보다 열을 잘 통과시키지 않기 때문이다.

주전자 맨바닥처럼 열을 잘 통과시키는 벽 또는 경계의 극한은 열을 무한대로 잘 통과시키는 것일 것이고, 단열재로 마감된 경우처럼 열을 잘 통과시키지 않는 벽의 극한은 열을 전혀 통과시키지 않는 벽일 것이다. 아무런 제약 없이 열을 전달하는 이상적인 벽을 **'열초전도벽'** 또는 **'투열벽**(diathermal wall)', 열을 전혀 못 통과하게 하는 이상적인 벽을 **'단열벽**(adiabatic wall)'이라 부른다. **'움직이는 벽'**과 **'안 움직이는 벽'**을 가지고 일작용을 제어했던 것처럼, 이 **'투열벽'**과 **'단열벽'**을 가지고 열작용을 제어할 수 있다(그림 2.6).

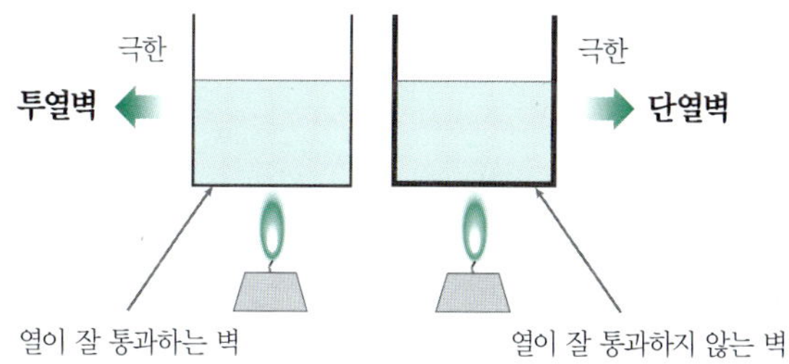

그림 2.6 투열벽과 단열벽.

일작용의 크기는 역학의 정의, 식 (2.2)에 따라 기계적으로 측정한다. 그러면 열작용의 크기는 어떻게 측정하는가? 이 문제는 열역학 제1법칙에 그 답이 있으니 열역학 제1법칙을 배운 뒤로 미루자.

2.3.3 열작용의 부호

일작용의 경우는 우리 계가 바깥에 일을 하면 +, 바깥으로부터 일을 하여 받으면 −로 정의하였다. 열의 경우는 이와 반대로 바깥의 온도가 계의 온도보다 높아 열이 계로 들어오면 $+(q > 0)$, 바깥의 온도가 계의 온도보다 낮아 열이 계에서 빠져나가면 $-(q < 0)$로 정의한다. 열이 들어오는 것을 **흡열**(endothermic), 열이 나가는 것을 **발열**(exothermic)이라 부른다.

2.4 | 열과 일의 동등성

지금까지 논의한 것을 요약하면 그림 2.7과 같다. 계의 존재상태, 즉 열역학적 특성이 바뀌기 위해서는 계가 주위와 서로 작용을 해야 하는데, 작용하는 방법은 일과 열

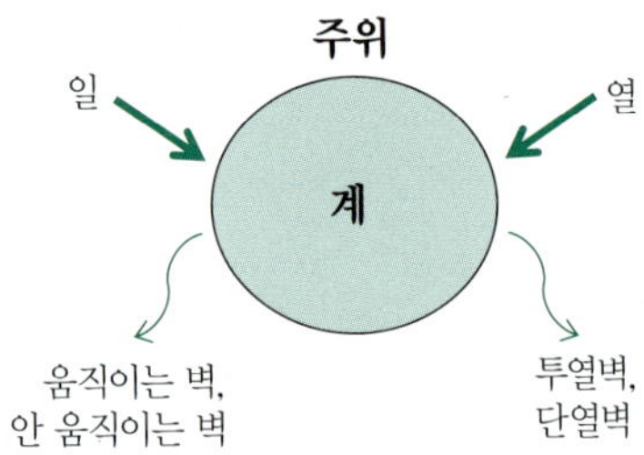

그림 2.7

두 가지뿐이다. '일' 작용은 경계의 움직임이 수반되는 작용으로 '**움직일 수 있는 벽**'과 '**안 움직이는 벽**'으로 그 작용을 제어할 수 있고, '**열**' 작용은 계와 주위의 온도 차이에 의해서 일어나는 작용으로 '**투열벽**'과 '**단열벽**'으로 그 작용을 제어한다.

일과 열은 계가 경계(벽)를 사이에 두고 주위(바깥)와 소통하는 방법으로 궁극적으로 계의 특성을 변하게 한다는 면에서 서로 동등하다. 그러나 이 둘이 동등하다는 것을 안 것은 인류 역사상 그리 오래된 일이 아니다. 이를 이해하기 위해서는 약간의 과학사를 살펴볼 필요가 있다.

2.4.1 일과 열에 관한 역사

일이란 일찍부터 개념상 별 어려움 없이 이해되고 있었던 것이, 사람이 일을 해야 먹고 살 수 있었기 때문이다. 따라서 한 일의 양을 정량화하는 방법도 뉴턴 역학에 의하여 식 (2.1)과 같이 일찍부터 알려졌다.

열 또한 그러한 것이, 난로 근처에 가면 따뜻해지고 얼음 위에 앉으면 차가워지니 어쩌면 일보다도 먼저 감각으로 이해하고 있었을 것이다. 차가운 것과 더운 것을 같이 붙여 두면 차가운 것은 더워지고 더운 것은 차가워진다. 이 현상을 설명하기 위하여 프랑스의 세무서원이자 화학자 A. Lavoisier(1743~1794)는 **칼로릭**(caloric)이라는 상상의 유체(fluid)를 제안하였다. 물이 높은 데서 낮은 곳으로 흐르는 것과 같이 뜨거운 것에는 칼로릭의 '양'이 많고 차가운 것에는 칼로릭의 '양'이 적어서, 칼로릭이 많은 데서 적은 데로 흘러서 뜨거운 정도가 같아진다는 것이다. 그리고 같은 무게의 동일한 물질일 때, 뜨거울 때나 차가울 때나 그 무게 차이는 없으므로 이 칼로릭은 질량이 거의 없는 것으로 이해되었다.

이 칼로릭의 양을 정량화하기 위하여 물 1 g을 14.5°C에서 15.5°C로 올리는 데 필요한 칼로릭의 양을 **1칼로리**(calorie)라 정의하기에 이른다. 물질에 따라 같은 무게라도 온도 1°C를 올리는 데 필요한 열량이 서로 다르다. 이는 물질마다 **열용량**, 즉 **칼로릭의 함량**이 달라서 그렇다고 이해되었다. 그러므로 같은 온도에 있는 같은 물질이라도 칼로릭의 양은 크기에 비례하여 많아진다. 이를 열의 **칼로릭 이론**(caloric theory of heat)이라 하는데, 열을 질량은 없되 보존되는 물질로 이해하고자 한 것이다. 일은 힘을 가해서 힘의 방향으로 변위가 생기는 것을 말하는데, 열은 칼로릭이라는 '**물질**'이라는 점에서 이 둘은 완전히 별개의 개념으로 이해되어 왔다.

1798년 미국 매사츄세츠 주, 우번(Woburn)에서 태어나고, 뒷날 파리시민혁명 후 사형당한 A.Lavoisier의 미망인과 결혼하여 한 4년 살다가 다시 헤어진 45세의 Rumford 백작은 오늘날 독일 뮌헨의 병기창에서 말(horse)로 공이를 돌려서 포신에 구멍을 파고 있었다(그림 2.8). 깎이는 포신 주변 바닥에는 물이 고여 있었는데, 공이를 돌릴 때 깎인 쇠 부스러기들이 주변 물 위로 떨어지면서 물이 더워지는 것을 관찰하였다. 일은 공이를 돌리는 말이 하는데, 말이 빨리 공이를 돌려 부스러기가 잘게 나오든 천천히 돌려 굵은 부스러기를 만들든 상관없이 물이 더워지는 정도는 말이 한 일의 양이 같으면 거의 같다는 것을 발견하였다. 칼로릭 이론에 의하면 칼로릭의 함량은 물체가 클수록 크므로 큰 부스러기를 만들 때 물이 더 더워져야 하는데 말이다. 별스럽지 않게 보이는 이 관찰 결과는 멀지 않은 훗날 열과 일은 별개의 것이 아니라 계가 주위와 에너지를 교환하는 방법일 뿐이며, 칼로릭 같은 유체는 본디 존재하지도 않는다는 것을 알게 되는 계기가 된다.

그림 2.8
(http://www.clemson.edu/caah/history/facultypages/PamMack/lec122sts/cannon%20boring.gif)

2.4.2 Joule의 실험

그로부터 40여 년 후인 1840년, 영국의 맨체스터에서 지금도 그 이름이 에너지의 단위로 남아 있는 James Prescott Joule이 일과 열은 계가 주위와 에너지를 주고받는 방법으로 서로 동등하다는 것을 보이는 결정적 실험을 한다.

그는 고정되어(rigid) 있어서 움직이지 않는(immovable) 구리 통 안에 물을 채우고 통 한 귀퉁이에는 온도계를 꽂은 후 벽 전체를 단열재로 마감하여 열 소통을 완전히 차단하였다. 통 안 물속에는 미리 바람개비처럼 생긴 수차를 세우고 이를 위쪽 벽으로 난 구멍을 통해 바깥의 도르래와 연결하여 도르래에 달린 질량이 m인 추가 아래로 내려가면 수차 축에 감긴 줄이 풀리면서 수차가 돌도록 장치를 해 두었다(그림 2.9). 즉 외부에서 무게가 아래로 내려가면서 계(system)인 물+통에 일을 하도록 해 둔 것이다.

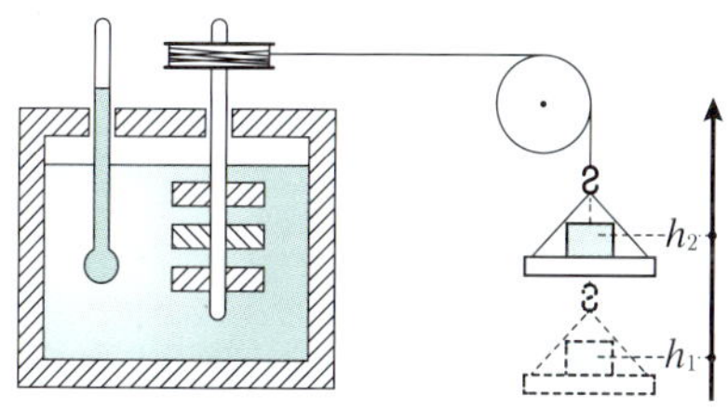

그림 2.9
(J. B. Fenn, Engines, Energy and Entropy, W. H. Freeman and Company, 1982, p.111)

자, 지금의 추 위치가 h_2라 하자. 그는 온도계로 물의 온도를 잰 후, 이 추의 높이를 h_1으로 낮아지게 하고 나서 다시 물의 온도를 재었다. 즉 계에 일이 행하여졌다. 그랬더니 물의 온도가 $\Delta\theta$만큼 올라간 것이 관찰되었다. 이때 올라가는 온도 변화의 크기는 하여 받은 일에 비례하였다. 비례상수를 α라 하면,

$$w_{mech} = -w = mg(h_2 - h_1) = \alpha\Delta\theta \tag{2.12}$$

이를 **수차실험**(paddle wheel experiment)이라 한다.

그는 또 수차 대신 전기저항을 물속에 넣었다. 그리고 수차실험에 사용한 도르래에 발전기를 연결하여 도르래에 달린 추가 자유낙하하도록 하여 이 발전기를 돌려 나오는 전기를 저항에 흘리고 나서 온도 변화를 관찰하였다. 역시 결과는 식 (2.12)와 동일하게 계에 하여진 일에 비례하여 물의 온도가 올라갔다.

이번엔 피스톤으로 막힌 금속 실린더에 기체를 채워 물속에 넣고, 이 피스톤을 예의

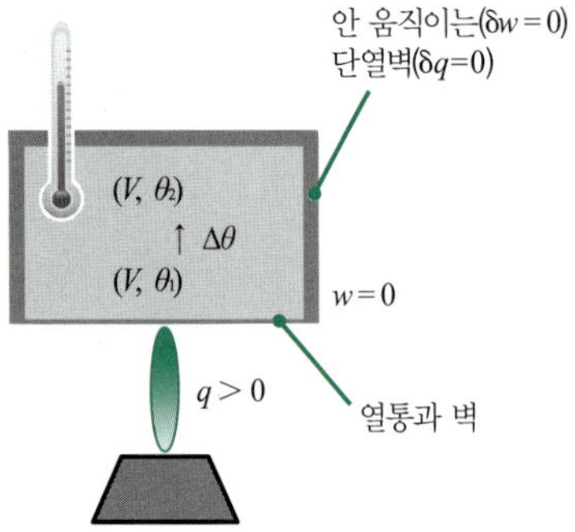

그림 2.10

그 도르래에 연결한 다음, 도르래의 추가 자유낙하하면서 피스톤이 실린더 안의 기체를 압축하도록 한 후 온도 변화를 관찰하였다. 결과는 역시 식 (2.12)와 동일하였다.

그는 이어 이 도르래에 적절히 연결된 2개의 쇠 볼을 물속에서 서로 비비면서 온도 변화를 관찰했는데, 결과는 역시 식 (2.12)와 동일하였다.

이 일련의 관찰 후에 그는 도르래 등 모든 기계적 장치를 구리 물통에서 떼어내고, 구리 물통을 바닥 일부만 제외하고는 모두 단열재로 감쌌다(그림 2.10). 그리고 단열재가 덮이지 않은 바닥에 열을 가해도 일을 할 때와 마찬가지로 똑같은 상태 변화, 즉 온도가 상승하는 것을 관찰하였다. 물 1 g을 1℃ 올리는 데 1 cal가 필요하므로 계(물+구리 통)의 열용량을 C라 하면 계의 온도를 $\Delta\theta$만큼 올리기 위해 필요한 열량 q는

$$q = C\Delta\theta \tag{2.13}$$

이다.

이 관찰로부터 우리가 알 수 있는 것은 기계적 일, 전기적 일 무엇이든 일의 종류에 상관없이 계에 일이 행해지면 계의 온도가 올라간다는 사실이다. 즉 계의 존재상태, 열역학적 특성이 바뀌는 것이다. 뿐만 아니라 동일한 존재상태 변화가 열에 의해서도 일어난다는 것이다.

이제 여기 부피가 V로 일정한 구리 통에 든 물이 있어서 초기 존재상태로 온도가 θ_1이었다고 하자. 그리고 어디를 갔다가 한참 후 돌아와 우리 계를 보니 온도가 θ_2로 바뀌었다. 즉 존재상태가 (V, θ_1)에서 (V, θ_2)로 변화한 것이다. 이 상태 변화가 열에 의한 것일까, 일에 의한 것일까? 우리는 보지 않은 한 알 수가 없다. 이런 의미에서 일과 열은 계의 존재상태 변화를 일어나게 하는 주위와의 소통방법으로서 그 본질은 동일하다.

그렇다면 열작용의 크기와 일작용의 크기도 서로 별개일 수 없을 것이다. Joule은 식 (2.12)와 (2.13)으로부터 동일한 계에 동일한 온도 변화를 주는 열의 '양'과 일의 '양'을 서로 비교하여

$$\frac{-w}{q} = \frac{\alpha}{C} = \frac{1\text{J}}{0.2389\ \text{cal}} = 4.186\frac{\text{J}}{\text{cal}} \tag{2.14}$$

임을 밝혀내었다. 즉, 1 J은 0.2389 cal 또는 1 cal는 4.186 J에 해당하는 것이다. 이를 각각 '**일의 열당량**(heat equivalent of work)' 또는 '**열의 일당량**(mechanical equivalent of heat)'이라 부른다(이 숫자는 후에 정제된 것이다. 본디 Joule은 1 kg의 물을 1℃ 올리는 열은 452 kg을 1 m 올리는 데 해당하는 것을 관찰하였다. 이 데이터를 이용하여 열의 일당량을 계산해서 이 정제된 값과 비교해 보라).

2.5 | 열역학 제1법칙

2.5.1 Joule 실험의 요체

Joule의 실험을 다시 한 번 요약하면, 단순계에 일이 행해지거나 열이 가해지면 계의 존재상태(state of existence)가 (V_1, θ_1)에서 (V_2, θ_2)로 바뀐다.

상태 1(V_1, θ_1) ⟶ 상태 2(V_2, θ_2)

$-w > 0,\ q = 0$

상태 1(V_1, θ_1) ⟶ 상태 2(V_2, θ_2)

$q > 0,\ -w = 0$

여기서 일이나 열은 계의 상태 변화를 일어나게 하는 동일한 그 무엇을 계의 바깥, 주위와 교환하는 방법이다. 그러면 무엇을 교환하는 것일까?

2.5.2 위치에너지, 운동에너지

높이 h_1에 있는 질량이 m인 추(계)를 내(주위)가 지구 중력에 반하여 h_2까지 들어 올리면 그때 내(주위)가 계에 한 일 또는 계가 하여 받은 일 $-w$는

$$-w = mg(h_2 - h_1) \tag{2.15}$$

이 된다. 이때 mgh는 m의 위치에너지에 해당한다. 외부에서 계에 일을 하면 계의 위치에너지가 증가한다.

이번에는 질량 m이 높이의 변화 없이 속도 $\vec{v}_1$로 움직이고 있다고 하자. 이 움직이는 m에 팽이채로 팽이를 치듯이 우리(주위)가 일을 $-w$만큼 해 주면 속도가 $\vec{v}_2$로 증가한다. 그러면

$$-w = \int \vec{F}_{ex} \cdot d\vec{l} = \int_{v_1}^{v_2} m\frac{d\vec{v}}{dt} \cdot d\vec{l} = \int_{v_1}^{v_2} m\vec{v} \cdot d\vec{v} = \frac{1}{2}mv_2^2 - \frac{1}{2}mv_1^2 \tag{2.16}$$

즉 외부에서 우리가 일을 $-w$만큼 해 주면 그만큼 운동에너지가 증가한다. 그러므로 외부에서 우리 계에 일을 하여 주면 우리 계 m의 위치에너지(PE)와 운동에너지(KE), 즉 전체 에너지 $U(=PE+KE)$가 증가한다. 전체 에너지 증가를 ΔU라고 하면,

$$-w=\Delta U \tag{2.17}$$

다시 Joule의 실험으로 돌아가 보면, 물과 구리 통으로 이루어진 우리 계에도 U에 해당하는 어떤 양이 있어서 외부에서 일을 해 주면 식 (2.17)과 동일하게 계의 U가 증가하리라는 것을 짐작할 수 있다. 이 U를 **내부에너지**(internal energy)라 부르자.

외부에서 일을 해 준 만큼 열을 가해 주어도 동일한 상태 변화가 생겼다. 그러니 열을 가해 주어도 결국 내부에너지가 변화할 것이 예상된다:

$$q=\Delta U \tag{2.18}$$

따라서 우리 계에 일작용과 열작용이 동시에 일어나면 내부에너지 변화는 당연히 일작용과 열작용의 합으로 주어질 것이다. 즉

$$\Delta U=q-w \tag{2.19}$$

이를 **열역학 제1법칙**이라 한다. 결국 일과 열은 우리 계와 주위가 벽을 사이에 두고 에너지를 교환하는 방법이다.

열역학 제1법칙, 식 (2.19)를 미분으로 나타내면

$$dU=\delta q-\delta w \tag{2.20}$$

와 같다. 여기에서 U에는 미분소로 d를 사용하고 q와 w에는 미분소로 δ를 사용한 것은 U는 '본디 거기 있는' 상태함수로서 그 미분이 완전(exact)하나, q나 w는 상태함수가 아닌 경로에 의존하는 양이므로 그 미분이 불완전(inexact)하기 때문이다.

실제 열역학 제1법칙이 경험적으로 추출된 과정을 보면 우리 계가 처음 평형상태에서 주위와 일련의 일작용과 열작용을 거쳐 다시 본디의 평형상태로 돌아오면(이를 순환과정, cyclic process라 한다), 이 순환과정에 수반된 열작용과 일작용 각각의 합은 일반적으로 0이 아니다.

$$\oint \delta q \neq 0\ ;\ \oint \delta w \neq 0 \tag{2.21}$$

그러나 그 순환과정이 어떤 경로이든 상관없이 이들 두 작용 크기의 대수 합은 항상

0이 되더라는 것이다.

$$\oint(\delta q - \delta w) = \oint \delta(q - w) \equiv 0 \tag{2.22}$$

식 (2.21)에서처럼 순환적분이 0이 되지 않을 때 그 미분을 **불완전**(inexact)하다 하고, 그 피적분 함수 q나 w를 "**경로에 유관**(path-dependent)하다"라고 한다. 그러나 식 (2.22)에서처럼 어떤 미분의 순환적분이 항상 0이 될 때 미적분학에서는 그 피적분 함수, 즉 미분을 "**완전**(exact)하다"라고 하며, 이 함수는 **경로에 무관**(path-independent)하다. 경로에 무관하여 완전(exact)한 이 미분을 dU라 정의하면,

$$dU \equiv \delta q - \delta w \tag{2.23}$$

바로 식 (2.20)과 같다. 이 U를 내부에너지라 부른다. 그러면 도대체 이 U의 실체는 무엇일까?

2.5.3 내부에너지의 실체

원자론이 확립된 후에 알려진 사실이지만 이 내부에너지는 실제 우리 계를 구성하는 모든 입자의 위치에너지와 운동에너지의 합이다. 예를 들어 질량이 m인 입자 N개가 서로 질량이 없는 스프링으로 연결되어 있어서 진동하고 있는 계가 있다고 하자(그림 2.11). 이 계의 전체 에너지는 각 입자의 위치에너지와 운동에너지의 합이 될 것이다. 이게 이 계가 가지고 있는 **내부에너지**에 해당하는 것이다. 여기에 일이 행해지고 열이 가해지면 각 입자의 위치에너지와 운동에너지가 증가한다. 식 (2.19)나 (2.20)은 결국 **에너지 보존법칙**에 다름 아니다.

이 에너지 보존법칙은 오늘까지 한 번도 어겨진 적이 없다. 왜 그러냐고? 모른다. 그냥 자연의 이치가 그러하다는 것이다. 그래서 법칙이다. 식 (2.20)은 항상 참이다.

금전출납부를 정리하는 경리사원의 고민은 수입과 지출과 잔고가 자주 잘 안 맞는다는 것이다. 더하기 빼기 하는 열역학 제1법칙은 한 번도 틀린 적이 없으니, 이런 금전출납부라면 경리사원의 최고 즐거움이 아니겠는가! 그래서 열역학 제1법칙은 농담조로 '**경리사원의 즐거움**(bookkeeper's delight)'이라 하기도 한다.

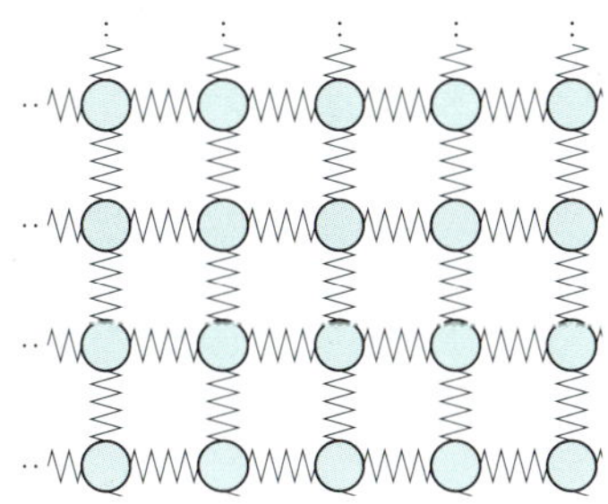

그림 2.11 고체의 스프링 모델.

2.5.4 열역학 제1법칙의 비유

비유 1: 나는 오늘 꽃을 팔아서 15,000원을 벌어 자동이체하고, 세차를 하고 30,000

원을 벌어 자동이체한 후, 번 돈 45,000원을 모두 현금지급기에서 뽑았다. 여기 이 지폐 45,000원 중 꽃을 팔아 번 돈과 세차해서 번 돈을 구별할 수 있을까? 꽃을 파는 것(q)과 세차를 하는 것(w)은 똑같이 돈을 버는 방법일 뿐이다. 어느 돈이 꽃을 팔아 번 것이고 어느 돈이 세차해서 번 돈인지 구별할 방법이 없다. 내 주머니에 들어와 남는 것은 꽃을 파는 것도 아니고 세차를 하는 것도 아니고 돈($\Delta U = q - w$)이다.

세차는 한 대당 가격이 정해져 있으므로 닦은 대수를 알면 번 돈의 액수를 알 수 있다. 그러나 꽃을 파는 것은 기분에 따라 때로는 싸게도 주고 때로는 비싸게도 받아서 꽃을 팔아서 번 돈의 액수는 모른다고 할 때 이 액수를 아는 방법은 전체 번 돈(ΔU)에서 세차해서 번 돈의 액수($-w$)를 빼면 될 것이다($q = \Delta U + w$).

비유 2: 어떤 농부가 정원에 조그마한 수영장을 하나 가지고 있는데, 이 수영장의 물은 수도나 비를 통하여 충당된다(그림 2.12). 이 수영장에 차 있는 물 중 '어느 물'이 '빗물'이고 어느 물이 '수돗물'인지 구별할 수 있을까? 비(q)와 수도($-w$)는 수영장에 물을 공급하는 방법이고 수영장에 들어오면 빗물이든 수돗물이든 그냥 물(U)일 따름이다.

수도로 들어온 수돗물의 양은 수도에 붙어 있는 유량계로 기계적으로 측정할 수 있다. 그러면 빗물의 양은 어떻게 측정할 수 있을까? 이 농부는 일단 수영장 전면을 빗물이 못 들어오게 비닐 천막(adiabatic wall)으로 모두 덮고 수영장 바닥에 긴 자를 세운 후 현재 고여 있는 물의 높이를 자에 표시하였다. 그리고 나서 유량계로 일정량만큼 수돗물을 수영장에 흘려 넣은 후 자에 물의 높이 변화(ΔU)를 표시해 두고 이것을 기준으로 자에 눈금을 매겼다. 그러고는 천막을 걷어내었다. 자, 이제 물은 수도로도 비로도 들어온다. 농부는 수도로 들어오는 양($-w$)은 유량계, 즉 식 (2.8)에 의하여 기계적으로 측정하고, 막대자의 눈금 변화로부터 결정하는 전체 물의 증가량 ΔU에서 수도로 들어온 물의 양을 제해 줌으로써 빗물의 양(q)을 결정할 수 있었다. 바로 이것이 열작용의 크기를 정량적으로 측정하는 방법이다.

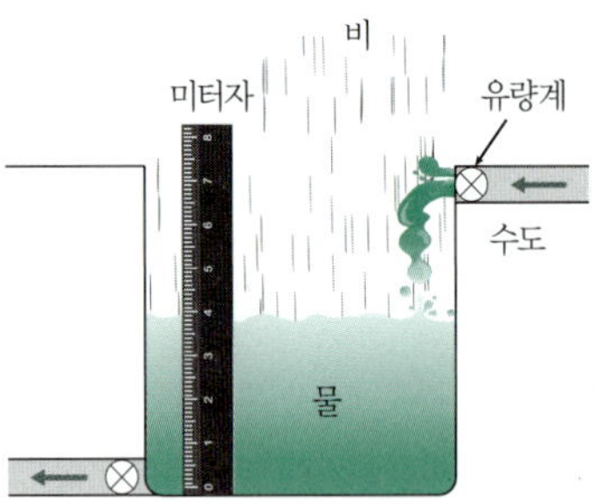

그림 2.12

2.6 | 내부에너지의 특성

1) 내부에너지는 상태함수

위의 예에서 보듯이 전체 물의 양은 막대자의 눈금으로 표시된다. 각 눈금에 해당하는 물의 양이 결정되어 있는 것이다. 이런 의미에서 일과 열은 경로에 따라 다른 값을 갖지만 내부에너지는 '**본디 거기 있는 특성**'으로서 '**경로에 무관**'한 '**상태특성**'이다.

2) 내부에너지는 크기특성

수영장에 있는 물의 총량은 수영장 각 부분에 있는 물을 모두 합한 것이다. 즉 내부에너지는 부피와 같이 계의 크기에 일차 비례하는 '**크기변수**'이다.

3) 내부에너지의 수학적 특성

내부에너지는 상태함수이므로 열역학 제–1법칙에 의하여, 우리 계가 단순계라면 부피(V)와 온도(T), 온도와 압력(P), 압력과 부피 등 2개만의 상태변수의 종속함수로 나타낼 수 있다.

$$U = U(T,V) = U(V,P) = U(P,T) = \cdots\cdots \tag{2.24}$$

그러므로 내부에너지의 미분은

$$\begin{aligned} dU &= \left(\frac{\partial U}{\partial T}\right)_V dT + \left(\frac{\partial U}{\partial V}\right)_T dV \\ &= \left(\frac{\partial U}{\partial V}\right)_P dV + \left(\frac{\partial U}{\partial P}\right)_V dP \\ &= \left(\frac{\partial U}{\partial P}\right)_T dP + \left(\frac{\partial U}{\partial T}\right)_P dT \\ &= \cdots\cdots\cdots\cdots \end{aligned} \tag{2.25}$$

와 같이 나타낼 수 있다.

지금 보는 것처럼 독립변수의 선택은 자유다. 열역학에서는 선택한 독립변수가 무엇인지 확실하게 표시하기 위하여 꼭 편미분을 괄호로 표시하고, 그 바깥 아래쪽에 다른 독립변수를 표시하기로 되어 있다. 예를 들어 아래 2개 편미분의 경우,

$$\left(\frac{\partial U}{\partial V}\right)_T \ ; \ \left(\frac{\partial U}{\partial V}\right)_P \tag{2.26}$$

앞의 것은 U를 V와 T의 함수로 기술한다는 뜻이고, 뒤의 것은 U를 V와 P의 함수로 본다는 것이다. 이럴 때 괄호 바깥에 고정하고 있는 다른 변수에 대한 표시가 없다고 생각해 보자. U의 독립변수로 무엇을 선택하고 있는지 우리는 완전히 헷갈리고 만다. 열역학에 나오는 어떤 편미분도 아주 자명한 경우를 제외하고는 반드시 그 바깥에 다른 독립변수를 표시해 두고 있다는 것을 잊지 말아야 한다. 그래서 편미분을 보면 현재의 독립변수를 금방 알 수 있다.

이미 배웠다시피 dU는 완전(exact)해서 적분경로에 무관하다.

$$\oint dU = 0 \tag{2.27}$$

그러므로 예를 들어 T와 V를 독립변수로 취한 경우, 함수 $U=U(T,V)$는 다음 관계식을 만족한다.

$$\frac{\partial}{\partial V}\left[\left(\frac{\partial U}{\partial T}\right)_V\right]_T = \frac{\partial}{\partial T}\left[\left(\frac{\partial U}{\partial V}\right)_T\right]_V \tag{2.28}$$

다시 말하여

$$\frac{\partial^2 U}{\partial V \partial T} = \frac{\partial^2 U}{\partial T \partial V} \tag{2.29}$$

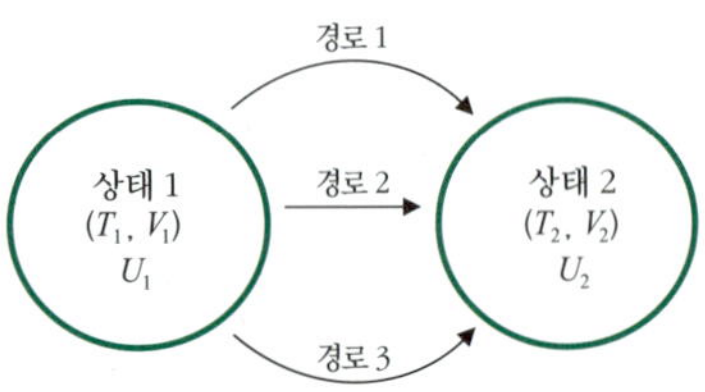

그림 2.13

전미분 dU가 완전(exact)하기 위한 이 필요충분 조건은 다른 독립변수 켤레에 대해서도 당연히 성립한다.

우리 계의 상태가 이를테면 (T_1,V_1)에서 (T_2,V_2)로 변화하면, '본디 거기 있는 특성' 내부에너지도 U_1에서 U_2로 변화하게 된다(제1법칙). 이때의 변화 $\Delta U(=U_2-U_1)$는, dU가 완전(exact)하여 경로에 무관하므로, 아무 경로나 편리한 경로를 따라 그냥 적분해 주면 된다(그림 2.13).

2.7 | 열역학 제1법칙의 응용

열역학 제1법칙을 응용하는 모든 문제는 그 푸는 논리 또는 요령이 매우 간단하다. 어떤 단순계가 있어 그 평형상태를 기술하기 위하여 온도 T와 부피 V를 선택한다고 하자. 열역학 제-1법칙에 의하면, 다른 모든 평형특성은 이들 두 변수의 종속함수로 주어진다. 이를테면

$$U=U(T,V)\ ;\ P=P(T,V) \tag{2.30}$$

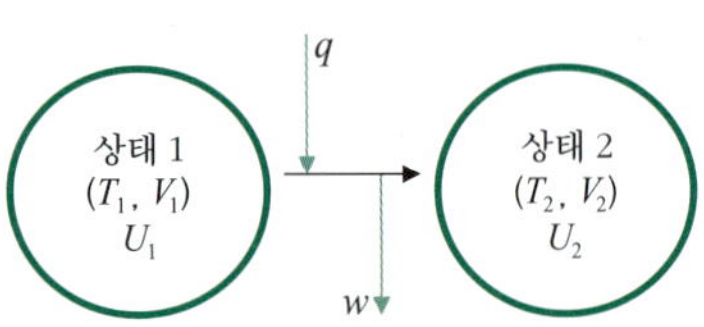

그림 2.14

이다. 이제 우리 계가 주위와 열작용(q)과 일작용(w)을 하여 그 상태가 (T_1,V_1)에서 (T_2,V_2)로 변하였다 하자(그림 2.14).

이때 일작용의 크기는 역학의 정의에 따라,

$$w = -\int_1^2 \vec{F}_{ex} \cdot d\vec{\ell} \tag{2.31}$$

PV 일만 있다면 우리 계가 한 일 w는

$$w = \int_1^2 PdV \tag{2.32}$$

와 같이 계산된다. 만약 P가 과정내내 $P = P(T, V)$로 주어진다면 이 식을 대입하여 적분하면 된다(이런 과정을 가역과정이라 부르며 다음 장에서 자세히 다룬다).

내부에너지 변화 $\Delta U(= U_2 - U_1)$는 내부에너지가 상태함수로서 경로에 무관하므로 U에 관한 전미분 dU를 아무렇게나 편리한 경로를 따라 적분하여 얻는다.

$$\Delta U = \int_1^2 dU = \int_{T_1,V_1}^{T_2,V_2} \left(\frac{\partial U}{\partial T}\right)_V dT + \left(\frac{\partial U}{\partial V}\right)_T dV \tag{2.33}$$

그러면 열작용의 크기는 열역학 제1법칙에 의하여

$$q = \Delta U + w \tag{2.34}$$

이 된다.

이제 이 요령을 적용하여 다음 몇 가지 상태 변화과정을 다루어 보자.

2.7.1 부피가 고정된 과정

외부와 열 및 일 작용에 의하여 우리 계의 상태가 변화함에 있어 부피는 변화 없이 일정하게 유지하면서(정적: $dV = 0$) 상태를 변화시키는 과정(process), 즉 정적과정을 라틴어로 일정하다는 뜻의 접두어 *iso*와 부피나 크기를 의미하는 어간 *choric* 또는 *metric*을 붙여 isochoric process 또는 isometric process라 부른다. 이 부피가 고정된 과정은 계의 경계 또는 벽이 고정되어 있어서(rigid) 움직일 수 없는(immobile) 경우에 일어나는 상태 변화과정이다.

이때 단순계를 기술하는 데 필요한 변수로는 당연히 V와 다른 하나, 이를테면 온도 T를 선택하는 것이 편리할 것이다. 왜냐하면 $dV = 0$이므로 우리 계는 결국 T 하나에 의해서만 결정되기 때문이다. 이 과정에 수반되는 일과 열과 내부에너지 변화를 계산해 보자.

(i) 일

$dV = 0$이므로 일은 정의에 의하여

$$\delta w = PdV = 0 \quad \text{또는} \quad w = \int PdV = 0 \tag{2.35}$$

벽이 고정되어 움직이지 않으므로, 외부 압력이 어떻든 일작용은 일어나지 않는다.

(ii) 열

그러므로 우리 계의 상태 변화는 오로지 열작용에 의하여 일어나며, 이 열작용의 크기 q는 제1법칙에 의하여 내부에너지의 변화량과 같다. $dV=0$일 때 내부에너지는 온도만의 함수이므로

$$dU = \left(\frac{\partial U}{\partial T}\right)_V dT = \delta q)_V \tag{2.36}$$

여기 δq에 아래첨자 V를 붙인 것은 지금 이 과정이 부피가 고정된 과정이라는 것을 강조하기 위한 것이다. 그런데 어떻게 경로에 무관한 특성 U의 변화와 경로에 유관한 열작용의 크기 q가 서로 같을 수 있는가? 이유는 간단하다. $w=0$이므로, 다시 말하여 $dV=0$인 경로가 정해졌기 때문이다.

이 식에서 보면 U의 T에 관한 편미분 값을 알면 온도의 증분 dT로부터 열작용의 크기를 계산할 수 있다는 것을 알 수 있다. 이 편미분이 의미하는 바를 살펴보자.

(iii) 열용량

식 (2.36)을 다시 쓰면,

$$\left(\frac{\partial U}{\partial T}\right)_V = \frac{\delta q)_V}{dT} \equiv C_V \tag{2.37}$$

이 편미분은 부피가 일정하게 유지되는 계의 온도를 1°C 올릴 때 필요한 열작용의 크기 또는 '열량'이다. 이것을 부피가 일정할 때의 열용량 또는 한자 표현을 빌어 **정적열용량**(heat capacity at constant volume)이라 부르고 C_V로 나타낸다. 이 열용량은 부피가 일정할 때 내부에너지의 온도 의존성으로서 원칙적으로 온도와 부피의 함수이다.

이 열용량은 계가 2 g일 때가 1 g일 때보다 당연히 2배가 클 것이고, 1 kg일 때가 1000배 클 것이다. 따라서 이 열용량은 '크기변수(extensive property)'이다. 크기변수와 크기변수를 나누면 '세기변수(intensive property)'가 된다. 이 크기변수 열용량을 계의 전체 질량으로 나누면 1 kg을 1 K 올리는 데 필요한 열용량으로 이를 보통 **비열**(specific heat)이라 부른다. 계의 몰수로 나누면 1몰을 1 K 올리는 데 필요한 열용량이 되는데, 이것을 **몰비열**(molar heat capacity)이라 부른다.

이들 열용량의 SI 단위를 보면,

정적열용량 C_V: JK^{-1}

비열 : $JK^{-1}\text{kg}^{-1}$

몰비열 : $JK^{-1}\text{mol}^{-1}$

이 열용량은 상태특성인 U의 변화를 계산하게 하는 가장 중요한 물질특성으로서, 모든 물질(substance)에 대하여 비열 또는 몰비열이 온도의 함수로 측정되어 표로 정리되어 있다.

(iv) 내부에너지 변화와 열작용의 크기

내부에너지 변화와 열작용의 크기는 식 (2.36)을 초기상태의 온도로부터 최종상태의 온도까지 적분하여 얻는다.

$$\Delta U = U_2 - U_1 = \int_{T_1}^{T_2} C_V(T)\,dT = q \tag{2.38}$$

2.7.2 압력이 고정된 과정

이번에는 부피를 고정하는 대신 일정한 압력(정압)하에서 일어나는 상태 변화과정, 즉 정압과정을 생각해 보자. 이런 과정을 일정하다는 뜻의 라틴어 *iso*와 압력이라는 뜻의 형용사형 baric을 합하여 isobaric process라 부른다. 등압선을 isobar라고 부르는 것처럼.

계의 압력을 일정하게 유지하기 위해서는 경계 벽이 자유롭게 움직여서 부피를 그때그때 변화할 수 있어야 한다. 따라서 우리 계의 벽은 부피가 고정된 경우와는 달리 그 경계가 고정되어 있지 않고(non-rigid) 움직일 수(moveable) 있는 벽이며, 열작용 또한 허용되므로 열통과 벽이다. 그러면 압력은 어떻게 일정하게 유지하는가? 여기 부피가 무한대로, 이를테면 이 대기처럼 큰 계가 있다고 하자. 이 계의 부피가 우리가 원하는 만큼 늘어나건 줄어들건 이 계의 압력, 이를테면 대기압은 실질적으로 변화하지 않을 것이다($\partial P/\partial V = 0$). 이렇게 부피가 무한대로 커서 그 부피의 유한한 변화에 상관없이 압력을 일정하게 유지하는 계를 **압력원**(pressure reservoir)이라 부른다. 대표적 압력원이 일정한 대기압을 유지해 주는 대기이다. 따라서 지금 우리 주위에 보이는 사물들, 이를테면 책상, 책, 볼펜 등 모두가 일정한 대기압하에 있고 그 경계가 움직일 수 있다면 이런 계에서 일어나는 모든 변화가 정압과정이다. 이 정압과정에 의하여 우리 계의 상태가 상태 $1(T_1,V_1)$에서 상태 $2(T_2,V_2)$로 변화할 때 관련된 일과 열과 내부에너지를 이제 계산해 보자.

(i) 일: 일은 역시 수돗물을 유량계로 재었듯이 역학의 정의에 의하여 계산한다.

이 경우 P가 일정한 상수이므로

$$w = \int_1^2 PdV = P(V_2 - V_1) = P\Delta V \tag{2.39}$$

이 된다. 부피가 ΔV만큼 늘어나면서 우리 계가 외부에 $P\Delta V$만큼 일을 한다.

(ii) 열: 열역학 제1법칙에 의하여 내부에너지 변화와 일로부터 계산한다.

$$q)_P = \Delta U + P\Delta V = (U_2 - U_1) + P(V_2 - V_1) \tag{2.40}$$

여기 좌변의 아래첨자 P는 정압과정이라는 것을 강조하기 위한 것이다. 정압과정이 결국

$$P_1 = P_2 = P \tag{2.41}$$

이라는 사실을 염두에 두고 식 (2.40)을 상태 1과 상태 2의 변수를 분리하여 정리하면,

$$q)_P = (U_2 + P_2V_2) - (U_1 + P_1V_1) \tag{2.42}$$

이 되어, 열작용의 크기가 각 상태에서의 상태변수들의 조합 $U+PV$의 차로 주어진다는 것을 알 수 있을 것이다. 이 상태함수의 조합은 자주 열역학에 등장하며, 특히 압력이 일정한 과정에 매우 중요한 역할을 하는 것으로서 편의상 짧게 줄여 H라고 나타내며

$$H \equiv U + PV \tag{2.43}$$

엔탈피(enthalpy)라 부른다. 그러면 열작용의 크기는 식 (2.42)에 의하여 간단히 상태 1과 2의 엔탈피 차이로 쓸 수 있다.

$$q)_P = H_2 - H_1 = \Delta H \tag{2.44}$$

정적과정에서 $q)_V = \Delta U$이므로 ΔU를 정적열용량으로부터 계산하여 모든 것을 해결했듯이, 여기서도 ΔH를 구하는 게 관건이다. 이를 계산하는 방법을 공부하기 전에 우선 이 H라는 상태함수의 물리적 의미를 생각해 보자.

(iii) 엔탈피 $H = U + PV$의 의미와 특성

마술사가 아무것도 없는 텅 빈 공간에서 비둘기나 토끼를 생겨나게 하는 마술을 본 적이 있는가? 이 마술사가 허공 중에 없던 토끼 한 마리를 생겨나게 하기 위해서 얼마

만큼의 에너지가 필요할까 한번 생각해 보자(그림 2.15).

우선 토끼라는 게 열역학적 관점에서 무엇인지 생각해 보자. 토끼란 토끼를 구성하는 모든 입자들의 운동에너지+위치에너지, 즉 내부에너지 U일 뿐이다. 그러니 토끼 한 마리 자체를 구성하는 데는 에너지 U만 있으면 된다. 그런데 이 공간에 토끼를 있게 하기 위해서는 토끼가 차지하는 공간 V를 확보해야 한다. 지금 이 공간의 압력이 P라고 한다면 이 압력을 이기면서 V만큼 공간을 확보하는 것이므로 PV만큼의 일을 외부에 해 주어야 한다. 그러므로 토끼 한 마리를 압력이 P인 공간에 있게 하는 데 들어가는 전체 에너지는 우선 공간을 확보하는 데 필요한 에너지 PV와 토끼 자체의 내부에너지 U와의 합이 될 것이다. $U+PV=H$. 이것이 바로 우리 마술사가 필요로 하는 전체 에너지, 엔탈피이다(그림 2.15).

그림 2.15 엔탈피와 내부에너지와 PV–일. (From D. V. Schroeder, An Introduction to Thermal Physics)

U가 크기변수이고 PV 역시 크기변수이니, 따라서 H도 크기변수가 될 것이다. 이들 변수들이 상태함수이니, 그 자손 H 역시 상태함수가 될 수밖에 없다. 그러니 경로에 무관한 본디 거기 있는 특성이 되고, 따라서 그 미분 dH는 완전(exact)하다. 제1법칙에 의하여 H는 그들이 무엇이든 2개의 독립변수의 함수로 나타낼 수 있는데, 편의상 T와 P를 독립변수로 선택하면(–1st law), $H=H(T,P)$로서 그 미분은

$$dH = \left(\frac{\partial H}{\partial T}\right)_P dT + \left(\frac{\partial H}{\partial P}\right)_T dP \tag{2.45}$$

이 된다. 그러면 dH가 완전(exact)하므로 반드시

$$\frac{\partial^2 H}{\partial P \partial T} = \frac{\partial^2 H}{\partial T \partial P} \tag{2.46}$$

이다.

(iv) 열작용의 크기

정압과정을 통하여 계의 상태가 바뀌었을 때 열작용의 크기를 식 (2.44)와 (2.45)에 의하여 계산해 보자. 정압과정이므로 $dP=0$, 그러므로

$$\delta q)_P = dH = \left(\frac{\partial H}{\partial T}\right)_P dT \tag{2.47}$$

이 식을 적분하여 q를 계산하기 위해서는 H의 T에 관한 편미분 값을 알아야 한다. 이를 위하여 식 (2.47)를 다시 써보면,

$$\left(\frac{\partial H}{\partial T}\right)_p = \frac{\delta q)_p}{dT} \equiv C_p \tag{2.48}$$

즉 이 H의 편미분은 일정한 압력하에서 우리 계의 온도를 1 K 올릴 때 필요한 열량에 해당한다. 이를 우리 계의 **정압열용량**(heat capacity at constant pressure) C_P라 한다.

정적열용량처럼 이 열용량도 크기특성 H를 세기특성 T로 나눈 것이므로 역시 크기특성이다. 이를 계의 전체 질량으로 나누면 세기특성이 되는데 이를 **정압비열**(specific heat at constant pressure)이라 부르고, 전체 몰수로 나눈 것을 **정압몰비열**(Molar heat capacity at constant pressure)이라 부른다. 이들 열용량의 단위는 정적열용량의 단위와 동일하다. 열용량의 정의식 (2.48)로부터 짐작하듯이 정압열용량 역시 원칙적으로 온도와 압력의 함수이다. 모든 물질에 대하여 정압열용량이 대개 1기압하에서 온도의 함수로 측정되어 있다.

알려진 열용량 데이터를 이용하여 식 (2.47)을 적분하면,

$$q)_P = \int_{T_1}^{T_2} C_P(T)\,dT \tag{2.49}$$

2.8 정압열용량과 정적열용량

다른 상태 변화과정으로 넘어가기 전에 잠시 여기서 정압열용량과 정적열용량이 서로 어떻게 다른지 비교해 보자. 여기 부피가 V인 계(물질)가 있어서, 이 부피를 고정한 채($dV=0$) 그 온도를 dT만큼 올릴 때 필요한 열량 $\delta q)_V$는 외부로 일을 하지 않으므로 오로지 온도 증가 dT에 해당하는 내부에너지만 증가시킬 것이다[그림 2.16(a)].

$$\delta q)_V = \left(\frac{\partial U}{\partial T}\right)_V dT \tag{2.50}$$

그러나 압력을 고정하고 온도를 dT만큼 올리는 경우는, 앞의 경우와 마찬가지로 이 온도 증가에 해당하는 내부에너지 증가 $(\partial U/\partial T)_V dT$에 더해, 이번에는 온도가 올라가면서 우리 계의 부피가 dV만큼 열팽창을 하니까 일이 수반된다. 일은 외부 압력 P에 대하여 하는 PdV뿐만 아니라, 부피가 팽창하게 되면 우리 계를 구성하는 입자들 간의 거리가 늘어나므로 그들의 위치에너지가 증가하게 되어 내부에너지가 $(\partial U/\partial V)_T dV$만큼 증가하게 될 것이다. 그러므로 전체 필요한 열량 $\delta q)_P$는 이들의 총합이 될 것이다. 여기서 dV는 일정 압력하에서 온도가 dT만큼 증가하면서 일어나는 열팽창이므로 $dV = (\partial V/\partial T)_P dT$ 만큼 될 것이다. 따라서 이들을 모두 조합하면,

$$\delta q)_P = \left(\frac{\partial U}{\partial T}\right)_V dT + \left[P + \left(\frac{\partial U}{\partial V}\right)_T\right] dV \ ; \ dV = \left(\frac{\partial V}{\partial T}\right)_P dT \tag{2.51}$$

식 (2.51)에 식 (2.50)을 대입하면,

$$\delta q)_P = \delta q)_V + \left[P + \left(\frac{\partial U}{\partial V}\right)_T\right]\left(\frac{\partial V}{\partial T}\right)_P dT \tag{2.52}$$

즉 같은 크기만큼 온도를 올릴 때 정압인 경우에는 온도를 올릴 뿐만 아니라 외부 및 내부로 일을 해야 하기 때문에 정적인 경우보다 더 많은 열이 필요하다. 이 식의 양변을 dT로 나누어 다시 정리하면

$$C_P = C_V + \left[P + \left(\frac{\partial U}{\partial V}\right)_T\right]\left(\frac{\partial V}{\partial T}\right)_P \tag{2.53}$$

와 같이 되고, 이로부터 $C_P > C_V$임을 알 수 있다.

열역학이나 물리화학에서는 이 두 열용량의 비를 γ로 나타내기도 한다.

$$\frac{C_P}{C_V} \equiv \gamma > 1 \tag{2.54}$$

당연히 이 비는 1보다 크다. 한 가지 첨언할 것은 2개의 열용량이 별개의 것이 아니라 식 (2.53)에 의하여 1개만 독립적이라는 사실이다. 이것은 뒤에 다시 언급된다.

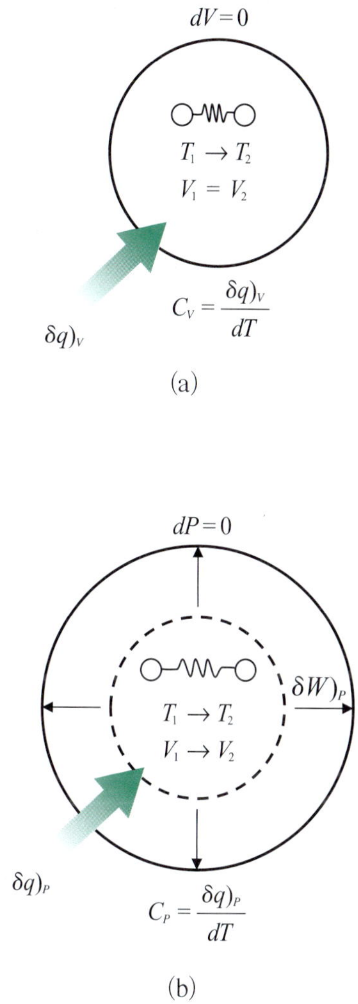

그림 2.16

수학적 켯속: 실제 식 (2.53)은 함수의 성질을 이용하여 공식적으로 다음과 같이 유도된다. 2개 열용량의 정의로부터

$$C_P - C_V = \left(\frac{\partial H}{\partial T}\right)_P - \left(\frac{\partial U}{\partial T}\right)_V \tag{2.55}$$

U와 H는 서로 비교할 수 없으므로 $H=U+PV$ 정의식을 대입하여 정리하면,

$$C_P - C_V = \left[\left(\frac{\partial U}{\partial T}\right)_P + P\left(\frac{\partial V}{\partial T}\right)_P\right] - \left(\frac{\partial U}{\partial T}\right)_V \tag{2.56}$$

여기서 U에 관한 편미분 2개가 나오는데, 앞의 것은 $U=U(T,P)$로부터, 뒤의 것은 $U=U(T,V)$로부터 나온 것임을 알 수 있을 것이다. 이제 이 둘을 비교하는 요령을 알

아보자.

전미분 $dU(T,V)$를 먼저 써보면,

$$dU = \left(\frac{\partial U}{\partial T}\right)_V dT + \left(\frac{\partial U}{\partial V}\right)_T dV \tag{2.57}$$

지금 우리가 비교해야 할 것은 U의 T에 관한 2개의 편미분이므로, 일단 이 식의 양변을 dT로 나누고 P를 고정하자.

$$\left(\frac{dU}{dT}\right)_P = \left(\frac{\partial U}{\partial T}\right)_V + \left(\frac{\partial U}{\partial V}\right)_T \left(\frac{dV}{dT}\right)_P \tag{2.58}$$

$(dU/dT)_P = (\partial U/\partial T)_P$, $(dV/dT)_P = (\partial V/\partial T)_P$ 임을 알면

$$\left(\frac{\partial U}{\partial T}\right)_P - \left(\frac{\partial U}{\partial T}\right)_V = \left(\frac{\partial U}{\partial V}\right)_T \left(\frac{\partial V}{\partial T}\right)_P \tag{2.59}$$

이고, 이를 식 (2.56)에 대입하면 식 (2.53)이 얻어진다.

이 과정을 통하여 한 함수의 독립변수를 변환할 때 편미분이 어떻게 관여하는지 그 컷속을 익혀 두기 바란다.

2.9 | $(\partial U/\partial V)_T = ?$

U를 T와 V의 함수로 기술할 때 U의 T에 관한 편미분 $(\partial U/\partial T)_V = C_V$임을 알았다. 그러면 다른 편미분 $(\partial U/\partial V)_T$는 어떤 값을 가질까? 계의 부피가 늘어나면 계를 구성하는 입자들 간의 간격이 커지게 될 것이다. 그러므로 이 편미분은 계를 구성하는 입자들의 전체 에너지가 입자들 간 간격에 따라 변화하는 정도를 나타내는 특성에 해당한다. 이런 관점에서 다음의 경우에 대하여 이 편미분의 값을 예측해 보자.

2.9.1 계의 종류에 따른 예측

(i) 이상기체

이상기체는 서로 아무런 힘작용을 하지 않는, 크기가 없는 점 질량 입자들(non–

interacting point–mass particles)로 이루어진 기체를 말한다. 입자들 간에 아무런 인력이나 척력이 작용하지 않으므로 입자들 사이의 거리가 길어지든 짧아지든 내부에너지는 아무런 변화가 없을 것이다. 그러므로

$$\left.\frac{\partial U}{\partial V}\right)_T = 0 \tag{2.60}$$

이것은 실제 이상기체의 정의이기도 하다. 따라서 이상기체의 내부에너지는 온도만에 의하여 결정된다. 즉

$$U = U(T) \tag{2.61}$$

(ii) 실제기체

실제기체는 온도가 낮아지거나 압력이 높아지면 액체가 된다. 이는 실제기체에는 분자 또는 원자들 간에 인력이 작용한다는 말이다. 그러나 기체란 액체나 고체 등 응집계와 달리 분자들 간의 거리가 매우 크므로 인력이 그리 크지는 않을 것이다. 그러므로 이 편미분 값은 아직도 0에 가까운 값을 가질 것이다.

$$\left.\frac{\partial U}{\partial V}\right)_T \approx 0 \tag{2.62}$$

(iii) 응집계

액체나 고체처럼 응집계는 구성원자들 간의 인력이 매우 커서 기체에 비하여 열팽창이 매우 적으며, 특히 고체의 경우는 그 형체도 쉬이 변형할 수 없다. 이는 구성원자들 간의 인력이 매우 커서 조금만 간격을 넓히려 해도 큰 힘이 드는 탓이다. 그러므로 응집계의 경우, 특히 고체의 경우 이 편미분은 +로 매우 큰 값을 가질 것이 예상된다.

$$\left.\frac{\partial U}{\partial V}\right)_T \gg 0 \tag{2.63}$$

지금 가지고 있는 연필을 한번 늘이려 시도해 보면 이 편미분 값의 크기를 가늠해 볼 수 있을 것이다.

2.9.2 $(\partial U/\partial V)_T$의 측정: Joule의 실험

Joule은 이 편미분 값을 기체에 대하여 실험적으로 측정하였다. 그는 그림 2.17에 보이는 것처럼 온도계가 꽂힌 예의 그 구리 통에 물을 담고, 그 안에 한 구(B)는 진공이고 다른 한 구(A)에는 공기를 채워 이 둘을 스톱콕(stopcock)으로 연결하여 물속에 담갔다. 이 전체 계의 온도가 일정해진 후 그는 적절히 바깥으로 연결된 장치를 이용하여 두 구 사이의 스톱콕을 열어 구 A에 있던 기체를 진공인 구 B로 저절로 퍼져 나가게 한 후 물의 온도를 다시 측정하였다. 결과 그는 아무런 온도 변화를 감지할 수 없었다. 이로부터 그는 이 편미분의 값이 0이어야 한다고 결론 짓는다.

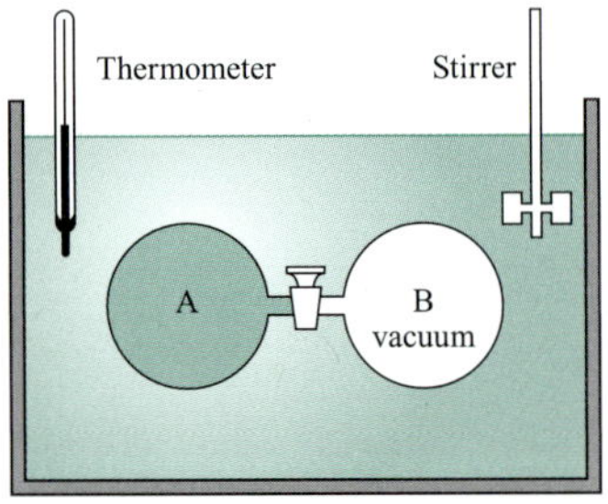

그림 2.17
(G. W. Castellan, Physical Chemistry 3E, Addison Wesley, 1983, p.118)

$$\left(\frac{\partial U}{\partial V}\right)_T = 0 \tag{2.64}$$

즉, $U = U(T)$. 이를 "Joule의 법칙"이라 한다.

이제 이 결론에 이르는 논리적 과정을 우리 같이 복기해 보자. 구에 담긴 기체만을 우리 계로 선택하자. 그러면 유리 구를 포함하여 그 외의 모든 것들이 주위가 된다. 우리 계(system)와 주위(surrounding) 물과 구리 통을 다 포함하는 **복합계**(composite system)는 경계를 통하여 그 바깥과 아무런 열작용이나 일작용을 하지 않았다 ($q = 0 = w$). 이렇게 주위와 모든 작용이 차단된 계를 **고립계**(isolated system)라 부른다. 그러면 열역학 제1법칙에 의하여

$$dU_{comp} = dU_{sys} + dU_{sur} = 0 \text{ (고립계)} \tag{2.65}$$

우리 계의 주위(물+물통+유리 구+온도계)에 온도 변화도 없고 부피 변화도 없다. 따라서

$$dU_{sur} = 0 \tag{2.66}$$

그러면 식 (2.65)에 의하여

$$dU_{sys} = 0 \tag{2.67}$$

이 되어야 한다.

이 결과는 우리 계만의 열역학 제1법칙을 적용해서도 얻을 수 있다. 우선 우리 계가 팽창할 때 외부로 하는 일을 계산해 보자. 지금 $P = 0$인 진공으로 팽창하므로(이런 팽창을 **자유팽창**, free expansion 또는 Joul 팽창이라고도 한다), 이때 일은

$$\delta w = PdV = 0 \text{ (자유팽창)} \tag{2.68}$$

이 되고, 온도의 변화도 없었으니

$$\delta q = 0 \tag{2.69}$$

일 수밖에 없다. 그러니 제1법칙에 의하여

$$dU_{sys} = \delta q - \delta w = 0 - 0 = 0 \tag{2.70}$$

가 된다.

우리 계의 내부에너지 U를 T와 V의 종속함수로 보면 그 전미분 dU는

$$dU_{sys} = \left(\frac{\partial U}{\partial T}\right)_V dT + \left(\frac{\partial U}{\partial V}\right)_T dV = 0 \tag{2.71}$$

여기서 $(\partial U/\partial T)_V = C_V \neq 0$이라는 것을 우리는 알고 있다. 실험결과는 $dT = 0$, $dV \neq 0$이다. 그러므로 식 (2.71)을 만족하기 위해서는

$$\left(\frac{\partial U}{\partial V}\right)_T = 0$$

일 수밖에 없다.

그러나 실제기체는 서로 힘작용을 하는 일정 크기의 입자로 이루어져 있으므로 (interacting finite-size particles), 기체 분자들의 전체 에너지가 분자 간 거리에 의존한다. 따라서 엄밀하게는

$$\left(\frac{\partial U}{\partial V}\right)_T \neq 0 \tag{2.72}$$

이다.

Joule의 실험에서 만약 주위의 열용량이 충분히 작았고 그 시절 온도계가 충분히 정밀했다면, Joule도 식 (2.64)와 같이 간단하면서도 아름다운 결과는 못 얻었을 것이다. 계측기가 엉성함으로서만 얻을 수 있는 과학의 아이러니라고나 할까.

그러나 Joule은 이미 식 (2.72)가 사실임을 인지하고, Thomson과 함께 기체를 갑자기 팽창시킬 때 기체의 온도가 변한다는 사실을 실험으로 보였다. 이게 그 유명한 유압조절 실험(throttling experiment)이다. 이 실험과 그 분석 논리도 복기해 보자.

2.9.3 Joule－Thomson의 유압조절 실험: $(\partial H/\partial P)_T$의 측정

그들의 실험장치는 그림 2.18과 같다. 이들은 외부와 열교환이 없도록 단열처리를 한 가스 관 한쪽 끝을 올이 촘촘한 비단 손수건(A)으로 막고 다른 관을 겹쳐 끼운 후, 손수건 양쪽의 관에 각각 온도계(t,t')와 압력계(M,M')를 장착하였다. 그리고 그들은 손수건 양쪽에 있는 기체의 온도가 일단 같음을 확인한 후 피스톤을 이용하여 왼쪽 관의 기체를 압력 P_1으로 밀어 같은 양의 기체가 손수건 격막을 통과하여 오른쪽 관으로 나오게 하였다. 이때 손수건 때문에 압력 감소가 생겨 오른쪽 기체의 압력은 왼쪽의 그것보다 작게 된다. 이들은 같은 양의 기체를 통과시키면서 이 압력 차이를 재고 온도 차이를 측정하여 대부분의 기체에 대하여 실온 부근에서

$$\lim_{\Delta P \to 0} \frac{\Delta T}{\Delta P} > 0 \tag{2.73}$$

임을 발견하였다. 즉 기체의 부피가 늘어나면서 (또는 압력이 줄면서) 차가워지더라는 것이다. 예를 들어 질소기체가 담긴 실린더의 밸브를 손으로 감싸 잡고 열면 가스가 분출되면서 밸브가 차가워지고 습한 날이면 심지어 밸브에 이슬까지 맺히는 것을 쉬이 볼 수 있는데, 바로 같은 현상이다. 만약 이상기체라면 부피가 팽창하더라도 어차피 기체 입자들 사이에는 아무런 힘이 작용하지 않기 때문에 온도 변화가 생길 이유가 없다.

이제 이 현상을 열역학 제1법칙을 가지고 분석해 보자. 온도가 T_1인 왼쪽에서 피스톤이 압력 P_1으로 기체 1몰을 오른쪽으로 다 밀어내었다 하자. 이때 왼쪽에서 밀려 나간 기체의 부피를 V_1이라 하자. 한편 오른쪽 관의 기체는 격막 때문에 압력이 줄어 P_2가 되고 온도는 T_2, 부피는 V_2로 늘어났다고 하자.

기체가 왼쪽에 모두 있을 때를 초기상태, 오른쪽으로 다 밀려 온 후를 최종상태라 할 때 내부에너지 변화 ΔU는 열역학 제1법칙에 따라,

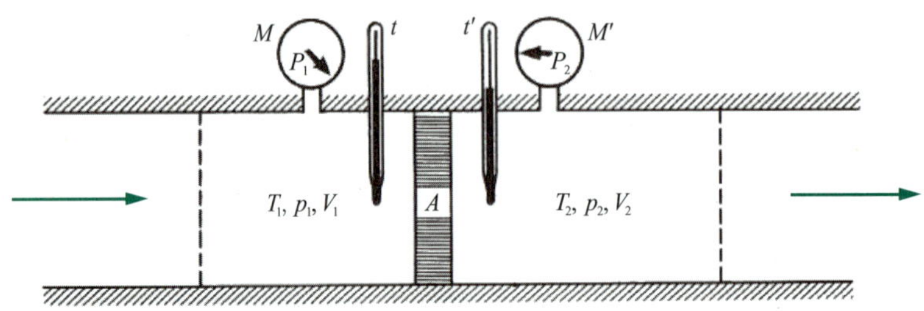

그림 2.18

(G. W. Castellan, Physical Chemistry 3E, Addison Wesley, 1983, p.125)

$$\Delta U = U_2 - U_1 = q - w \tag{2.74}$$

계가 주위와는 모두 단열되어 있으므로

$$q=0 \tag{2.75}$$

한편 일은 왼쪽에서는 손수건 격막을 통과해 가면서 P_1V_1만큼 일을 하여 받고, 통과해서는 P_2V_2만큼 바깥으로 일을 하였으니 우리 계가 가진 일작용의 총량은

$$w=-P_1V_1+P_2V_2 \tag{2.76}$$

따라서

$$U_2 - U_1 = 0 - (-P_1V_1 + P_2V_2) \tag{2.77}$$

이를 약간 정리하면

$$U_2 + P_2V_2 = U_1 + P_1V_1 \tag{2.78}$$

일찍이 우리는 $U+PV=H$라고 정의하였다. 그러니 지금 이 실험과정은

$$H_2 = H_1 \tag{2.79}$$

즉 $dH=0$, 엔탈피가 고정된 과정이다. 이런 과정을 **등엔탈피 과정**(isoenthalpic process)이라 부른다. 따라서 Joule과 Thomson이 측정한 식 (2.73)의 dT/dP는 열역학 제-1법칙에 부응하여, 상태함수 T를 독립변수 P와 H의 함수로 기술할 때 P에 대한 편미분에 해당한다는 것을 알 수 있다.

$$\left(\frac{\partial T}{\partial P}\right)_H \equiv \mu_{JT} \tag{2.80}$$

이 편미분을 Joule-Thomson 계수라 부르고, μ_{JT}로 줄여서 쓴다.

그러면 $dH=0$일때 식 (2.45)로 부터

$$\left(\frac{\partial H}{\partial P}\right)_T = -\left(\frac{\partial H}{\partial T}\right)_P\left(\frac{\partial T}{\partial P}\right)_H = -C_p\,\mu_{JT} \tag{2.81}$$

임을 알 수 있다.

만약 이상기체였다면 기체 분자 간 거리가 늘어나든 줄어들든 아무 상관 없었을 것이니 당연히 $\mu_{JT}=0$이 되었을 것이다. 그렇다면 이 계수와 편미분 $(\partial U/\partial V)_T$는 밀접하게 연계되어 있을 터, 그 정확한 관계식은 무엇일까? 이 관계식은 열역학 제2법칙을 배운 후에라야 찾을 수 있다.

2.10 | 이상기체의 열용량

이제 이상기체를 정량적으로 정의하자. 이상기체는 Joule의 법칙을 따르는 기체, 즉

$$\left(\frac{\partial U}{\partial V}\right)_T = 0$$

인 기체이다. 그러므로 이상기체의 내부에너지는 온도만의 함수가 된다.

$$U = U(T) \tag{2.82}$$

이상기체의 엔탈피 또한 이상기체 법칙에 따라 $PV=nRT$이므로

$$H = U + PV = U + nRT \tag{2.83}$$

가 되어, 온도만의 함수가 된다.

$$H = H(T) \tag{2.84}$$

이제 U나 H가 모두 T만의 함수이니, 온도에 대한 편미분은 다른 열역학 독립변수가 뭐든 상관없으므로, 식 (2.83)의 양변을 온도에 대하여 미분하면

$$\left(\frac{\partial H}{\partial T}\right)_P = \left(\frac{\partial U}{\partial T}\right)_V + nR \tag{2.85}$$

와 같이 되고, 열용량의 정의에 따라

$$C_P = C_V + nR \tag{2.86}$$

이다. 몰당 비열(molar heat capacity)의 비 γ를 구해 보면

$$\gamma = \frac{c_P}{c_V} = \frac{c_V + R}{c_V} = 1 + \frac{R}{c_V} \tag{2.87}$$

기체가 단원자 기체이면 이동운동밖에 없으므로 3개의 운동자유도가 있고, **열에너지 균분 원리**(equipartition principle)에 따라 각 자유도마다 열에너지가 $RT/2$이므로 전체 열에너지는 $U = 3 \times RT/2$ 이다. 그러므로 몰당 열용량은

$$c_V = \frac{3R}{2} \tag{2.88}$$

따라서

$$c_P = \frac{5R}{2} \tag{2.89}$$

이 되고, 열용량의 비는

$$\gamma = \frac{5R/2}{3R/2} = \frac{5}{3} = 1.6666\cdots\cdots \tag{2.90}$$

의 값을 갖는다. 만약 기체가 아령처럼 2개 원자로 이루어진 분자로 이루어져 있다면 그 운동의 자유도는 직선이동 운동에 관한 자유도 3개와 회전운동에 관한 자유도 2개, 도합 5개의 자유도가 있다. 따라서 몰당 전체 열에너지는 $U = 5 \times RT/2$, 그러므로 $c_V = 5R/2$, $c_P = 7R/2$, $\gamma = 7/5 = 1.4$의 값을 가진다.

2.11 | 등온과정

이제 열역학에서 가장 핵심이 되는 계의 특성인 열용량을 이해했으므로, 온도가 일정하게 유지되는 조건에서 일어나는 열역학적 상태 변화과정을 분석해 보자. 이런 등온과정을 일정하다는 뜻의 라틴어 접두어 *iso*에 온도라는 뜻의 형용사인 thermal을 붙여 isothermal process라 부른다.

2.11.1 등온과정의 수행

어떤 계의 온도를 일정하게 유지하기 위해서는 계의 벽이 열을 잘 전달하는 벽(diathermal)이어야 하고, 그 주위가 항상 일정한 온도로 유지되되 열용량이 무한대 ($C_V \to \infty$)여서 열용량이 유한한 계와 열작용을 하여도 온도 변화가 없어야 한다. 태평양에 얼음물 한 바가지 붓는다고 온도가 바뀌던가? 이런 주위를 항온열원(heat reservoir)이라 부른다. 그리고 계 내부에서 어떤 변화가 아무리 빨리 일어나더라도 온도가 일정하게 유지될 수 있으려면 계 내부 변화가 열전달 속도보다 훨씬 더 느리게 일어나야 할 것이다.

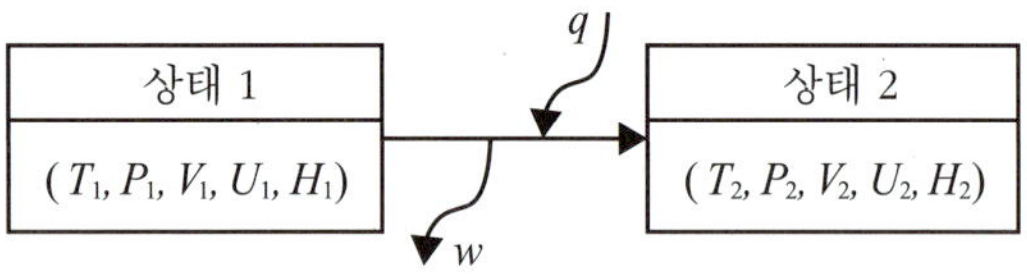

그림 2.19 등온과정 $T_1=T_2=T$.

자, 이제 이런 상황에서 우리 계가 상태 1에서 상태 2로 변화한다고 하자(그림 2.19). 상태 1에는 '본디 거기 있는 특성'으로서 온도 T_1, 압력 P_1, 부피 V_1, 내부에너지 U_1, 엔탈피 H_1이 있을 것이고, 상태 2에도 '본디 거기 있는 특성' T_2, P_2, V_2, U_2, H_2 등이 있을 것이다. 각 상태에서는 역시 열역학 제–1법칙이 성립하여 우리 계가 단순하다면, 즉 전체 물질량이 고정되고 조성이 고정되어 있다면 이들 중 어느 2개든 독립변수로 하여 다른 특성을 기술할 수 있다. 현재의 경우는 등온과정이므로 상태 변화를 겪어도 온도는 동일하여 $T_1=T_2=T$이다. 이제 일과 열 그리고 다른 것들의 변화를 계산해 보자.

2.11.2 등온팽창과 일, 열 그리고 내부에너지 변화

일은 어김없이 정의에 따라 압력 P를 부피 V에 대하여 적분함으로써 얻는다.

$$w = \int_{V_1}^{V_2} PdV \tag{2.91}$$

그러나 이 적분을 행하기 위해서는 변위 V에 따라 압력 P가 변해 가는 경로

$$P=P(V) \tag{2.92}$$

를 알아야 한다. 그래서 w가 경로에 유관한 양이다. 경로에 따라 일과 열이 어떻게 달라지는지를 알기 위하여 다음과 같은 상상실험(thought experiment)을 해 보자.

(i) 한 단계 정압팽창($n=1$)

무게가 없고 마찰 없이 움직일 수 있는 피스톤으로 그 입이 막힌 금속 실린더 안에 일정량의(1몰이라 하자) 이상기체가 들어 있고, 이 실린더는 온도가 T인 항온조 안에 들어 있다고 하자. 그리고 압력은 피스톤 위에 같은 무게 W를 가진 추를 여러 개 얹어서 조절하는데, W는 2개를 얹으면 P_1, 1개를 얹으면 P_2가 되는 그런 무게이다[그림 2.20(a)]. 이제 피스톤 위에 이 추 2개를 얹어 두고 우리 계로 하여금 주위와 평형을 이루도록 한다. 그러면 우리 계의 상태는 거시적으로 압력 P_1, 온도 T, 부피 V_1 등으로 기술될 터인데, 제–1법칙에 의하여 이들 중 2개만이 독립변수이고 나머지는 모두 종속변수가 된다. 현재의 경우 이상기체이므로 그 상태방정식이

$$P_1 = \frac{RT}{V_1} \tag{2.93}$$

이다. 이 평형상태($T,V_1;P_1$)에 있는 기체를 항온조 안에서 압력 $P_2(<P_1)$까지 팽창시킨다고 하자.

기체가 저절로(spontaneously) 팽창하면서 피스톤 위에 놓인 무게를 밀어 올리기 위해서는 기체의 압력보다 바깥의 압력이 작아져서 힘의 균형이 깨져야 한다. 그러기 위하여 피스톤 위에 있는 추 하나를 들어낸다. 그러면 순간적으로 피스톤에 작용하는 외부 압력은 P_2가 되나, 기체 내부 압력은 본디대로 $P_1(>P_2)$이다. 따라서 기체는 저절로 팽창하게 될 것이다. 이때 팽창하는 속도를 생각해 보면, 처음에는 큰 압력 차 때문에 피스톤은 급격히 움직일 것이나, 시간이 경과하면 기체의 팽창과 더불어 압력 차이가 줄어들면서 피스톤의 움직임도 서서히 느려지다가 드디어 기체 부피 V_2에서 정지하게 되고 모든 것이 조용해질 것이다. 즉 평형상태 2에 이른 것이다.

우리 기체가 평형상태 1($V_1,P_1;T$)에서 또 다른 평형상태 2($V_2,P_2;T$)로 상태 변화를 하는 동안 우리 계의 상태는 어떻게 기술될까? 제-1법칙에 의하여, 상태방정식 $P=RT/V$이 계속 성립할까? 피스톤에 얹힌 추 하나를 내리는 순간 우리 기체 안에 어떤 일들이 일어나는지 생각해 보자. 바깥의 압력이 줄어드는 순간 피스톤 바로 아래 있는 기체는 이 줄어든 압력을 느낄 것이나, 아래 바닥 쪽에 있는 기체는 아직도 본디의 압력을 느끼고 있을 것이다. 이렇게 압력 차이가 있으면 기체의 밀도도 아래위가 달라지게 되어 대류와 더불어 기체 분자들의 확산이 생길 것이고, 이로 인하여 온도 차이 또한 생기게 될 것이다. 이런 일련의 과정들을 **에너지 소실현상** 혹은 **과정**(energy dissipation phenomena or processes)이라 부른다. 시간이 충분히 경과하게 되면 이런 현상들이 잦아들면서 우리 기체는 다시 압력은 P_2로 균일해지고, 온도는 주위의 온도 T로 균일해지며 기체의 농도도 균일한 상태, 즉 평형상태 2에 이르게 된다. 평형상태 1에서 실린더 위 추 하나를 제거하는 순간부터 우리 계가 다음 평형상태 2에 이르는 이러한 과정은 **자연적으로**(naturally), **저절로**(spontaneously) 일어나며 **되돌릴 수 없다**(irreversible). 여기서 되돌린다는 말은 우리 계에 일어나던 모든 일들이 거꾸로 된다는 말이다. 즉 모든 세기특성이 균일한 상태 2에서 기체 안에 저절로 압력 차가 생기고 온도 차가 생기고 밀도 차가 생기면서 처음 추를 하나 제거하던 그 순간으로 돌아간다는 말이다. 영화 필름을 거꾸로 돌리듯이. 그래서 열역학에서는 '**자연적으로**(naturally)' '**저절로**(spontaneously)' '**되돌릴 수 없는**' 또는 한자말로 '**비가역적**(irreversible)'이라는 표현이 모두 동의어이다. 상태 1에서 2로 가는 일련의 과정을 '**자연적인 과정**(natural processes)' '**저절로 과정**(spontaneous processes)' '**되돌릴 수 없는** 혹은 **비가역 과정**(irreversible processes)' 등으로 부른다.

'되돌릴 수 없는 과정' 중에 우리 계의 상태는 세기특성이 균일하지 않으므로 1개의 일정한 값으로 정의할 수 없다. 즉 우리 계는 비평형 상태여서 제-1법칙을 적용할

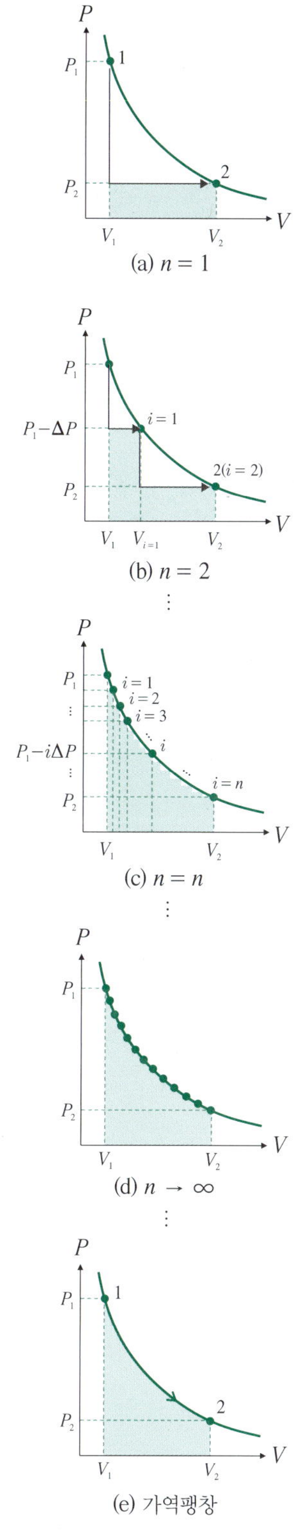

그림 2.20 (a) 한 단계 팽창, (b) 두 단계 팽창, (c) n 단계 팽창, (d) 정지된 것처럼 보이는 팽창(겉보기 가역팽창), (e) 가역팽창.

수 없고, 따라서 상태방정식이 정의될 수 없다. 이는 우리 계가 상태 1에 있을 때는 P, V, T로 정의되는 열역학적 변수 분포공간(thermodynamic configuration space) 안의 한 점(P_1,V_1;T)으로 표시되고, 이때는 제-1법칙에 의하여 상태방정식 $P_1V_1=RT$를 만족한다. 그러나 추를 하나 제거함으로써 '저절로 과정'이 진행되는 동안에는 우리 계의 상태는 모든 세기특성이 균일하지 않으므로 이 변수 분포공간에 표시할 수 없으며, 따라서 상태방정식은 성립하지 않는다. 우리 계가 다시 평형상태 2에 이르면 우리 계의 상태는 점 2(P_2,V_2;T)로 열역학 변수 공간에 표시할 수 있으며 제-1법칙, 즉 상태방정식이 성립하게 된다. 다시 말하여 우리 계는 열역학 변수 공간의 점 1에 있다가 추를 하나 들어내는 순간 이 공간 바깥 어딘가로 사라졌다가 다시 평형상태에 이르면 이 공간 안 점 2에 나타나게 되는 것이다.

이제 이 한 단계($n=1$) 팽창과정에 수반된 일 $w_{n=1}$을 계산해 보자[그림 2.20(a)] 일정한 외부 압력 P_2에 대하여 부피가 V_1에서 V_2로 팽창하는 것이므로,

$$w_{n=1} = \int_{V_1}^{V_2} PdV = P_2(V_2 - V_1) \tag{2.94}$$

이는 그림 2.20(a) 그래프의 색으로 표시된 부분에 해당한다.

그러면 열작용의 크기 $q_{n=1}$는? 열역학 제1법칙에 의하여

$$q_{n=1} = \Delta U + w_{n=1} \tag{2.95}$$

그런데 이상기체의 내부에너지는 온도만의 함수이고, 상태 1과 상태 2는 같은 온도에 있으므로 $\Delta U = 0$이다. 따라서

$$q_{n=1} = w_{n=1} = P_2(V_2 - V_1) \tag{2.96}$$

팽창하면서 일한 만큼 열을 받아 내부에너지는 변화가 없다.

만약 이상기체가 아니면 어떻게 될까? 이상기체가 아니고 일반적인 물질계라면 내부에너지는 당연히 부피의 함수가 되므로, 내부에너지 변화는

$$\Delta U = \int_{V_1}^{V_2} \left(\frac{\partial U}{\partial V}\right)_T dV \tag{2.97}$$

만큼 될 것이다. 기체가 팽창하는 저절로 과정 중에는 온도가 정의되지 않는데도? 그렇다. 상관없이 이러하다. U는 상태함수이므로 초기상태와 최종상태만에 의하여 결정되어서 그렇다. 따라서 처음과 나중의 온도가 동일하므로, 내부에너지의 부피에 대한 변화율만 알면 이 식을 적분하여 내부에너지 변화를 계산할 수 있다. 그러면 열

작용의 크기는

$$q = \Delta U + w = \int_{V_1}^{V_2} \left(\frac{\partial U}{\partial V}\right)_T dV + P_2(V_2 - V_1) \tag{2.98}$$

이다. 실제기체라면 부피가 팽창하면서 외부 압력 P_2에 대하여 일을 할 뿐만 아니라 내부 입자 간 인력에 대해서도 일을 해야 하므로 열작용의 크기도 내부 입자 간 인력에 대하여 한 일만큼 더 커진다.

(ii) 두 단계 정압팽창($n=2$)

이번에는 큰 추 2개 대신에 그중 1개를 똑같은 무게로 둘($i=1,2$)로 쪼개어 1개씩 들어내면서 기체를 팽창시킨다고 하자[그림 2.20(b)]. 작은 추를 하나($i=1$) 들어내면 피스톤에 걸리는 외부 압력이 ΔP만큼 줄어들고, 2개를 들어내면 다시 ΔP만큼 줄어들어 외압이 P_2가 된다. 즉

$$P_1 - P_2 = 2\Delta P \tag{2.99}$$

이제 작은 추 $i=1$을 들어내면 기체의 내부 압력은 P_1인데, 외부 압력이 순간적으로 $P_1 - \Delta P$로 줄어들므로 힘의 평형이 깨져 기체는 '자연적으로' '저절로' '비가역적으로' 팽창하면서 실린더 위에 남아 있는 무게를 밀어 올려 주위에 일을 하게 된다.

이렇게 팽창하는 동안에는 기체의 온도나 압력 같은 세기특성이 균일하지 않으므로 한 값으로 정의될 수 없고 따라서 기체의 상태방정식은 성립하지 않는다. 팽창하는 속도도 작은 추를 들어내는 순간 기체 외부와 내부의 압력 차이가 가장 크므로 실린더가 위로 올라가는 속도가 가장 빠르다가, 팽창과 더불어 기체 내부 압력이 점차 줄어들게 되므로 속도도 서서히 느려질 것이다. 시간이 충분히 경과하고 나면 기체 안에 일어나던 대류, 확산, 열전달 같은 모든 에너지 소실과정(energy dissipation processes)이 사라지고 모든 것은 다시 조용해진다. 즉 평형상태가 도래한 것이다. 이때 온도는 T(외부 항온조 온도), 압력은 $P_1 - \Delta P$, 부피 $V_{i=1}$는 상태방정식에 의하여 $V_{i=1} = RT/(P_1 - \Delta P)$이 된다. 열역학 변수 공간에 그 위치가 $i=1$에 드러난 것이다[그림 2.20(b)].

이때 일은 일정한 외부 압력 $P_1 - \Delta P$에 대하여 행해지므로 이때의 부피 증가를 $\Delta V_1 (= V_{i=1} - V_1)$라 하면, 우리 계가 주위에 한 일은

$$w_{i=1} = (P_1 - \Delta P) \cdot \Delta V_1 \tag{2.100}$$

이 평형상태에서 다시 작은 추 $i=2$를 들어낸다. 그러면 기체 내부 압력은 $P_1 - \Delta P$ 인

데 외부 압력이 $P_1 - 2\Delta P(= P_2)$가 되므로, 다시 기체는 첫 번째 팽창할 때처럼 기체 안에 온갖 법석이 일어나면서 '자연적으로' '저절로' '비가역적으로' 팽창하여 궁극적으로 평형상태 2($i=2$)에 이르게 된다. 이 두 번째 '저절로' 팽창한 부피를 $\Delta V_2(= V_{i=2} - V_{i=1})$라 하면, 이때 우리 계가 한 일은

$$w_{i=2} = (P_1 - 2\Delta P) \cdot \Delta V_2 \tag{2.101}$$

가 된다. 두 단계 팽창을 하면서 한 전체 일 $w_{n=2}$는 당연히 이 둘의 합이 되어

$$w_{n=2} = (P_1 - \Delta P)\Delta V_1 + (P_1 - 2\Delta P)\Delta V_2 = \sum_{i=1}^{2}(P_1 - i\Delta P)\Delta V_i \tag{2.102}$$

이다. 이 일을 열역학 변수 분포공간 P 대 V에 나타내면 그림 2.20(b)의 색으로 표시한 부분의 면적과 같고, 당연히 한 단계 팽창한 경우에 한 일보다 크다.

이때 열은 열역학 제1법칙에 의하여,

$$q_{n=2} = w_{n=2} \tag{2.103}$$

이 되고, 역시 한 단계로 팽창할 때보다 크다. 즉 두 단계 팽창할 때가 한 단계 팽창할 때에 비하여 더 많은 열을 받아 더 많은 일을 하게 된 것이다.

자, 이제 2개로 쪼갰던 본디 그 추를 n개로 쪼개고, 이를 1개씩 내리면서 n 단계로 팽창시킬 때 일과 열 작용을 분석해 보자[그림 2.20(c)].

(iii) n 단계 정압팽창($n = n$)

이때 n개로 잘게 쪼갠 추 하나를 내릴 때마다 외부 압력은 그전에 비하여

$$\Delta P = \frac{P_1 - P_2}{n} \tag{2.104}$$

만큼씩 줄어들게 된다. 그러면 압력 차이에 의하여 우리 기체는 저절로 팽창하게 되고 충분한 시간이 지나면 우리 계는 새로운 평형상태에 이르게 될 것이다. 팽창하는 속도는? 추를 잘게 쪼갤수록 추 1개에 의한 압력 차이가 작아지므로, 한 단계 팽창할 때보다는 두 단계 팽창할 때가 느리고, 이보다 세 단계 팽창할 때는 더욱 느리고, n 단계 팽창할 때는 더더욱 느려질 것이다.

상태 1에서 상태 2까지 n 단계 팽창할 때 일작용의 총량은 각 정압팽창 단계의 일작용을 합한 것이므로

$$w_n = \sum_{i=1}^{n} (P_1 - i\Delta P)\Delta V_i \tag{2.105}$$

이고, 열역학 제1법칙에 의하여

$$q_n = w_n \tag{2.106}$$

이다.

그림 2.20을 보면 n이 커질수록 w가 커지고 따라서 q도 커지는 것을 볼 수 있을 것이다. 그러면 w_n는 n이 커지면 무한정 커질까? 이제 $n \to \infty$이 되는 상황을 분석해 보자[그림 2.20(d)].

$n \to \infty$가 되면 저절로 자연적으로 비가역적으로 변화가 일어나긴 하되 눈에 보이지 않을 정도로 느리게 일어날 것이다. 거의 아무 일도 일어나지 않는 것처럼 말이다. 이런 자연적, 비가역적 저절로 과정을 '거의 정지해 있는 것처럼(quasi-static)' 보인다고 해서 영어로 'quasi-static process'라 부른다. 이 과정을 열역학 변수 분포공간에 나타내 보면, 초기상태 1에 있던 계가 첫 번째 팽창하는 동안 이 공간에서 사라졌다가 평형상태 $i=1$에 나타나고, 또 사라졌다가 평형상태 $i=2$에 나타나고, 이러기를 반복하다가 결국 $i=n$에 해당하는 평형상태 2에서 그 모습을 드러내면서 모든 저절로 팽창과정이 종료된다. n이 많아질수록 이 평형상태 점들은 서로 붙어 있는 것 같아, $P-V$ 공간의 등온선

$$P = \frac{RT}{V} \tag{2.107}$$

에 근접해 갈 것이다. 그러나 실제로는 서로 떨어진 n개의 평형상태 점들이 그저 가깝게 놓여 있을 뿐이며, 평형상태 간 변화는 비록 서 있는 것같이 보이지만 아직도 '저절로' '자연적으로' '비가역적으로' 진행되고 있는 것이다. 따라서 일은 그 극한에 이르면 이 등온선 아래의 면적에 수렴해 갈 것이다.

$$w \equiv \lim_{n\to\infty} \sum_{i=1}^{n} (P_1 - i\Delta P)\Delta V_i \to \int_{V_1}^{V_2} PdV = RT\ln\frac{V_2}{V_1} \tag{2.108}$$

그러나 아무리 n을 무한대로 한다고 해도 $\Delta P \to 0$이지 0은 아니므로[식 (2.104)], 비가역 과정에 수반되는 궁극적 일은 이 극한을 넘어설 수는 없다.

(iv) 가역과정(reversible process)

그렇다면 아예 우리 계의 상태가 항상 평형상태에 있어서 열역학 변수 분포공간에서 등온선

$$P = \frac{RT}{V} \tag{2.109}$$

을 떠나지 않으면서 1에서 2까지 상태 변화를 할 수가 있을까? 우리 계가 항상 평형상태에 있으므로 기체의 내부 압력과 바깥 압력이 항상 같고, 따라서 힘의 평형이 유지되어 있으므로 저절로는 절대 상태 변화가 일어날 수 없다. 그냥 그대로 있을 따름이다. 그러므로 이 등온선 상에서 상상으로 어느 쪽으로든 움직일 수 있다. 이를 지금까지 분석한 '자연적' '저절로' 변하는 '비가역 과정'에 반하여 **'되돌릴 수 있는 과정'** 또는 한자말로 **'가역과정'**이라 부른다. 가역과정이란 실제 저절로 되돌려진다는 뜻이 아니고 그냥 평형상태에 있다는 말이다. 그러니 변화 방향은 '저절로 과정'일 때와는 달리 대칭적일 것이고, 그래서 '가역과정'이라 부를 따름이다. 가역과정으로, 즉 그림 2.20(e)의 등온선을 따라 평형상태 1에서 평형상태 2로 상태 변화를 했다면 그때 일작용의 크기 w_{rev}와 열작용의 크기 q_{rev}는 어떻게 될까? P가 항상 상태방정식으로 주어지므로,

$$w_{rev} = \int_{V_1}^{V_2} PdV = RT\ln\frac{V_2}{V_1} = q_{rev} \tag{2.110}$$

이를 '저절로 과정'일 때와 비교해 보면,

$$w \le w_{rev} \tag{2.111}$$

부등호는 비가역 과정으로 상태 변화를 1에서 2까지 했을 때에 해당하고, 등호는 가역과정으로 동일한 상태 변화를 했을 때에 해당한다. 그러므로 w_{rev}는 저절로 과정에서 우리 계가 할 수 있는 일의 최대값에 해당한다. 우리 계의 상태 변화가 저절로 일어나게 되면 항상 이 최대값보다 적은 일을 할 수밖에 없다. 따라서 우리 계가 외부로 일을 하는 경우 $w_{rev} - w(> 0)$는 상태 변화과정이 저절로 일어나는 데 대한 대가에 해당한다고 보면 된다. 왜 최대 일을 못 얻을까? 앞에서 이미 설명한 대로 저절로 과정에는 대류, 확산, 열전달 등 에너지 소실현상이 반드시 수반된다. 바로 이런 비가역적 과정에 $w_{rev} - w$가 소모된다. 이런 것을 **"일이 열화(degradation)한다"**라고 한다.

2.11.3 등온압축과 일, 열 그리고 내부에너지 변화

지금까지 이상기체가 평형상태 1에서 평형상태 2로 등온팽창을 할 때 일과 열과 내부에너지를 계산해 보았다. 말이 난 김에 이번에는 평형상태 2에서 1로 돌아가는 과정, 즉 등온 압축과정을 팽창과정에서처럼 한 단계 압축(one step compression), 두 단계 압축(two step compression), n 단계 압축(n–step compression), 겉보기 가역압축(quasi–static compression), 가역압축(reversible compression) 과정을 각각 분석해 보자.

(i) 한 단계 압축

지금 우리 계는 평형상태 $2(P_2,V_2;T)$에 있다[그림 2.21(a)]. 이 계가 '저절로' '자연적으로' '비가역적으로' 평형상태 $1(P_1,V_1;T)$로 압축되려면 당연히 바깥 압력이 내부 기체압력보다 커야 한다. 한 단계 팽창을 할 때 들어냈던 그 추를 피스톤 위에 다시 얹으면 피스톤을 통해 기체에 작용하는 외압은 P_1이 되어 덜컹하고 피스톤이 아래로 움직이기 시작할 것이다. 그러나 기체 부피가 줄어들면서 압력 차이도 줄어, 피스톤이 움직이는 속도는 서서히 느려지다가 결국은 부피 V_1에서 모든 것이 정지되고 다시 평형상태를 회복할 것이다. 이 과정 중 기체 안에는 '저절로 팽창'을 할 때와 같은 에너지 소실과정들이 전개되고 있을 것이다. 피스톤에 압력이 P_1으로 증가하는 순간 그 바로 아래에 있는 기체는 이 압력을 느끼지만 아직도 바닥에 있는 기체는 P_2 압력하에 있으니, 이 압력 차이에 의하여 농도 차이가 생기고, 이로 말미암아 대류가 생기고, 확산이 생기고, 온도 차이가 생기고 그래서 벽을 통하여 열교환이 일어나고, 일대 혼돈한 상황이 될 것이다. 그러나 시간이 지나면서 이 모든 혼돈이 사라지고 드디어 압력은 P_2로 온도는 T로 균일해진 상태, 평형상태 1이 회복된다. 이를 $P-V-T$ 열역학 변수 분포공간에서 보면 우리 계는 상태점 2에 있다가 사라진 다음 다시 상태점 1에 그 모습을 드러낸 것이다. 이때는 외부에서 추가 아래로 내려가는 경우이니 계가 일을 하여 받는 상황으로, 그 일의 크기는

$$w_{n=1} = P_2(V_1 - V_2) < 0 \qquad (2.112)$$

이 되고, $V_1 < V_2$이므로 이 일의 부호는 −이다. 이때 열작용의 크기는 이상기체의 경우 U가 T만의 함수이므로

$$\Delta U = U_1 - U_2 = 0 \qquad (2.113)$$

이고, 따라서 제1법칙에 의하여

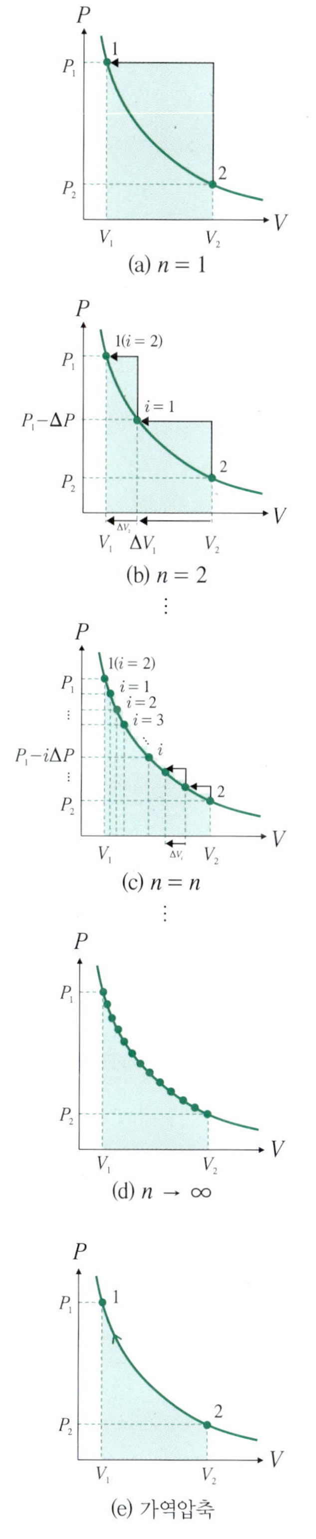

그림 2.21 (a) 한 단계 압축, (b) 두 단계 압축, (c) n 단계 압축, (d) 정지된 것처럼 보이는 압축(겉보기 가역압축), (e) 가역압축.

$$q_{n=1} = \Delta U + w_{n=1} = w_{n=1} < 0 \tag{2.114}$$

이다. 즉 일을 하여 받은 만큼 주위로 열을 내놓는다(발열과정).

(ii) 두 단계 압축

한 단계 압축할 때 올려놓던 그 추를 정확히 둘로 쪼개서 하나씩 올리면 자연적으로 저절로 한 번 압축되면서 평형상태($i=1$)에 이르고, 남은 하나를 또 올리면 또 다시 덜컹 압축되면서 평형상태($i=2$), 즉 마지막 평형상태 1($P_1,V_1;T$)에 이른다[그림 2.21(b)]. 이 과정에 수반되는 일은

$$w_{n=2} = (P_2 + \Delta P)\Delta V_1 + (P_2 + 2\Delta P)\Delta V_2 = \sum_{i=1}^{2}(P_2 + i\Delta P)\Delta V_i < 0 \tag{2.115}$$

이다. 이때 $\Delta V_i < 0$이므로 당연히 일은 음(negative), 즉 우리 계에 일이 행해지는 것이다. 열은? $\Delta U = 0$이므로 열역학 제1법칙에 의하여

$$q_{n=2} = w_{n=2} < 0 \tag{2.116}$$

한 단계 압축될 때보다 더 적은 일을 하여 받고($|w_{n=2}| < |w_{n=1}|$), 그만큼 외부로 열을 적게 방출한다($|q_{n=2}| < |q_{n=1}|$). 이때 압축이 일어나는 속도는 한 단계 압축에 비하여 압력 차이가 적게 걸리므로 더 느리게 진행되며, 기체 안에서 일어나는 에너지 분산과정들도 작은 폭으로 전개되었을 것이다.

(iii) n 단계 압축

이번에는 n개로 쪼갠 추를 한 조각씩 올리면서 압축한다[그림 2.21(c)]. 그러면 우리 계는 평형상태 2에서 사라졌다가 나타났다가 다시 사라지고 또 나타나기를 n번 반복한 끝에 평형상태 1에 마지막으로 나타난다. 이때 일과 열은

$$w_{n=n} = \sum_{i=1}^{n}(P_2 + i\Delta P)\Delta V_i = q_{n=n} < 0 \tag{2.117}$$

단계 수가 늘어날수록 계에 하여지는 일은 점점 적어지고 내놓은 열도 따라서 적어진다.

(iv) 겉보기 가역압축(quasi-static compression)

$n \to \infty$로 늘어나면 일은 결국 등온선 $P=RT/V$ 아래의 넓이에 수렴하게 될 것이다[그림 2.21(d)].

$$\lim_{n\to\infty} w_{n=n} = \sum_{i=1}^{n} (P_2 + i\Delta P)\Delta V_i \rightarrow \int_{V_2}^{V_1} PdV = RT\ln\frac{V_1}{V_2} \tag{2.118}$$

이때의 상태 변화과정은 압력 차가 거의 없으므로 정지된 것처럼 천천히 진행될 것이다. 그러나 잊지 말 것은 비록 서 있는 것처럼(quasi–static) 보이지만 실제로는 자연적으로 저절로 비가역적으로 과정은 진행되고 있다는 사실이다. 우리 계의 상태는 비록 등온선 $P=RT/V$ 상에 주욱 있는 것처럼 보이지만, 사실은 서로 독립된 무한대 개의 점들로 이루어져 있다.

(v) 가역압축(reversible compression)

가역과정이면 우리 계의 상태는 연속적으로 등온선 $P=RT/V$ 상에 있어서 항상 평형상태로 아무런 변화도 일어나지 않는다[그림 2.21(e)]. 이것은 팽창이나 압축이나 대칭적이라는 말이니, 이를 과정으로 보면 앞뒤로 다 갈 수 있는 것이고 그래서 가역과정이라 부른다. 이때 일과 열은 정확히

$$w_{rev} = \int_{V_2}^{V_1} PdV = RT\ln\frac{V_1}{V_2} = q_{rev} \tag{2.119}$$

이다. 그림 2.21에서 보는 것처럼 이 일은 압축 시 우리 계가 하여 받는 일의 최소값에 해당한다.

$$|w| \geq |w_{rev}| \tag{2.120}$$

이때 열도 우리 계가 주위로 내놓는 최소 열에 해당한다.

$$|q| \geq |q_{rev}| \tag{2.121}$$

그러면 저절로 압축될 때 왜 더 많은 일을 하여 받아야 할까? 가역압축 과정 시 우리 계 안에 일어나는 일을 비가역 압축 시 일어나는 일과 비교해 보면 그 이유를 짐작할 수 있다. 가역압축을 하는 경우는 우리 계가 항상 평형상태에 있으므로 부피가 늘든 줄든 항상 온도와 압력이 균일하다. 어떻게 그럴 수 있을까? 그냥 우리 기체 안에 있는 원자 혹은 분자들 간의 거리가 모든 곳에서 동시에 같은 속도로 줄어든다고 상상해 보라. 그러면 밀도 차이가 생길 일도 없고, 따라서 압력 차이가 생길 일도 없고 온도 차이도 생길 이유가 없다. 저절로 팽창하거나 압축되기 위해서는 반드시 대류, 확산, 열전달 같은 에너지 소실과정이 수반되어야 하는 것이다. 바로 $|w|-|w_{rev}|$는 이 '저절로' 과정에 대한 세금이다.

2.11.4 비가역 과정과 가역과정의 정리

이제 정리를 하자. 우리 계 이상기체가 상태 1$(P_1, V_1; T)$에서 상태 2$(P_2, V_2; T)$로 '자연적으로' '저절로' '비가역적으로' 등온팽창할 때는

$$w \le w_{rev} = RT\ln\frac{V_2}{V_1} = q_{rev} \ge q \tag{2.122}$$

이다. '저절로' 일을 하기 때문에 '저절로' 못하는 가역과정일 때의 이론적 일보다 클 수 없다. 그 차이 $w_{rev} - w = q_{rev} - q$는 '저절로' 팽창을 하는 데 대한 대가이다. 가역적으로 상태 변화를 한다면 q_{rev}만큼 열을 받아 w_{rev}만큼 일을 했을 터인데, '저절로' 팽창을 하는 바람에 q만큼 열을 받아 w만큼만 일을 한다. 이를 두고 $w_{rev} - w$만큼의 일이 "열화(degradation)했다"고 말하기도 한다.

상태 2에서 상태 1로 '자연적으로' '저절로' '비가역적으로' 압축될 때는

$$|w| \ge |w_{rev}| = \left|RT\ln\frac{V_1}{V_2}\right| = |q_{rev}| \le |q| \tag{2.123}$$

계속 평형을 유지하면서 가역적으로 압축한다면 외부에서 $|w_{rev}|$만큼만 일을 해 주고 이 일만큼 열로 외부에 돌려주면 되는데, 저절로 '압축'이 되도록 하다 보니 이보다 더 큰 일 $|w|$을 하여 받고 그만큼 더 많은 열 $|q|$를 외부로 방출한다. $|w| - |w_{rev}|(= |q| - |q_{rev}|)$만큼의 일이 '저절로' 때문에 열화하여 열로 되었다.

압축되는 경우, 일과 열의 대수적 부호를 고려하여 절대값 부호를 벗겨내면 결국 식 (1.123)은 식 (2.122)와 동일한 모양을 가진다. 따라서 모든 과정에 대하여 일반화하면 식 (2.122)이다. 즉 자연적으로 저절로 비가역적으로 우리 계의 상태가 변화하면 그때 우리 계는 가역적으로 변화할 때에 비하여 더 적은 열을 받고 더 적은 일을 한다. 이는 '저절로'에 대한 세금이다.

2.12 이상기체의 단열팽창

2.12.1 단열과정의 정의

외부와의 열작용이 차단된 조건, 즉 $q = 0$인 조건에서 우리 계가 상태 변화를 할 때 이를 단열과정(adiabatic process)이라 한다. 우리 계의 경계가 단열벽(adiabatic wall)

이면 우리 계 안에서 일어나는 모든 상태 변화과정은 단열과정이 된다(그림 2.22).

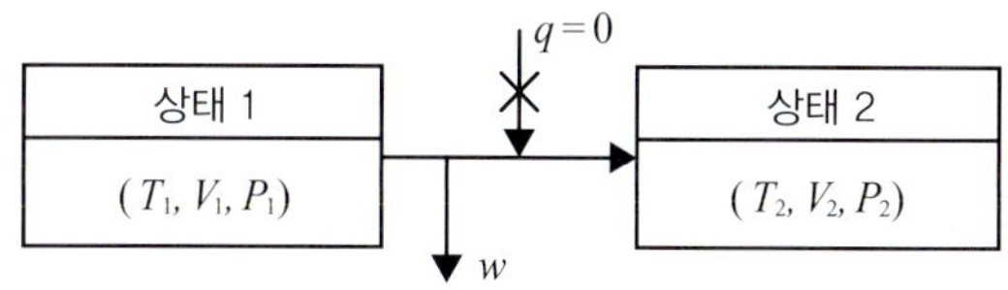

그림 2.22 단열과정.

2.12.2 열, 일 그리고 내부에너지 변화

이제 우리 계인 이상기체 1몰이 단열과정으로 상태 1($T_1,V_1;P_1$)에서 상태 2($T_2,V_2;P_2$)로 상태 변화를 한다고 하자. 이때 수반되는 열작용은 단열과정의 정의에 따라,

$$\delta q = 0 \tag{2.124}$$

이다. 그러면 일작용은? 역시 일의 열역학적 정의에 따라

$$\delta w = PdV \tag{2.125}$$

그러므로 우리 계에 작용하는 외압 P가 V에 따라 어떻게 변해 가는지를 알면 일은 쉽게 계산할 수 있다. 그러면 가역적으로 팽창한다고 하자. 가역과정이면 항상 계와 주위가 평형을 이루고 있는 상황이므로

$$P = \frac{RT}{V} \tag{2.126}$$

이를 식 (2.125)에 대입하여 적분해 보자. 그런데 등온과정에서는 T가 일정하므로 그 적분이 식 (2.110)과 같이 쉽게 되었는데, 지금은 단열과정이다. 그렇다면 온도도 V와 더불어 바뀔 터, T의 V 의존성을 모르니 적분할 방법이 없다. 어떻게 할까? $\delta q = 0$이니 열역학 제1법칙에 의하여

$$\delta w = PdV = -dU \tag{2.127}$$

이다. 외부로부터 열을 못 받으니 우리 계가 상태 변화를 하면서 외부로 일을 하면 그것은 결국 우리 계의 내부에너지 감소로 나타나게 된다. 그러므로 내부에너지 변화를 구하는 게 관건이다.

내부에너지는 상태함수이니 단열과정의 경로가 무엇이 되든, 처음 평형상태와 마지막 평형상태만 알면 그 차이는 우리 계의 특성으로부터 계산할 수 있다. T와 V를 독립변수로 선택하되 이상기체에서는 U가 T만의 함수이므로

$$dU = c_V dT \tag{2.128}$$

이 식을 식 (2.127)에 대입하고, 가역과정이므로 P를 T와 V의 함수로 나타낸 상태방정식, 식 (2.126)으로 치환한 후 변수를 분리 정리하면 미분방정식

$$\frac{dT}{T} = -\frac{R}{c_V}\frac{dV}{V} \tag{2.129}$$

을 얻는다. 이대로 이 미분방정식을 풀어도 되지만 이상기체에서는

$$R = c_P - c_V \tag{2.130}$$

이고, 통상 $c_P/c_V = \gamma$로 나타내므로 $R/c_V = \gamma - 1$을 대입하여 다음과 같은 형태로 얻고 풀도록 하자.

$$\frac{dT}{T} = -(\gamma - 1)\frac{dV}{V} \tag{2.131}$$

이 미분방정식은 왼쪽은 T만의 함수로 오른쪽은 V만의 함수로 변수가 분리되어 있으므로, 그대로 양변을 평형상태 $1(T_1,V_1)$에서 평형상태 $2(T_2,V_2)$까지 적분하면

$$\ln\frac{T_2}{T_1} = \ln\left(\frac{V_1}{V_2}\right)^{\gamma-1} \tag{2.132}$$

즉

$$T_1V_1^{\gamma-1} = T_2V_2^{\gamma-1} \tag{2.133}$$

이것은 단열가역팽창을 하면 열역학 변수 분포공간에서 계의 평형 상태점들의 궤적이

$$TV^{\gamma-1} = T_1V_1^{\gamma-1} = (\text{상수}) \tag{2.134}$$

가 된다는 말이다. 이때 압력은? 우리 계가 항상 평형상태에 있으므로 제-1법칙, 상태방정식에 의하여 $P=RT/V$로 결정된다. 이 상태방정식을 이용하여 식 (2.134)에 T나 V를 각각 치환하면

$$PV^{\gamma} = P_1V_1^{\gamma} = (\text{상수}) \tag{2.135}$$

또는

$$\frac{T}{P^{1-1/\gamma}} = \frac{T_1}{P_1^{1-1/\gamma}} = (\text{상수}) \tag{2.136}$$

가 된다. 이 궤적선들을 **단열선**(adiabat)이라 부른다.

이상기체가 등온가역 과정으로 상태 변화를 할 때는 T가 고정되어 있으므로 그 궤적이

$$PV = RT = (\text{상수}) \tag{2.137}$$

이다. 이 곡선을 **등온선**(isotherm)이라 부른다.

PV로 나타낸 등온선 식 (2.137)과 단열선 식 (2.135)를 동일한 초기상태 (P_1, V_1)에서 비교해 보면(그림 2.23), 등온선은 $P \propto 1/V$로 V에 일차 반비례하는 반면, 단열선은 $P \propto 1/V^{\gamma}$인데 $\gamma > 1$이므로 부피가 증가하면서 등온의 경우보다 더 빨리 압력이 감소한다. 이때 중요한 사실은 단열팽창의 경우 V가 증가하면 식 (2.134)에 따라 온도는 $T \propto 1/V^{\gamma-1}$로 감소한다는 것이다.

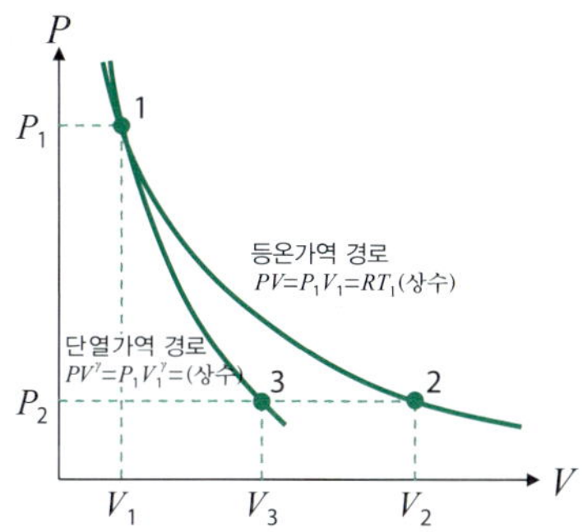

그림 2.23

이제 초기상태 $1(P_1, V_1; T_1)$에서 압력이 P_2가 될 때까지 등온가역팽창을 한 경우와 단열가역팽창을 한 경우에 수반된 일을 각각 계산해 보자. 등온가역팽창을 한 경우에는 온도 변화가 없으므로 압력이 P_2가 되는 최종상태 $2(P_2, V_2; T_2)$는 $T_2 = T_1 (= T)$, $V_2 = RT/P_2$로 결정된다. 따라서 일은

$$w = \int_1^2 PdV = \int_1^2 \frac{RT}{V} dV = RT \ln \frac{V_2}{V_1} = RT \ln \frac{P_1}{P_2} \tag{2.138}$$

가 된다.

단열가역팽창을 하는 경우에는 그 압력이 P_2가 되는 최종상태 $3(P_2, V_3; T_3)$이 $V_3 = (P_1 V_1^{\gamma} / P_2)^{1/\gamma}$ (식 2.135), $T_3 = (T_1 / P_1^{1-1/\gamma}) P_2^{1-1/\gamma}$ (식 2.136)로 주어진다(그림 2.23). 그러므로 일은

$$w = \int_1^3 PdV = \int_1^3 \frac{(P_1 V_1^{\gamma})}{V^{\gamma}} dV = \frac{(P_1 V_1^{\gamma})}{-\gamma + 1} [V_3^{-\gamma+1} - V_1^{-\gamma+1}] \tag{2.139}$$

이 된다. 여기에 식 (2.134)를 대입하여 V를 T와 P로 치환하면

$$w = -\frac{(P_1 V_1 / T_1)}{(1-\gamma)} (T_1 - T_3) \tag{2.140}$$

을 얻는다. 식 (2.127)에 의하면 이 일은 내부에너지 감소와 같아야 한다. 식 (1.128)

을 적분하면

$$w = -\int_1^3 c_V dT = c_V(T_1 - T_3) \tag{2.141}$$

당연히 이 식과 바로 위의 식 (2.140)은 동일해야 한다. 식 (2.140)에서 온도 차이 앞에 있는 계수 항에 상태방정식을 대입하고 γ의 정의식을 대입해 보면 그게 바로 c_V가 된다는 것을 확인할 수 있을 것이다.

2.12.3 계가 이상기체가 아니고 일반적인 경우

지금까지 우리가 다룬 계는 이상기체로서 그 내부에너지가 온도만의 함수가 되어 일을 계산하는 게 아주 간단했다. 이상기체가 아니고 일반적인 경우라면 역시 일은 식 (2.127)에 의하여 내부에너지 변화로부터 계산할 수 있는데, $U=U(T,V)$가 되므로 내부에너지의 부피 의존성만 더 고려해 주어야 한다. 따라서 식 (2.128)이

$$PdV = -c_V dT - \left(\frac{\partial U}{\partial V}\right)_T dV \tag{2.142}$$

와 같이 주어지는데, 계마다 $(\partial U/\partial V)_T$가 알려져 있으므로 이 값만 더 고려하면 나머지는 다 똑같다. 이 편미분 값이 우리 계의 어떤 특성이 되는지 열역학 제2법칙을 공부하고 나면 알게 된다.

2.12.4 단열자유팽창

이번에는 이상기체 1몰이 단열 조건하에서 초기상태 $1(P_1,V_1;T_1)$로부터 그 부피가 등온팽창 시의 V_2가 될 때까지 자유팽창을 하는 경우를 생각해 보자(그림 2.23). 기체가 팽창하여 V_2가 되면 피스톤이 더 이상 위로 못 움직이도록 피스톤 정지장치를 만들어 둔 실린더에 기체를 담고, 무게도 없고 마찰도 없는 이상적인 피스톤 위에 추를 실어 압력을 P_1으로 맞추고, 이를 외부와 단열한 다음 추를 제거한다고 상상하면 될 것이다. 그러면 기체는 V_2까지 자유팽창을 하고 멎을 것이다(실제로는 피스톤이 정지장치에 부딪히면서 한동안 진동하다가 서서히 멎게 된다). 이 팽창은 외부 압력이 전혀 없는 상태에서 일어나는 것이니 만큼 매우 빠르게 일어날 것이며, 그에 따라 기체 내부에서 일어나는 에너지 분산과정들도 격렬할 것이다. 즉 비가역 과정의 극단적 상황이 될 것이다.

팽창이 아무리 격렬하게 되더라도 $\delta q = 0$, $\delta w = 0$이므로, 열역학 제1법칙에 의하여 $dU=0$이 된다. 이상기체의 경우 U는 온도만의 함수이므로 $\Delta U = 0$이면 온도 변화가 없다. 따라서 기체 내 모든 에너지 분산과정이 잦아들고 평형상태가 회복되면 온도는 T_1, 부피는 V_2, 그러면 상태방정식에 의하여 압력은 $P_2(=RT/V)$가 될 것이다. 결국 온도 T_1에서 등온가역팽창을 하여 이른 상태와 동일한 상태에 이른다. 다른 점은 등온가역팽창일 때는 우리 계의 상태가 항상 열역학 변수 분포공간의 T_1 등온선을 따라 상태 변화를 하는 반면, 단열자유팽창일 때는 우리 계가 초기상태 1로부터 가뭇없이 사라졌다가 최종상태 2에 그 모습을 드러낸다는 것이다. 그동안 우리 계는 온도도 압력도 한 가지 균일한 값으로 정의되지 않는다. 즉 열역학적으로 전혀 정의되지 않는 것이다.

익힘문제

2.1 정압과정(isobaric process)의 경우 $\Delta H = q$이다. 그렇다면 H가 상태함수이니 q도 상태함수라는 말인가? 그렇다면 왜 그렇고, 안 그렇다면 왜 안 그런지 설명하라.

2.2 내부에너지의 부피 의존성을 계를 구성하는 입자들의 거동으로 설명하라.

2.3 이상기체의 경우 왜 $C_p > C_v$인지 미시적 관점에서 설명하라.

2.4 단원자 이상기체 1몰이 (i) 1 atm 정압하에서 25°C에서 100°C까지 가역적으로 가열되고, (ii) 이어서 일정한 온도 100°C에서 부피가 2배로 될 때까지 가역팽창한 다음, (iii) 다시 25°C까지 가역적으로 단열 냉각되었다.

(a) 이 일련의 과정을 $p-V$ 면에 그려라.
(b) 전 과정 (i) + (ii) + (iii)에 대하여 q, w, ΔU, ΔH를 계산하라.
(c) $\Delta H = \Delta U + \Delta(PV)$임을 확인하라.

2.5 1 기압하의 100°C에서 물 1 g을 기화하기 위해서는 열 538 cal가 필요하다. 1 atm에서 이 수증기가 차지하는 부피는 1674 cm^{3}이다. 그렇다면 이 기화열 중 얼마가 대기 중 이 수증기가 차지하는 공간을 확보하는 데 사용되었을까?

2.6 **(a)** 물 18.02 g(= 1몰)이 100°C, 1 atm에서 무게도 마찰도 없는 피스톤이 장착된 통에 담겨 있다. 이 피스톤 위의 압력을 1 atm보다 아주 조금 낮추어 100°C 등온에서 물이 아주 천천히 모두 다 기화하도록 하였다. 이 과정에 수반된 열(비등잠열)은 $q = 9730$ cal이다. 100°C에서 물 g당 부피는 1.043 cm^3/g이고, 수증기의 g당 부피는 100°C, 1 atm에서 1677 cm^3/g이다. 이 물 1몰의 기화과정에 수반된 w, ΔU, ΔH를 계산하라.

(b) 100°C 등온에서 피스톤을 제거하여 이 물이 다 기화했을 때 압력이 1 atm이 되는 부피의 진공으로 자유롭게 다 기화하도록 하였다. 이때 수반된 ΔU, ΔH, q를 계산하라.

(c) 0°C, 1 atm에서 얼음 18.02 g이 녹을 때 수반되는 일을 cal 단위로 계산하라. 얼음의 밀도는 0.917 g/cm^3, 물의 밀도는 1.000 g/cm^{3}이다. 이 녹는 과정에 수반되는 열(용융잠열)은 $q = 1436$ cal/mol이다. ΔU와 ΔH를 계산하라.

2.7 온도가 20°C, 전체 압력 320 kPa의 공기가 들어 있는 자동차 타이어가 있다. 타이어 외부 압력은 100 kPa이다. 이 타이어의 마개를 갑자기 열면, 타이어 내부의 공기는 일정한 외부 압력 100 kPa과 같아질 때까지 단열팽창한다. 공기의 몰당 열용량은 $c_v = 2.5\,R$이고 이상기체로 가정한다. 타이어 내부 공기의 최종온도, 타이어 내부 공기 1몰당 q, w, ΔU, ΔH를 각각 계산하라.

2.8 온도가 21.0°C인 병에 압력 126.4 kPa인 이상기체가 들어 있다. 이 병의 마개를 갑자기 열면, 기체는 일정한 대기압 101.9 kPa에 대하여 단열팽창을 하여 일부 공기가 빠져나간다. 내부 기체의 압력이 대기압과 같아졌을 때 병마개를 순간적으로 닫으면, 단열팽창으로 식었던 병 속 공기의 온도가 천천히 본디의 온도 21.0°C까지 오른다. 이 기체의 몰당 열용량이 다음과 같을 때 병 안의 최종압력을 계산하라.

(a) $c_v = 1.5\,R$　　**(b)** $c_v = 2.5\,R$

2.9 이상기체 1몰이 상태 $(T;P_1,V_1)$에서 상태 $(T;P_2,V_2)$까지 두 단계로 팽창하였다.

1단계: 일정한 외부 압력 P'에 대하여 V_1에서 V'으로 팽창

2단계: 일정한 외부 압력 P_2에 대하여 V'에서 V_2로 팽창

초기상태와 최종상태의 온도가 T로 동일하기 때문에 $P_1V_1 = P_2V_2$이다.

(a) 이 두 단계 과정에서 우리 계가 한 일 w를 T, P_1, P_2, P'으로 나타내라.

(b) P'이 어떤 값을 가질 때 w가 최대가 되는가?

(c) 이 일의 최대값을 구하라.

2.10 초기상태 $P = 10$ atm, $V = 5$ L에 있는 이상기체 1몰을 원형 경로(circular path)

$$(V-10)^2 + (P-10)^2 = 25$$

을 따라 시계와 같은 방향으로 가역적으로 한 바퀴 상태 변화를 시켰다.

(a) $P-V$ 면에 이 원형 경로를 그리고 우리 계의 초기상태를 표시하라.

(b) 우리 계가 한 일과 주위로부터 받은 열을 계산하라.

(c) 이 순환과정 중 우리 계가 겪은 가장 높은 온도와 가장 낮은 온도를 계산하라.

Chapter

3 열역학 제2법칙

3.1 | 최대 일을 얻는 과정과 상태가 저절로 변화하는 방향을 판별할 수 있는 근거?

우리는 앞 장에서 피스톤/실린더 안에 들어 있는 이상기체가 일정한 온도에서 팽창하면 피스톤에 걸려 있는 외압 P_{ex}에 대하여 일을 하는데, 이때 이상기체의 내부에너지는 온도만의 함수이므로 열역학 제1법칙에 의하여 $\Delta U = q - w = 0$, 따라서 우리 계가 한 일의 양 w는 외부로부터 받은 열량 q와 같다는 것을 배웠다. 결과적으로 보면, 기체가 외부로부터 열 q를 받아 일 $w(=q)$로 변환(transform)을 한 것이다.

본디 열역학은 피스톤/실린더 안에 든 공기와 같은 물질[열역학에서는 이를 **'일하는 물질(working substance)'**이라 부른다]을 매개로 열이 높은 온도에서 낮은 온도로 **'떨어질 때'**(열을 칼로릭이라는 물질로 이해하던 시절에는 물이 높은 곳에서 낮은 곳으로 떨어지듯 칼로릭이 높은 온도에서 낮은 온도로 떨어진다고 생각했다), 어떻게 하면 이 계로 하여금 최대의 효율로 일을 하게 하는가 그 방법을 찾기 위한 것이었다. 일은 움직이는 것이므로, 그래서 이 **에너지 과학(science of energy)**을 **열-역학(thermo-dynamics)**이라 부르게 되었다.

우리 계, 일하는 물질이 보일러와 같은 높은 온도의 열원과 대기와 같은 낮은 온도의 열원 사이를 오가며 열을 일로 변환할 때, 기체가 팽창했다가 수축하여 다시 본디 상태로 돌아오는 것 같은 한 **순환과정(cyclic process)**을 생각해 보면, 열역학 제1법칙은 이때 계, 즉 '일하는 물질'의 내부에너지 변화가 없으므로 우리 계가 알짜로 받은 열과 알짜로 한 일이 서로 같다는 사실만 서술해 준다.

$$\oint dU = 0 = \oint \delta q - \oint \delta w \tag{3.1}$$

그러므로 $\oint \delta q = \oint \delta w = 0$일 수도 있고, $=10$일 수도 있고, $=365$일 수도 있고, $=2013$일 수도 있을 것이다. 그러면 주어진 온도조건에서 일을 최대로 얻을 수 있는 경로(path) 또는 과정(process)을 판별할 수 있는 근거가 있을까?

자연에서 일어나는 모든 일은 **'자연적으로(naturally)' '저절로(spontaneously)' '비가역적으로(irreversibly)'** 일어난다. 열은 더운 데서 찬 데로 저절로 흐르나, 반대로는 절대로 **'저절로'** 일어나지 않는다. 담배연기는 **'저절로'** 흩어지나, 흩어진 담배연기가 절대로 **'저절로'** 한 곳으로 모이지 않는다. Joule의 수차실험(peddle-wheel experiment)에서도 일은 **'저절로'** 퇴화하여 물의 온도를 올리나, 물의 온도가 내려가면서 내려갔던 추가 절대로 **'저절로'** 올라가지 않는다. 탁구공을 일정 높이에서 떨어뜨리면 반복하여 튀어 오르되 그 튀는 높이가 점점 낮아지다가 결국에는 바닥에 주저앉고 만다. 그러나 바닥에 주저앉은 탁구공이 절대로 '저절로' 튀어 본디 높이로 올라가지 않는다. 이런 일련의 '저절로' 일어나는 '자연적' '비가역적' 일방통행의 방향을 규정하는 근거는 무엇일까?

2장 말미에서 다룬 이상기체의 등온팽창 과정을 보면 팽창이 가역적으로 일어날 때 최대의 일을 얻을 수 있었다. 그러나 이때는 팽창이 '저절로' '자연적으로' 일어나지 않았고, 계 내부엔 대류나 확산이나 열전달 같은 에너지 소실과정이 전연 생겨나지 않았다. 최대 일을 얻고, 저절로 되는 과정의 방향을 결정하는 근거가 느껴지기는 하는데 손에 잡히지 않는다. 해답은 엔트로피(entropy), 열역학 제2법칙이다.

3.2 | 비가역 과정과 가역과정

우리는 앞 장 말미에서 이상기체가 평형상태 $1(P_1,V_1;T_1)$에서 평형상태 $2(P_2,V_2;T_2)$로 '저절로' '자연적으로' '비가역적으로' 등온($T_1=T_2=T$) 팽창을 할 때 우리 계가 하는 일 $w_{12}(>0)$는

$$w_{12} \leq w_{12,rev} \equiv \int_1^2 \frac{RT}{V}dV \tag{3.2}$$

로서, 가역(팽창)과정이 최대 일을 얻을 수 있는 경로라는 것을 알았다. 그리고 이때 $w_{12,rev}-w_{12}(>0)$는 팽창과정이 '저절로' 일어나게 하기 위하여 포기해야만 하는 일에 해당한다는 사실도 알았다. 평형상태 2에서 평형상태 1로 등온압축할 때에는 반대로 우리 계가 주위로부터 하여 받는 일 $w_{21}(<0)$은 항상

$$|w_{21}| \geq |w_{21,rev}| = \left|\int_2^1 \frac{RT}{V}dV\right| \tag{3.3}$$

로서, 이때 우리 계가 하여 받는 일의 최소값은 가역적으로 압축을 할 때에 해당한다. $|w_{21}|-|w_{21,\mathrm{rev}}|(>0)$은 압축과정이 '저절로' 일어나게 하는 데 대한 대가로서 추가로 우리 계가 하여 받아야 하는 일이다.

그러면 이제 이상기체 1몰이 상태 1에서 상태 2로 등온팽창을 하였다가, 다시 상태 2에서 등온압축을 통하여 본디 상태 1로 되돌아오는 순환과정(cyclic process)을 n–단계로 '저절로' '비가역적으로' 수행할 때와 '가역적으로' 수행할 때의 차이를 비교 분석해 보자(그림 3.1). 가역순환 과정일 때는, 팽창 때 우리 계가 하는 일이 등온선 $P=RT/V$ 아래 $V=V_1$에서 V_2까지의 면적에 해당하고, 압축 때 우리 계가 하여 받는 일도 이 면적과 같으므로 알짜로 우리 계가 하는 일 w_{rev}은 정확하게 0이다.

$$w_{rev} = \oint \delta w = w_{12,rev} + w_{21,rev} = 0 \tag{3.4}$$

우리 계는 원상태로 돌아왔으므로 본디 거기 있는 특성 U도 본디 값에 돌아왔을 것이므로 내부에너지 변화도 정확하게 0이다.

$$\Delta U = \oint dU = 0 \tag{3.5}$$

따라서 열역학 제1법칙에 따라 우리 계가 받은 열도 정확히 0이다.

$$q_{rev} = \oint \delta q = \Delta U + w_{rev} = 0 \tag{3.6}$$

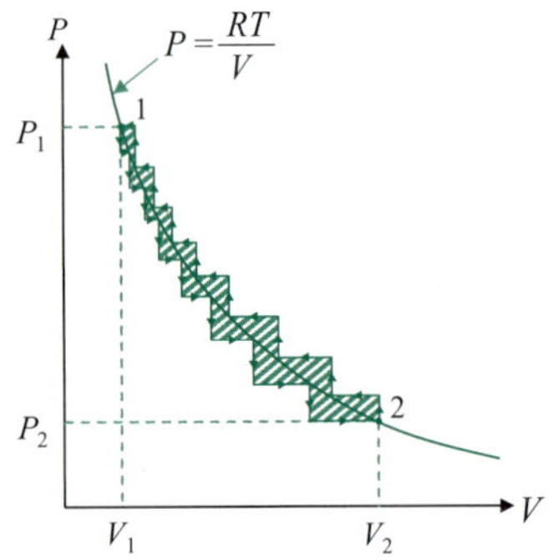

그림 3.1 가역 순환과정(등온선을 따라 1→2→1)과 비가역 순환과정(등온선 아래 지그재그로 1→2, 등온선 위 지그재그로 2→1).

즉 우리 계가 가역과정을 거쳐 본디 상태로 돌아오게 되면, 우리 계와 주위는 서로 잃은 열도 없고 서로 얻은 일도 없다. 우리 계에도 주위에도 아무런 흔적이 남지 않는다. 우리가 알기로는 우리 계가 팽창을 했다가 압축을 했다고 하는데, 우리 계에나 주위에나 아무런 흔적이 남아 있지 않으니 아무런 일이 일어나지 않았던 것과 다름없다.

한편 '자연적으로' '저절로' '비가역적으로' 순환과정이 일어나면, 팽창할 때는 가역팽창 때보다 일을 적게 하고 수축할 때는 가역압축 때보다 더 많은 일을 하여 받아야 하므로 우리 계는 그림 3.1의 빗금 친 부분에 해당하는 만큼의 알짜 일 w_{irr}을 주위로부터 하여 받는다.

$$w_{irr} = \oint \delta w = w_{12} - |w_{21}| < 0 \tag{3.7}$$

가역 순환과정이든 비가역 순환과정이든 우리 계가 본디 상태로 돌아오면 U는 상태함수이므로 $\Delta U = 0$이다. 그러므로

$$q_{irr} = \Delta U + w_{irr} = w_{irr} < 0 \tag{3.8}$$

이다. 우리 계가 한 순환과정을 '저절로' '비가역적으로' 거치고 나면 우리 계는 제자리로 돌아와 역시 아무런 흔적이 없는데, 외부는 $|w_{irr}|$만큼 우리 계에 일을 하고 우리 계로부터 $|q_{irr}|(=|w_{irr}|)$만큼 열을 돌려 받았다. 열역학 제1법칙에 의하면, 우리 계의 내부에너지 변화가 없으므로 우리 계 주위의 내부에너지 변화도 없다.

$$\oint dU_{surr} = |q_{irr}| - |w_{irr}| = 0 \tag{3.9}$$

다만 주위에서 $|w_{irr}|$만큼의 일이 열로 변환되었다. 그러므로 우리 계가 한 바퀴 과정을 저절로 비가역적으로 돌고 나면, 우리 계 주위에 일이 **'저절로' '비가역적으로'** 열로 퇴화한 흔적이 남는 것이다.

여기 우리 계가 상태 1에 있는 것을 보고 한참 후에 돌아와 다시 보니 우리 계는 상태 1에 그대로 있다. 그 동안 우리 계에 무슨 일이 있어났는지 말할 수 있겠는가? 주위를 보라. 그 주위에도 아무런 변화가 없으면 우리 계는 **가역 순환과정**(reversible cyclic process)을 수행했거나 아무 일도 일어나지 않았다. 그러나 주위에 일이 저절로 열로 열화되었다면 우리 계는 '저절로' '자연적으로' **비가역 순환과정**(irreversible cyclic process)을 겪었다. 바로 이 '**일의 열화**(degradation of work)'가 우리 계의 상태 변화가 '저절로' '자연적으로' '비가역적으로' 일어나기 위하여 우리가 자연에 지불해야 하는 대가이다. 한 상태 변화, 즉 과정이 '저절로' 일어나게 하기 위하여 우리가 자연에 지불하는 세금인 것이다.

어떤 과정이 '저절로' 일어나는 것이 '자연적'인 진행 방향이다. 그러므로 이렇게 일이 열화하는 방향이 바로 '저절로' 과정의 진행 방향이 된다. 이제 이 개념을 열기관을 통하여 정량화하여, '**최대 일을 얻을 수 있는 과정**' 및 '**저절로 과정**'에 대한 판별 근거를 찾아보자.

3.3 | 열기관과 작동효율

열기관이란 '**일하는 물질**(working substance)'이 열원으로부터 열을 받아 '**저절로**' 외부로 일을 하는 장치이다. 즉 열을 일로 '**저절로**' 변환하는 장치이다. 1800년대 열기관이 발명된 이래 사람들은 이 열기관의 효율을 향상하는 데 지대한 관심을 보였다. 역사적으로 놀이켜보면 '열의 일당량' '에너지 보존법칙', 그리고 곧 우리가 배우게 될 '엔트로피' 등은 다 주어진 운전 조건하에서 열기관의 효율을 향상시키기 위한 노력 중에 탄생된 개념들이다.

처음 Watt에 의하여 발명된 증기기관을 보자(그림 3.2). 이는 물이 들어 있는 보일러를 가열하여 고온·고압의 증기를 만들고 이 증기가 실린더에 들어가 팽창하면서 피스톤을 밀어 올리고, 이러면서 식은 증기는 다시 물로 응축되면서 열을 주위에 내어놓고 부피가 줄어 피스톤은 중력에 의하여 다시 제자리로 돌아오게 한다. 즉 '일하는 물질'인 물이 다시 본디 상태로 돌아간다. 결국 높은 온도에서 낮은 온도로 열이 '떨어

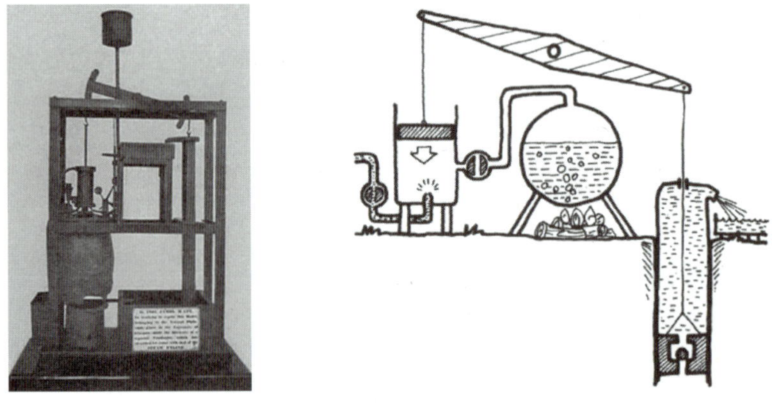

그림 3.2 Watt가 실험했던 열기관의 실제 모습과(a) 그 작동 컷속(b). 수증기가 팽창하면서 피스톤을 밀어 올리고 식어 물로 응축되면서 실린더 내부가 진공이 되면 대기압이 피스톤을 본디 위치로 내리 민다. [(a): http://en.wikipedia.org/wiki/Watt_steam_engine (b): John B. Fenn, Engines, Energy, and Entropy, W. H. Freeman and Company, 1982, p.12]

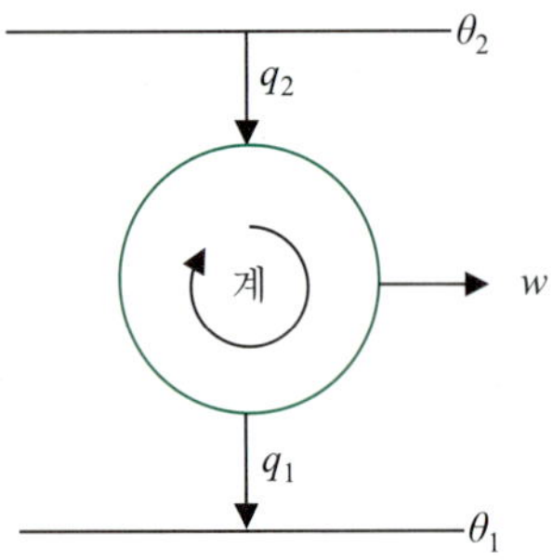

그림 3.3

질' 때 일하는 물질이 팽창과 수축의 순환과정을 수행하면서 일을 하게 되는 것이다. 이 원리 혹은 과정을 간단히 그림으로 나타내면 그림 3.3과 같다.

우리 계인 '일하는 물질'이 높은 온도 θ_2에 있는 열원(heat source=heat reservoir)으로부터 열 q_2를 받아($q_2>0$) 외부로 w만큼 일을 행하고($w>0$), 낮은 온도 θ_1의 열 흡수원(heat sink=heat reservoir)으로 q_1만큼 열을 내어 놓으면서($q_1<0$) 한 순환과정이 마무리된다. 일단 열과 일의 +, − 부호로 인한 혼동을 피하기 위하여 모두 절대값을 취하도록 하자. 그리고 이 순환과정에 대하여 열역학 제1법칙을 우리 계에 적용해 보면,

$$\Delta U = |q_2| - |q_1| - |w| = 0 \tag{3.10}$$

다시 말하여 에너지가 보존되므로 우리 계가 한 일은 받은 열 $|q_2|$와 내놓은 열 $|q_1|$의 차이와 같다.

$$|w| = |q_2| - |q_1| \tag{3.11}$$

이때 모든 장치의 효율이 그러하듯이, 열엔진의 효율(η)도 들인 밑천(q_2) 대비 얻은 결과(w)로 나타낸다.

$$\eta = \frac{|w|}{|q_2|} = 1 - \frac{|q_1|}{|q_2|} \tag{3.12}$$

그러면 이 효율을 어떻게 하면 향상할 수 있을까? 내놓은 열이 0이 되면($q_1 = 0$) 당연히 효율이 1이 되어 최대가 된다. 한 열원으로부터 100% 일을 얻는 것이 과연 엔진 설계를 잘만 하면 가능할 수 있을까? 아니면 자연이 우리에게 허용하는 어떤 한계라도 있을까?

3.4 | 카르노 엔진

'일하는 물질'이 순환과정을 수행할 때 어떻게 하면 일을 최대로 얻을 수 있을까 하는 명제는 1800년대 20대였던 카르노(Nicolas Léonard Sadi Carnot)에게 최대 관심사였다. 그는 일을 최대로 얻을 수 있는 순환과정을 메모로 남겼는데, 기록에는 이 메모를 후에 찾기가 그리 힘들었다고 되어 있다. 후에 클라페이론(Clapeyron)이 이 순환과정을 복기하여 $P-V$ 평면에서 그림으로 설명하였는데, 그게 바로 그 유명한 카르노 순환(Carnot cycle) 그림이다(그림 3.4).

이 순환과정은 초기상태 1에 있는 '일하는 물질'이 높은 온도 θ_2에서 열 $q_{2,rev}$를 받으면서 등온가역팽창을 하고(경로 1→2), 다시 단열가역팽창을 하여(경로 2→3) 온도를 θ_1으로 낮춘 다음, 이 온도에서 등온가역압축을 하면서 열 $q_{1,rev}$을 내어 놓고(경로 3→4), 이어서 단열가역압축을 하여(경로 4→1) 온도를 다시 θ_2로 올리고 부피를 줄여 본디 상태 1로 돌아오는 것이다.

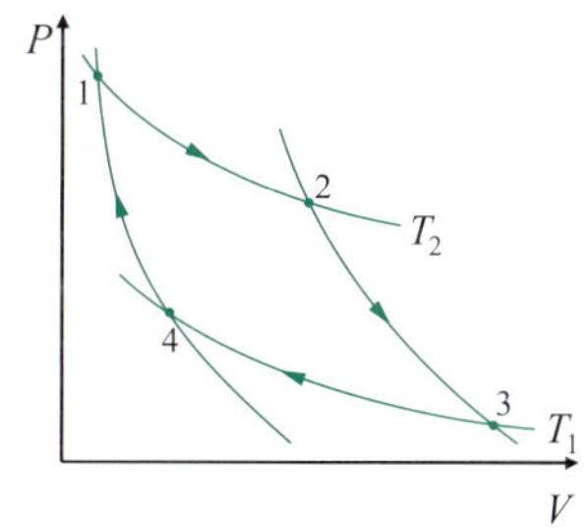

그림 3.4 카르노 순환과정.
1→2: 등온가역팽창
2→3: 단열가역팽창
3→4: 등온가역압축
4→1: 단열가역압축

기체가 팽창할 때 우리가 일을 최대로 얻을 수 있는 과정은 가역팽창 과정이고, 수축할 때 기체가 최소로 일을 하여 받는 과정은 가역압축 과정이라는 사실로부터, 모두 가역과정으로 이루어진 이 카르노 순환 경로가 둘러싼 면적, 즉 알짜 일이 최대 w_{rev}가 될 것이라는 사실을 짐작할 수 있을 것이다. 이렇게 작동하는 엔진을 카르노 엔진이라 부른다. 이 카르노 엔진은 일과 열 작용 관점에서 그림 3.3과 같이 표시할 수 있는데, 이때 카르노 엔진의 효율 η_c는 식 (3.12)에 따라

$$\eta_c = \frac{|w_{rev}|}{|q_{2,rev}|} = 1 - \frac{|q_{1,rev}|}{|q_{2,rev}|} \tag{3.13}$$

와 같다. 그러면 이 효율이 과연 우리가 얻을 수 있는 절대 최고치인지 아니면 더 이상도 가능한지 따져보자.

3.5 | 엔진 효율의 절대 상한

우선 이 사실을 염두에 두자. 카르노 기관은 모두 가역적으로 작동하기 때문에 앞으로도 돌릴 수 있고 뒤로도 돌릴 수 있다. 그래서 가역엔진(reversible engine)이다. 바로 돌리면 높은 온도 θ_2에서 $q_{2,rev}$만큼 열을 받아 4개의 가역 경로로 둘러싸인 면적에 해당하는 만큼 일 w_{rev}을 하고 그 나머지 열 $|q_{1,rev}|(=|q_{2,rev}|-|w_{rev}|)$을 낮은 온도 θ_1에 방출한다. 거꾸로 돌리면 낮은 온도 θ_1에서 $q_{1,rev}$만큼 열을 흡수하고 외부로부터 가역 경로로 둘러싸인 면적에 해당하는 일을 하여 받고, 이 모두를 높은 온도 θ_2에 열 $|q_{2,rev}|(=|q_{2,rev}|+|w_{rev}|)$로 내보낸다.

가역과정이란 항상 안과 밖이 평형을 유지하여 실제로는 저절로 움직일 수 없는 과정이다. 엔진이 엔진으로서 유용하려면 엔진의 작동이 '저절로' '자연적으로' 일어나야 한다. 그래서 실제 엔진은 저절로는 거꾸로 돌 수 없는 비가역 엔진(irreversible engine)이다. 그러나 이 실제 엔진도 거의 정지된 것처럼 아주 천천히 움직이면(quasi-static process) 그 극한이 가역엔진에 수렴해 갈 것이다.

여기 '저절로' 움직이는 실제 엔진이 있어 온도 θ_2에서 열 q_2를 받아 일을 w만큼 하고 낮은 온도 θ_1에 열을 q_1만큼 방출한다(그림 3.3). 이 엔진의 효율은 식 (3.12)와 같은데, 어떻게 하면 이 효율을 카르노 엔진의 효율(식 3.13)보다 크게 할 수 있을까?

$\eta > \eta_c$이기 위한 방법은 단 두 가지다. 효율을 나타내는 분수 $|w| / |q_2| = 1 - |q_1| / |q_2|$를 카르노 엔진의 그것보다 크게 하는 것이니, 분모가 같다면 분자를 더 크게 하거나, 분자가 같다면 분모를 더 작게 하는 것이다. 즉

(i) 높은 온도 열원 θ_2에서 카르노 가역엔진이 받는 열과 같은 양의 열을 받아서 더 많은 일을 하게 하는 방법:

$$|q_2| = |q_{2,rev}| \;;\; |w| > |w_{rev}| \tag{3.14}$$

(ii) 높은 온도 열원 θ_2에서 카르노 가역엔진이 받는 열보다 적게 받고 같은 크기의 일을 하게 하는 방법:

$$|q_2| < |q_{2,rev}| \;;\; |w| = |w_{rev}| \tag{3.15}$$

이 순환과정에 대하여 우리계의 $\Delta U = 0$이므로, 열역학 제1법칙에 의하여 항상 $|q_1| = |q_2| - |w|$이다. 그러므로 위의 두 가지 방법 다 결국은 낮은 온도 θ_1에 카르노 가역엔진이 내놓는 열보다 더 적은 열을 내어 놓을 것을 요구한다.

$$|q_1| < |q_{1,rev}| \tag{3.16}$$

과연 이런 엔진이 가능할지 각각의 경우에 대하여 따져보자.

(i)의 경우: $\eta > \eta_c$인 '자연적으로' '저절로' 움직이는 '비가역' 엔진이 있다고 하자. 카르노 엔진은 가역엔진이므로 거꾸로도 작동할 수 있다. 카르노 가역엔진보다도 효율이 높은 이 엔진은 높은 온도 θ_2에서 $|q_2|$를 받고 일을 $|w|$만큼 하고 θ_1에 그 차이 $|q_1|(=|q_2|-|w|)$을 내어 놓는다.

한편 거꾸로 돌아가는 카르노 가역엔진은 낮은 온도 θ_1에서 $|q_{1,rev}|$을 받고 외부로부터 일 $|w_{rev}|$을 하여 받아 고온 θ_2에 그 합에 해당하는 $|q_{2,rev}|(=|q_{1,rev}|+|w_{rev}|)$를 내어 놓는다. 이렇게 작동하는 2개 엔진을 조합해서 한 주기 작동해 보자. 우리 복합엔진, 즉 복합계와 2개의 열원에 어떤 일이 생기는가? 우리 복합계는 처음 상태를 회복하였으므로 아무런 변화가 없다. 그리고 높은 온도의 열원 θ_2도 같은 양의 열을 주고받고 하였으므로$(|q_{2,rev}|-|q_2|=0)$ 아무런 변화가 없다. 그런데 낮은 온도의 열원 θ_1은 받은 것보다 더 많은 열 $|q_{1,rev}|-|q_1|$을 우리 복합계에 주고, 우리 복합계는 이 열에 해당하는 만큼 일을 $|w|-|w_{rev}|(=|q_{1,rev}|-|q_1|)$ 외부로 하였다. 즉 2개 엔진을 조합하여 '저절로' 운전함으로써 우리는 1개의 열원으로부터 열을 받아 고스란히 그대로 일로 변환한 효과를 본 것이다. 변환효율, $\eta = 1$을 달성하였다!!

우리 주위에는 수많은 열원이 있다. 대기도 열원이고 호수도 강도 내 몸통도 다 열원이다. 이렇게 열원만 있으면 그게 무엇이든 이 복합엔진을 붙여 열을 저절로 고스란히 일로 변환할 수 있다. 이런 엔진만 있다면 우리의 에너지 문제는 완전히 해결된다. 예를 들어 이런 엔진을 단 배를 바다에 띄우면 바다에 있는 무한정한 열을 일로 바꾸

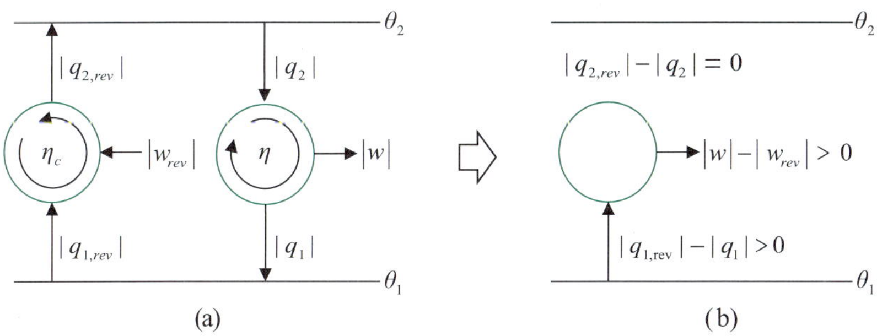

그림 3.5 (a) 거꾸로 도는 카르노 가역엔진(η_c)과 바로 도는 카르노 엔진보다 더 효율이 높은 가상의 엔진($\eta > \eta_c$)을 결합한 복합엔진: $|q_{2,rev}| = |q_2|$, $|w| > |w_{rev}|$, (b) 이 복합엔진을 한 주기 돌린 후 나타나는 알짜 효과: 하나의 열원(θ_1)으로부터 열을 받아 100% 저절로 고스란히 일로 변환하였다!

어 배를 운항할 수 있는 것이다.

이것은 말도 안 되는 소리라는 것을 우리도 안다. 훗날 Kelvin 경이 되는 William Thomson과 이미 우리가 만난 적이 있는 James Joule은 일찍이 이와 같은 엔진이 경험적으로 불가능하다는 것을 갈파한 바 있다. 이는 Joule-Thomson 선언 또는 간단히 Kelvin 선언으로 알려져 있는데 다음과 같다.

> "다른 곳에 아무런 지울 수 없는 흔적 없이, 한 개 열원으로부터 저절로 고스란히 일을 얻는 것은 불가능하다."

여기서 지울 수 없는 흔적이란 '저절로' 과정의 흔적으로서 그 세금에 해당하는 '일의 열화(degradation of work)'를 말한다. 저절로 열을 일로 변환하기 위해서는 어디선가 더 큰 일의 열화가 일어나야만 한다는 것이다. 그러므로 어딘가에 더 큰 일의 열화 없이는 첫 번째의 방법은 구현될 수 없다.

(ii)의 경우: 이번에는 높은 온도 θ_2에서 카르노 엔진보다 적은 양의 열 $|q_2|(<|q_{2,rev}|)$을 받아 같은 크기의 일을 함으로써($|w|=|w_{rev}|$) 그 효율을 카르노 엔진의 그것보다 크게 한 경우이다. 열역학 제1법칙에 의하여 당연히 낮은 온도 θ_1에 포기하는 열도 카르노 엔진의 그것보다 적어야 한다($|q_1|=|q_2|-|w|<|q_{1,rev}|=|q_{2,rev}|-|w_{rev}|$). 이제 이 효율 좋은 '저절로' 엔진을 가역엔진인 카르노 엔진과 조합하여, '저절로' 엔진은 바로 돌리고(그래서 일을 얻고), 카르노 엔진은 거꾸로 돌아가게(그래서 일을 하여 받게) 해 보자. 한 주기 후 우리 복합엔진과 주위에 무슨 변화가 생겨났을까? 우리 엔진은 모두 제자리로 돌아왔으므로 운전 전과 같이 아무 변화가 없다. 바깥에는? 두 엔진이 같은 양의 일을 주고받고 하였으므로 서로 상쇄되고 없다. 즉 우리 복합엔진은 아무 일도 안 하였다($|w|-|w_{rev}|=0$). 낮은 온도 열원은 '저절로' 엔진으로부터 $|q_1|$만큼 받고, 카르노 엔진에게 $|q_{1,rev}|$만큼 내어 놓았는데, 후자가 전자보다 크므로 $|q_{1,res}|-|q_1|$만큼 열을 잃었다. 한편 높은 온도 열원은 '저절로' 엔진에게 $|q_2|$만큼 열을 주고, 카로노 엔진으로부터 $|q_{2,rev}|$만큼 열을 받았는데, 후자가 전자보다 더 크다. 따라서 $|q_{2,rev}|-|q_2|$만큼 알짜로 열을 받았다. 그런데 열역학 제1법칙, 즉 에너지 보존법칙에 따라 낮은 온도 열원 θ_1이 내놓은 열과 높은 온도 열원 θ_2가 받은 열은 서로 같다($|q_{1,rev}|-|q_1|=|q_{2,rev}|-|q_2|$). 결과적으로 보면 우리 계(복합엔진)에는 아무 변화가 없고, 낮은 온도 열원에서 높은 온도 열원으로 열만 '저절로' 전달되었다(그림 3.6).

이런 엔진이 있다면 온갖 거짓말 같은 장치를 다 만들어 낼 수 있다. 예를 들어 열전도가 잘 되는 넓적하면서 긴 판 중간에 이 엔진을 달아 '저절로' 돌아가게 하면, '저

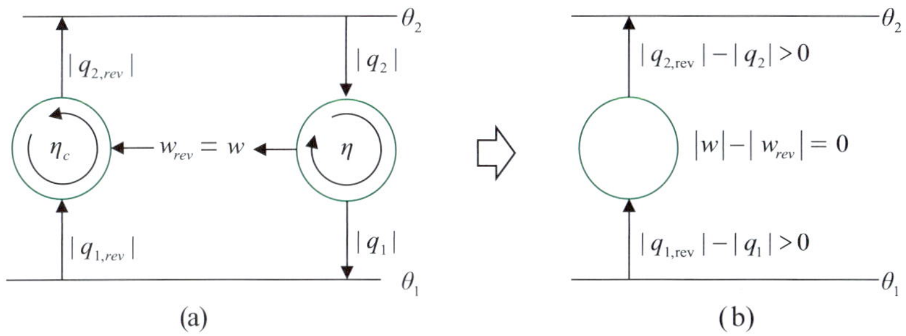

그림 3.6 (a) 거꾸로 도는 카르노 가역엔진(η_c)과 바로 도는 카르노 엔진보다 더 효율이 높은 가상의 엔진($\eta > \eta_c$)을 결합한 복합엔진: $|q_2| < |q_{2,rev}|$, $|w| = |w_{rev}|$, (b) 이 복합엔진을 한 주기 돌리고 난 후 나타나는 알짜 효과: 찬 데(θ_1)서 더운 데(θ_2)로 저절로 열이 전달되었다.

절로' 이 판 한쪽 끝은 차가워지고 다른 한쪽 끝은 뜨거워질 것이다. 뜨거워지는 쪽은 음식을 조리하는 열판으로 또는 난방기로, 차가워지는 쪽은 냉장고나 냉방기로 사용할 수 있을 것이다. 한쪽은 오븐(oven), 다른 쪽은 냉장고(refrigerator), 'overigerator' 라고 이름 붙일 수 있는 가히 인류 문명을 바꿀 수 있는 발명이 아니겠는가! 그러나 이런 건 불가능하다는 것을 우리는 경험적으로 안다. 열은 항상 뜨거운 데서 차가운 데로 저절로 흐른다는 것을. 이 사실은 일찍이 독일의 Clausius가

> "다른 곳에 지울 수 없는 흔적을 남기지 않고, 낮은 온도에서 높은 온도로 저절로 열이 이동하는 것은 불가능하다."

라고 갈파하였다. 이를 Clausius 선언이라 한다. 여기서 '지울 수 없는 흔적'이란 '저절로' 과정에 어김없이 따라붙는 '일의 열화'를 말한다. 주위에 더 큰 일의 열화가 일어난다면 낮은 온도에서 높은 온도로 저절로 열이 전달되게 할 수 있다.

이 2개의 선언은 비록 그 표현은 다르지만 내용은 동일하다. 2개의 명제 A와 B가 동일함을 증명하는 논리는 'A가 참이 아니면 B도 참이 아니고, B가 참이 아니면 A도 참이 아님'을 보이는 것이다. 1개 열원에서 '저절로' 일을 얻을 수 있으면, 낮은 온도에서 높은 온도로 '저절로' 열이 흐를 수 있고, 낮은 온도에서 높은 온도로 '저절로' 열이 흐를 수 있으면 1개 열원으로부터 '저절로' 일을 얻을 수 있다.

내용은 동일하되 달리 표현된 이 두 가지 불가능한 사실이 왜 그런지 우리는 모른다. 그저 자연이 한 번도 놓치는 법 없이 그리 되는 것을 우리가 경험으로 관찰하여 정리해 두었을 뿐이다. 뉴턴의 운동법칙처럼. 그래서 이 불가능한 사실을 열역학 제2법칙이라 부른다.

비록 자연이 허용하지 않는다 하더라도, 1개 열원으로부터 열을 받아 고스란히 일로 변환하고 낮은 온도에서 높은 온도로 저절로 열을 흐르게 하는 이 불가능한 아이디어는 항상 사람들을 들뜨게 하기에 충분하다. 그래서 많은 사람들이 이 안 되는 아이디어를 좇다가 패가망신 하기도 하였다. 이렇게 제2법칙을 위배하는 엔진을 **제2종 영구기관**(perpetual motion machine of the 2nd kind)이라 한다. 이와 같은 개념으로 열역학 제1법칙을 위배하는 엔진은 **제1종 영구기관**(perpetual motion machine of the first kind)이라 부른다. 이런 의미에서 열역학 1, 2 법칙은 각각 제1종 영구기관, 제2종 영구기관 불가능의 법칙이다. 이 불가능의 법칙은 좀 재미있게 다음과 같이 표현하기도 한다. 제1법칙은 에너지가 보존되니,

> "아무 것도 없는 데서 뭔가를 얻을 수는 없다(Something from nothing is impossible.)"

라고 하고, 제2법칙은 '저절로' 과정에는 항상 '일의 열화'가 수반되니

> "이 세상에 공짜는 없다(Nothing for something is impossible)."

라고 한다.

결론: 정리하면, 실제 엔진의 효율을 카르노 엔진의 효율보다 더 높일 수 있는 방법은 단 두 가지인데, 이 둘 다 자연이 허용하지 않는 것으로 드러났다. 그러므로 실제 엔진의 효율은 가역엔진인 카르노 엔진의 효율보다 절대 클 수 없다. 그러므로 카르노 효율은 실제 엔진이 가질 수 있는 효율의 상한이다.

$$\eta \not> \eta_c \quad \text{또는} \quad \eta \le \eta_c \tag{3.17}$$

3.6 | 절대온도 눈금 또는 열역학적 온도 눈금

어떤 엔진이든 가역적 카르노 엔진보다 그 효율이 높을 수 없다는 사실은 카르노 엔진 효율이 보편적(universal)이고 절대적(absolute)이고 고유(unique)하여 '일하는 물질'과는 무관하다는 것을 의미한다. 그러면 카르노 엔진 효율은 무엇으로 결정되는가? '일하는 물질'에 무관하다면, 이 절대효율은 결국 열을 받는 뜨거운 열원의 온도와 열을 내놓는 차가운 열원의 온도만으로 결정될 수밖에 없다.

온도가 서로 다른 3개의 열원 $\theta_3 > \theta_2 > \theta_1$ 사이에서 운전하는 카르노 가역엔진을

생각해 보자(그림 3.7).

카르노 엔진이 온도 θ_3와 $\theta_2(<\theta_3)$ 사이에서 작동하면 θ_3에서 열 $|q_{3,rev}|$를 받아 일을 하고 θ_2에 열을 $|q_{2,rev}|$만큼 내어 놓는다. 이 가역엔진의 효율은

$$\eta_C = 1 - \frac{|q_{2,rev}|}{|q_{3,rev}|} \tag{3.18}$$

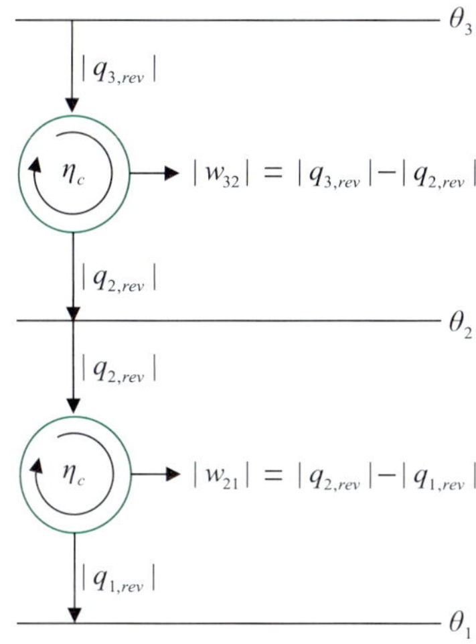

그림 3.7

이때 효율은 2개 열원의 온도에 의해서만 결정되므로, 받고 내놓은 열량의 비가 온도만의 함수가 된다. 이 함수를 f라 하면

$$\frac{|q_{2,rev}|}{|q_{3,rev}|} = f(\theta_2, \theta_3) \tag{3.19}$$

이 엔진을 온도 θ_2와 $\theta_1(<\theta_2)$ 사이에서 작동하면 식 (3.19)와 마찬가지로 높은 온도에서 받고 낮은 온도에서 내어 놓은 열량의 비도 이 두 온도의 함수가 되어

$$\frac{|q_{1,rev}|}{|q_{2,rev}|} = f(\theta_1, \theta_2) \tag{3.20}$$

θ_3와 θ_1에서 작동하면

$$\frac{|q_{1,rev}|}{|q_{3,rev}|} = f(\theta_1, \theta_3) \tag{3.21}$$

그럼 이 함수 f는 어떤 모양일까? 주고받는 열의 크기는 물리적 양이므로

$$\frac{|q_{1,rev}|}{|q_{2,rev}|} = \frac{|q_{1,rev}|/|q_{3,rev}|}{|q_{2,rev}|/|q_{3,rev}|} \tag{3.22}$$

따라서

$$f(\theta_1, \theta_2) = \frac{f(\theta_1, \theta_3)}{f(\theta_2, \theta_3)} \tag{3.23}$$

이 함수 식을 만족하기 위해서는 함수 f가

$$f(\theta_1, \theta_2) = \frac{g(\theta_1)}{g(\theta_2)} \tag{3.24}$$

의 모양이 되어야 한다.

수학적 켯속: 두 온도의 함수 f가 식 (3.23)을 만족하기 위해서는 식 (3.24)처럼 각 온도 만의 함수의 비가 아니라 곱의 형태 $f(\theta_1,\theta_2) = g(\theta_1)g(\theta_2)$여도 된다. 올바른 답을 수학적으로 찾아보자.

식 (3.23)을 다시 쓰면

$$f(\theta_1,\theta_2)f(\theta_2,\theta_3) = f(\theta_1,\theta_3) \tag{3.25}$$

양변을 θ_3에 대하여 편미분하고 식 (3.23)을 다시 대입하여 정리하면,

$$\frac{\partial \ln f(\theta_2,\theta_3)}{\partial\theta_3} = \frac{\partial \ln f(\theta_1,\theta_3)}{\partial\theta_3} \tag{3.26}$$

이 2개의 편미분이 서로 같기 위해서는 이 편미분들이 θ_3만의 동일한 함수여야 한다. 그러므로 이를 적분하여 각각의 함수를 구해 보면

$$\begin{aligned} \ln f(\theta_2,\theta_3) &= \phi(\theta_3) + \ln g(\theta_2) \\ \ln f(\theta_1,\theta_3) &= \phi(\theta_3) + \ln g(\theta_1) \end{aligned} \tag{3.27}$$

이 해의 두 번째 항들은 적분상수이다. 따라서

$$f(\theta_1,\theta_2) = \frac{f(\theta_1,\theta_3)}{f(\theta_2,\theta_3)} = \frac{g(\theta_1)}{g(\theta_2)} \tag{3.28}$$

이다.

여기 이 온도만의 함수 $g(\theta)$를 T로 나타내고 절대온도(absolute temperature) 또는 열역학 온도(thermodynamic temperature)라 부른다.

$$g(\theta) \equiv T \tag{3.29}$$

그러면 가역과정 중 높은 온도에서 받고 낮은 온도에 내어 놓은 열량의 비는 절대온도의 비로서

$$\frac{|q_{1,rev}|}{|q_{2,rev}|} = \frac{T_1}{T_2} \tag{3.30}$$

이 되고, 가역엔진의 효율은

$$\eta_C = 1 - \frac{|q_{1,rev}|}{|q_{2,rev}|} = 1 - \frac{T_1}{T_2} \tag{3.31}$$

가 된다. 즉 엔진 효율이 2개 열원의 절대온도에 의하여 일의적으로 결정되는 것이다. 그러면 이 절대온도의 정체는 무엇일까? 이 정체를 알기 위하여 이상기체를 일하는 물질로 삼아 엔진 효율을 구해 보자.

3.7 | 열역학적 절대온도 눈금 = 이상기체 온도 눈금

이상기체 온도 눈금(ideal gas temperature scale)은 이상기체 법칙으로 정의된 온도 눈금으로서 기체 1몰의 경우

$$T = \frac{PV}{R} \tag{3.32}$$

와 같이 정의된다. 실험적으로 주어진 압력에서 기체의 부피 V를 측정함으로써 또는 주어진 부피에서 압력을 측정함으로써 온도 T를 결정하는데 이를 **이상기체 온도계**라 부른다. 이 온도의 국제 표준은 순수한 물의 **삼중점**(triple point)에 해당하는 온도로서 273.16 K로 정의된다.

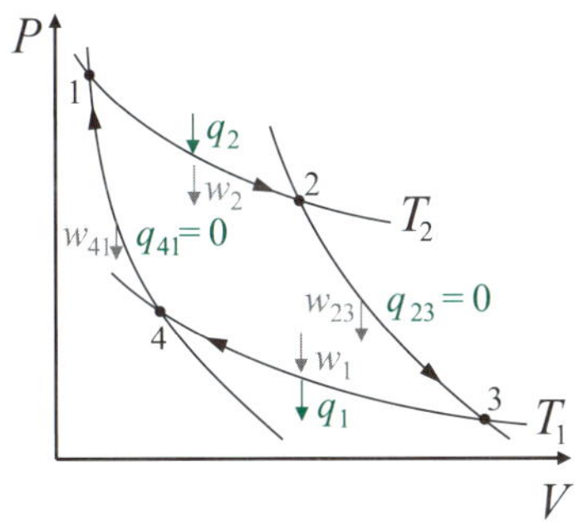

그림 3.8

이제 이상기체 1몰로 이상기체 온도 T_2와 $T_1(<T_2)$ 사이에서 작동하는 카르노 엔진을 만들자(그림 3.8). 카르노 주기는 다음과 같은 4개의 경로로 이루어진다.

경로 1$(V_1, P_1; T_2) \rightarrow$ 2$(V_2, P_2; T_2)$: T_2에서 가역등온팽창
경로 2$(V_2, P_2; T_2) \rightarrow$ 3$(V_3, P_3; T_1)$: T_1까지 가역단열팽창
경로 3$(V_3, P_3; T_1) \rightarrow$ 4$(V_4, P_4; T_1)$: T_1에서 가역등온압축
경로 4$(V_4, P_4; T_1) \rightarrow$ 1$(V_1, P_1; T_2)$: T_2까지 가역단열압축

각각의 경로에 대하여 일과 열과 내부에너지 변화를 구해 보면,

$$\text{경로 } 1 \rightarrow 2:\ w_{12} = q_2 = \int_{V_1}^{V_2} PdV = RT_2 \ln\frac{V_2}{V_1} > 0\ ;\ \Delta U_{12} = 0$$

$$\text{경로 } 2 \rightarrow 3:\ w_{23} = -\Delta U_{23} = -\int_{T_2}^{T_1} C_V dT = C_V(T_2 - T_1) > 0\ ;\ q_{23} = 0$$

$$\text{경로 } 3 \rightarrow 4:\ w_{34} = q_1 = \int_{V_3}^{V_4} PdV = RT_1 \ln\frac{V_4}{V_3} < 0\ ;\ \Delta U_{34} = 0$$

$$\text{경로 } 4 \rightarrow 1:\ w_{41} = -\Delta U_{41} = -\int_{T1}^{T2} C_V dT = C_V(T_1 - T_2) < 0\ ;\ q_{41} = 0$$

따라서 카르노 주기 동안 우리 계가 한 알짜 일 w는

$$w = w_{12} + w_{23} + w_{34} + w_{41} = RT_2 \ln\frac{V_2}{V_1} + RT_1 \ln\frac{V_4}{V_3} \tag{3.33}$$

고온 열원에서 받은 열이 $q_2(=w_{12})$이므로, 카르노 엔진 효율은

$$\eta_c = 1 + \frac{RT_1 \ln\frac{V_4}{V_3}}{RT_2 \ln\frac{V_2}{V_1}} \tag{3.34}$$

상태 1과 4, 2와 3은 단열선(adiabat)으로 연결되어 있으므로

$$T_2 V_1^{\gamma-1} = T_1 V_4^{\gamma-1}\ ;\ T_2 V_2^{\gamma-1} = T_1 V_3^{\gamma-1} \tag{3.35}$$

따라서

$$\frac{V_2}{V_1} = \frac{V_3}{V_4} \tag{3.36}$$

그러므로 효율은

$$\eta_c = 1 - \frac{T_1}{T_2} \tag{3.37}$$

이는 바로 식 (3.31)과 동일하다. 따라서

절대온도 눈금(absolute temperature scale) = 이상기체 온도 눈금(ideal gas temperature scale)

그리고 카르노 엔진의 효율은 2개 열원의 절대온도에 의해서만 결정된다.

3.8 | 마지막 불가능의 법칙 – 열역학 제3법칙

식 (3.37)에 의하면, $T_1 = 0$ K가 되면 카르노 엔진의 효율이 1이 된다. 따라서 최대 효율을 얻으려면 낮은 온도 열원의 온도를 0 K로 하면 될 것이다. 저온 물리 발전과 더불어 0 K를 얻기 위한 인간의 노력도 부단히 계속되고 있지만, 아직 아무도 0 K에 도달한 적도 없고 도달할 수 있으리라는 증거도 없다. 마치 1 K와 0 K 사이에 무한대의 온도 단계가 있어 결코 도달할 수 없을 것처럼 보인다. 결국은 자연이 허용하지 않는 온도일 것이다. 이것을 **열역학 제3법칙**이라 부른다. 열역학의 제 법칙이 불가능의 법칙이라면 제3법칙도 '**0 K 불가능의 법칙**'이라 불러도 좋다. 자연이 금하는 마지막 불가능의 법칙이다.

3.9 | Clausius 부등식

3.9.1 특수한 경우: 카르노 순환과정

열역학적 절대온도가 이상기체 온도와 동일하다는 사실을 안 지금 엔진의 효율을 다시 한 번 들여다보자. 온도 T_2와 $T_1(<T_2)$ 사이에서 가역적으로 작동하는 카르노 엔진의 효율은

$$\eta_c = 1 - \frac{|q_{1,rev}|}{|q_{2,rev}|} = 1 - \frac{T_1}{T_2} \tag{3.38}$$

이다. 여기서 $|q_2|$는 '일하는 물질'이 높은 온도 T_2에서 받는 열량이고, $|q_1|$은 낮은 온도 T_1에 내어 주는 열량이다. 그러므로 우리 가역엔진이 주위의 열원과 주고받는 열량은 오로지 그 열원의 온도에 의해서만

$$\frac{|q_{1,rev}|}{|q_{2,rev}|} = \frac{T_1}{T_2} \tag{3.39}$$

와 같이 결정된다. 이 식을 약간 변형하면,

$$\frac{|q_{2,rev}|}{T_2} - \frac{|q_{1,rev}|}{T_1} = 0 \tag{3.40}$$

$|q_{2,rev}|$는 우리 계인 일하는 물질이 받는 열이므로 그 부호가 $q_{2,rev}>0$이고, $|q_{1,rev}|$은 우리 계가 내어 놓는 열이니 그 부호가 $q_{1,rev}<0$이다. 이제 이 부호를 염두에 두고 절대값 표식을 벗겨내 보자. 그러면

$$\frac{q_{2,rev}}{T_2}+\frac{q_{1,rev}}{T_1}=0 \tag{3.41}$$

가역엔진의 경우 그 주고받는 열과 열원의 온도 사이에 이와 같은 등식이 성립하는 것이다.

이제 $T_2>T_1>0$이라는 사실만 알고 주고받는 열의 부호는 모른다고 가정하고, 이 식으로부터 $q_{1,rev}$과 $q_{2,rev}$의 부호와 상대적 크기를 예측해 보자. 각각 온도로 나눈 값들의 합이 0이 되기 위해서는 우선 두 열이 서로 다른 부호를 가져야 한다. 그리고 높은 온도 T_2로 나눈 값과 낮은 온도 T_1으로 나눈 값이 서로 상쇄되어야 하므로 열작용의 절대값은 $|q_{2,rev}|>|q_{1,rev}|$이어야 한다. 만약 우리 엔진이 순방향으로 작동하여 일을 했다고 하면 열역학 제1법칙에 의하여 $w_{rev}=q_{1,rev}+q_{2,rev}>0$이 되어야 한다. 이 조건이 만족되기 위해서는 열작용의 부호는 크기가 큰 것이 +, 크기가 작은 것이 −여야 한다. 즉 $q_{2,rev}>0$, $q_{1,rev}<0$이다. 우리 엔진이 거꾸로 작동하여 일을 하여 받은 경우라면 $w_{rev}=q_{1,rev}+q_{2,rev}<0$이어야 하므로 당연히 $q_{2,rev}<0$, $q_{1,rev}>0$이 되어야 한다. 항상 높은 온도에서 많은 양의 열을 주고받고 낮은 온도에서 적은 양의 열을 주고받되 카르노 엔진의 경우 반드시 항등식 (3.41)이 성립된다.

그러면 실제 엔진은? 실제 엔진의 효율은 카르노 엔진의 효율보다 클 수 없다:

$$\eta=1-\frac{|q_1|}{|q_2|}<\eta_C=1-\frac{T_1}{T_2} \tag{3.42}$$

왜? 저절로 움직이니까. 이 식으로부터 우리는 다음 사실을 안다:

$$\frac{|q_1|}{|q_2|}<\frac{T_1}{T_2} \quad \text{또는} \quad \frac{|q_2|}{T_2}-\frac{|q_1|}{T_1}<0 \tag{3.43}$$

즉 저절로 움직이는 실제 엔진은 오로지 저절로 움직이기 위하여 카르노 엔진보다 더 많은 열을 낮은 온도 열원에 내어 놓아야 한다.

$$|q_1|>|q_{1,rev}| \tag{3.44}$$

다시 말해서 **'저절로'**에 대한 세금으로서 더 많은 열을 내어 놓아야 하는 것이다. 이제

열량의 절대값 표식을 다 떼어내면,

$$\frac{q_2}{T_2}+\frac{q_1}{T_1}<0 \tag{3.45}$$

열역학 제1법칙으로 보면 우리 엔진이 바로 돌아 일을 할 때는 $w<w_{rev}$, 거꾸로 돌아 일을 해 받을 때는 $|w|>|w_{rev}|$여야 한다는 것이다. 왜냐고? 모른다! 자연이 그리 요구한다. 그래서 법칙이다.

2개의 온도 T_1과 T_2 사이에서 작동한 엔진의 효율로부터 알아 낸 이 사실들을 조합하여 일반화하면 모든 엔진에 대하여 다음과 같은 부등식을 얻는다.

$$\frac{q_1}{T_1}+\frac{q_2}{T_2}\leq 0 \quad \text{또는} \quad \sum_{i=1}^{2}\frac{q_i}{T_i}<0 \tag{3.46}$$

여기서 부등호는 비가역 순환과정일 때이고, 등호는 가역과정일 때인데 이때는 $q_1=q_{1,rev}$, $q_2=q_{2,rev}$에 해당한다.

3.9.2 일반화: 임의의 순환과정

그림 3.9의 닫힌 둥근 곡선으로 표시된 임의의 순환과정(또는 경로)을 생각해 보자. 이 위에 일련의 **등온선**(isotherms)과 **단열선**(adiabats)을 그리면 i로 표시된 등온곡선 군과 a로 표시된 단열곡선 군을 얻게 될 것이다. 이때 닫힌 둥근 곡선을 가장 근사하게 기술하는 등온선 조각을 거기에 연결된 단열선들과 함께 모아 보면, 그림 3.10과 같이 임의의 순환과정이 여러 개의 카르노 순환과정들로 나뉘어지는 것을 볼 수 있을 것이다.

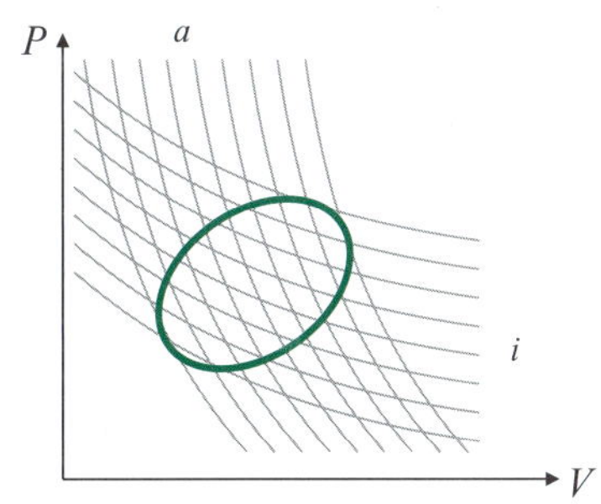

그림 3.9

그러면 가장 왼쪽 아래에 있는 카르노 순환과정 $ABCD$에 대하여

$$\frac{q_1}{T_1}+\frac{q_2}{T_2}\leq 0 \tag{3.47}$$

이고, 바로 그 다음 카르노 순환과정 $EFGH$에 대하여도,

$$\frac{q_3}{T_3}+\frac{q_4}{T_4}\leq 0 \tag{3.48}$$

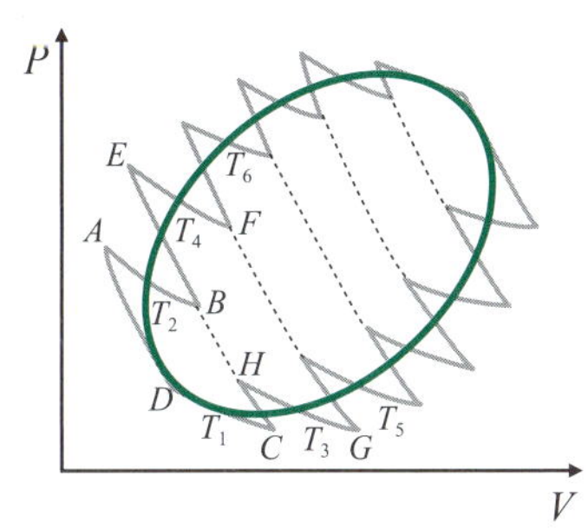

그림 3.10

또 그 다음 카르노 순환과정에 대해서도

$$\frac{q_5}{T_5} + \frac{q_6}{T_6} \le 0 \tag{3.49}$$

따라서 실제 순환과정을 근사하는 모든 카르노 순환과정에 대하여 이들을 다 합하면 결국

$$\sum_{i=1}^{n} \frac{q_1}{T_1} \le 0 \tag{3.50}$$

이 될 것이다. 당연히 등호는 가역과정일 때를 의미하고, 부등호는 비가역 과정일 때를 의미한다.

부등식 (3.50)에서 i는 실제 순환과정인 닫힌 곡선을 근사하는 톱니 모양의 카르노 순환과정 윤곽선(그림 3.10의 지그재그 형태의 실선)에서 모든 등온선 조각들을 나타낸다. 만약 등온선들과 단열선들을 극한상태로 촘촘히 그리면, 즉 $n \to \infty$이 되며 등온선 조각과 단열선 조각으로 이루어진 지그재그 형태의 윤곽선은 실제 순환과정인 닫힌 곡선에 근접해 갈 것이다. 이때 각 온도에서 우리 계가 주위와 교환하는 열량 또한 미세할 것이므로($q_i \to \delta q$), 식 (3.50)은 결국

$$\lim_{n \to \infty} \sum_{i=1}^{n} \frac{q_1}{T_1} = \oint \frac{\delta q}{T} \le 0 \tag{3.51}$$

이 된다.

결론: 임의의 순환과정에 대하여 항상

$$\oint \frac{\delta q}{T} \le 0 \tag{3.52}$$

등호는 가역 순환과정, 부등호는 비가역 순환과정에 해당한다. 이 식을 Clausius 부등식(Clausius inequality)이라 부른다.

왜 가역 순환과정일 때는 0이 되고, 비가역 순환과정일 때는 0보다 작아지는가? 비가역 과정이면 바로 그 과정의 비가역성 때문에 낮은 온도에서 가역엔진에 비하여 더 많은 열을 포기해야 하기 때문이다.

3.10 | 상태변수 엔트로피의 정의

모든 경로가 가역과정으로 이루어진 순환과정의 경우 항상

$$\oint \frac{\delta q_{rev}}{T} = 0 \tag{3.53}$$

이다. 어떤 미분의 순환적분 값이 0이 될 때 이 미분을 "완전(exact)하다"라고 하며, 이 미분의 모함수(anti-derivative)는 경로에 무관한 상태함수가 된다. 비록 가역과정이라 하더라도 일반적으로 열작용은 경로에 따라 서로 달라 $\oint \delta q_{rev} \neq 0$이나, 이 미분을 T로 나눈 것은 완전미분(exact differential)이 된 것이다. 이런 T와 같이 나누거나 곱해서 불완전 미분(inexact differential)을 완전미분으로 변환하는 인자를 **적분인자**(integrating factor)라 부른다.

열역학 제1법칙을 돌이켜 보면, 일과 열은 각각 경로에 유관하나 그들의 대수적 합은 항상

$$\oint \delta q - \delta w \equiv 0 \tag{3.54}$$

이라는 사실을 경험적으로 알고, 이로부터 상태함수인 내부에너지 U가 정의되었다.

$$dU = \delta q - \delta w \tag{3.55}$$

마찬가지로 식 (3.53)은 새로운 상태함수를 의미한다. 이 상태함수를

$$dS = \frac{\delta q_{rev}}{T} \tag{3.56}$$

로 정의하고, 이때 모함수 S를 **엔트로피**(entropy)라 부른다. 이 용어는 Clausisus가 명명한 것으로서, 변환(transformation)에 해당하는 그리스어 트로페(τροπη)에 Joule과 Thomson이 조어한 energy와 대비되게 en을 붙여 entropy가 되었다.

여느 상태함수가 그러하듯이 엔트로피도 본디 거기에 있는 특성으로서 경로에 무관하며, **열역학 제-1법칙**에 의하여 단순계의 경우 단 2개의 열역학적 변수에 의하여 일의적으로 결정된다.

3.11 | 열역학 제2법칙의 정량적 표현

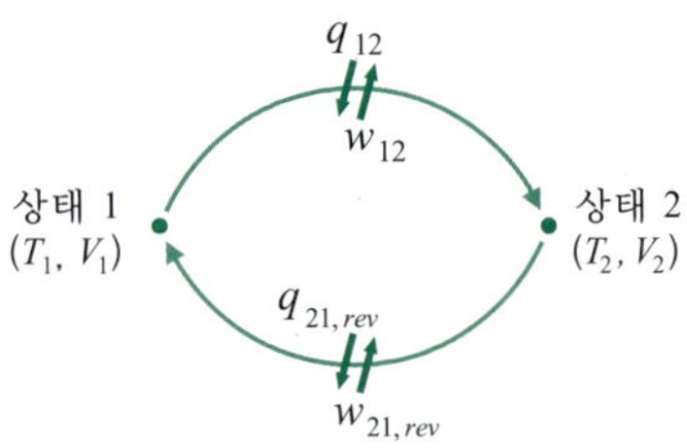

그림 3.11

자, 이제 우리 계가 상태 $1(T_1,V_1)$에서 상태 $2(T_2,V_2)$로 '자연적으로' '저절로' '비가역적으로' 상태 변화를 한 다음, '가역적'으로 상태 2에서 상태 1로 되돌아왔다고 하자(그림 3.11). 우리 계는 본디 상태에 돌아왔으므로 상태 변화를 하기 전이나 한 후나 아무런 변화가 없다. 그러나 전체 순환과정이 비가역 과정이므로 Clausius 부등식에 의하여

$$\oint \frac{\delta q}{T} = \int_1^2 \frac{\delta q}{T} + \int_2^1 \frac{\delta q_{rev}}{T} < 0 \tag{3.57}$$

이 된다. 이 대목에서 각 단계마다 우리 계가 외부로부터 받은 열을 그때의 온도로 나눈 값($\delta q/T$)의 총합이 왜 음이 되어야 하는지를 다시 한 번 생각하자. 우리 계가 상태 변화를 저절로 자연적으로 비가역적으로 하기 위해서는 우리 계 바깥에 일이 열화하여 열로 변환되어야 한다. 우리 계의 입장에서 보면 가역과정일 때보다 더 많은 열을 차가운 온도에 내어놓은 것이다.

식 (3.57)을 다시 정리하면

$$\int_1^2 \frac{\delta q}{T} < -\int_2^1 \frac{\delta q_{rev}}{T} = \int_1^2 \frac{\delta q_{rev}}{T} \tag{3.58}$$

이 부등식이 만족되기 위해서는

$$\frac{\delta q}{T} < \frac{\delta q_{rev}}{T} \tag{3.59}$$

또는

$$\delta q < TdS \tag{3.60}$$

한편 가역과정에 대해서는

$$\delta q = \delta q_{rev} = TdS \tag{3.61}$$

그러므로 이를 조합하여 일반화하면

$$\delta q \le TdS \tag{3.62}$$

로 나타낼 수 있다. 여기서 부등호는 비가역 과정, 등호는 가역과정일 때이다.

만약 우리 계의 상태 변화가 단열조건에서 일어나면, 즉 우리 계가 단열벽 안(adiabatic enclosure)에 있으면 $\delta q = 0$이므로

$$dS)_{\delta q=0} \geq 0 \tag{3.63}$$

이는 단열벽 안에서 무슨 과정이든 저절로 자연적으로 비가역적으로 일어나면 엔트로피는 항상 증가하고 가역과정이면, 즉 평형이 되면 엔트로피 증분이 0이 되므로 엔트로피가 최대가 된다는 말이다. 여기서 단열벽 안이라면, 우리 계가 단순계일 때 열역학 제1법칙에 의하면 $\delta q = dU - PdV = 0$이므로 그 충분조건으로서 $dU = 0$, $dV = 0$, 즉 내부에너지가 일정하고 부피가 일정한 계가 포함된다. 따라서 식 (3.63)의 충분조건으로서

$$dS)_{U,V} \geq 0 \tag{3.64}$$

단순계는 계를 구성하는 물질의 조성과 양이 고정되어 있는 계이다. 물질의 교환도 없고, 부피가 일정하니 일작용도 없고, 내부에너지조차 고정되어 있으니 따라서 열작용도 없다. 이런 계를 **고립계(isolated system)**라 한다. 우리의 우주가 대표적 고립계이다. 식 (3.64)는 고립계의 엔트로피는 항상 증가한다는 사실을 의미한다. 이것이 바로 **열역학 제2법칙**이다.

3.12 | Clausius 금언

열역학 1, 2 법칙을 고립계(isolated system)에 대하여 정량적으로 요약하면,

$$\text{제1법칙: } dU)_{isolated} = 0 \tag{3.65}$$

$$\text{제2법칙: } dS)_{isolated} \geq 0 \tag{3.66}$$

이다. 이 법칙을 Clausius는 다음과 같은 촌철살인의 금언으로 정리한다.

제1법칙: 우주의 에너지는 일정하다.(Die Energie der Welt ist Konstant.= The energy of the universe is constant.)

제2법칙: 우주의 엔트로피는 최대값을 향해 증가한다.(Die Entropie der Welt strebt einem Maximum zu.= The entropy of the universe tends towards a maximum.)

3.13 | 제2법칙의 또 다른 표현

열역학 제2법칙, 식 (3.62)는 부등식이다. 사람들은 대개 부등식을 보면 불편해진다. 이 부등식을 dS_{irr}이라는 증분을 도입하여 등식으로 나타내면,

$$dS = \frac{\delta q}{T} + dS_{irr} \tag{3.67}$$

그러면 열역학 제2법칙에 의하여 항상

$$dS_{irr} \geq 0 \tag{3.68}$$

이다. 여기서 부등호는 역시 비가역 과정의 경우이고, 등호는 가역과정의 경우이다. 이 dS_{irr}을 **생성 엔트로피**(entropy creation)라 부른다. 바로 이 생성 엔트로피가 '자연적으로' '저절로' 일어나는 '비가역' 과정에 대하여 우리가 자연에 지불해야 하는 세금이다. 이 엔트로피 생성이 바로 비가역 열역학의 핵심 내용이다.

3.14 | 일을 최대로 얻는 과정

이제 엔트로피를 정의했으므로 가역 카르노 엔진과 비가역 실제 엔진이 작동할 때 우리 계와 주위의 엔트로피 변화가 어떻게 되는지 살펴보자.

가역 카르노 엔진: 우리 계 '일하는 물질'은 높은 온도 T_2에서 $q_{2,rev}$만큼 열을 받아 외부로 w_{rev}만큼 일을 하고, 낮은 온도 T_1에 $q_{1,rev}$만큼 열을 내어 놓고 다시 본디 상태로 돌아온다. 이때 우리 계의 엔트로피 변화는 엔트로피가 상태함수이므로 0이다.

$$\Delta S_{sys} = 0 \tag{3.69}$$

한편 주위(surrounding)의 엔트로피 변화는 항온 열원 T_2에서 $q_{2,rev}$만큼 열을 잃고, 항온 열원 T_1에서 $q_{1,rev}$만큼 열을 받았으므로

$$\Delta S_{sur} = \frac{-|q_{2,rev}|}{T_2} + \frac{|q_{1,rev}|}{T_1} = 0 \tag{3.70}$$

이 되는데, Clausius 부등식에 의하여 그 값이 0이 된다. 그러므로 우리 계와 주위,

즉 고립계의 엔트로피 변화는 없다.

$$\Delta S_{sys} + \Delta S_{sur} = 0 \tag{3.71}$$

비가역 실제 엔진: 이번에는 우리 계가 높은 온도 T_2에서 q_2만큼 열을 받아 외부로 w만큼 일을 하고, 낮은 온도 T_1에 q_1만큼 열을 내어 놓고 다시 본디 상태로 돌아온다. 이때 우리 계의 엔트로피 변화는 역시 0이다.

$$\Delta S_{sys} = 0 \tag{3.72}$$

주위의 엔트로피 변화는 가역엔진에 비하여 더 많은 열을 포기해야 하므로

$$\Delta S_{sur} = \frac{-|q_2|}{T_2} + \frac{|q_1|}{T_1} > 0 \tag{3.73}$$

따라서 우리 계와 주위, 즉 우주 전체의 엔트로피는 이 엔진이 저절로 작동함으로 말미암아 증가하게 된다.

$$\Delta S_{sys} + \Delta S_{sur} > 0 \tag{3.74}$$

'저절로'에 대한 대가로 엔트로피가 증가한 것이다. 그러므로 최대 일을 얻을 수 있는 과정은 엔트로피 증가가 없는 과정이다. $dS_{irr} = 0$인 과정이 바로 가역과정으로서 일을 최대로 얻을 수 있는 과정이다.

3.15 | 변화의 자연적 방향

온도가 각각 T_1과 $T_2(>T_1)$인 2개의 물체를 열을 잘 통과하는 벽(diathermal wall)을 사이에 두고 열 접촉을 시키면 '지절로' '자연적으로' 온도기 높은 데서 낮은 데로 열이 전달된다는 사실을 우리는 경험으로부터 알고 있다. 즉 열전도의 **'자연적인 방향**(natural direction)'이 높은 온도에서 낮은 온도로인 것이다. 거꾸로는 절대 저절로 일어나지 않는다. 이제 T_2에서 T_1으로 $|\delta q|$만큼 열이 전달될 때 전체 계의 엔트로피 변화를 구해 보면

$$dS)_{isolated} = \frac{-|\delta q|}{T_2} + \frac{|\delta q|}{T_1} > 0 \tag{3.75}$$

이 되는데, $T_2 > T_1$이므로 0보다 크다.

$T_2 = T_1$이면 어떻게 될까? 당연히

$$dS)_{isolated} = \frac{-|\delta q|}{T_2} + \frac{|\delta q|}{T_1} = 0 \tag{3.76}$$

이다. 열은 온도 차이가 있어야 '저절로' '자연적으로' '비가역적으로' 전달된다. 온도 차이가 없으면 아무 일도 없다. 그래서 온도 차이가 있어서 일어나는 열전달을 **비가역적 열전달**(irreversible heat transfer)이라 하고, 온도 차이 없이 열을 전달하는 것을 **가역적 열전달**(reversible heat transfer)이라 부른다.

비가역적 열전달이 일어날 때는 항상 엔트로피가 증가한다. 그러나 가역적 열전달일 때는 엔트로피 변화가 없다. 엔트로피가 증가하는 방향이 어떤 (상태) 변화가 저절로 비가역적으로 자연적으로 일어나는 방향인 것이다. 그래서 열역학 제1법칙을 '경리사원의 즐거움(bookkeeper's delight)'이라 부르는 것과 같이 열역학 제2법칙을 '시간의 화살표(time's arrow)'라 부르기도 한다.

3.16 | 최대 일 과정과 자연적 변화의 방향에 관한 판단기준

우리는 이 장 서론에서 다음 두 가지 질문을 하였다.

i) 어떤 계가 상태 변화를 할 때 최대 일을 얻을 수 있는 과정 혹은 경로를 판별하는 기준이 있는가?

ii) 자연적 변화의 방향을 판별하는 기준이 있는가?

답은 "있다"이다. 그것은 바로 엔트로피로서 최대 일을 얻을 수 있는 과정 혹은 경로는 $dS_{irr} = 0$이 되는 경로, 즉 엔트로피 생성이 없는 가역과정이고, 자연적 변화의 방향은 $dS_{irr} > 0$인 방향, 즉 엔트로피가 생성되는 방향이다.

3.17 | 열역학 1, 2 법칙의 조합

열역학 제1법칙과 제2법칙은 각각 아래와 같다.

$$dU = \delta q - \delta w \tag{3.77}$$

$$\delta q \le TdS \tag{3.78a}$$

또는

$$\delta q = T(dS - dS_{irr}),\ dS_{irr} \ge 0 \tag{3.78b}$$

여기서 δw는 우리 계가 주위에 하는 모든 종류의 일인데, PV 일과 그 외 일(extra work) w_{ex}로 나누어

$$\delta w = PdV + \delta w_{ex} \tag{3.79}$$

와 같이 나타내기도 한다. 그리고 $dS_{irr} \ge 0$임을 잊지 말자.

이제 이 두 식을 δq를 매개로 조합하면,

$$dU \le TdS - \delta w \tag{3.80a}$$

또는

$$dU = TdS - \delta w - TdS_{irr} \tag{3.80b}$$

우리 계가 물질교환도 없고 다른 일도 없는 단순계라면 $\delta w = PdV$이므로

$$dU \le TdS - PdV \tag{3.81a}$$

또는

$$dU = TdS - PdV - TdS_{irr} \tag{3.81b}$$

또는 동등하게 S를 독립변수로 선택하여

$$dS \ge \frac{1}{T}dU + \frac{P}{T}dV \tag{3.82a}$$

또는

$$dS = \frac{1}{T}dU + \frac{P}{T}dV + dS_{irr} \tag{3.82b}$$

3.18 | 조합한 식의 효용

열역학 제1법칙과 제2법칙을 조합한 식 (3.81) 또는 (3.82)는 두 가지로 크게 쓰인다. 그 하나는 평형상태를 예측하는 것이고, 그 둘은 평형상태를 기술하는 일이다. 이것은 바로 열역학의 출발점이기도 하다.

3.18.1 평형상태 판단

예를 들어 우리 계 안에 화학반응이 일어나고 있다고 하자. 그러면 화학반응은 어디서 멎을까? 즉 우리 계가 어디에서 반응평형을 이루게 되어 조성이 고정될까?

단순계에 대한 식 (3.81)을 보면 S와 V가 변하지 않고 고정되어 있는 경우, 즉 $dS = 0$, $dV = 0$일 때

$$dU)_{S,V} \le 0 \tag{3.83}$$

그리고 식 (3.82)를 보면 U와 V가 고정되어 있는 경우, 즉 $dU = 0$, $dV = 0$일 때

$$dS)_{U,V} \ge 0 \tag{3.84}$$

식 (3.83)은 S와 V가 고정되어 있는 계에서 상태 변화가 저절로 일어나면 내부에너지가 감소하다가 평형에 이르면 내부에너지는 최소가 된다는 사실을 의미한다. 즉 내부에너지가 최소가 되는 상태가 평형상태인 것이다. 이를 **에너지 최소 원리**(energy minimum principle)라 부른다. 그리고 식 (3.84)는 U와 V가 고정되어 있는 계에서 상태 변화가 저절로 일어나면 엔트로피가 증가하다가 평형에 이르면 엔트로피가 최대가 된다는 사실을 의미한다. 즉 엔트로피가 최대가 되는 상태가 평형상태인 것이다. 이를 **엔트로피 최대 원리**(entropy maximum principle)라 부른다.

S와 V가 고정된 계는 어떤 계일까? 도무지 감이 잡히지 않는다. 그러나 U가 일정하고 V가 일정한 계는 우리가 만난 적이 있다. 고립계이다. 우리 우주가 가장 대표적인 고립계이다. 우리가 살고 있는 이 우주에는 온갖 일들이 항상 자연적으로 저절로 비가역적으로 일어나고 있다. 그때마다 우리 우주의 엔트로피는 증가한다. 어디까지 증가할까? 이렇게 증가하다 보면 언젠가는 엔트로피가 최대가 되는 때에 이르게 될 것이다. 그러면? 평형상태다. 더 이상 자연적으로 저절로 뭔가가 일어나는 일은 없다. 움직이지 않으면 죽음이다. 이 상태가 이 세상의 마지막이 될 것이다. 이 상태를 '열 죽음(heat death)'이라 부른다. 세상이 어떤 모습이 되었을까? 인터넷에 들어가 heat death를 찾아보기 바란다.

식 (3.83)과 (3.84)는 궁극적으로 동일한 식이다. 그렇다면 평형상태를 예측하는 두 판별식도 결국은 그들이 담고 있는 정보가 동일한 것이 되어야 할 것이다. 사실 그렇다. 이 두 원리는 동등하다. 이 동등함을 간단히 비유를 들어 설명하면 이렇다. 둘레의 길이가 U이고 면적이 S인 도형이 있다고 하자. 둘레의 길이 U가 일정하면서 면적 S가 최대가 되는 도형은 무엇인가? 원이다. 면적 S가 주어졌을 때 둘레의 길이 U가 최소가 되는 도형은 무엇인가? 역시 원이다. 원이라는 도형을 기술하는 데 하나는 U가 최소가 되는 것으로, 또 하나는 S가 최대가 되는 것으로 설명하고 있다.

3.18.2 평형상태 기술

식 (3.81a)와 (3.82a)의 등호는 가역과정일 때 성립한다. 가역과정은 평형을 의미한다. 그래서 단순계의 경우 **제-1법칙**에 의하여 모든 상태함수는 단 2개의 독립변수로 기술된다. 따라서 평형상태가 되면 식 (3.81a)로부터

$$dU = TdS - PdV \tag{3.85}$$

이는 U라는 특성이 S와 V 2개의 독립변수에 의하여 일의적으로 결정된다는 말이다:

$$U = U(S,V) \tag{3.86}$$

이는 열역학 제-1법칙에 다름 아니다. U라는 상태함수의 원초적 변수(natural variable)는 크기특성인 S와 V이다. 이 식을 모든 열역학적 정보, 즉 제1법칙과 제2법칙을 포함하고 있어서 가장 기본이 된다고 하여 **바탕식**(fundamental equation)이라 부르는데, 특히 내부에너지를 표현하는 식이라 해서 **에너지 바탕식**(energetic fundamental equation)이라 부른다.

U가 상태함수로서 본디 거기 있는 특성이니 dU는 완전미분이 되어

$$dU = \left(\frac{\partial U}{\partial S}\right)_V dS + \left(\frac{\partial U}{\partial V}\right)_S dV \tag{3.87}$$

이를 식 (3.85)와 비교해 보면 2개의 편미분이 각각 T와 $-P$와 같음을 알 수 있다.

$$T = \left(\frac{\partial U}{\partial S}\right)_V \; ; \; -P = \left(\frac{\partial U}{\partial V}\right)_S \tag{3.88}$$

크기특성인 U를 크기특성인 S 또는 V로 나누니 당연히 그 비는 세기특성이 되었다. 이런 관계식을 **상태방정식**이라 한다.

dU가 완전미분이므로 당연히 이 2개의 편미분은

$$\frac{\partial^2 U}{\partial V \partial S} = \frac{\partial^2 U}{\partial S \partial V} \quad \text{또는} \quad \left(\frac{\partial T}{\partial V}\right)_S = \left[\frac{\partial(-P)}{\partial S}\right]_V \tag{3.89}$$

이런 관계식을 **Maxwell 관계식**(Maxwell relations)이라 부른다.

이번엔 식 (3.85)를 엔트로피를 종속변수로 하여 다시 쓰면

$$dS = \frac{1}{T}dU + \frac{P}{T}dV \tag{3.90}$$

즉 엔트로피의 본디 변수(natural variable)는 U와 V이다.

$$S = S(U,V) \tag{3.91}$$

이 식을 **엔트로피 바탕식**(entropic fundamental equation)이라 한다. 그러면 dS는 당연히 완전(exact)하여

$$dS = \left(\frac{\partial S}{\partial U}\right)_V dU + \left(\frac{\partial S}{\partial V}\right)_U dV \tag{3.92}$$

이고, 이를 식 (3.90)과 비교함으로써 식 (3.88)에 상응하는 엔트로피 바탕식의 상태방정식

$$\frac{1}{T} = \left(\frac{\partial S}{\partial U}\right)_V \ ; \ \frac{P}{T} = \left(\frac{\partial S}{\partial V}\right)_U \tag{3.93}$$

을 얻는다. 물론 Maxwell 관계식이 성립하여

$$\frac{\partial^2 S}{\partial V \partial U} = \frac{\partial^2 S}{\partial U \partial V} \quad \text{또는} \quad \left[\frac{\partial(1/T)}{\partial V}\right]_S = \left[\frac{\partial(P/T)}{\partial S}\right]_V \tag{3.94}$$

그렇다면 이상기체의 상태방정식은 어느 바탕식에 해당하는 상태방정식일까? 금방

$$\frac{P}{T} = \frac{R}{V} = \left(\frac{\partial S}{\partial V}\right)_U \tag{3.95}$$

로서 엔트로피 바탕식으로부터 나온 것임을 알 수 있을 것이다.

3.19 | 정리

이게 열역학 논리의 전부이다. 그런데 에너지 바탕식에서 보면 독립변수가 S와 V인데, 사실 변수로서 다루기가 불편하다. 어떻게 S를 고정하고 V를 고정할 수 있다는 말인가? 그래서 남은 일은 이들 독립변수를 실제 다루기 편리한 것들로 정보의 손실 없이 변환해서 극한 원리를 적용하여 평형상태를 판별하고 평형상태를 기술하는 것이다. 열역학 기술은 여기서부터 두 갈래로 갈린다. 왜냐하면 동등한 바탕식이 2개가 있기 때문이다. 앞으로 우리가 공부하게 될 열역학은 에너지 바탕식에 그 바탕을 둔다.

익힘문제

3.1 Kelvin 선언과 Clausius 선언이 논리적으로 서로 동등함을 증명하라.

3.2 가역 순환과정에 대하여 일반적으로 $\oint \delta q_{rev} \neq 0$인데 어떻게 $\oint \frac{\delta q_{rev}}{T} = 0$이 될 수 있는지 설명하라.

3.3 이상기체가 부피 V_1에서 V_2로 (a) 비가역 Joule 팽창(자유팽창, 그림 2.17)할 때 $\int \delta q_{irr}/T$를 계산하고, (b) 등온가역팽창을 할 때 $\int \delta q_{rev}/T$을 계산하여 식 (3.64)를 증명하라.

3.4 열용량이 상수인 C로 똑같은 크기의 구리 덩어리 2개가 있어, 하나는 온도가 T_2이고 다른 하나는 $T_1(<T_2)$이라 하자. 이 둘을 서로 붙여 두면 최종온도가 $(T_1+T_2)/2$로 같아지는 것을 우리는 알고 있다 [이렇게 온도 차이가 있을 때 일어나는 열전달을 비가역 열전달(irreversible heat transfer)이라 한다]. 이 2개의 구리 덩어리를 직접 접촉시키지 않고, 대신 이 두 유한한 열원 사이에 카르노 가역엔진을 하나 붙여 높은 온도의 구리 덩어리로부터 가역적으로 열을 받아 일을 얻고 나머지 열을 가역적으로 낮은 온도의 구리 덩어리로 보낸다고 하자. 그러면 높은 온도의 구리 덩어리는 점점 식을 것이고 낮은 온도의 구리 덩어리는 점점 더워져서 두 구리 덩어리의 온도가 궁극적으로 같아지게 될 것이다.

(a) 이 최종 평형온도가 $(T_2T_1)^{1/2}$임을 보여라.

(b) 가역엔진이 한 일의 총량을 계산하라.

3.5 **(a)** 본문에서 배운 열기관을 거꾸로 작동하면, 외부에서 일(w)을 하여 받아 낮은 온도(T_c)의 열원에서 열(q_c)을 뽑아 높은 온도(T_h)의 열원에 $q_h(=q_c+w)$만큼의 열을 방출하므로 냉장고 또는 열펌프(heat pump)가 된다. 모든 기관의 효율[이를 작동계수(coefficient of performance)라 한다] η는 들인 밑천 대비 효과로 표현할 수 있다. 따라서 냉장고의 작동계수는 $\eta = q_c/w$, 열펌프의 경우는 $\eta = q_h/w$가 된다. 이들 작동계수의 최대치를 두 열원의 온도 T_c와 T_h로 나타내라.

(b) 온도가 30°C인 방에서 작동하는 냉장고를 이용하여 0°C에서 0°C의 물 1 kg을 얼릴 때 필요한 최소한의 일을 계산하라. 얼음 1 g이 녹을 때의 잠열(latent heat)은 79.71 cal/g이다.

3.6 일하는 물질, 이상기체 1몰로 작동하는 카르노 냉장고와 카르노 엔진을 생각하자. 엔진은 900 K에서 열을 흡수하고 300 K에서 열을 내어놓는데, 고온팽창을 할 때는 일하는 물질의 부피가 2배로 커지고, 낮은 온도에서 압축할 때는 그 부피가 반으로 준다. 한편 냉장고는 그 일하는 물질이 300 K에서

열을 흡수하는데, 이때 일하는 물질의 부피가 3배만큼 늘고, 압축될 때는 본디 부피의 1/3까지 준다. 엔진이 완전히 한 주기 작동할 동안 얻는 일은 정확히 냉장고를 한 주기 돌리는 데 필요한 일이 된다.

(a) $P-V$ 평면에서 엔진과 냉장고 각각의 주기를 그려라.

(b) 냉장고는 몇 도의 온도에서 열을 내어놓는가?

3.7 물이 얼 때 부피가 팽창한다는 것을 우리는 알고 있다. 부피가 팽창하면 외부에 일을 할 수 있다. 예를 들면 배관 속을 흐르던 물이 얼면서 배관이 터지기도 하고, 포장된 도로에 스며든 물이 얼면서 아스팔트로 포장된 도로가 봉긋이 솟아오르기도 하듯이. 따라서 1 g의 물로 그림 3.12의 $P-V$ 그림과 같이 카르노 엔진을 만들 수 있다.

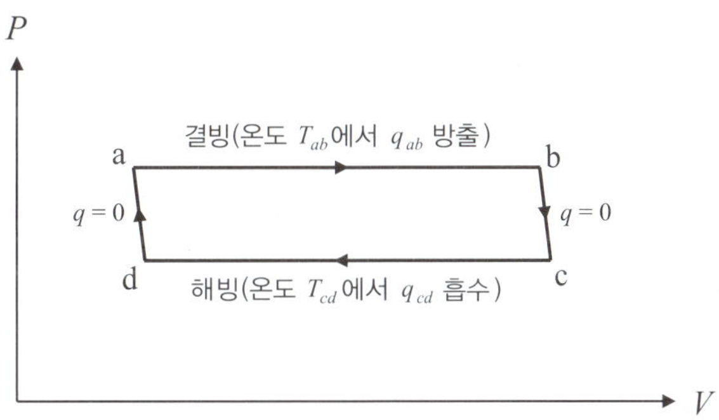

그림 3.12

경로 a → b(등온가역팽창): 1 atm, 273.15 K에서 부피가 1.0001 cm^3/g인 물 1 g이(상태 a) 얼면서 그 부피가 1.0907 cm^3로 팽창한다(상태 b). 이때 얼음과 물이 같이 있기 때문에 온도는 변화하지 않으며 ($T=T_{ab}$), 이 녹는 과정에 잠열 79.8 cal가 방출된다.

경로 b → c(단열가역팽창): 상태 b에서 상태 c로 주위의 압력을 낮추어 얼음을 가역단열팽창시킨다. 이때 부피 변화는 실제 매우 적기 때문에 우리 계 얼음이 한 일은 무시해도 좋다.

경로 c → d(등온가역압축): 상태 c로부터 일정한 압력하에서 얼음을 덥힌다. 그러면 경로 cd를 따라 얼음이 녹으면서 부피가 감소하며, 얼음이 다 녹으면 상태점 d에 이른다. 이때도 경로 a → b처럼 물과 얼음이 같이 있기 때문에 온도는 바뀌지 않으면서($T=T_{cd}$) 잠열이 흡수된다.

경로 d → a(단열가역압축): 상태점 d에 있는 물을 상태점 a에 이를 때까지 단열 가압한다.

(a) 이 순환과정을 통하여 우리 계, 물 1 g이 한 일(w)을 P_{ab}, P_{cd}, V_a, V_b, V_c, V_d로 나타내라. 이때 적은 압력 변화에 대하여 부피 변화도 무시할 수 있을 정도로 적으므로 실제 $V_b = V_c$, $V_a = V_d$로 가정해도 무방하다.

(b) 한 엔진이 외부로 일을 하기 위해서는($w > 0$), 뜨거운 열원으로부터 열을 흡수하고 낮은 온도의 열원으로 열을 방출해야 한다. 그렇다면 온도 T_{ab}와 T_{cd} 중 어느 것이 더 높아야 하는가? 이 사실은 얼음이 녹는 온도가 압력에 따라 어떻게 바뀐다는 것을 의미하는가?

(c) 기체를 이용한 엔진과는 반대로, 여기서는 등온 팽창과정(a → b)에서 열 q_{ab}를 방출하고, 등온 압축과정(c → d)에서 열 q_{cd}를 흡수한다. 카르노 엔진 효율로부터 우리 엔진이 한 일을 계산하라.

(d) (a)와 (c)의 결과가 서로 같아야 한다는 사실로부터, 압력 변화($\Delta P = P_{ab} - P_{cd}$)와 얼음의 녹는 점 변화($\Delta T = T_{ab} - T_{cd}$) 사이의 관계식 $\Delta T/\Delta p$를 유도하고, 물의 경우에 대하여 이 값을 계산하라(이 식이 7장에서 배우게 되는 Clapeyron 식이다).

3.8 25°C, 1 atm의 이상기체 1몰이 다음과 같은 두 단계의 과정을 거쳐 다시 본디 상태(25°C, 1 atm)로 돌아왔다.

1단계: 부피가 2배가 될 때까지 등온자유팽창(Joule 팽창)
2단계: 1/2 atm에서 1 atm까지 등온가역압축

(a) 이 두 단계 순환과정에 대하여 $\oint \delta q/T$를 계산하고, Clausius 부등식이 과연 만족되는지 확인하라.

(b) 단계 2의 과정에 대하여 ΔS를 계산하라.

(c) $\oint dS = 0$임을 알고, 1단계 과정에 대하여 ΔS를 계산하라.

(d) 1단계 과정에 대하여 $\Delta S \neq q/T$임을 보여라.

3.9 0°C 얼음 1 kg이 얼음과 물이 함께 담긴 욕조 안으로 1 m만큼 떨어졌을 때 전체 비가역성 정도의 척도로서 우리 계 전체(욕조 + 떨어진 얼음 덩어리)의 엔트로피 증가량을 계산하라. 얼음 1 g이 녹을 때의 잠열(latent heat)은 79.71 cal/g이다.

3.10 100°C의 수은 200 g을 열량계 안에 있는 20°C 물 80 g에 부었다. 열량계 자체가 물 20 g에 해당한다고 할 때 다음을 계산하라. 물과 수은의 비열은 상수로서 각각 4.184, 0.140 $JK^{-1}g^{-1}$이다.

(a) 수은만의 엔트로피 변화와 엔탈피 변화

(b) 물과 열량계의 엔트로피 변화와 엔탈피 변화

(c) 물과 열량계와 수은 모두의 엔트로피 변화와 엔탈피 변화

Chapter

4

엔트로피의 물리적 의미

4.1 | 엔트로피 계산 그리고 그 이후

평형상태가 1에서 2로 바뀔 때 엔트로피 변화는 어떻게 계산하는가? 간단하다. 정의식에 따라 $\delta q_{rev}/T$을 적분하면 된다.

$$\Delta S = \int_1^2 \frac{\delta q_{rev}}{T} \tag{4.1}$$

그러므로 단순계에 상태 변화가 생기면 이 상태 변화의 가역 경로에 해당하는 열작용 q_{rev}을 계산하는 게 관건이다.

단순계의 열역학적 상태는 대개 이론적 입장에서는 (T,V)로, 실험적인 입장에서는 (T,P)로 기술한다. 따라서 엔트로피 변화도 이들 변수의 함수로 계산할 수 있어야 한다. 열역학 제1법칙에 의하면, PV-일만 있는 단순계의 경우 어떤 상태 변화든지

$$\delta q_{rev} = dU + PdV \tag{4.2}$$

또는 이와 동등하게 엔탈피로 표현하면 $dH = d(U+PV) = dU + PdV + VdP$이므로

$$\delta q_{rev} = dH - VdP \tag{4.3}$$

일찍이 우리는 $U = U(T,V)$에 대하여

$$dU = C_V dT + \left(\frac{\partial U}{\partial V}\right)_T dV \tag{4.4}$$

$H = H(T,P)$에 대하여

$$dH = C_P dT + \left(\frac{\partial H}{\partial P}\right)_T dP \tag{4.5}$$

임을 알고 있다. 이 식을 각각 식 (4.2)와 (4.3)에 대입하고 엔트로피 정의식 (4.1)에 따라 정리하면,

$$dS = \frac{\delta q)_{rev}}{T} = C_V \frac{dT}{T} + \frac{1}{T}\left[P + \left(\frac{\partial U}{\partial V}\right)_T\right]dV \tag{4.6a}$$

$$= C_P \frac{dT}{T} + \frac{1}{T}\left[-V + \left(\frac{\partial H}{\partial P}\right)_T\right]dP \tag{4.6b}$$

제-1법칙에 의하여 S를 T와 V의 함수 $S=S(T,V)$로 기술하거나, T와 P의 함수 $S=S(T,P)$로 기술할 때, 그 완전미분(exact differential) dS는

$$dS(T,V)=\left(\frac{\partial S}{\partial T}\right)_V dT+\left(\frac{\partial S}{\partial V}\right)_T dV \tag{4.7a}$$

$$dS(T,P)=\left(\frac{\partial S}{\partial T}\right)_P dT+\left(\frac{\partial S}{\partial P}\right)_T dP \tag{4.7b}$$

와 같이 주어진다. 이 식과 식 (4.6)에서 각 독립변수에 대응하는 편미분은 서로 같아야 하므로, 당연히

$$\left(\frac{\partial S}{\partial T}\right)_V=\frac{C_V}{T}\ ;\ \left(\frac{\partial S}{\partial V}\right)_T=\frac{1}{T}\left[P+\left(\frac{\partial U}{\partial V}\right)_T\right] \tag{4.8}$$

$$\left(\frac{\partial S}{\partial T}\right)_P=\frac{C_P}{T}\ ;\ \left(\frac{\partial S}{\partial P}\right)_T=\frac{1}{T}\left[-V+\left(\frac{\partial H}{\partial P}\right)_T\right] \tag{4.9}$$

임을 알 수 있을 것이다. 그리고 dS는 완전(exact)하므로 그러기 위한 필요충분 조건으로 그것의 2개 교차미분(cross derivatives)이 서로 같아야 한다는 사실도 알 수 있을 것이다(Maxwell relations).

그러면 상태가 (T_1,V_1)에서 (T_2,V_2)로 변했을 때, 또는 (T_1,P_1)에서 (T_2,P_2)로 변했을 때 엔트로피 변화는? 엔트로피가 경로에 무관하니 아무 경로나 편리한 대로 그냥 적분하면 된다.

$$\Delta S=S_2-S_1=\int_{T_1,V_1}^{T_2,V_2} dS(T,V)=\int_{T_1,P_1}^{T_2,P_2} dS(T,P) \tag{4.10}$$

그런데 정작 엔트로피란 무엇인가? 내부에너지 U는 우리 계를 구성하는 모든 입자의 위치에너지와 운동에너지를 합한 전체 에너지에 해당한다는 것을 알고 있고, 엔탈피 H는 우리 계가 차지하는 공간을 확보하기 위한 PV-일에 내부에너지를 합한 것$(U+PV)$이라는 사실도 안다. 이제 엔트로피의 물리적 의미를 찾아보자.

4.2 | 엔트로피, 그 대강의 의미

1 atm하에서 물은 273.15 K 이하에서는 얼음(고체)으로, 273.15 ~ 373.15 K에서는 물(액체)로, 그리고 373.15 K 이상에서는 수증기(기체)로 존재한다는 것을 우리는

경험으로부터 알고 있다. 273.15 K에서는 얼음과 물이 같이 있는데, 외부에서 열을 가하면 온도는 안 바뀌고 얼음만 녹아 물로 된다. 즉 얼음이 녹는 과정이 흡열과정이다. 이때 필요한 열을 **잠열**(latent heat)이라 부르는데, 얼음 1몰을 녹이는 데 5.98 kJ/mol(=79.8 cal/g)이 필요하다. 물론 얼음이 얼 때는 반대과정이므로 이 열을 내어 놓는다. 한편 373.15 K에서는 물과 수증기가 같이 있는데, 역시 열을 가하면 온도는 안 바뀌고 물이 기체로 변하는데 이때 필요한 잠열이 물 1몰당 47.3 kJ/mol(=628 cal/g)이다. 대개 열이 유입되면 온도가 올라가는데, 이 경우에는 온도를 올리는 대신에 얼음이 물로 변하고 물이 수증기로 변하는 것이다. 즉 고체에서 액체로, 그리고 액체에서 기체로 계의 응집상태만을 바꾼 것이다.

이렇게 응집상태가 바뀔 때 엔트로피 변화를 계산해 보자. 정의식 (4.1)에서 온도가 일정하므로 1몰이 녹을 때와 끓을 때 필요한 열을 그대로 온도로 나누면,

$$\text{녹을 때:}\ \Delta S_m = S_l - S_S = \frac{\Delta H_m^o}{T_m} = 21.9\frac{\text{J}}{\text{mol}\cdot\text{K}} = 2.63\,R \tag{4.11}$$

$$\text{끓을 때:}\ \Delta S_V = S_V - S_l = \frac{\Delta H_b^o}{T_b} = 126.8\frac{\text{J}}{\text{mol}\cdot\text{K}} = 15.25\,R \tag{4.12}$$

얼음이 녹으면서 몰당 엔트로피가 2.63 R만큼 증가하고, 물이 끓으면서는 몰당 15.25 R만큼 증가한다. 끓을 때가 녹을 때보다 5배 이상 엔트로피가 증가한다.

이 대목에서 얼음과 물과 수증기에 물 분자들이 어떻게 분포하고 어떤 운동을 얼마나 요란하게 하는지 생각해 보자. 얼음은 결정으로서 물 분자 각각이 결정 내 자기 자리에 붙박여 약간의 진동운동만 하고 있을 것이나, 액체가 되면 물 분자는 더 이상 한 곳에 붙박여 있지 않고 이리저리 어느 정도 자유롭게 어슬렁대기도 하며 진동운동도 더 격해질 것이다. 기체가 되면 분자들은 제각기 뿔뿔이 흩어져 회전하고 이리저리 날고 서로 부딪고 그야말로 혼돈의 극치 상태가 될 것이다. 잠열은 결국 물 분자들의 분포상태를 더 혼돈스럽게 하고 운동상태를 더욱 요란스럽게 한다. 즉 결정상태일 때 물 분자는 모두가 제자리에 **정돈된 상태**(ordered state)로 있는데, 액체가 되면 고체상태에 비하여 덜 정돈된 상태로 되고, 기체가 되면 가장 덜 정돈된 상태, 즉 완전히 **혼돈된 상태**(disordered state)가 된다(그림 4.1).

엔트로피는 고체상태(s)보다는 액체상태(l)가 높고, 기체상태(v)는 액체상태보다 훨씬 더 크다($S_s < S_l \ll S_v$). 즉 엔트로피가 커질수록 계를 구성하는 입자들의 분포와 운동이 덜 정돈되고(less ordered) 더 혼돈스러워(more disordered)진다. 그렇다. 엔트로피는 구성 입자들의 분포와 운동의 혼돈 정도의 척도이다. 이 관계를 좀 더 정량적으로 생각해 보자.

그림 4.1 엔트로피는 무질서 혹은 혼돈 정도의 척도.
(G. Gamow, One Two Three…Infinity, Viking Press, 1961, p.196)

4.3 | 무질서 혹은 혼돈의 척도 엔트로피

양자역학으로부터 우리는 에너지가 연속적(continuous)이지 않고 양자화(discrete)되어 있다는 것을 알고 있다. 이를테면 **조화진동자**(harmonic oscillator)의 경우 그 에너지는

$$\varepsilon = \left(\frac{1}{2} + n\right)h\nu \;\; (n = 0, 1, 2, \cdots) \tag{4.13}$$

와 같이 주어지는데, Planck 상수 h와 진동자의 단위시간당 진동수 ν를 곱한 $h\nu$가 진동에너지의 묶음, 다발 혹은 단위(양자, quantum)가 되어, 우리 계가 에너지를 받거나 내놓을 때 이 묶음을 단위로 하여 주거나 받는다. 그래서 n이 0, 1, 2,⋯ 등의 값을 갖고 이를 **양자 수**(quantum number)라 부른다. 이런 에너지 묶음을 편의상 u라고 부르고, $n=0$일 때 해당하는 **기저에너지**(ground energy) $h\nu/2$는 어차피 상수이므로 당분간 무시하자.

이제 3개 입자($N=3$)로 이루어진 1차원 결정이 있어 온도가 T인 항온조에 들어있다고 하자. 그리고 이 계가 가지고 있는 전체 내부에너지가 $U=3u$이고 계의 부피는 V로 일정하다고 하자. 즉 우리 계의 상태는 **제-1법칙**에 의하여 U와 V를 정의함으로써 거시적으로 완전하게 기술된 것이다. 이렇게 정의된 평형상태를 **거시적 상태**(macrostate)라 한다.

이제 이 거시적 상태를 미시적으로 기술해 보자. 거시적으로 보면 전체 에너지는 $U=3u$로 항상 일정하나, 미시적으로 보면 이 에너지 묶음 3개가 3개의 입자에 분포되어 있는 상황이니 이 분포되는 방법의 가짓수가 이 거시적 상태에 해당하는 **미시적 상태**(microstates)의 수가 될 것이다. 이 미시적 상태를 찾아보자.

표 4.1 3개 진동자(#1, #2, #3)로 이루어진 결정의 거시적 상태($U = 3u, V$)에 해당하는 미시적 상태들

에너지 분포 유형	에너지 분포상태(microstates)			미시적 상태 수(Ω) (number of microstates)
	#1	#2	#3	
{3u, 0, 0}	0	0	3u	3
	0	3u	0	
	3u	0	0	
{2u, u, 0}	0	u	2u	6
	u	0	2u	
	0	2u	u	
	u	2u	0	
	2u	u	0	
	2u	0	u	
{u, u, u}	u	u	u	1

우선 1개 원자가 이 3개의 에너지 묶음을 몽땅 다 가지는 경우이다. 그러면 다른 2개는 가질 게 없다. 이런 분포의 집합을 $\{3u,0,0\}$으로 표시하자. 이런 분포라면 첫 번째 입자가 모든 에너지를 갖고 두 번째 세 번째가 없는 경우($3u$,0,0), 두 번째 원자가 다 가지는 경우(0,$3u$,0), 그리고 마지막으로 세 번째 원자가 다 가지는 경우(0,0,$3u$)이다. 이 분포에 해당하는 미시적 상태의 총수를 Ω라 하면 $\Omega=3$이다. 그다음 분포 형태는 $\{2u,u,0\}$이다. 이 경우에 해당하는 미시적 상태는 표 4.1에 정리한 것처럼 $\Omega=6$이다. 마지막 분포 형태는 모두가 균일하게 한 묶음씩 나눠 갖는 $\{u,u,u\}$인데, 이때 방법의 가짓수는 $\Omega=1$이다. ($U=3u,V$)로 기술되는 거시적 상태에 해당하는 미시적 상태는 모두 합해서 10개가 된다.

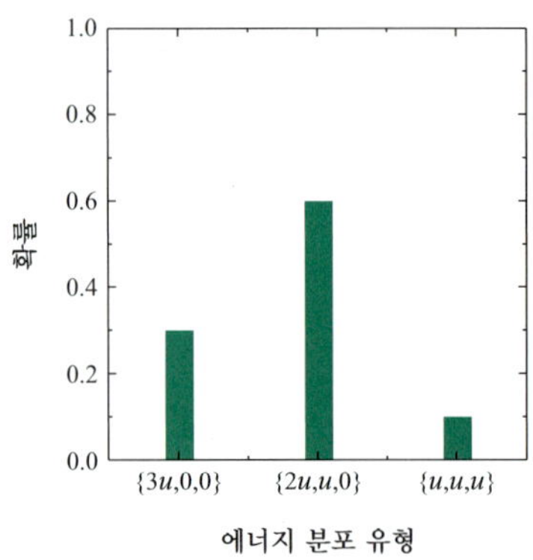

그림 4.2

이 대목에서 한 가지 가정을 하자. 그것은 총 10개의 미시적 상태가 모두 똑같은 확률로 일어난다는 가정이다. 진짜 그러냐고? 모른다. 증명할 수 없다. 그냥 그리 가정한다. 그래서 이것을 **선험적 동등확률 원리**(a priori equal probability principle)라 부른다. 그러면 각 분포상태가 일어날 확률은 $\{3u,0,0\}$가 3/10, $\{2u,u,0\}$가 6/10, $\{u,u,u\}$가 1/10이 될 것이다. 이 확률분포를 에너지 분포 유형에 대하여 그려보면 그림 4.2와 같다.

이제, 여기 똑같은 계가 100개 있다고 하자. 이런 판박이 계의 집합을 통계열역학에서는 프랑스어 표현을 그대로 써서 **앙상블**(ensemble)이라 하는데, 영어단어 assembly에 해당하는 말이다. 이 100개의 판박이 계를 동시에 뚜껑을 열고 그 에너지의 분포상태를 관찰한다고 상상해 보자. 모든 미시적 상태가 똑같은 확률로 일어난다고 하니,

평균 30개는 $\{3u,0,0\}$ 상태, 60개는 $\{2u,u,0\}$ 상태, 10개는 $\{u,u,u\}$ 상태에 있을 것이다. 다음에는 1개의 계를 100년을 두고 관찰한다고 하자. 모든 미시적 상태가 동일한 확률로 일어난다고 하니, 평균 30년은 $\{3u,0,0\}$ 상태, 60년은 $\{2u,u,0\}$ 상태, 10년은 $\{u,u,u\}$ 상태에 있을 것이다. 결국 일어날 확률이 가장 높은 미시적 상태는 $\{2u,u,0\}$ 분포상태이다. 이를 우리 계가 취할 '**확률이 가장 높은 상태**(the most probable state)'라 부른다. 통계열역학에 의하면, 입자 수가 3개인 지금의 경우 가능한 미시적 상태의 총 수는 10개이고 최고 확률은 겨우 6/10인데, 실제 입자 수가 Avogadro 수만큼 커지게 되면 미시적 상태의 총 수는 천문학적으로 커지고 확률분포 그림은 확률이 가장 높은 분포상태에 대못 하나가 곧추선 모양(이런 분포함수를 δ – 함수라 한다)으로 되고(그림 4.2) 최고 확률은 실제 1에 근접한다.

지금 이 계가 $\{3u,0,0\}$ 상태에 있다고 하자. 시간이 경과하면 이 계는 일어날 확률이 가장 높은 미시적 상태 $\{2u,u,0\}$로 변할 것이다. 물론 모든 미시상태가 일어날 확률이 동일하므로 $\{u,u,u\}$ 상태로도 가고 다시 $\{3u,0,0\}$ 상태로 돌아가기도 하겠지만, 가장 일어날 확률이 높은 상태에 머무는 시간이 가장 길 것이다. 입자 수가 아주 많아서 이 확률분포가 곧추선 대못 모양인 경우라면 거의 항상 가장 확률이 높은 미시상태에 머물러 있을 것이다. 이게 바로 열역학적 평형상태이다. 열역학 제1법칙과 제2법칙을 조합한 단순계에 대한 식

$$dS \geq \frac{1}{T}dU + \frac{P}{T}dV \tag{4.14}$$

에서 보면, 내부에너지가 일정하고 부피가 일정할 때 우리 계의 상태 변화가 저절로 비가역적으로 일어나는 자연적인 방향은 엔트로피가 증가하는 방향이고, 열역학적 평형상태가 되면 엔트로피가 최대가 된다.

$$dS)_{U,V} \geq 0 \tag{4.15}$$

미시적인 관점에서 보면 일어날 확률이 낮은 미시적 상태에 있는 우리 계는 일어날 확률이 최대인 상태로 그 미시적 상태를 바꾼다. 이게 엔트로피가 증가하는 방향이다. 우리 계가 일어날 확률이 최대인 상태가 되면 그때가 엔트로피가 최대가 되는 상태이다. 그러니 엔트로피는 결국 우리 계가 가질 수 있는 한 분포상태의 미시적 상태 개수 Ω의 척도인 셈이다. 이 개념을 조금 정량적으로 표현해 보자. 한 분포상태에 해당하는 미시적 상태의 수 Ω는 일어날 확률이 높을수록 크다. 그런데 입자 수가 많아지게 되면 이 값도 무지무지하게 커질 것이다. 이렇게 큰 수를 다룰 때는 대수(logarithm)

가 편하다. 그래서 엔트로피 S는 $\ln\Omega$에 해당하는 것으로 보인다.

$$S \propto \ln\Omega \tag{4.16}$$

여기서 한 가지 주목할 것은 열역학에서는 우리 계가 '저절로' '자연적으로' 상태를 바꾸면 이것은 비가역 과정이어서 되돌아갈 수가 없다는 것이다. 즉 엔트로피가 적어지는 방향으로는 절대 진화를 하지 못한다. 그러나 통계적인 관점에서 보면 비가역이라는 것이 글자 그대로 되돌아가지 못하는 게 아니라 돌아갈 확률이 적다는 의미이다.

4.4 | 엔트로피의 정량적 의미

4.4.1 최대 확률분포 계산

식 (4.16)을 이제 정량적으로 유도해 보자. 전체 입자의 수가 N개이고 부피가 V로 일정하고 내부에너지가 U인 우리 계가 온도 T인 항온조에 담겨 있다고 하자. 부피가 주어지면 양자역학에 의하여 입자들이 가질 수 있는 에너지 레벨이

$$\varepsilon_1, \varepsilon_2, \cdots, \varepsilon_i, \cdots \tag{4.17}$$

와 같이 결정된다. 이때 우리 계의 미시적 상태는 표 4.1에서처럼 에너지의 분포상태, 즉 전체 N개 중 n_1개가 ε_1에, n_2개가 ε_2에,…, n_i개가 ε_i에……있는 것으로 정의할 수 있다.

$$\text{에너지 레벨: } \varepsilon_1, \varepsilon_2, \varepsilon_3, \cdots, \varepsilon_i, \cdots \tag{4.18}$$

$$\text{입자 수: } n_1, n_2, n_3, \cdots, n_i, \cdots \tag{4.19}$$

이 분포 유형을 간단히 $\{n_i(\varepsilon_i)\}$로 표시하자.

이 분포 유형 $\{n_i(\varepsilon_i)\}$에 해당하는 미시적 상태의 수는 전체 N개 입자 중에 우선 n_1개를 뽑아 ε_1에 배치하고, 남은 입자들 $N-n_1$개 중에서 n_2개를 뽑아 에너지 레벨 ε_2에 배치하고……또 남은 것 중에서 n_i개를 뽑아 ε_i에 배치하고…… 하되, 이들 입자들은 동일하여 한 개의 에너지 레벨에서 서로 순서가 바뀌어도 구별이 되지 않으므로,

$$\Omega(\{n_i(\varepsilon_i)\}) = \binom{N}{n_1}\cdot\binom{N-n_1}{n_2}\cdots\binom{N-\sum_{i=1}^{i-1} n_i}{n_i}\cdots \equiv \frac{N!}{\prod_i n_i!} \tag{4.20}$$

이 된다. 여기서 표식 Π는, $n_1 + n_2 + \cdots + n_i + \cdots = \sum_i n_i$ 로 간단히 나타내듯이, 곱 $n_1!n_2!n_3!\cdots n_i!\cdots$를 간단히 나타내는 표식이다.

이때 우리 계의 전체 입자 수와 전체 에너지가 고정되어 있으므로

$$N = \sum_i n_i \tag{4.21}$$

$$U = \sum_i n_i \varepsilon_i \tag{4.22}$$

표 4.1에서 보았듯이, 이때 (U,V,N)으로 기술되는 거시적 상태에 해당하는 열역학적 평형상태는 이 상태에 해당하는 미시적 상태의 수 $\Omega(\{n_i(\varepsilon_i)\})$를 최대로 하는 에너지 분포상태이다. 그러므로 식 (4.20)의 $\Omega(\{n_i(\varepsilon_i)\})$가 어떤 분포일 때 그 방법의 가짓수가 최대가 되는지를 아는 게 관건이다. 이제 일어날 확률이 가장 높은 분포를 찾아보자.

우선 우리가 다루는 입자의 수는 전체가 적어도 10^{24} 정도이다. 그러니 식 (4.20)의 곱은 무지무지하게 큰 수가 될 것이다. 그러므로 우선 식 (4.20)을 자연대수로 처리하도록 하자. 그러면 우리의 문제는 합으로 표시된 함수

$$\ln \Omega(\{n_i\}) = \ln N! - \sum_i \ln n_i\,! \tag{4.23}$$

가 어떤 $\{n_i\}$일 때 최대가 되는가를 아는 것이다.

여기서 더 나아가기 전에 $\ln n!$의 값을 알아보자. 우선 $n!$의 값을 알아야 한다. n이 그저 $1, 2, \cdots, 10$ 정도면 계승(factorial)의 정의식

$$n! = n \cdot (n-1) \cdot (n-2) \cdots 3 \cdot 2 \cdot 1 \tag{4.24}$$

에 의하여 손쉽게 계산할 수 있지만, 우리 계를 구성하는 원자의 개수이고 보면 이 n_i 값은 사실 무지하게 큰 값이 될 것이다. 그러면 이 계승의 값은? 분명한 것은

$$n! < n^n \tag{4.25}$$

그런데 분명히 이 상한값은 너무 과하다. 그러면 자연대수의 밑 e로 대충 보완해서,

$$n! \approx \left(\frac{n}{e}\right)^n \tag{4.26}$$

쯤 되지 않을까? 실제 n값이 커질수록 이 근사식은 근사하게 맞아들어간다. $n = 10$을 넣고 100을 넣고 1000을 넣고 한번 확인해 보기 바란다. 이 근사식을 James Stirling (1692~1770)이라는 수학자가 알아내었다. 그래서 이 근사식을 Stirling 근사식이라

부른다. 따라서

$$\ln n! \approx n \ln n - n \tag{4.27}$$

수학적 켯속: 이 Stirling 근사식은 이렇게 유도된다.

$$\ln n! = \ln n + \ln(n-1) + \ln(n-2) + \cdots + \ln 3 + \ln 2 + \ln 1 \tag{4.28}$$

이것은 아래 그림의 $y=\ln x$ 곡선 위에 겹쳐 그린 막대그래프[그림 4.3(a)] $0 \le x \le n$ 범위에서의 면적과 같다(색칠한 부분). 이 면적은 $\ln x$ 아래의 면적보다 분명히 크다. 그러나 n값이 커지면 이 두 면적은 거의 같아질 것이다. 그러므로

$$\ln n! \approx \int_0^n \ln x dx = n \ln n - n \tag{4.29}$$

이 근사식은 $n=50$만 되어도 오차 2% 안에서 정확하다. 실제 오차를 보면 그림 4.3(b)와 같다.

이제 Stirling 근사식을 이용하여 식 (4.23)을 다시 쓰되 전체 입자 수에 관한 관계식 (4.21)을 고려하면,

$$\ln \Omega = N \ln N - \sum_i n_i \ln n_i \tag{4.30}$$

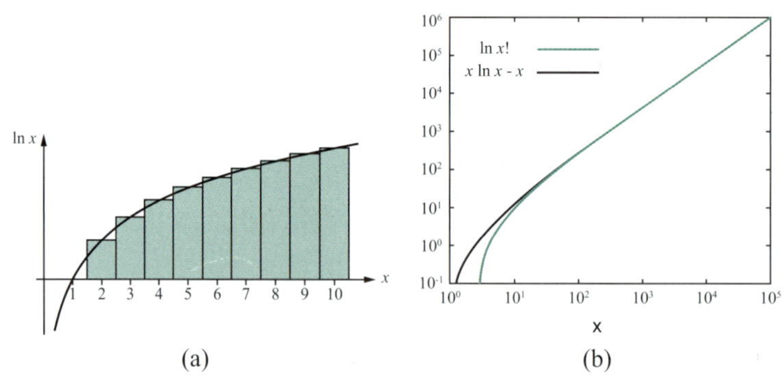

그림 4.3 Stirling 근사식의 연원(a)과 오차(b). [(a): D. W. Schroeder, An Introduction to Thermal Physics, Addison Wesley Longman, 2000, p.389 (b): http://en.wikipedia.org/wiki/Stirling %27s_approximation]

어떤 함수 값이 최대가 되면 그 독립변수에 대한 함수의 기울기가 0이 된다. 바로 이 사실을 이용하면 어떤 분포 $\{n_i\}$에 대하여 $\ln\Omega$가 최대가 될지를 알 수 있다. 그 기울기를 구하기 위하여 식 (4.30)의 양변의 미분을 구하여 0으로 두면,

$$\delta \ln \Omega = -\sum_i (\ln n_i + 1)\delta n_i = 0 \tag{4.31}$$

이 식이 항상 성립하기 위해서는 $\ln n_i + 1 = 0$? 이는 모든 에너지 레벨에 입자가 균일하게 분포되는 상황이다. 변수 δn_i가 각각 독립적이면 이 말이 맞다. 그러나 지금 이 변수들은 그렇지 않다. 변수 n_i들 간의 관계식 (4.21)과 (4.22) 2개가 더 있다. U가 일정하고($\delta U = 0$) N이 일정하므로($\delta N = 0$), 이 두 식을 미분하면

$$\delta N = \sum_i \delta n_i = 0 \tag{4.32}$$

$$\delta U = \sum_i \varepsilon_i \delta n_i = 0 \tag{4.33}$$

그러므로 원칙적으로는 이 두 관계식을 식 (4.31)에 대입하여 변수 2개를 제거한 후 나머지 각 독립변수의 미분 δn_i의 계수를 0으로 둠으로써 $\Omega(\{n_i(\varepsilon_i)\})$를 최대로 하는 입자분포 $\{n_i(\varepsilon_i)\}$를 구한다. 그러나 대입하여 변수를 소거하는 이 전통적인 방법 대신 반대로 변수를 오히려 추가하여 더 손쉽게 구하는 방법이 있다. 이 방법은 이를 처음 고안한 수학자인 J. L. Lagrange의 이름을 따라서 'Lagrange의 모르는 곱수법(Lagrange's undetermined multipliers method)'이라 부른다.

변수 δn_i 사이의 추가적인 관계식 (4.32)와 (4.33)은 그 값이 각각 0이니 여기에 그 값을 모르는 임의의 상수 α와 β를 곱해도(이런 상수를 undetermined multiplier라 한다) 그 값은 0이다:

$$\alpha\delta N = \sum_i \alpha\delta n_i = 0 \tag{4.34}$$

$$\beta\delta U = \sum_i \beta\varepsilon_i \delta n_i = 0 \tag{4.35}$$

이 두 식을 그 값이 역시 0인 식 (4.31)에 더하되 편의상 $-\delta\ln\Omega$에 더하자. 그러면 그 값 역시 0이 된다.

$$-\delta \ln \Omega + \alpha\delta N + \beta\delta U = 0 \tag{4.36}$$

다시 정리하면,

$$\sum_i [(\ln n_i + 1) + \alpha + \beta\varepsilon_i]\delta n_i = 0 \tag{4.37}$$

그러므로 $\ln\Omega$가 최대가 되는 n_i값은

$$n_i = e^{-(\alpha+1)} \cdot e^{-\beta\varepsilon_i} \tag{4.38}$$

인데, 바로 그 '모르는 곱수' α와 β의 함수로 주어졌다. 이 모르는 곱수는 바로 이 두 곱수를 곱했던 2개의 관계식 (4.34)와 (4.35)로 되계산된다. 만약 변수들 간의 제약식이 3개였다면 3개 모르는 곱수의 함수로 얻었을 것이고, 이 3개 모르는 곱수는 바로 이 3개의 곱 식에 의하여 되결정되는 것이다. 이것이 바로 모르는 곱수법의 요체이다.

이제 모르는 곱수 α와 β를 구하자. 식 (4.21)에 식 (4.38)을 대입하여 α를 구해 보면,

$$e^{-(\alpha+1)} = \frac{N}{\sum e^{-\beta\varepsilon_i}} \tag{4.39}$$

이어서 β는 식 (4.39)를 대입한 식 (4.38)을 남아 있는 식 (4.22)에 대입하여 구한다. 식 (4.22)는 모든 경우에 대하여 참이므로, 가장 간단한 계인 직선운동(translational motion)만 하는 단원자 이상기체에 대하여도 당연히 참이다. N개로 이루어진 질량이 m인 단원자 이상기체의 온도가 T일 때 전체 내부에너지가 $U=3NkT/2$임을 알고, 에너지 레벨 i에 해당하는 속도를 v_i라 할 때 $\varepsilon_i=mv_i/2$됨을 알면, 식 (4.22)에 의하여

$$\beta = \frac{1}{kT} \tag{4.40}$$

이 된다. 자세한 수학적 처리과정은 신경 쓰지 말자. 통계열역학에서는 종종 $1/kT$를 줄여서 간단히 β로 표시한다.

마지막으로 식 (4.38)과 (4.39)를 조합하면, 주어진 온도조건에서 일어날 확률이 가장 높은 분포상태는

$$\frac{n_i(\varepsilon_i)}{N} = \frac{e^{-\beta\varepsilon_i}}{\sum_i e^{-\beta\varepsilon_i}} \tag{4.41}$$

이다. 바로 이런 미시적 상태가 열역학적 평형상태에 해당하는 것이다. 이 분포를 이를 유도한 Boltzmann의 이름을 따서 Boltzmann **분포**라 부른다. 더 나아가기 전에 이 분포의 특성을 살펴보자.

수학적 켯속: Lagrange의 모르는 곱수법

이 대목에서 여러 개의 변수를 가지는 함수의 최소값 또는 최대값을 구하는 가장 강력한 방법인 'Lagrange의 모르는 곱수법'을 익혀 두자. 지금 함수 $f(x,y,z)$가 있어 그 최소 또는 최대 값들을 구하고자 하는데, 변수 x,y,z 사이에 다음과 같은 2개의 제약조건이 있다고 하자.

$$\phi_1(x,y,z)=0\ ;\ \phi_2(x,y,z)=0 \tag{4.42}$$

고전적인 방법은 위 두 제약식을 풀어 y와 z를 각각 x의 함수로 구한 뒤, 이를 함수 f에 대입하여 x만의 함수 $f[x,y(x),z(x)]$를 구하고, 극한일 때 $df/dx=0$이라는 사실로부터 그때에 해당하는 x값을 얻어, 주 제약식의 해로부터 y와 z를 구하는 것이다.

모르는 곱수법은 이렇게 간다. 최대 혹은 최소가 되는 점에서는 함수 f의 변화가 없으므로

$$df=f_x dx+f_y dy+f_z dz=0 \tag{4.43}$$

여기서 $f_k(k=x,y,z)$은 $k-$축에 대한 편미분이다. 그리고 2개의 제약조건에 의하여

$$d\phi_1=\phi_{1,x}dx+\phi_{1,y}dy+\phi_{1,z}dz=0 \tag{4.44}$$

$$d\phi_2=\phi_{2,x}dx+\phi_{2,y}dy+\phi_{2,z}dz=0 \tag{4.45}$$

이제 식 (4.44)에 모르는 곱수 α를 곱하고, 식 (4.45)에는 β를 곱하여 이를 df에 더한다. 그러면

$$df+\alpha d\phi_1+\beta d\phi_2=0 \tag{4.46}$$

이 식을 만족하기 위해서는

$$\begin{aligned} f_x+\alpha\phi_{1,x}+\beta\phi_{2,x}&=0\\ f_y+\alpha\phi_{1,y}+\beta\phi_{2,y}&=0\\ f_z+\alpha\phi_{1,z}+\beta\phi_{2,z}&=0 \end{aligned} \tag{4.47}$$

이 되어야 한다. 이 3개의 식과 2개의 제약 식을 연립해서 풀면 함수 f가 극한이 되는 x,y,z 값과 모르는 곱수 α와 β, 도합 5개를 결정한다. 아래 간단한 예제를 풀어 이 방법을 숙지하기 바란다.

예제: 함수 f는 다음과 같다.

$$f = x^2 + y^2 + z^2$$

이때 변수들 간에 다음과 같은 제약이 있다고 하자:

$$z = xy + 5, \quad x + y + z = 1$$

이때 함수 f가 극한이 되는 x, y, z 값과 그때의 극한 값을 전통적인 방법과 모르는 곱수법으로 구해 보기 바란다.

4.4.2 Boltzmann 분포

양자역학에 따르면, 주어진 계의 부피가 주어지면 각 성분 입자가 있을 수 있는 에너지 레벨이 정해지고, 온도가 일정할 때 열역학적 평형상태에 해당하는 입자의 분포는 Boltzmann 분포를 한다. 이 Boltzmann 분포식 (4.41)에서 보면 핵심이 되는 인자가

$$e^{-\beta\varepsilon_i} \quad \text{또는} \quad e^{-\varepsilon_i/kT} \tag{4.48}$$

이다. 이 인자를 Boltzmann 인자(Boltzmann factor)라 부른다. 그리고 이 Boltzmann 인자의 전체 합을 줄여서 q로 표시하고:

$$q(\beta, V) \equiv \sum_i e^{-\beta\varepsilon_i} \tag{4.49}$$

입자분포 함수(molecular partition function)라 부른다. 이때 이 분포함수는 함수 모양에서 보듯이 β(또는 T)의 함수이고, V에 의하여 ε_i가 결정되니 V의 함수이다.

Boltzmann 분포식 (4.41)에 의하면, 한 입자가 에너지 레벨 ε에 있을 확률 $P(\varepsilon)$는

$$P(\varepsilon) \equiv \frac{n(\varepsilon)}{N} = \frac{e^{-\varepsilon/kT}}{q(\beta, V)} \tag{4.50}$$

이다. 이 확률분포는 서로 다른 온도에서 ε에 대하여 그림 4.4와 같다. 주어진 온도에서 에너지가 높아질수록 입자가 존재할 확률이 지수함수로 감소한다. 온도가 올라 갈수록 분포는 점점 편평해지는데, 온도가 무한대가 되면 모든 에너지 레벨에 똑같은 확률로 입자들이 분포하게 된다. 반대로 온도가 0 K가 되면 에너지가 가장 낮은 곳에 모든 입자들이 분포하고 더 높은 에너지 레벨에는 입자가 없다. 이로 미루어 보

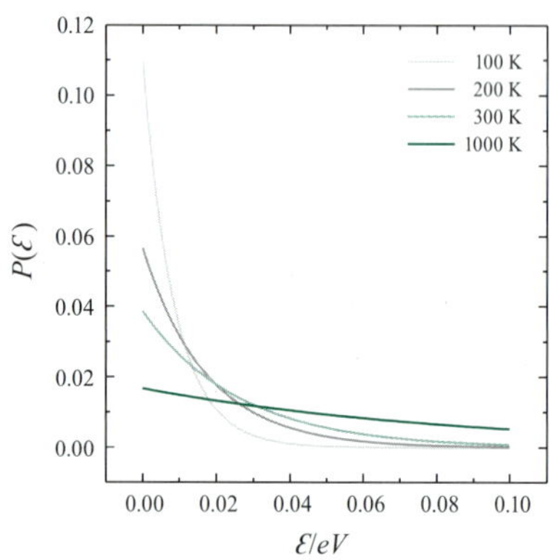

그림 4.4 Boltzmann 분포. 온도가 낮아질수록 입자분포는 낮은 에너지로 몰리고, 온도가 오를수록 그 분포가 평퍼짐해진다.

면 에너지는 입자들이 낮은 에너지 레벨로 정돈되게 하는 효과(ordering effect)를 내고, 반면 온도는 넓은 에너지 레벨에 걸쳐 흩어지게 하는 효과(disordering effect)를 준다. 그래서 Boltzmann 분포는 이 두 반대로 작용하는 효과, 에너지에 의한 정돈효과와 엔트로피에 의한 혼돈효과 간 타협의 결과이다.

4.4.3 드디어 엔트로피

에너지 공간 $\{\varepsilon_i\}$에서 열역학적 평형상태에 해당하는 입자분포 $\{n_i(\varepsilon_i)\}$, 즉 일어날 확률이 가장 높은 분포상태는 Boltzmann 분포이다. 이때 미시적 상태의 수를 구하기 위하여 이 분포식 (4.50)을 식 (4.30)에 대입하는데, $\ln n_i$ 항에만 우선 대입하면

$$\ln\Omega = N\ln N - \sum n_i \ln\frac{Ne^{-\beta\varepsilon_i}}{q(\beta,V)} \tag{4.51}$$

식 (4.21)과 (4.22)를 사용하여 이 식을 정리하면

$$\ln\Omega = N\ln q(\beta,V) + \frac{U}{kT} \tag{4.52}$$

이제 온도가 T인 항온조로부터 δq만큼 열이 우리 계로 들어온다고 하자. 우리 계의 온도도 T이므로 이때 열전달 과정은 가역과정(reversible heat transfer), 따라서 $\delta q = \delta q_{rev}$이다. 그리고 우리 계는 부피가 일정하므로 $\delta w = 0$이다. 그러면 열역학 제1법칙에 의하여 $\delta q_{rev} = dU$이다. 내부에너지가 증가하면 식 (4.52)에 따라 최대 확률분포에 해당하는 미시적 상태의 수도 $d\ln\Omega$만큼 증가할 것이나, 분포함수 $q(\beta,V)$는 T와 V의 함수이므로 변하지 않는다. 그러므로

$$d\ln\Omega = \frac{\delta q_{rev}}{kT} \tag{4.53}$$

$\delta q_{rev} = TdS$이므로,

$$dS = kd\ln\Omega \tag{4.54}$$

이로부터 우리는 숨마저 멎게 하는 그 유명한 Boltzmann 식

$$S = k\ln\Omega \tag{4.55}$$

그림 4.5 Boltzmann의 묘비명, S=k log W. (http://en.wikipedia.org/wiki/File:Zentralfriedhof_Vienna_-_Boltzmann.JPG)

을 얻는다. 이 식이 바로 오스트리아 빈(Vienna), 교외 공동묘지 M 구역에 있는 Boltzmann 무덤의 묘비명이다. 거기에는 대문자 Ω 대신에 대문자 W가 쓰여 있다(그림 4.5).

자, 엔트로피의 물리적 의미를 정리하자. Ω는 주어진 조건하에서 우리 계가 가질 수 있는 구별 가능한 미시상태(microstate)의 수이다. 이 미시상태의 수가 많으면 많을수록 주어진 에너지 공간에 입자들의 분포가 더욱 혼돈스러워진다. 즉 에너지 공간에 우리 입자들의 흩어 섞임 정도가 커지는 것이다. 그래서 엔트로피는 **열에너지**(thermal energy)의 '**흩어 섞임 정도**(degree of mixed-up-ness)'의 척도이다. 이런 이유에서 이 엔트로피를 **열 엔트로피**(thermal entropy)라 부른다.

4.5 Boltzmann 식으로 본 열역학 제2법칙

열역학 제2법칙에 의하면

$$dS)_{U,V} \geq 0 \tag{4.56}$$

즉, 고립계의 엔트로피는 항상 증가한다. 이를 Boltzmann 식의 관점에서 보면, 고립계에서 에너지 공간에서의 입자 흩어 섞임 정도는 항상 증가한다는 말이다. 이를 대표적 비가역 과정인 열전달 현상으로 이해해 보자.

지금 평형상태에 있는 2개의 고립계 A와 B가 있어 그 온도가 각각 T_A, $T_B(<T_A)$라 하자. 이때 각각은 주어진 온도, 부피 조건에서 최대 확률분포 상태 Ω_A, Ω_B에 있을 것이다. 이제 이들 2개의 고립계를 열전달 벽을 사이에 두고 서로 열 접촉을 시키면 '저절로' '자연적으로' '비가역적으로' 온도가 높은 A에서 온도가 낮은 B로 열이 흐른다. δq만큼 열이 흐를 때 각각의 미시상태 수의 변화는

$$\delta \ln \Omega_A = \frac{-\delta q}{kT_A} \;;\; \delta \ln \Omega_B = \frac{\delta q}{kT_B} \tag{4.57}$$

이때 두 계 전체의 미시상태 수는 계 A의 1개 미시상태에 대하여 Ω_B개가 대응되므로 총 미시상태의 수는

$$\Omega_A \cdot \Omega_B \tag{4.58}$$

그러므로

$$\delta \ln(\Omega_A \cdot \Omega_B) = \delta \ln \Omega_A + \delta \ln \Omega_B = \frac{\delta q}{k}\left(-\frac{1}{T_A} + \frac{1}{T_B}\right) \geq 0 \qquad (4.59)$$

에너지가 온도 높은 데서 낮은 데로 흐르면서 전체 미시상태 수가 증가하는 것이다. 다시 말해 에너지 공간에 입자가 분포하는 방법의 수 또는 주어진 입자들이 열에너지를 나누어 갖는 방법의 수가 증가하는 것이다. 이게 대표적 비가역 과정에 엔트로피가 증가하는 곗속이다.

4.6 | 기하 공간 배치 엔트로피

지금까지 우리는 에너지 분포공간에서 구성 입자들이 분포하는 방법의 가짓수(또는 입자들이 에너지를 나누어 갖는 방법의 가짓수), 즉 미시상태의 수를 엔트로피로 이해하였다. 여기서 에너지 분포공간이라 함은 결국은 구성 입자들의 운동량 공간(momentum space: p_x, p_y, p_z)을 의미한다. 그렇다면 기하적 공간(geometric space: x, y, z)에서의 분포도 고려되어야 할 것이다.

빨간 입자 2개가 들어 있는 통 A와 하얀 입자 2개가 들어 있는 통 B를 생각해 보자(그림 4.6). 이 둘을 각각 고립시켜 두면 그냥 그대로 아무 일도 일어나지 않는다. 이제 이 2개 통을 입자가 통과할 수 있는 벽, 즉 투과벽(permeable wall)을 사이에 두고 서로 접촉시킨다고 하자. 그러면 이 공들은 서로 섞이게 될 것이다. 금과 구리가 서로 섞이듯, 산소와 질소가 서로 섞이듯 말이다. 이때 섞이는 방법의 가짓수, 즉 미시상태를 모두 나타내 보면 그림 4.6과 같을 것이다.

본디대로 통 A에 빨간 공 2개, 통 B에 하얀 공 2개가 그대로 있는 경우, 이 분포상태의 집합을 {2,0}으로 표시하면 미시상태의 수는 1이다: $\Omega(\{2,0\}) = 1$. 동일한 형태로 각 분포상태를 나타내면 $\Omega(\{1,1\}) = 4$, $\Omega(\{0,2\}) = 1$, 도합 6개의 미시상태가 있는데, 가장 일어날 확률이 높은 분포상태는 각 방에 하얀 것과 빨간 것이 하나씩 있는

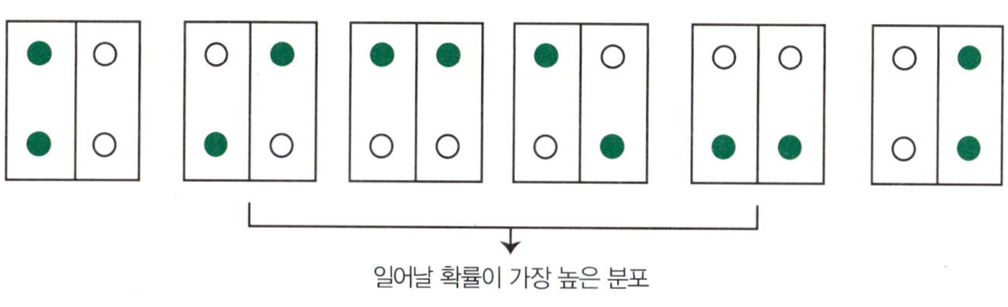

그림 4.6 2개 방에 하얀 입자 2개와 빨간 입자 2개가 분포하는 구별 가능한 방법의 수.

상태 {1,1}, 즉 균일하게 섞인 상태이다. 역시 선험적 동등확률 원리에 의하여, 두 통을 서로 통하게 하면 궁극적으로 확률이 가장 높은 균일한 분포상태로 되고, 이 상태가 열역학적 평형상태가 된다. 역시 입자의 수가 천문학적으로 커지게 되면 이 평형상태에 해당하는 미시상태 수의 분포는 δ–함수 모양이 된다. 에너지 공간에서 입자들이 분포하는 상황과 전혀 다르지 않다. 자연적 변화의 방향이 한 가지로 있다가 서로 다른 것들과 균일하게 섞이는 방향, 즉 흩어 섞임 정도가 커지는 방향이다. 그러니 이때에도 에너지 공간에서와 마찬가지로 엔트로피를 Boltzmann 식 (4.55)로 나타낼 수 있을 것이다.

V가 일정할 때 입자들이 내부에너지 U를 나누어 갖는 방법의 가짓수 또는 **에너지 사다리**(energy ladder)에서 입자들의 흩어 섞임 정도를 '**열 엔트로피**(thermal entropy)'라 불렀다. 이에 대하여 U가 일정할 때 V를 나누어 갖는 방법의 가짓수 또는 기하학적 공간에서 입자들의 흩어 섞임 정도를 나타내는 이 엔트로피를 '**배치 엔트로피**(configurational entropy)'라 구별하여 부른다.

4.7 | 배치 엔트로피와 자연적 변화의 방향

담배연기를 한 모금 방 한군데에 뿜어내면 '**저절로**' '**자연적으로**' '**비가역적으로**' 담배연기가 흩어진다. 그러나 흩어졌던 담배연기가 본디의 곳으로 저절로 되모이는 현상은 본 적이 없다. 지금 여러분들이 앉아 있는 방에는 산소 21%와 질소 79%로 이루어진 공기가 균일하게 온 공간을 채우고 있다. 그런데 갑자기 산소가 이 방 한쪽 구석으로 저절로 자연적으로 모이면서 다른 곳에 앉아 있는 사람들이 질식하는 것을 본 적이 있는가? 우리가 아무리 낯선 곳에 가서도 아무 데나 스스럼없이 앉을 수 있는 것은 이런 일이 절대 일어나지 않으리라는 것을 경험적으로 알기 때문에 그렇다. 왜 기체 입자들이 자연적으로 저절로 비가역적으로 흩어 섞일까?

전체 부피가 V_f인 방 한 귀퉁이에 비투과 벽(impermeable wall)으로 둘러싸인 V_i 부피의 작은 방이 있어서, 여기에 기체 A 분자가 n개 들어 있다고 하자(그림 4.7). 이제 이 비투과 벽을 헐면 저절로 자연적으로 비가역적으로 기체 A가 퍼져 나간다. 절대 거꾸로는 일어나지 않는다. 왜 그런지 설명해 보자. 우선 공간 V_f와 V_i를 전체 기체 분자 수 n보다 훨씬 더 많은 N_f와 N_i개의 동일한 부피를 가지는 작은 방으로 나누자.

$$\frac{V_f}{V_i} = \frac{N_f}{N_i} \ ; \ N_i, N_f \gg n \tag{4.60}$$

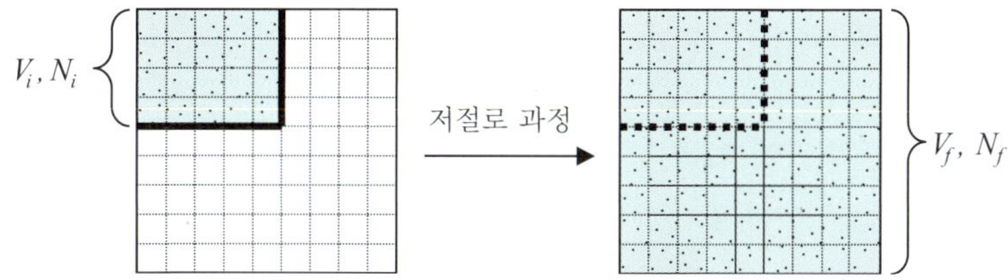

그림 4.7 단열 자유팽창 과정.

기체가 한구석 V_i에 있을 때 기체 분자가 분포할 수 있는 방법의 가짓수는 N_i개 방에 입자 n개를 흩어 넣는 방법의 가짓수이므로

$$\Omega_i = {}_{N_i}C_n = \frac{N_i!}{n!(N_i - n)!} \tag{4.61}$$

분자들이 큰 공간으로 흩어진 후 입자들이 분포하는 방법의 가짓수는 N_f개 방에 n개가 흩어지는 방법의 가짓수이므로,

$$\Omega_f = {}_{N_f}C_n = \frac{N_f!}{n!(N_f - n)!} \tag{4.62}$$

Stirling 근사식을 사용하여 이전과 이후 배치 엔트로피 차이를 구해 보면

$$\begin{aligned} \frac{S_f}{k} - \frac{S_i}{k} &= \ln\frac{\Omega_f}{\Omega_i} \\ &= N_f \ln\frac{N_f}{N_f - n} - N_i \ln\frac{N_i}{N_i - n} + n\ln\frac{N_f - n}{N_i - n} \end{aligned} \tag{4.63}$$

$N_f, N_i \gg n$이므로

$$S_f - S_i = nk\ln\frac{N_f}{N_i} = nk\ln\frac{V_f}{V_i} > 0 \tag{4.64}$$

비투과 벽이라는 경계의 제약을 제거함으로써 더 넓은 공간으로 흩어 섞이는 현상이 배치 엔트로피가 증가하는 방향인 것이다.

4.8 | Gibbs의 역설

위에서 작은 부피 V_i에서 큰 부피 V_f로 기체 A가 퍼져 나가는 비가역적 현상을 배치 엔트로피의 증가로 이해했다. 이런 상황을 생각해 보자. V_f를 둘로 똑같이 나눈 방에 한쪽은 기체 A 분자가 n개, 다른 한쪽은 기체 B가 n개 있는데 서로 비투과 벽(impermeable wall)으로 독립되어 있다. 그러면 A는 A대로, B는 B대로 각각이 고립된 계니 마냥 그대로 있을 것이다. 둘 사이의 벽을 투과벽(permeable wall)으로 트면 무슨 일이 일어날까? 우리는 경험으로부터 안다. 두 기체가 자연적으로 저절로 비가역적으로 섞인다는 것을. 이 자연적 방향은 결국 배치 엔트로피가 증가하는 방향이란 것도. 지금의 경우 배치 엔트로피는 섞이면서 얼마나 증가할까 계산해 보자. 앞 절의 결과를 그대로 쓰자면, 지금의 경우 $V_f = 2V_i$, $N_f = 2N_i$이므로 섞이기 전에는

$$\Omega_A = k \ln \frac{N_i!}{n!(N_i - n)!} = \Omega_B \tag{4.65}$$

그러므로 전체 개수 Ω_i는

$$\Omega_i = \Omega_{iA} \cdot \Omega_{iB} \tag{4.66}$$

섞인 후에는? $N_f(=2N_i)$개의 방에 n개 A와 n개 B가 섞이므로

$$\Omega_f = {}_{N_f}C_n \cdot {}_{N_f - n}C_n = \frac{N_f!}{n!n!(N_f - 2n)!} \tag{4.67}$$

따라서 배치 엔트로피 변화는

$$S_f - S_i = k \ln \frac{\Omega_f}{\Omega_i} = 2kn \ln \frac{N_f}{N_i} = 2kn \ln 2 \tag{4.68}$$

만약 A와 B가 서로 같아서 구별할 수 없다면 엔트로피 변화는 어떻게 될까? 섞이기 전이나 섞인 후나 우리 계의 상태는 변화가 없으므로 당연히 엔트로피 변화는

$$S_f - S_i = 0 \tag{4.69}$$

이 될 것이다! $A \neq B$면 $\Delta S = 2nk\ln 2$, $A = B$면 $\Delta S = 0$? 이 차이는 어디서 오는 것일까? 통계열역학에서는 이 사실을 Gibbs의 역설(Gibbs paradox)이라 부른다. 여러분도 어디에서 이 차이가 유래하는지 여기까지의 유도과정을 살펴보면서 알아보기 바란다.

4.9 | 전체 엔트로피

결국 우리 계를 구성하는 입자들은 에너지 공간과 기하학적 공간에 분포한다. 에너지 공간에서는 내부에너지 U를 나누어 갖고, 기하 공간에서는 부피 V를 나누어 갖는다. 그러면 일정 수(N)의 입자로 이루어진 우리 계에 내부에너지 U와 부피 V가 주어지면, 평형상태에서 입자들이 분포하는 방법의 총 수 Ω는 에너지 공간에서의 그것(Ω_{th})과 기하 공간에서의 그것(Ω_{conf})과의 곱으로 주어진다.

$$\Omega = \Omega_{th} \cdot \Omega_{conf} \tag{4.70}$$

따라서 전체 엔트로피는 열 엔트로피 $S_{th}(= k\ln\Omega_{th})$와 배치 엔트로피 $S_{conf}(= k\ln\Omega_{conf})$의 합이 된다.

$$S = S_{th} + S_{conf} \tag{4.71}$$

열역학 제1법칙과 제2법칙을 조합하여 우리는 그 유명한 부등식

$$dS)_{U,V} \geq 0 \tag{4.72}$$

을 얻었다. 즉 고립계에서는 무슨 일이든 자연적으로 일어나는 방향은 엔트로피가 증가하는 방향이며, 평형상태가 되면 엔트로피가 최대가 된다. 이는 무슨 일이든지 일어나는 자연적인 방향은 에너지 공간과 기하 공간에서 우리 계를 구성하는 입자들이 가질 수 있는 미시상태의 개수가 항상 증가하는 방향이며, 열역학적 평형상태는 이 주어진 조건 (U,V)에 상응하는 미시상태의 수가 최대가 되는 상태이다.

4.10 | 엔트로피 바탕식 다시 보기

열역학 제1법칙과 제2법칙에 의하면, 단순계가 열역학적 평형상태에 있을 때 엔트로피는 U와 V의 함수로서 다음과 같이 주어진다.

$$dS(U,V) = \frac{1}{T}dU + \frac{P}{T}dV \tag{4.73}$$

미시적인 관점에서 보면 평형상태에서의 엔트로피 변화는 내부에너지 U를 나누어 갖는 방법의 수에 해당하는 열 엔트로피의 변화와 기하 공간 V를 나누어 갖는 배치

엔트로피의 변화로 구성된다.

$$dS = dS_{th} + dS_{conf} \tag{4.74}$$

경험적으로 유도된 것과 통계적으로 유도된 이 두 식을 서로 견주어 보면 어떤 항이 서로 대응하는지 이해할 수 있을 것이다.

4.11 | 이상기체의 단열팽창

이 대목에서 이상기체가 가역단열팽창을 할 때와 비가역 팽창의 극한 상황에 해당되는 자유단열팽창을 할 때 엔트로피의 변화를 생각해 보자.

가역단열팽창을 하는 경우, 정의에 따라

$$dS = \frac{1}{T}dU + \frac{P}{T}dV = 0 \tag{4.75}$$

이는 통계적 관점에서 보면,

$$dS = dS_{th} + dS_{conf} = 0 \tag{4.76}$$

엔트로피 변화가 없는 것은 다름이 아니라, 부피가 늘면서 배치 엔트로피가 늘어난 만큼 정확하게 내부에너지가 줄어들면서 열 엔트로피가 줄어든 소이이다.

dU를 T와 V의 함수로 표현했을 때 전체 엔트로피 변화는 일반적으로

$$dS = \frac{C_V}{T}dT + \frac{1}{T}\left[P + \left(\frac{\partial U}{\partial V}\right)_T\right]dV \tag{4.77}$$

이상기체라면 $(\partial U/\partial V)_T = 0$이고, 1몰에 대하여 $P/T = R/V$이므로

$$dS = \frac{C_V}{T}dT + \frac{R}{V}dV \tag{4.78}$$

이 되고, 이를 상태 (T_1, V_1)에서 상태 (T_2, V_2)까지 적분하면

$$\Delta S = C_V \ln\frac{T_2}{T_1} + R\ln\frac{V_2}{V_1} \tag{4.79}$$

이다. 그러므로 가역단열팽창의 경우 $\Delta S = 0$이니,

$$\Delta S_{conf} = -\Delta S_{th} \quad \text{또는} \quad R\ln\frac{V_2}{V_1} = -C_V \ln\frac{T_2}{T_1} \tag{4.80}$$

단순히 열 엔트로피가 배치 엔트로피로 변환되었다.

한편 자유팽창을 하는 경우는 내부에너지의 변화는 없이 부피만 늘어난다. 이는 열 엔트로피는 변화 없이 배치 엔트로피만 늘어난 것이다. 이상기체라면 이때 내부에너지 변화는 없으므로 엔트로피의 변화는 배치 엔트로피만의 변화로서

$$\Delta S_{th} = 0 \;\; ; \;\; \Delta S_{conf} = R\ln\frac{V_2}{V_1} \tag{4.81}$$

이다.

익힘문제

4.1 어떤 열역학적 조건하에서 $\Delta S = \Delta H/T$가 되는가?

4.2 한 이상기체가 **(a)** 가역등온압축(reversible isothermal compression)을 할 때와 **(b)** 가역단열압축(reversible adiabatic compression)을 할 때 엔트로피 변화를 서로 비교하고, 입자들이 기학적 공간과 에너지를 나누어 갖는 방법의 가짓수 관점에서 이 차이를 설명하라.

4.3 **(a)** 똑같은 흰 당구공 100개와 똑같은 빨간 당구공 100개를 200개 격자점에 배열할 때 구별 가능한 배열방법의 수를 계산하라.

(b) 무수히 많은 빨간 당구공과 흰 당구공이 무작위로 왕창 섞여 있는 통에서 무작위로 200개를 골라 200개의 격자점에 배열할 때 구별할 수 있는 배열방법의 수는 얼마나 될까? (a)에서 구한 배열방법의 가짓수는 지금 결과와 어떤 관계에 있는가?

4.4 에너지가 0과 ε인 두 준위만 가지는 조화진동자가 있다고 하자.

(a) 이 계에 대하여 분배함수(molecular partition function) q를 써라. $T \to 0$일 때와 $T \to \infty$일 때 이 분배함수는 각각 어떤 값을 가지는가?

(b) 1개의 진동자가 에너지 0과 ε를 가질 확률을 계산하라.

(c) 한 진동자의 평균 에너지 $U(=\langle\varepsilon\rangle)$를 온도의 함수로 계산하라. $T \to 0$일 때와 $T \to \infty$일 때 이 평균에너지는 어떤 값을 가지는가?

(d) 이 계의 한 입자당 엔트로피 표현식을 유도하라.

4.5 부피가 고정된 통을 똑같은 부피를 가지는 2개의 방으로 나누고, 첫째 방에는 1 atm의 이상기체 A를 1몰 넣고, 다른 방에는 역시 1 atm의 이상기체 B를 1몰 넣어두었다. 이제 두 방 사이의 벽을 헐면 두 기체는 저절로 자연적으로 비가역적으로 섞인다.

(a) 이때 엔트로피 변화를 계산하라.

(b) 만약 A가 2몰이었다면(B는 1몰) 엔트로피 변화는 얼마나 될까?

(c) 만약 A, B가 동일한 기체라면($A = B$), 위 각각의 경우에 대하여 엔트로피 변화는 어떻게 될까?

4.6 Ag–Au 합금을 이들 두 종류 원자들이 무작위로 섞인 것으로 간주하고, 20 g의 Ag와 20 g의 Au를 균일하게 섞어 Ag–Au 합금을 만들 때 엔트로피 변화를 계산하라. Au와 Ag의 원자량은 각각 198, 107.9 g/mol이다.

4.7 한 계의 엔트로피를 증가시키는 전형적인 방법이 (i) 계에 입자를 첨가하거나, (ii) 에너지를 첨가하거나, (iii) 부피를 증가시키거나, (iv) 분자를 분리하거나, (v) 곧은 고분자를 고불고불하게 하는것이다 (그림 4.8). 열 엔트로피와 배치 엔트로피 관점에서 각 경우의 엔트로피 증가를 가능한 한 정량적으로 설명하라.

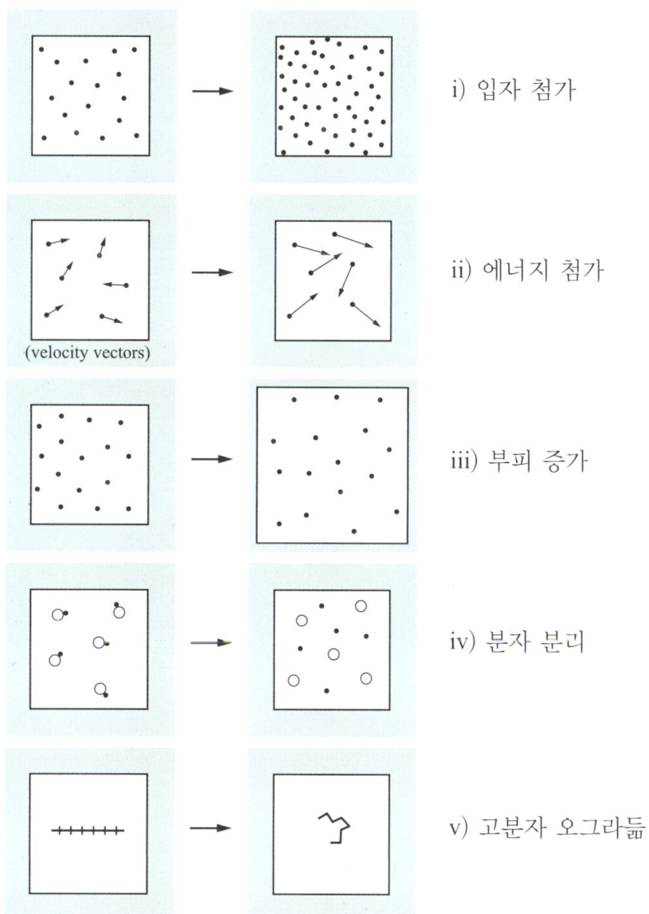

그림 4.8 (C. Kittel and H. Kroemer, Thermal Physics, W. H. Freeman and Company, 1980, p.47)

Chapter 5

보조함수 (auxiliary functions)

5.1 | 왜 보조함수인가?

열역학이 전개하는 모든 논리의 요체는 제1법칙과 제2법칙을 조합한 에너지 바탕식

$$dU \leq TdS - PdV \tag{5.1}$$

이다. 이 식에 의하면 엔트로피가 일정하고($dS = 0$) 부피가 일정할 때($dV = 0$) 단순계에서 일어나는 모든 현상의 진행 방향은 에너지가 줄어드는 방향이고, 열역학적 평형에 이르면 내부에너지가 최소가 되며:

$$dU)_{S,V} \leq 0 \tag{5.2}$$

그때 내부에너지 U는 S와 V의 함수로서

$$dU = TdS - PdV \tag{5.3}$$

이 된다. 이 논리의 체계는 오로지 S와 V가 독립변수일 때 성립한다. 이 논리를 적용하기 위해서는 S와 V를 조절하고 제어할 수 있어야 한다. 그러나 부피는 그렇다 하더라도 엔트로피는 어떻게 조절하고 제어하는가? 온도라면 항온조(heat reservoir)를 사용하여 제어할 수 있겠고 압력이라면 기계적으로 제어할 수 있을 터인데, 엔트로피는? 선뜻 감이 오지 않는다. 이 논리를 실제 사용할 수 있기 위해서는 독립변수가 실제 조절되고 제어될 수 있는 것들이어야 한다.

이 목적으로 이 장에서는 S와 V를 독립변수로 하는 에너지 바탕식 $U = U(S,V)$가 지니고 있는 정보를 조금도 훼손하지 않으면서 독립변수를 하나하나 대체함으로써 U에 대응하는 새로운 열역학적 함수를 정의한다. 결과부터 말하면 지금 변수는 S와 V인데, V를 그 켤레 혹은 **짝꿍 변수**(conjugate variable)인 P로 대체하여 S와 P를 독립변수로 가지는 함수가 엔탈피 $H = H(S,P)$, S만을 그 켤레변수 T로 대체하여 T와 V를 독립변수로 가지는 함수가 Helmholtz 자유에너지 $F = F(T,V)$, S와 V 둘 다 대체하여 T와 P를 독립변수로 가지는 함수가 Gibbs 자유에너지 $G = G(T,P)$이다. 이렇게 변환된 함수들을 **보조함수**(auxiliary function)라 부른다. 이 변수변환의 수학적 방법이 바로 **Legendre 변환**인데, 이 변환의 겻속을 먼저 이해한 다음 이 방법을 적용하여 보조함수들을 정의하고 그 의미를 살펴보자.

5.2 | Legendre 변환의 원리

함수 $z=f(x)$가 있어 그 모양이 그림 5.1의 굵은 곡선과 같다고 하자. 이 곡선은 $z=f(x)$를 만족하는 점 (x,z)들의 집합이다. 이 곡선을 이렇게 점의 집합 $\{x,z\}$로 나타낼 수도 있지만, 곡선 위 각 점 (x,z)에서 접선을 그어 기울기 $f_x(=dz/dx)$와 절편 ψ로 정의되는 접선들의 집합 $\{f_x,\psi\}$로도 나타낼 수 있다. $\{x,z\}$나 $\{f_x,\psi\}$가 동등하게 동일한 그 곡선을 기술하는 것이다. 점의 집합과 접선의 집합 사이의 관계를 보면,

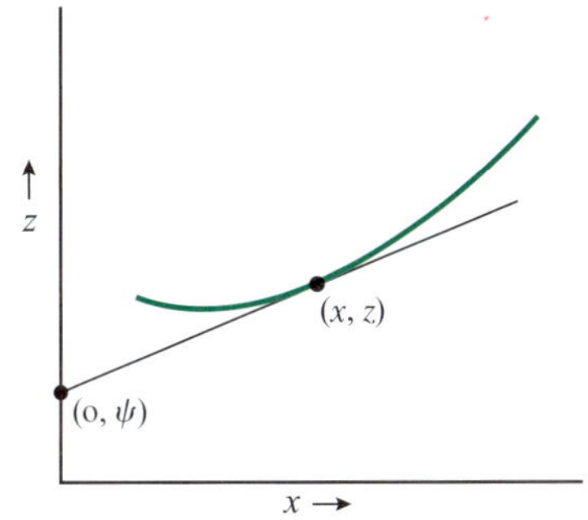

그림 5.1

$$f_x = \frac{z-\psi}{x-0} \tag{5.4}$$

이므로,

$$\psi = z - f_x x \tag{5.5}$$

이때 절편 ψ를 z의 f_x에 관한 Legendre 변환이라 하고 $\psi=z[f_x]$로 쓰기도 한다.

만약 함수가

$$z = f(x,y) \tag{5.6}$$

이고, 두 변수에 대하여 다 변환하면 똑같은 아이디어에 의하여

$$z[f_x,f_y] = z - f_x x - f_y y \tag{5.7}$$

여기서 $f_x = \partial f/\partial x$, $f_y = \partial f/\partial y$ 이다. 이제 이 수학적 방법을 에너지 바탕식 (5.3)에 적용하여 변수를 하나하나 변환해 보자.

5.3 | $U=U(S,V)$의 Legendre 변환

에너지 바탕식 (5.3)으로부터 각 독립변수에 대한 기울기가

$$U_S = \left(\frac{\partial U}{\partial S}\right)_V = T \ ; \ U_V = \left(\frac{\partial U}{\partial V}\right)_S = -P \tag{5.8}$$

임을 기억해 두자.

먼저 P에 대하여 변환하면 절편 $U[P]$는 식 (5.5)에 의하여

$$H \equiv U[P] = U - U_V V = U + PV \tag{5.9}$$

와 같이 주어진다. 이때 $U[P]$를 U의 P에 관한 Legendre 변환이라 부르고, H라 간단히 쓰고 **엔탈피**(enthalpy)라 부른다.

다음 S에 대하여 변환하면 절편 $U[T]$는 역시 식 (5.5)에 의하여

$$F \equiv U[T] = U - U_S S = U - TS \tag{5.10}$$

이때 $U[T]$를 U의 T에 관한 Legendre 변환이라 부르고, F라 쓰고 **Helmholtz 자유에너지**(Helmholtz free energy)라 부른다.

마지막으로 둘 다 변환하면,

$$G \equiv U[T,P] = U - U_V V - U_S S = U + PV - TS \tag{5.11}$$

이 $U[T,P]$를 U의 T와 P에 관한 Legendre 변환이라 부르고, G라 쓰고 **Gibbs 자유에너지**(Gibbs free energy)라 부른다. 이게 다다. 더 이상 변환할 변수가 없다.

이렇게 얻어진 새로운 함수 H, F, G는 모두 상태함수의 조합이므로 역시 상태함수가 된다. 이 함수를 U와 함께 뭉뚱그려 **열역학 준위**(thermodynamic potential) 혹은 **열역학 준위함수**(thermodynamic potential function)라 한다.

이 대목에서 이런 의문이 생겨날 것이다. 지금 내부에너지의 타고난 변수 S와 V를 그 켤레변수 T와 P로 바꾸는데 무엇을 이렇게 복잡하게 하냐고? 지금 U가 S와 V의 함수임을 알고,

$$U = U(S,V) \tag{5.12}$$

그 2개의 편미분, 즉 상태방정식이 각각 T와 P인데 이들 또한 S와 V의 함수임을 알고 있으니,

$$\left(\frac{\partial U}{\partial S}\right)_V = T(S,V) \ ; \ \left(\frac{\partial U}{\partial V}\right)_S = -P(S,V) \tag{5.13}$$

이 압력에 관한 상태방정식 $P = P(S,V)$를 에너지 바탕식에 대입하여 V를 소거하면 $U = U(S,P)$를 얻고, 온도에 관한 상태방정식 $T = T(S,V)$를 대입하여 S를 소거하면 $U = U(T,V)$를 얻고, 이 두 상태방정식을 다 대입하여 S와 V를 소거하면 $U = U(T,P)$를 얻을 수 있지 않겠는가? 그렇다! 이런 방법으로 하여 내부에너지 U의 변수는 변환할 수 있다. 그러나 잊지 말아야 할 것은, 상태방정식은 바탕식을 편미분하여 얻어진 것

이라는 사실이다. 이 편미분과 더불어 편미분 변수에 무관한 항에 관한 정보를 우리는 모두 상실하고 말았다. 그러므로 상태방정식을 대입하여 변형한 에너지 바탕식은 이미 그 정보 내용이 본디의 바탕식과 다르다. 이에 반하여 Legendre 변환은 본디의 정보가 고스란히 담긴 채 변수만 바뀌는 것이다. 그래서 이리 얻어진 새로운 보조함수에 열역학적 준위함수라는 U와 동등한 자격이 주어지는 것이다.

5.4 미분을 이용한 더욱 간단한 변환

이런 수학적 켯속을 일단 알고 나면 더욱 쉽게 보조함수를 찾을 수 있음을 알게 된다. 우선 S와 V에 관한 미분방정식 형태로 표현된 에너지 바탕식을 보자.

$$dU = TdS - PdV \tag{5.14}$$

이 식을 dS와 dP로 나타내기 위해서는 식 양쪽에 PdV를 더하여 PdV 항을 먼저 소거하고 이어서 양변에 VdP를 더하면

$$dU + PdV + VdP = TdS + VdP \tag{5.15}$$

좌변을 다시 써서 정리하면,

$$d(U + PV) \equiv dH = TdS + VdP \tag{5.16}$$

즉 $H = H(S, P)$에 관한 미분방정식이 얻어진다.

이번에는 바탕식 우변에 있는 TdS를 없애기 위하여 이 식 양변에 TdS를 빼 주고 이어서 SdT를 빼 주면,

$$dU - TdS - SdT = d(U - TS) \equiv dF = -SdT - PdV \tag{5.17}$$

즉 $F = F(T, V)$에 관한 미분방정식을 얻는다.

마지막으로 이 두 과정을 다 거치면,

$$dU + PdV + VdP - TdS - SdT = d(U + PV - TS) \equiv dG = -SdT + VdP \tag{5.18}$$

즉 $G = G(T, P)$에 관한 미분방정식을 얻는다.

당연히 이 열역학적 준위함수에 관한 미분방정식들은 U를 Legendre 변환한 열역학적 준위함수 $H(=U+PV)$, $F(=U-TS)$, $G(=U+PV-TS)$를 각각 미분하고 거기

에 $dU = TdS + PdV$를 대입해도 얻는다.

5.5 | 열역학적 보조함수의 물리적 의미

내부에너지 U는 우리 계를 구성하는 모든 입자들의 운동에너지와 위치에너지의 합이다.

이런 계를 압력이 P인 공간에서 만든다고 하면 얼마나 많은 에너지가 필요할까? 우선 우리 계가 들어갈 공간 V를 확보하기 위하여 PV만큼 에너지가 필요하고, 일단 공간이 확보되면 거기에 에너지 U를 채우게 되므로

$$PV + U = H \tag{5.19}$$

만큼의 에너지가 필요하다. 엔탈피는 압력이 P인 공간에서 우리 계를 창조하기 위하여 필요한 전체 에너지에 해당한다.

지금 온도가 T로 일정한 공간에서 내부에너지가 U인 우리 계를 만든다고 할 때 일로서 공급해야 하는 에너지의 양은 얼마나 될까? 여기서 일은 PV-일을 포함하는 모든 일이다. 내부에너지는 열(q)과 일(w)의 형태로 주위와 교환된다. 전체 필요한 에너지가 U인데 TS만큼이 열로서 공급되므로 일로서 공급되어야 할 에너지는

$$U - TS = F \tag{5.20}$$

만큼이다. 이것이 Helmholtz 자유에너지이다. TS는 사람이 어찌할 수 있는 게 아니다. 그냥 우리 계가 주위와 주고받거나 자체 생산해 낼 뿐이다. 이를 거꾸로 생각해 보면, 온도가 일정한 경우 우리가 계로부터 PV-일을 포함하여 일의 형태로 얻을 수 있는 에너지가 결국 $-F$에 해당한다. 그래서 이 함수 F를 **일 함량**(work content)이라 부르기도 하고, 우리가 뜻하는 대로 쓸 수 있는 에너지라고 '**자유에너지**'라 부르기도 한다.

이번에는 온도뿐만 아니라 압력까지도 일정한 공간에서 내부에너지가 U인 계를 생겨나게 하려면 PV-일 이외의 일(w_{ex})로 공급해야 하는 에너지가 얼마나 될까? 일의 형태로 공급되어야 하는 에너지가 $U - TS(= F)$만큼인데, 여기에 우리 계가 들어갈 공간 V를 확보하는 데 필요한 PV-일만큼 더 필요하므로 추가로 해 주어야 하는 일의 크기는

$$U + PV - TS = G \tag{5.21}$$

이것이 Gibbs 자유에너지이다. 이도 뒤집어 보면 온도와 압력이 일정할 때 우리가 우리 뜻대로 쓸 수 있는 $PV-$일 이외의 일은 $-G$이다. 그래서 '**자유에너지**'이다.

다음의 실제 예에서 이들 4개 준위함수의 의미를 다시 한 번 새겨 보도록 하자. 물을 비커에 담고 2개의 전극을 담근 후 바깥에서 이 전극 양단에 전압을 가할 때 걸어준 전압이 1.23 V에 달하면 양극에는 산소기체가 음극에서는 수소기체가 발생한다. 이 현상이 물의 **전기분해**(electrolysis) 현상이다(그림 5.2).

그림 5.2 물의 전기분해. 물컵에 2개의 전극을 담그고(지금 이 실험에서는 연필심을 전극으로 사용한다) 직류 전류를 흘리면 오른쪽에 있는 양극에서는 산소가 연필심 전극 표면을 타고 뽀글뽀글 나오고, 왼쪽의 음극에서는 수소가 나오는데 지금 너무 적어서 보이지 않는다. (D. W. Schroeder, An Introduction to Thermal Physics, Addison Wesley Longman, 2000, p.153)

실온($T=298$ K), 대기압($P=1$ atm)하에서 물 1몰을 산소와 수소로 분리할 때 필요한 전체 에너지는 286 kJ/mol이고, 엔트로피 증가는 163 J/K–mol이다.

물 1몰의 부피는 18 cm^3/mol, 이로부터 수소 1몰과 산소 1/2몰을 얻기 위해서는 우선 이들 기체가 차지할 부피를 대기압 하에서 일단 확보하고 그 다음 물의 내부 결합에너지에 해당하는 에너지를 공급해야 하므로 그때에 필요한 전체 에너지 286 kJ/mol은 물 1몰이 분해될 때의 엔탈피 차이에 해당한다.

$$\Delta H = 286 \text{ kJ/mol} \tag{5.22}$$

이때 $PV-$일의 크기는, 생겨나는 기체를 이상기체라 보면 부피가 18cm^3로부터 36.69 L로 증가하므로 $\Delta V \approx 36.67$ L이다. 그러므로

$$P\Delta V = 36.67 \text{ L} \cdot \text{atm/mol} = 3.716 \text{ kJ/mol} \tag{5.23}$$

따라서 내부에너지 변화는

$$\Delta U = \Delta H - P\Delta V = 286 - 3.7 \approx 282 \text{ kJ/mol} \tag{5.24}$$

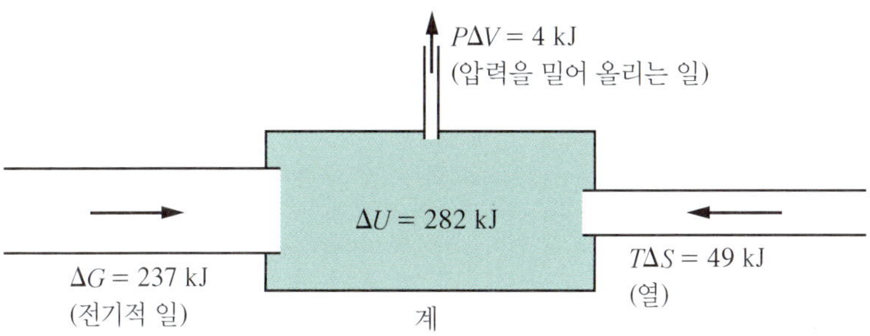

그림 5.3 물 1몰을 전기분해할 때의 에너지 흐름도. 이상적인 조건에서는 49 kJ이 열로서 들어오므로($T\Delta S$) 필요한 전기적 일이 237 kJ이다($\Delta G=\Delta H-T\Delta S$). $\Delta H-\Delta U=P\Delta V=4$ kJ, 생겨난 기체가 차지하는 공간을 만드는 데 든 일이다. (D. W. Schroeder, An Introduction to Thermal Physics, Addison Wesley Longman, 2000, p.153)

물 1몰을 전기분해할 때 우리가 외부에서 그게 어떤 일이든 상관없이 일의 형태(w)로 공급해야 하는 에너지 양은

$$w = \Delta F = \Delta U - T\Delta S = 282 \text{ kJ/mol} - (298 \text{ K})(163 \text{ J/mol}\cdot\text{K}) = 233 \text{ kJ/mol} \quad (5.25)$$

이 일은 당연히 PV−일과 전기적 일의 총합으로서 Helmholtz 자유에너지 차이에 해당한다. 그러면 전기로 공급해야 하는 기타 일(w_{ex})의 양은?

$$w_{ex} = \Delta G = \Delta F + P\Delta V = \Delta H - T\Delta S = 237 \text{ kJ/mol} \quad (5.26)$$

바로 Gibbs 자유에너지 변화에 해당한다. 물을 전기분해하기 위해서는 전기적인 일을 이만큼 해 주어야 하는데, 이만큼 일을 하기 위해서는 전압을 얼마나 걸어야 할까? 전기적인 일은 전압에 흘린 전기량을 곱한 것이니, 물 1몰을 전기분해하여 수소 1몰을 얻는 데 전기는 2 F(Faraday)만큼 흘려야 하므로,

$$V = \frac{\Delta G}{2F} = \frac{237 \text{ kJ}}{2\cdot 96487C} = 1.23 \text{ V} \quad (5.27)$$

그래서 1.23 V가 물의 분해 전압이 된 것이다.

이 전기분해 과정을 거꾸로, 산소와 수소가 반응하여 물로 될 때 Gibbs 자유에너지가 감소하게 되고 이 감소되는 에너지를 전기적 일로 얻는 장치가 바로 미래의 엔진이 될 연료전지이다. 지금까지 계산한 것들의 부호만 반대로 하면, 연료전지가 어떻게 작동하며 그 이론적 효율이 얼마나 되는지 금방 이해할 수 있을 것이다.

5.6 보조함수에 의한 자연적 변화 방향과 열역학적 평형 판별기준

열역학 1, 2 법칙을 조합한 에너지 바탕식으로부터 우리는 S와 V가 일정한 계에서 변화가 자발적으로 비가역적으로 일어나는 방향은 그 내부에너지가 감소하는 방향이고 열역학적 평형상태가 되면 에너지가 최소가 되는 상태라는 것을 배웠다. 이것이 에너지 최소 원리였다. 그러나 이 원리는 변수가 S와 V일 때만 적용할 수 있기 때문에 실제 적용하기에 불편하여 우리는 Legendre 변환을 통하여 변수를 변환함으로써 U에 동등한 다른 3개의 열역학적 준위함수를 얻었다. 이 변환이 동등하다면 당연히 이 에너지 최소 원리도 그대로 변환이 되었어야 할 것이다. 이제 그 사실을 확인해 보자. 이 과정에서 이들 함수의 의미도 다시 한 번 반추될 것이다.

에너지 바탕식을 아주 일반화하여 쓰면 $\delta q = TdS - TdS_{irr}$이고 $\delta w = PdV + \delta w_{ex}$이고, 열역학 제2법칙에 의하여 항상 $dS_{irr} \geq 0$이므로

$$dU = T(dS - dS_{irr}) - PdV - \delta w_{ex} \leq TdS - PdV - \delta w_{ex} \tag{5.28}$$

그러므로 S가 일정하고 V가 일정할 때, 우리 계가 할 수 있는 기타 일은 내부에너지 감소보다 클 수 없다.

$$\delta w_{ex} \leq -dU)_{S,V} \tag{5.29}$$

만약 기타 일도 없다면($w_{ex} = 0$)

$$dU)_{S,V,W_{ex}=0} \leq 0 \tag{5.30}$$

즉 엔트로피와 부피가 일정하고 다른 일이 없다면 우리 계의 자발적 변화의 방향은 에너지가 감소하는 방향이고 평형에 이르면 에너지가 최소가 된다. 이것이 **에너지 최소 원리**이다.

엔탈피에서는 이 원리가 어떻게 적용될까? 엔탈피에 관한 미분방정식

$$dH = dU + PdV + VdP \tag{5.31}$$

에 식 (5.28)을 대입하여 정리하면,

$$dH \leq TdS + VdP - \delta w_{ex} \tag{5.32}$$

따라서 S가 일정하고 P가 일정할 때 계로부터 우리가 얻을 수 있는 기타 일의 최대값은

$$\delta w_{ex} \leq -dH)_{S,P} \tag{5.33}$$

만약 기타 일도 없다면,

$$dH)_{S,P,W_{ex}=0} \leq 0 \tag{5.34}$$

즉 H가 감소하는 것이 자연적인 변화의 방향이고 최소가 되면 평형이 된다. 이것이 **엔탈피 최소 원리**이다. 즉 Legendre 변환을 통하여 에너지 최소 원리도 그대로 존속되는 것을 볼 수 있다.

마찬가지로 이를 Helmholtz 자유에너지 변화에 적용하면

$$dF \leq -SdT - PdV - \delta w_{ex} \tag{5.35}$$

우리 계가 할 수 있는 전체 일이 $\delta w = PdV + \delta w_{ex}$이므로, 우리 계의 온도가 일정할 때 우리 계가 할 수 있는 모든 일의 최대값은

$$\delta w \le -dF)_T \tag{5.36}$$

온도에다 부피까지 일정한 경우 우리 계가 할 수 있는 기타 일의 최대치가

$$\delta w_{ex} \le -dF)_{T,V} \tag{5.37}$$

기타 일도 없다면

$$dF)_{T,V,W_{ex}=0} \le 0 \tag{5.38}$$

온도와 부피가 일정하고 다른 일도 없는 계에서 일어나는 자연적 변화의 방향은 Helmholtz 자유에너지가 감소하는 방향이고 평형이 되면 최소가 된다. 이것이 **Helmholtz 자유에너지 최소 원리**이다. Legendre 변환을 통하여 에너지 최소 원리가 그대로 변환된 것이다.

Gibbs 에너지에 대하여 적용해 보면,

$$dG \le -SdT + VdP - \delta w_{ex} \tag{5.39}$$

그러므로 온도와 압력이 일정한 계로부터 우리가 얻을 수 있는 최대 기타 일은

$$\delta w_{ex} \le -dG)_{T,P} \tag{5.40}$$

기타 일도 없는 경우에

$$dG)_{T,P,W_{ex}=0} \le 0 \tag{5.41}$$

즉 온도와 압력이 일정하고 기타 일도 없을 때 우리 계의 변화 방향은 Gibbs 자유에너지가 감소하는 방향이고 최소가 되면 평형에 이른다. 이것이 **Gibbs 자유에너지 최소 원리**이다.

통계열역학처럼 이론적으로 열역학적 특성을 다루는 경우에는 그 변수를 온도와 부피로 선택하는 게 편리하다. 그래서 F−최소 원리를 주로 사용한다. 그러나 실험을 하는 경우에는 온도와 압력을 변수로 선택하는 게 편리하다. 따라서 G−최소 원리를 적용하는 게 편리하다. 이게 재료열역학에서 평형 판별기준으로 G를 사용하는 까닭이다.

5.7 | 열역학 준위함수 정리

이제 보조함수를 정리하자. 에너지 바탕식과 그로부터 파생된 모든 열역학 준위함수를 미분방정식 형태로 정리하면,

$$\begin{aligned} dU &= TdS - PdV \\ dH &= TdS + VdP \\ dF &= -SdT - PdV \\ dG &= -SdT + VdP \end{aligned} \tag{5.42}$$

이로부터 각 열역학 준위함수의 편미분 값, 즉 각 준위함수에 대한 상태방정식은 다음과 같다.

$$\begin{aligned} \left.\frac{\partial U}{\partial S}\right)_V &= T \; ; \; \left.\frac{\partial U}{\partial V}\right)_S = -P \\ \left.\frac{\partial H}{\partial S}\right)_P &= T \; ; \; \left.\frac{\partial H}{\partial P}\right)_S = V \\ \left.\frac{\partial F}{\partial T}\right)_V &= -S \; ; \; \left.\frac{\partial F}{\partial V}\right)_T = -P \\ \left.\frac{\partial G}{\partial T}\right)_P &= -S \; ; \; \left.\frac{\partial G}{\partial P}\right)_T = V \end{aligned} \tag{5.43}$$

각 열역학 준위함수의 전미분(total differential)은 완전(exact)하므로 완전미분이기 위한 필요충분 조건, 즉 교차 2차 미분이 서로 같아야 한다는 조건으로부터 각 준위함수에 대한 Maxwell 관계식을 얻는다.

$$\begin{aligned} \left(\frac{\partial T}{\partial V}\right)_S &= -\left(\frac{\partial P}{\partial S}\right)_V \\ \left(\frac{\partial T}{\partial P}\right)_S &= \left(\frac{\partial V}{\partial S}\right)_P \\ \left(\frac{\partial S}{\partial V}\right)_T &= \left(\frac{\partial P}{\partial T}\right)_V \\ -\left(\frac{\partial S}{\partial P}\right)_T &= \left(\frac{\partial V}{\partial T}\right)_P \end{aligned} \tag{5.44}$$

5.8 | 보조함수 기억법

이 4개의 보조함수는 열역학 논리의 기본이 되는 함수이기 때문에 식 (5.42)를 기억해서 필요할 때 금방 꺼내 사용할 수 있어야 한다. 그래서 이 식을 기억할 수 있게 하

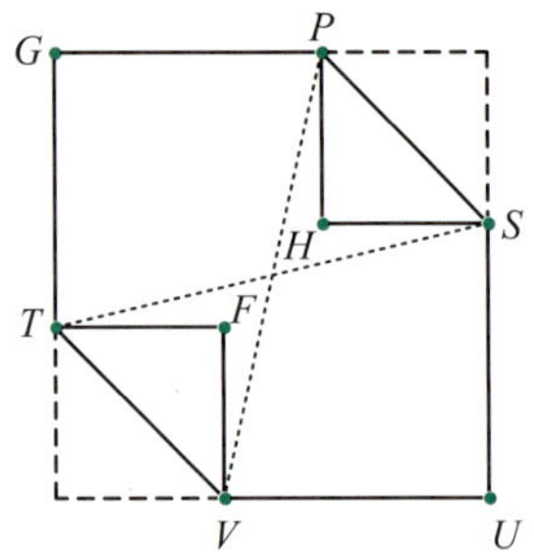

그림 5.4 마법의 문장:
"**G**ood **P**hysicists **H**ave **S**tudied **U**nder **V**ery **F**ine **T**eachers."

는 여러 가지 방법들이 제안되었다. 그중에 가장 외우기 쉬운 것이 불후의 명저 Heat and Thermodynamics를 쓴 Zemansky의 학생 Gilvarry가 제안한 방법이다(그림 5.4).[1]

한 정사각형이 있어 그 왼쪽 아래 귀퉁이와 오른쪽 위 귀퉁이를 그림 5.4와 같이 접으면 8개의 모퉁이를 가지는 도형이 된다. 이제 왼쪽 위 모퉁이부터 시작하여 시계 방향으로 각 모퉁이에 순서대로 G, P, H, S, U, V, F, T를 적는다. 그러면 각 준위함수가 있는 모퉁이에 인접한 모퉁이에 있는 변수들이 그 준위함수의 독립변수가 되는데, 이때 그 부호는 직교좌표에서처럼 위에 있거나 오른쪽에 있으면 +, 아래에 있거나 왼쪽에 있으면 − 가 된다. 이때 그 짝꿍변수는 각 독립변수에서 정사각형의 중심을 통과하는 직선을 그어 반대쪽 끝에서 만나는 변수이다. 이를테면 G의 경우 가장 인접한 2개 모퉁이에 P가 있고 T가 있으니 이들이 G의 독립변수이고, 그 짝꿍변수는 P와 T로부터 정사각형의 중심을 통과하는 직선을 그어 그 반대쪽에 있는 변수 곧 V와 S가 된다. 그러므로 dG를 구성하는 성분이 VdP와 SdT가 되는데, 이 미분들의 부호는 P가 오른쪽에 있으니 $+VdP$, T는 아래에 있으니 $-SdT$, 따라서

$$dG = -SdT + VdP \tag{5.45}$$

가 되는 것이다.

하나 더 예를 들어 보자. F의 경우는 인접 모퉁이에 T와 V가 있고 그 반대쪽 끝에 S와 P가 있다. 그런데 T는 왼쪽, V는 아래쪽, 따라서

$$dF = -SdT - PdV \tag{5.46}$$

괜찮지! 그런데 문제는 이 순서, 즉 $G \rightarrow P \rightarrow H \rightarrow S \rightarrow U \rightarrow V \rightarrow F \rightarrow T$를 어떻게 기억하는가 하는 것이다. 여기에 주문과 같은 마법의 문장이 있다.

"Good Physicists Have Studied Under Very Fine Teachers."

어떤 방법으로 기억을 하든 요체는 이렇다. 각 준위함수의 모태변수(natural variables)는

$$U = U(S,V)\ ;\ H = H(S,P)\ ;\ F = F(T,V)\ ;\ G = G(T,P) \tag{5.47}$$

---

1 M. W. Zemansky, Heat and thermodynamics, 5th ed., McGraw-Hill, Inc., 1968. 열역학 준위함수를 외우는 더 많은 방법들에 관심이 있으면 D. E. Christie, Am. J. Phys., 25, 486, 1957 참조.

이고, 짝꿍변수들의 조합은

$$\begin{aligned} &+TdS \ ; \ -SdT \\ &-PdV \ ; \ +VdP \end{aligned} \tag{5.48}$$

이다. 각 준위함수의 독립변수와 부호와 함께 짝꿍변수들의 조합을 기억해 두면 식 (5.42)는 마법의 문장을 몰라도 안 보고 쓸 수 있을 것이다.

5.9 | 열린 계의 열역학

5.9.1 열린 계?

지금까지 우리가 다룬 계는 단순계(simple system)로서 그 안에 있는 물질량과 조성이 고정된 계였다. 계 안에 있는 물질량이 바뀌기 위해서는 계가 그 바깥과 물질 교환을 하여야 한다. 이렇게 바깥과 열과 일뿐만 아니라 물질까지 교환하는 계를 **열린 계**(open system)라 부른다. 실제 한 계가 외부와 소통하는 방법은 이렇게 세 가지가 된다. 열 교환을 단열벽(adiabatic wall)과 열전달 벽(diathermal wall)으로 조절하고, 일 교환을 움직이는 벽(moveable wall)과 못 움직이는 벽(immoveable wall)으로 제어했듯이 물질 교환도 벽으로 조절한다. 물질 교환을 허용하는 벽을 **열린 벽**(permeable wall), 허용하지 않는 벽을 **닫힌 벽**(impermeable wall)이라 부른다.

여기서 열역학에서 다루는 계를 다시 한 번 복습해 두자. **고립계**(isolated system)는 열도 일도 각 물질도 교환되지 않는 계($\delta q=0,\ \delta w=0,\ \delta n_i=0$), **닫힌 계**(closed system)는 열과 일 작용은 허용하되 물질 교환이 없는 계($\delta q\neq 0,\ \delta w\neq 0,\ \delta n_i=0$), **열린 계**(open system)는 가장 일반적인 계로서 열도 일도 물질도 교환되는 계($\delta q\neq 0,\ \delta w\neq 0,\ \delta n_i\neq 0$)를 말한다.

5.9.2 열린 계의 바탕식

계를 구성하는 각 입자들의 수가 고정되어 있는 닫힌 계에서는 에너지 바탕식이 S와 V의 함수로 주어졌다.

$$U=U(S,V) \tag{5.49}$$

이제 우리 계가 열리면 일반적으로 각 구성분 입자들의 수가 바뀐다. 따라서 에너지 바탕식에서 그 변수가 S와 V뿐만 아니라 당연히 각 구성분 입자들도 변수로 포함되어야 할 것이다. 그래서 C개의 **성분**(component)으로 이루어진 계의 각 구성분 입자의 몰수를 $n_i(i=1,2,\cdots,C)$로 표시하면 에너지 바탕식은

$$U = U(S, V, n_1, n_2, \cdots, n_i, \cdots, n_C) \tag{5.50}$$

의 모양이 될 것이다.

U는 경로에 무관한 상태함수이므로 에너지 U의 전미분 dU는 각 변수에 대한 편미분의 합으로서,

$$dU = \left(\frac{\partial U}{\partial S}\right)_{V,n_i} dS + \left(\frac{\partial U}{\partial V}\right)_{S,n_i} dV + \sum_{i=1}^{C}\left(\frac{\partial U}{\partial n_i}\right)_{S,V,n_{j\neq i}} dn_i \tag{5.51}$$

와 같이 쓸 수 있다. 그런데 여기서 $dn_i = 0(i=1,\cdots,C)$이면 우리 계는 닫힌 계가 되고, 그때 에너지 바탕식은

$$dU = \left(\frac{\partial U}{\partial S}\right)_{V,n_i} dS + \left(\frac{\partial U}{\partial V}\right)_{S,n_i} dV = TdS - PdV \tag{5.52}$$

이 되므로, 열린 계에 대한 에너지 바탕식도 다음과 같은 형태가 될 것이다

$$dU = TdS - PdV + \sum_{i=1}^{C}\left(\frac{\partial U}{\partial n_i}\right)_{S,V,n_{j\neq i}} dn_i \tag{5.53}$$

5.9.3 구성분의 화학적 준위

에너지 바탕식 식 (5.53)에서 보면 크기특성 S의 짝꿍변수는 세기특성 T, 크기특성 V의 짝꿍변수는 세기특성 $-P$이다. 그러면 크기특성 성분 i의 몰수 n_i의 짝꿍 세기변수, 즉 식 (5.53) 우변의 마지막 남은 편미분은 무엇이 될까? 이 편미분을 μ_i로 간단히 쓰고 성분 i의 **화학 준위**(chemical potential)라 부른다.

$$\mu_i \equiv \left(\frac{\partial U}{\partial n_i}\right)_{S,V,n_{j\neq i}} \tag{5.54}$$

보다 일반적으로는 이 편미분을 **전기화학 준위**(electrochemical potential)라 부르는데, 특별히 구성 입자들이 전하를 띠고 있지 않을 경우 간단히 화학 준위라 부른다.

그러면 열린 계의 에너지 바탕식은

$$dU = TdS - PdV + \sum_i \mu_i dn_i \tag{5.55}$$

이 된다.

5.9.4 화학 준위의 열역학적 의미

이제 한 계가 있어 그 벽이 구성분 i만 통과시킨다고 하자. 이런 벽을 i에 관한 **반투과 벽** 또는 **반열린 벽**(semi-permeable wall)이라 부른다. 그러면 에너지 바탕식은

$$dU = TdS - PdV + \mu_i dn_i \tag{5.56}$$

이 된다.

열역학 제1법칙에 의하면 우리 계는 벽을 사이에 두고 열과 일을 통하여 바깥과 에너지를 소통한다. 따라서 가역과정의 경우

$$dU = \delta q - \delta w = TdS - PdV - \delta w_{ex} \tag{5.57}$$

이 식을 식 (5.56)과 비교해 보면

$$\mu_i dn_i = -\delta w_{ex} \tag{5.58}$$

즉 우리 계가 그 주위로부터 dn_i만큼 구성분 i를 받으면 우리 계의 내부에너지가 $\mu_i dn_i$만큼 증가하는데, 이는 우리 계가 외부로부터 하여 받는 기타 일 $-\delta w_{ex}$에 해당한다. 이 기타 일을 **화학적 일**(chemical work)이라 부른다.

5.9.5 열린 계에 대한 Legendre 변환

닫힌 계에서 에너지 바탕식 $U=U(S,V)$를 그 독립변수 S와 V에 대하여 Legendre **변환**을 하여 3개의 다른 형태의 열역학적 준위함수를 얻은 것을 기억할 것이다. 이제 이 변환을 열린 계에 적용하면,

$$\begin{aligned} & dU = TdS - PdV + \sum \mu_i dn_i \\ d(U+PV) & \equiv dH = TdS + VdP + \sum \mu_i dn_i \\ d(U-TS) & \equiv dF = -SdT - PdV + \sum \mu_i dn_i \\ d(U+PV-TS) & \equiv dG = -SdT + VdP + \sum \mu_i dn_i \end{aligned} \tag{5.59}$$

이로부터 식 (5.54)와 같이 정의된 화학 준위는 결국 다른 준위함수로도 정의되어

$$\mu_i = \left(\frac{\partial U}{\partial n_i}\right)_{S,V,nj\neq i} = \left(\frac{\partial H}{\partial n_i}\right)_{S,P,nj\neq i} = \left(\frac{\partial F}{\partial n_i}\right)_{T,V,nj\neq i} = \left(\frac{\partial G}{\partial n_i}\right)_{T,P,nj\neq i} \quad (5.60)$$

이 됨을 안다.

5.10 | 열역학 함수의 수학적 특성과 함수 간 관계식

5.10.1 열역학 함수, 동차함수 그리고 Euler 식

지금까지 우리가 만난 모든 크기변수는 계의 크기에 일차 비례하는 양이었다. 즉 계의 크기가 λ배만큼 커지면 각 크기특성도 λ배로 커지는 것이다. 이를테면 내부에너지의 경우,

$$U(\lambda S, \lambda V, \lambda n_1, \lambda n_2, \cdots, \lambda n_C) = \lambda U(S, V, n_1, n_2, \cdots, n_C) \quad (5.61)$$

그러나 온도와 같은 세기특성은 모두 크기에 무관하여,

$$T(\lambda S, \lambda V, \lambda n_1, \lambda n_2, \cdots, \lambda n_C) = T(S, V, n_1, n_2, \cdots, n_C) \quad (5.62)$$

이런 특성을 가지는 함수를 수학에서는 각각 **1차 동차함수**(first order homogeneous function), **0차 동차함수**(0th order homogeneous function)라 부르는데, 이런 종류의 동차함수는 매우 흥미로운 특성을 가지고 있다. 이제 그 흥미로운 특성을 알아보자.

독립변수가 x_1, x_2,…인 함수 f가 있어 임의의 상수 λ에 대하여 다음과 같은 관계식을 만족한다고 하자.

$$f(\lambda x_1, \lambda x_2, \cdots, \lambda x_i, \cdots) = \lambda^m f(x_1, x_2, \cdots, x_i, \cdots) \quad (5.63)$$

이런 함수 f를 **m차 동차함수**(mth-order homogeneous function)라 부른다. 이 식의 양변을 λ에 대하여 미분하면,

$$\frac{df}{d\lambda} = \sum_i \frac{\partial f}{\partial(\lambda x_i)} \cdot \frac{d(\lambda x_i)}{\partial \lambda} = m\lambda^{m-1} f \quad (5.64)$$

또는

$$\sum_i \frac{\partial f}{\partial(\lambda x_i)} \cdot x_i = m\lambda^{m-1} f \quad (5.65)$$

이 식은 $\lambda = 1$일 때도 성립해야 하므로,

$$\sum_i \frac{\partial f}{\partial x_i} \cdot x_i = mf \tag{5.66}$$

일설에 의하면 이 식은 Euler가 중년에 눈이 먼 후 딸에게 구술한 식으로서, Euler의 동차함수에 관한 관계식이라 부른다.

함수 f가 1차 동차함수이면 $m = 1$이므로,

$$\sum_i \frac{\partial f}{\partial x_i} x_i = f \tag{5.67}$$

함수 f가 0차 동차함수이면 $m = 0$이므로,

$$\sum_i \frac{\partial f}{\partial x_i} x_i = 0 \tag{5.68}$$

열역학에 나오는 모든 변수는 크기변수 아니면 세기변수이다. 크기변수는 모두 $m = 1$이고, 세기변수는 모두 $m = 0$이다.

따라서 내부에너지 U는 S와 V와 $n_i(i = 1 - C)$에 관한 1차 동차함수이므로, Euler 식 (5.67)에 의하여

$$U = TS - PV + \sum_i \mu_i n_i \tag{5.69}$$

이 된다. 그러므로 열린 계에 대한 4개의 열역학적 준위함수는 다음과 같다.

$$\begin{aligned} H &= U + PV &&= TS + \sum_i \mu_i n_i \\ F &= U - TS &&= -PV + \sum_i \mu_i n_i \\ G &= U + PV - TS &&= \sum_i \mu_i n_i \end{aligned} \tag{5.70}$$

이 대목에서 열린 계의 에너지 바탕식 $U = U(S, V, n_1, n_2, \cdots, n_C)$를 모든 변수에 대하여 Legendre 변환한다면 어떤 준위함수를 얻을까 생각해 보자. 다 변환한다면 그냥 0이 얻어질 것이다.

$$0 = U + PV - TS - \sum_i \mu_i n_i \tag{5.71}$$

이런 이유로 역학적 준위함수는 4개만 정의되는 것이다.

5.10.2 Gibbs-Duhem 식

이제 마지막으로 에너지 바탕식 다음으로 결정적 역할을 하게 되는 열역학 관계식 하나를 유도하자. Euler 식에 의하여 내부에너지는 식 (5.69)와 같이 주어진다. 이 식을 미분하면,

$$dU = \left(TdS - PdV + \sum \mu_i dn_i\right) + \left(SdT - VdP + \sum n_i d\mu_i\right) \tag{5.72}$$

그런데 열역학 제1법칙과 제2법칙을 조합하여 얻은 결론은

$$dU = TdS - PdV + \sum \mu_i dn_i \tag{5.73}$$

이 두 식이 서로 상충되지 않으려면

$$SdT - VdP + \sum n_i d\mu_i = 0 \tag{5.74}$$

이 식은 한 다성분 계가 열역학적 평형하에 있으면 그 계의 열역학적 세기변수들 사이에 1개의 관계식이 성립한다는 것을 말해 주고 있다. 이 식을 Gibbs-Duhem 식이라 부른다. 이 식은 여러 성분을 포함하는 상 여러 개로 이루어진 계의 평형상태를 기술할 때 결정적인 역할을 하게 된다.

5.10.3 Gibbs-Helmholtz 식

열역학의 논리를 되짚어 보면 제1법칙으로부터 내부에너지 U가 정의되고, 여기에 PV-일이 더해져서 엔탈피 $H(=U+PV)$가 정의되었다. 그리고 제2법칙으로부터 엔트로피 S가 정의되고, 이것이 제1법칙의 결과와 조합되어 Helmholtz 자유에너지 F와 Gibbs 자유에너지 G가 유도되었다:

$$F = U - TS \tag{5.75}$$

$$G = H - TS \tag{5.76}$$

그러면 거꾸로 이들 자유에너지로부터 U나 H, 그리고 S를 바로 되찾아 낼 수 있을까? 당연히 그럴 수 있어야 할 것이다. 여기에 그 수학적 관계식이 있다.

우선 G로부터 S와 H를 결정해 보자. G로 Legendre 변환된 에너지 바탕식 $dG = -SdT + VdP$로부터 S는

$$S = -\left(\frac{\partial G}{\partial T}\right)_P \tag{5.77}$$

로 결정된다. 이 식을 식 (5.76)에 대입하여 정리하면

$$H = G - T\left(\frac{\partial G}{\partial T}\right)_P \tag{5.78}$$

H를 S에 관하여 Legendre 변환한 것이 G였다는 사실을 기억하면, 이것은 바로 그 역변환에 다름 아니다. 이 식 양변을 T^2로 나누어 정리하면

$$-\frac{H}{T^2} = -\frac{G}{T^2} + \frac{1}{T}\left(\frac{\partial G}{\partial T}\right)_P = \left[\frac{\partial(G/T)}{\partial T}\right]_P \tag{5.79}$$

또는 $\partial(1/T) = -\partial T/T^2$이므로

$$H = \left[\frac{\partial(G/T)}{\partial(1/T)}\right]_P \tag{5.80}$$

이다. 즉 일정한 압력하에서 G의 온도 의존성으로부터 식 (5.77)과 (5.80)에 의하여 S와 H를 각각 되찾는다. 동시에 이 두 식은 압력이 일정한 경우 S나 H로부터 간단한 적분을 통하여 바로 G를 결정하는 방법이기도 하다.

동일한 논리에 의하여 부피가 일정한 경우는 F로부터 S와 U를 다음과 같이 결정한다.

$$S = -\left(\frac{\partial F}{\partial T}\right)_V \tag{5.81}$$

$$-\frac{U}{T^2} = \left[\frac{\partial(F/T)}{\partial T}\right]_V \quad \text{또는} \quad U = \left[\frac{\partial(F/T)}{\partial(1/T)}\right]_V \tag{5.82}$$

거꾸로 이를 각각 적분함으로써 S와 U로부터 바로 F를 결정한다.

식 (5.80)과 (5.82)를 Gibbs-Helmholtz 식이라 부른다.

5.11 | 열역학 변수의 대수학

5.11.1 열역학 논리의 수학적 체계

에너지 바탕식에 근거하는 단순계 열역학 논리의 수학적 체계는 4개의 열역학적 준

표 5-1 에너지 바탕식에 근거한 열역학 논리의 수학적 체계

열역학 준위함수	1차 편미분(상태방정식)	2차 편미분
$dU = TdS - PdV$	$T = \left(\frac{\partial U}{\partial S}\right)_V ; -P = \left(\frac{\partial U}{\partial V}\right)_S$	$\left(\frac{\partial T}{\partial S}\right)_V ; \left(\frac{\partial T}{\partial V}\right)_S = -\left(\frac{\partial P}{\partial S}\right)_V ; \left(\frac{\partial P}{\partial V}\right)_S$
$dH = TdS + VdP$	$T = \left(\frac{\partial H}{\partial S}\right)_P ; V = \left(\frac{\partial H}{\partial P}\right)_S$	$\left(\frac{\partial T}{\partial S}\right)_P ; \left(\frac{\partial T}{\partial P}\right)_S = \left(\frac{\partial V}{\partial S}\right)_P ; \left(\frac{\partial V}{\partial P}\right)_S$
$dF = -SdT - PdV$	$-S = \left(\frac{\partial F}{\partial T}\right)_V ; -P = \left(\frac{\partial F}{\partial V}\right)_T$	$\left(\frac{\partial S}{\partial T}\right)_V ; \left(\frac{\partial S}{\partial V}\right)_T = \left(\frac{\partial P}{\partial T}\right)_V ; \left(\frac{\partial P}{\partial V}\right)_T$
$dG = -SdT + VdP$	$-S = \left(\frac{\partial G}{\partial T}\right)_P ; V = \left(\frac{\partial G}{\partial P}\right)_T$	$\left(\frac{\partial S}{\partial T}\right)_P ; -\left(\frac{\partial S}{\partial P}\right)_T = \left(\frac{\partial V}{\partial T}\right)_P ; \left(\frac{\partial V}{\partial P}\right)_T$

위함수와 각 함수에 딸린 2개의 1차 편미분(상태방정식)과 그들의 2차 편미분으로 구성된다. 이들을 모두 정리하면 표 5-1과 같다.

이 대목에서 4개의 열역학적 준위함수들로부터 정의되는 16개의 2차 미분들 중 몇 개나 독립적인지 생각해 보자. 각 준위함수 마다 독립변수가 둘이므로 2차 미분이 4개가 있을 수 있는데, 2개의 교차미분이 Maxwell 관계식에 의하여 서로 같아야 하므로[식 (5.44)] 각 함수마다 3개씩 서로 독립적인 2차 미분이 있다. 그런데 이들 4개의 준위함수들은 모두 한 뿌리(에너지 바탕식)에서 그 변수를 변환(Legendre 변환)하여 나온 것이므로, 각 열역학 준위함수로부터 얻어지는 3개의 2차 편미분이 함께 지니는 열역학적 정보는 논리적으로 서로 동일할 수밖에 없다. 그러므로 하나의 준위함수로부터 얻어지는 3개의 편미분만이 독립적이며, 다른 준위함수들로부터 얻어지는 모든 2차 편미분은 예외 없이 이 3개의 독립적인 2차 편미분으로 나타낼 수 있다.

3개의 독립적인 편미분은 보통 Gibbs 자유에너지의 그것들로 선택하는데, 그들은 식 (5.42)로부터 다음과 같다.

$$\left(\frac{\partial^2 G}{\partial T^2}\right)_P ; \left(\frac{\partial^2 G}{\partial T \partial P}\right) = \left(\frac{\partial^2 G}{\partial P \partial T}\right) ; \left(\frac{\partial^2 G}{\partial P^2}\right)_T \tag{5.83}$$

또는 여기에 관련 상태방정식을 대입하면

$$\left(\frac{\partial S}{\partial T}\right)_P ; -\left(\frac{\partial S}{\partial P}\right)_T = \left(\frac{\partial V}{\partial T}\right)_P ; \left(\frac{\partial V}{\partial P}\right)_T \tag{5.84}$$

이들 3개가 독립적인 그 3개 2차 편미분이다. 이들을 주어진 단순계의 특성으로 나타내 보자.

(i) $(\partial S/\partial T)_P$:

압력이 일정할 때

$$dS)_P = \frac{\delta q)_P}{T} \tag{5.85}$$

이고

$$\frac{\delta q)_P}{dT} = C_P \tag{5.86}$$

이므로

$$\left(\frac{\partial S}{\partial T}\right)_P = \frac{C_P}{T} \tag{5.87}$$

(ii) $(\partial V/\partial T)_P$:

일정한 압력하에서 우리 계의 온도가 1 K 오를 때 부피의 상대적 증가를 우리 계의 **열팽창 계수**(thermal expansion coefficient) α로 정의한다.

$$\alpha \equiv \frac{1}{V}\left(\frac{\partial V}{\partial T}\right)_P \tag{5.88}$$

(iii) $(\partial V/\partial P)_T$:

일정한 온도에서 압력이 단위압력만큼 증가할 때 상대적 부피 감소를 **등온압축률**(isothermal compressibility) κ_T로 정의한다.

$$\kappa_T \equiv -\frac{1}{V}\left(\frac{\partial V}{\partial P}\right)_T \tag{5.89}$$

정압열용량 C_P, 열팽창 계수 α, 등온압축률 κ_T는 단순계의 독립적인 2차 편미분 값으로서 모든 물질에 대하여 온도의 함수로 측정되어 있다.

각 준위함수의 1차 미분도 보면 다른 준위함수의 상태방정식을 포함하기 때문에 결국은 2차 편미분에 해당한다. 따라서 열역학에 나오는 모든 편미분은 결국 이들 독립적인 3개의 물질특성 C_P, α, κ_T와 상태특성 T, P, V로 나타낼 수 있다. 열역학에서는 임의의 2차 편미분을 이들 물질특성과 계의 상태특성으로 나타내는 것도 중요한 일 중 하나이다. 이 관계식을 확립하는 데 다음 2개의 편미분 간 관계식이 유용하다.

5.11.2 도치공식과 변환공식

(i) 자리바꿈 또는 도치공식

x와 y를 독립변수로 가지는 함수 $z=z(x,y)$의 전미분은

$$dz = \left(\frac{\partial z}{\partial x}\right)_y dx + \left(\frac{\partial z}{\partial y}\right)_x dy \tag{5.90}$$

이다. y를 고정한 채($dy=0$) 이 식의 양변을 dz로 나누면,

$$1 = \left(\frac{\partial z}{\partial x}\right)_y \left(\frac{\partial x}{\partial z}\right)_y \tag{5.91}$$

또는

$$\left(\frac{\partial z}{\partial x}\right)_y = \frac{1}{\left(\frac{\partial x}{\partial z}\right)_y} \tag{5.92}$$

이 식을 도치공식(inversion formula)이라 부른다. 주어진 편미분의 분자와 분모를 뒤집을 때 사용한다.

(ii) 순환변환 공식

전미분 식 (5.90)의 양변을 dy로 나누고 $dz=0$으로 두면,

$$0 = \left(\frac{\partial z}{\partial x}\right)_y \left(\frac{\partial x}{\partial y}\right)_z + \left(\frac{\partial z}{\partial y}\right)_x \tag{5.93}$$

우변의 두 번째 항을 좌변으로 옮기고 도치공식을 적용하여 다시 정리하면,

$$\left(\frac{\partial x}{\partial y}\right)_z \left(\frac{\partial y}{\partial z}\right)_x \left(\frac{\partial z}{\partial x}\right)_y = -1 \tag{5.94}$$

이 식에 변수가 나오는 순서를 보면, 위층 분자에는 $x \to y \to z$ 순으로, 아래층 분모에는 $y \to z \to x$ 순으로, 그리고 맨 아래층 첨자는 $z \to x \to y$ 순으로 순환하여 나타난다. 그래서 이 식을 **순환변환 공식**(cyclic transformation formula)이라 한다. 주의할 것은 미분의 연쇄법칙을 생각하면 이 3개 편미분의 곱이 +1이 되어야 할 것 같은데, −1이 된다는 사실이다. 이 식은 3개의 변수가 관여된 1개의 편미분을 괄호 바깥에 첨자로 나타난 (고정된) 변수를 괄호 안으로 불러들여 다른 2개의 편미분으로 변환하는 데 사용한다.

5.11.3 대수적 요령과 실제 예

열역학에는 2차 편미분 A가 다른 2차 편미분 B와 같다는 것을 보이라는 문제와 어떤 2차 편미분을 축약하여 계의 특성으로 나타내라는 문제가 수북이 있다. 이런 문제를 푸는 요령을 일찍이 Callen 교수는 그의 명저[2]에서 간단히 정리한 바 있는데, 대개 다음과 같다.

요령 1: 편미분이 열역학 준위함수들을 포함하고 있으면, 하나하나씩 분자로 올리고, 그 본디 변수로 표현된 미분식을 대입하여 소거한다.

요령 2: 편미분에 S가 포함되면 이를 분자로 올린다. 그 바깥첨자가 P면(즉 P가 고정되어 있으면) $dS)_P = C_P dT/T$를, V이면(즉 V가 고정되어 있으면) $dS)_V = C_V dT/T$를 대입한다.

요령 3: 분자에 dS가 있더라도 바깥첨자가 P나 V가 아니면 분모와 바깥첨자를 독립변수로 하는 열역학 준위함수의 Maxwell 식을 찾아보라. 그러면 낯익은 2차 편미분이 보일 것이다.

요령 4: 부피 V는 분자로 올려라. 이들 편미분은 항상 α와 κ_T로 표현될 것이다.

이제 다음 예제를 풀면서 위 요령을 익히도록 하자.

(i) 일찍이 우리는

$$C_P - C_V = \left[P + \left(\frac{\partial U}{\partial V}\right)_T\right]\left(\frac{\partial V}{\partial T}\right)_P \tag{5.95}$$

2 H. B. Callen, Thermodynamics and an introduction to thermostatistics, John Wiley & Sons, New York, 1985.

임을 알고 있다. 이제 이 두 열용량의 차이를 우리 계의 물성과 열역학적 변수로 나타내 보자. 이 차이를 구하기 위해서는 이 식 우변에 나오는 2개의 편미분을 그 3개의 특성으로 나타내야 한다.

우선 첫째 편미분:
(요령: 분자에 준위함수 U가 있으므로 그 본디의 독립변수로 표현된 식 $dU=TdS-PdV$를 대입한다.)

$$\left(\frac{\partial U}{\partial V}\right)_T = T\left(\frac{\partial S}{\partial V}\right)_T - P \tag{5.96}$$

(요령: dS를 포함하는 편미분 바깥에 T가 있으므로, T와 V를 독립변수로 가지는 준위함수 F에 가서 그 Maxwell 관계식을 찾아본다. 그러면 $\partial S/\partial V)_T = \partial P/\partial T)_V$임이 보인다.)

$$= T\left(\frac{\partial P}{\partial T}\right)_V - P \tag{5.97}$$

(요령: 편미분 바깥첨자에 크기변수 V가 있으므로 변환공식에 의하여 안으로 불러들인다.)

$$= -T\frac{\left(\frac{\partial V}{\partial T}\right)_P}{\left(\frac{\partial V}{\partial P}\right)_T} - P \tag{5.98}$$

(요령: 독립적인 2차 편미분들로 나타났으므로 그 값을 대입한다.)

$$= -T\frac{\alpha V}{-\kappa_T V} - P \tag{5.99}$$

다음 둘째 편미분:
(요령: 이미 낯익은 2차 편미분이므로 이를 대입한다.)

$$\left(\frac{\partial V}{\partial T}\right)_P = \alpha V \tag{5.100}$$

마지막으로 이 결과들 식 (5.99)와 (5.100)을 식 (5.95)에 대입하여,

$$C_P - C_V = \frac{TV\alpha^2}{\kappa_T} \tag{5.101}$$

즉 2차 미분 $C_V[=(\partial U/\partial T)_V]$가 독립적인 3개의 2차 미분 값 C_P, α, κ_T와 열역학 상태특성 T,V로 표시되었다.

(ii) U의 V에 관한 2차 미분을 3개의 독립적인 2차 미분 값으로 나타내 보자.
(요령: $dU = TdS - PdV$로부터 이 항등식을 찾는다.)

$$\left.\frac{\partial^2 U}{\partial V^2}\right)_S = -\left.\frac{\partial P}{\partial V}\right)_S \tag{5.102}$$

(요령: 크기특성 S가 괄호 바깥첨자로 있으니 변환공식과 도치공식에 의하여 안으로 들인다.)

$$= \left.\frac{\partial S}{\partial V}\right)_P \Big/ \left(\frac{\partial S}{\partial P}\right)_V \tag{5.103}$$

(요령: 2개의 편미분 모두 바깥에 P와 V가 있으니 $dS)_P = C_P dT/T$, $dS)_V = C_V dT/T$를 대입한다.)

$$= \frac{C_P}{T}\left(\frac{\partial T}{\partial V}\right)_P \Big/ \frac{C_V}{T}\left(\frac{\partial T}{\partial P}\right)_V \tag{5.104}$$

(요령: 첫째 편미분에 크기특성 V가 분모에 있으므로 도치공식에 의하여 dV가 분자에 오도록 뒤집는다. 또는 T, P, V에 관한 변환공식에 의하여 두 편미분의 비를 1개의 편미분으로 변환한다.)

$$\frac{C_P}{C_V}\left(-\frac{\partial P}{\partial V}\right)_T \tag{5.105}$$

(요령: 크기변수 dV가 분모에 나오므로 도치공식에 의하여 dV가 분자에 오도록 뒤집는다.)

$$= \frac{C_P}{C_V\left(-\frac{\partial V}{\partial P}\right)_T} \tag{5.106}$$

(요령: 낯익은 2차 미분 등온압축률 정의식이 보인다.)

$$= \frac{C_P}{C_V}\left(\frac{1}{\kappa_T V}\right) \tag{5.107}$$

식 (5.101)에 의하여 C_V가 그 3개의 독립적인 특성으로 나타나니 결국 3개의 독립적인 계의 물성과 열역학적 특성으로 표시되었다.

(iii) 단열압축률(adiabatic compressibility), κ_S

그 정의식으로부터

$$\kappa_S \equiv -\frac{1}{V}\frac{\partial V}{\partial P}\Big)_S \tag{5.108}$$

(요령: S가 바깥에 있으므로 변환공식에 의하여 안으로 불러들인다.)

$$= \frac{1}{V}\frac{\partial S}{\partial P}\Big)_V \Big/ \left(\frac{\partial S}{\partial V}\right)_P \tag{5.109}$$

(요령: dS를 포함하는 편미분 바깥에 V와 P가 각각 있으므로 $dS)_P = C_P dT/T$, $dS)_V = C_V dT/T$를 대입한다.)

$$= \frac{1}{V}\frac{C_V}{T}\left(\frac{\partial T}{\partial P}\right)_V \Big/ \frac{C_P}{T}\left(\frac{\partial T}{\partial V}\right)_P \tag{5.110}$$

(요령: 분모에 크기특성 dV가 있으므로 도치공식에 의하여 dV를 분자로 올린다.)

$$= \frac{1}{V}\frac{C_V}{C_P}\left(\frac{\partial T}{\partial P}\right)_V \left(\frac{\partial V}{\partial T}\right)_P \tag{5.111}$$

(요령: T,P,V를 포함하는 변환공식을 사용하여 2개 편미분의 곱을 1개로 줄인다.)

$$= \frac{C_V}{C_P}\left(-\frac{\partial V}{V\partial P}\right)_T \tag{5.112}$$

(요령: 등온압축률 정의식이 보인다.)

$$= \frac{C_V}{C_P}\kappa_T \qquad (5.113)$$

(iv) 마지막으로, 요령을 따로 명시하지 않고 다음의 편미분을 측정할 수 있는 변수 및 특성으로 나타내 보겠다. 여러분들은 한 단계 넘어갈 때마다 어떤 요령을 사용하는지 생각해 보면서 그 요령을 익히기 바란다. 특히 S와 열역학 준위함수가 동시에 나올 때 어떤 요령이 우선인지 챙기기 바란다.

$$\begin{aligned}
\left(\frac{\partial H}{\partial T}\right)_U &= T\left(\frac{\partial S}{\partial T}\right)_U + V\left(\frac{\partial P}{\partial T}\right)_U \\
&= -T\frac{(\partial U/\partial T)_S}{(\partial U/\partial S)_T} - V\frac{(\partial U/\partial T)_P}{(\partial U/\partial P)_T} \\
&= -T\frac{-P(\partial V/\partial T)_S}{T-P(\partial V/\partial S)_T} - V\frac{T(\partial S/\partial T)_P - P(\partial V/\partial T)_P}{T(\partial S/\partial P)_T - P(\partial V/\partial P)_T} \\
&= TP\frac{-\left(\frac{\partial S}{\partial T}\right)_V \Big/ \left(\frac{\partial S}{\partial V}\right)_T}{T-P\frac{1}{(\partial S/\partial V)_T}} - V\frac{C_P - P\alpha V}{T(-\partial V/\partial T)_P - P(\partial V/\partial P)_T} \\
&= P\frac{-C_V\Big/\left(\frac{\partial P}{\partial T}\right)_V}{T-P\frac{1}{(\partial P/\partial T)_V}} - V\frac{C_P - P\alpha V}{-T\alpha V + P\kappa_T V} \\
&= PC_V\frac{\left(\frac{\partial V}{\partial P}\right)_T \Big/ \left(\frac{\partial V}{\partial T}\right)_P}{T+P\left(\frac{\partial V}{\partial P}\right)_T \Big/ \left(\frac{\partial V}{\partial T}\right)_P} - \frac{C_P - P\alpha V}{-T\alpha + P\kappa_T} \\
&= PC_V\frac{-\kappa_T/\alpha}{T-P\kappa_T/\alpha} - \frac{C_P - P\alpha V}{-T\alpha + P\kappa_T}
\end{aligned}$$

익힘문제

5.1 열역학에 나오는 모든 2차 편미분은 주어진 계의 3개 독립적인 2차 편미분 특성 C_P(또는 C_V), α, κ_T와 상태변수 T, P(또는 V)로 나타낼 수 있다. 다음 각각의 표현식이 그리 됨을 보여라.

(a) $\left(\frac{\partial H}{\partial V}\right)_T = \frac{T\alpha - 1}{\kappa_T}$

(b) $\left(\frac{\partial H}{\partial T}\right)_V = C_V + \frac{V\alpha}{\kappa_T}$

(c) $\left(\frac{\partial H}{\partial V}\right)_S = -\frac{C_P}{C_V \kappa_T}$

(d) $\left(\frac{\partial H}{\partial S}\right)_V = T + \frac{TV\alpha}{C_V \kappa_T}$

(e) $\left(\frac{\partial H}{\partial S}\right)_T = T - \frac{1}{\alpha}$

(f) $\left(\frac{\partial H}{\partial P}\right)_T = V(1 - T\alpha)$

(g) $\left(\frac{\partial T}{\partial P}\right)_H = \frac{V(T\alpha - 1)}{C_P}$

(h) $\left(\frac{\partial T}{\partial P}\right)_S = \frac{\alpha VT}{C_P}$

(i) $\left(\frac{\partial C_P}{\partial P}\right)_T = -TV\left[\alpha^2 + \left(\frac{\partial \alpha}{\partial T}\right)_P\right]$

(j) $\left(\frac{\partial C_V}{\partial V}\right)_T = +T\left[\frac{\partial(\alpha/\kappa_T)}{\partial T}\right]_V$

5.2 익힘문제 5.1의 (h) 관계식을 이용하여, 이상기체가 단열가역팽창할 때의 관계식

$$\frac{T_1}{T_2} = \left(\frac{P_1}{P_2}\right)^{(C_P - C_V)/C_P}$$

를 유도하라.

5.3 이상기체 1몰이 아래 각각의 과정을 거쳐 그 상태가 바뀔 때 ΔU, ΔH, ΔS, ΔF, ΔG를 계산하라. (유의: 경우에 따라서는 엔트로피 절대값이 필요하다.)

(a) 초기상태 (T, P)에서 부피가 배로 될 때까지 자유팽창(Joule expansion 또는 free expansion)한 경우

(b) 상태 (T_1, P_1)에서 상태 (T_2, P_2)로 단열팽창(adiabatic expansion)한 경우

(c) 상태 $(P;\ V_1, T_1)$에서 상태 $(P;\ V_2, T_2)$로 정압팽창(isobaric expansion)한 경우

(d) 상태 $(V;\ P_1, T_1)$에서 상태 $(V,\ P_2, T_2)$로 정적 가열한 경우

5.4 20°C에서 은(Ag)을 1 atm부터 1000 atm까지 등온압축했을 때 H, U, G, S의 변화를 계산하라. 20°C 일 때 Ag에 관한 데이터는 아래와 같다.

밀도 $\rho = 10.5\ \text{g/cm}^3$, 등온압축률 $\kappa_T = 9.9 \times 10^{-12} (\text{N/m}^2)^{-1}$, 열팽창 계수 $\alpha = 19.1 \times 10^{-6}\ \text{K}^{-1}$, 정압몰열용량 $C_P = 25.48\ \text{Jmol}^{-1}\text{K}^{-1}$

5.5 17°C에서 액체 암모니아의 포화 증기압은 7.68 atm, 기체와 액체의 g당 부피는 각각 165, 2 cm^3/g, 기화열(heat of vaporization)은 296 cal/g이다. 이제 17°C, 7.68 atm하에 있는 액체 암모니아 1 g을 진공인 공간으로 등온 기화(isothermal evaporation)시켜 최종 부피가 165 cm^3가 되도록 하였다. 이 기화과정에 수반된 q, ΔU, ΔH, ΔS, ΔF, ΔG를 계산하라.

5.6 **(a)** 동일한 온도에서 2개의 서로 다른 압력하에 있는 어떤 물질을 생각하자. 첫 번째 상태의 압력과 부피가 P_A, V_A, 두 번째 상태가 P_B, V_B라 할 때 다음 두 관계식이 성립함을 보여라.

$$G_B - G_A = \int_A^B V dP \ ;\ F_B - F_A = -\int_A^B P dV$$

(b) 이들 두 식과 적분의 논리를 이용하여

$$(G_B - G_A) - (F_B - F_A) = P_B V_B - P_A V_A$$

임을 보여라.

(c) 이 (b)의 관계식을 F와 G의 정의식인 식 (5.10), (5.11)로부터도 유도하라.

(d) P–V 좌표계에서 (b)의 관계식에 나오는 4개의 항 각각에 해당하는 면적을 고려하여, (a)의 두 식으로부터 (b)의 관계식이 성립함을 보여라.

Chapter

6 열용량

6.1 | 열용량: 계의 열역학적 핵심 특성

열역학 논리를 실제 적용하기 위해서는 그 독립변수가 손쉽게 측정할 수 있고 조절할 수 있는 것들이어야 한다. 이런 이유로 조성과 물질량이 고정된 단순계의 열역학적 특성을 통계역학적으로 이론적으로 다룰 때는 통상 온도 T와 부피 V를, 실험적으로 다룰 때는 온도 T와 압력 P를 독립변수로 선택한다.

T와 V가 독립변수일 때 단순계의 내부에너지와 엔트로피는 각각

$$dU = \left(\frac{\partial U}{\partial T}\right)_V dT + \left(\frac{\partial U}{\partial V}\right)_T dV = C_V dT + \left(\frac{\alpha T}{\kappa_T} - P\right)dV \tag{6.1}$$

$$dS = \left(\frac{\partial S}{\partial T}\right)_V dT + \left(\frac{\partial S}{\partial V}\right)_T dV = \frac{C_V}{T}dT + \frac{\alpha}{\kappa_T}dV \tag{6.2}$$

와 같이 주어지고, 이때 Helmholtz 자유에너지는 Gibbs-Helmholtz 식

$$\left[\frac{\partial(F/T)}{\partial(1/T)}\right]_V = U \tag{6.3}$$

에 따라 식 (6.1)로부터 얻어지는 U를 $1/T$에 대하여 적분하거나, 식 (6.1)과 (6.2)로부터 얻는 U와 S를 F의 정의식

$$F = U - TS \tag{6.4}$$

에 대입하여 얻을 수 있다.

한편 T와 P가 독립변수이면, H와 S는 식 (6.5)와 (6.6)과 같이 주어지고:

$$dH = \left(\frac{\partial H}{\partial T}\right)_P dT + \left(\frac{\partial H}{\partial P}\right)_T dP = C_P dT + V(1 - \alpha T)dP \tag{6.5}$$

$$dS = \left(\frac{\partial S}{\partial T}\right)_P dT + \left(\frac{\partial S}{\partial P}\right)_T dP = \frac{C_P}{T}dT - \alpha V dP \tag{6.6}$$

Gibbs 자유에너지는 Gibbs-Helmholtz 식

$$\left[\frac{\partial(G/T)}{\partial(1/T)}\right]_P = H \tag{6.7}$$

에 의하여 식 (6.5)의 H를 적분하거나, 또는 이 식 (6.5)와 (6.6)에서 얻어진 H와 S를 G의 정의식

$$G = H - TS \tag{6.8}$$

에 대입하여 얻는다.

식 (6.1), (6.2), (6.5), (6.6)에서 보면 겉보기에도 열역학 논리체계의 반은 온도에 의한 것임을 알 수 있다. 이것은 바로 열역학(thermodynamics)이라는 이름이 이미 시사하는 바이기도 하다. 뒤에 알게 되겠지만, 특히 액체나 고체 같은 응집계에서는 U나 H나 S는 주로 온도에 의하여 결정되고 부피나 압력에 의한 효과는 온도의 효과에 비하여 매우 적다. 따라서 F나 G 또한 그러하다.

부피가 일정하게 유지된 채 우리 계의 상태가 변화하면($dV = 0$, isochoric process), 식 (6.1), (6.2)로부터

$$\Delta U = \int_{T_1}^{T_2} C_V dT \;\; ; \;\; \Delta S = \int_{T_1}^{T_2} \frac{C_V}{T} dT \tag{6.9}$$

압력이 일정하게 유지되는 과정이면($dP = 0$, isobaric process), 식 (6.5), (6.6)으로부터

$$\Delta H = \int_{T_1}^{T_2} C_P dT \;\; ; \;\; \Delta S = \int_{T_1}^{T_2} \frac{C_P}{T} dT \tag{6.10}$$

즉 온도 변화에 따른 에너지, 엔탈피 및 엔트로피 변화는 주어진 계의 열용량에 의하여 전적으로 결정된다. 이런 의미에서 열용량은 계의 열역학적 핵심 특성이 된다. 그러므로 열역학 준위함수의 변화를 계산하기 위해서는 주어진 계의 열용량을 온도의 함수로 알아야 하며, 열역학을 이해하고 응용하기 위해서는 열용량의 물리적 의미를 확실하게 이해할 필요가 있다.

일찍이 열역학 제1법칙을 공부하면서 배운 대로, 열용량은 주어진 계의 온도를 1 K 올리는 데 필요한 열량에 해당한다. 열역학 제1법칙에 의하여 같은 온도 1 K를 올리더라도 우리 계의 부피를 일정하게 유지한 채($dV = 0$) 올릴 때와 압력을 일정하게 유지하면서($dP = 0$) 올릴 때 외부와의 일작용($\delta w = PdV$) 유무가 다르므로 그 열작용의 크기가 달라진다. 따라서 2개의 열용량, 정적열용량 C_V와 정압열용량 C_P가 정의되었다. 그러나 이들은 서로 독립적이지 않고 열팽창 계수(α)와 등온압축 계수(κ_T)를 매개로 서로 연계되어 있다. 우리 계가 외부로부터 열을 받아 온도가 오르면 내부에너지와

엔탈피가 증가하게 되고 이와 더불어 엔트로피의 변화가 수반되므로[식 (6.9), (6.10)] 열용량은 이들 열역학적 준위함수의 변화[식 (6.4), (6.8)]와 연계된다. 이를 요약하면,

$$\begin{aligned} C_V &= \frac{\delta q)_V}{dT} = \frac{\partial U}{\partial T}\Big)_V = T\frac{\partial S}{\partial T}\Big)_V \\ C_P &= \frac{\delta q)_P}{dT} = \frac{\partial H}{\partial T}\Big)_P = T\frac{\partial S}{\partial T}\Big)_P \\ C_P - C_V &= \frac{\alpha^2 TV}{\kappa_T} \end{aligned} \tag{6.11}$$

열용량은 당연히 크기특성이다. 그래서 이를 계의 단위크기에 대한 양으로 바꾸어 단위질량당 열용량, 즉 비열(specific heat), 몰당 열용량(molar heat capacity) 등을 정의하기도 하였다. 이제 이 장에서는 열용량이 대체 무엇이며 온도에 따라 어떻게 변화하는지 알아본다.

6.2 | 정적열용량의 온도에 따른 거동

고체의 열용량은 일찍부터 관심의 대상이었다. 1819년에 이미 프랑스의 Dulong과 Petit는 그들이 관찰한 실온 이상의 온도 범위에서 온도에 무관하게 거의 모든 단일 성분 고체물질(elemental solids) 1몰에 대하여

$$C_V \approx 3R \tag{6.12}$$

이라는 것을 발견하였다. 이를 Dulong-Petit 법칙(Dulong-Petit law)이라 부른다.

1865년 모든 다성분계 고체 화합물의 몰당 열용량이 각 구성분의 몰당 열용량을 조성비에 따라 합한 것과 같다는 것이 또한 알려졌다.

$$C_V \approx \sum \nu_i (3R) \tag{6.13}$$

여기서 ν_i는 주어진 화합물의 구성분 i의 정비량(stoichiometric coefficient)이다. 이를테면 고체 화합물 $Mg_1Al_2O_4$의 몰당 열용량은 $C_V \approx (1+2+4)\times 3R$이라는 것이다. 이를 Kopp-Neumann 법칙이라 부른다. 이들 두 법칙은 결국 각 구성분의 몰당 열용량이 구성분 각각의 정체와는 무관하다는 사실, 즉 그것이 O이든 Mg이든 Al이든 상관없이 원자 1개당 혹은 몰당 열용량은 서로 같다는 사실을 의미한다.

그러나 저온물리의 발달과 더불어 많은 단일 성분 고체(elemental solids)와 무

기 화합물에 대하여 열용량을 매우 낮은 온도 범위에 이르기까지 측정해 본 결과, 실제 정적열용량은 온도에 따라 각각 그림 6.1(a), (b)와 같이 변화한다. 물질에 따라 다르지만 고온에서는 입자 1몰당 열용량이 $C_V \approx 3R = 24.94\ \mathrm{Jmol^{-1}K^{-1}}$ 또는 $C_V/3R \approx 1$로 Dulong-Petit 법칙(화합물의 경우는 특별히 Kopp-Neumann 법칙)을 따르지만, 온도가 낮아지면서 급격히 적어지다가 온도가 0 K로 근접하면 C_V도 0으로 수렴한다. 0 K 부근에서 0으로 수렴하는 경향은 대개 $C_V \propto T^3$이다. 그리고 Dulong-Petit 값에 이르는 온도는 납(Pb)처럼 물질이 무를수록 낮고 다이아몬드처럼 강할수록 높다.

왜 열용량은 온도에 무관하게 Dulong-Petit 값으로 고정되지 않고 온도에 따라 이렇게 변화하는 것일까? 이제 그 연원을 캐어 보자. 이 연원을 찾아가다 보면 양자역학의 핵심 개념에 이르게 된다.

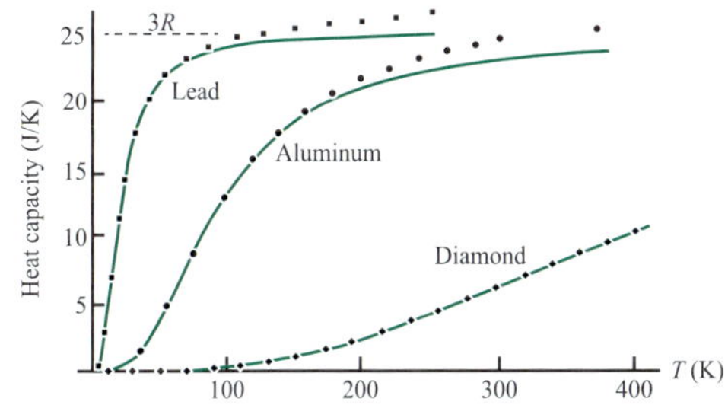

(a)

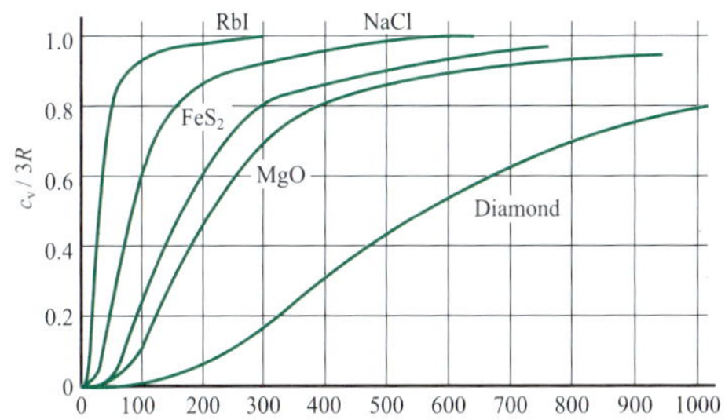

(b)

그림 6.1 (a) 단일 성분 고체의 몰당 열용량. (D. W. Schroeder, An Introduction to Thermal Physics, Addison Wesley Longman, 2000, p.30)
(b) 고체 화합물의 입자 1몰당 열용량. 다이아몬드는 1몰, RbI, NaCl, MgO는 1/2몰, FeS_2는 1/3몰. (M. W. Zemansky, Heat and Thermodynamics 5E, McGraw-Hill Kogakusha, 1968, p.307)

6.3 | 정적열용량의 이론적 계산 - Einstein 모형

1901년 Planck에 의하여 어떤 계가 가질 수 있는 에너지가 연속적(continuous)이지 않고 양자화(discrete)되어 있다는 새로운 개념이 제안되어 고전적 물리 개념의 대전환이 이루어지고 있던 1907년, Einstein은 이 양자 개념을 처음으로 적용하여 결정질 고체의 정적열용량을 계산하였다. 고체란 결정 격자 각 자리에 원자들이 놓여 구성되는데, 이 격자 자리란 주어진 구조에서 위치에너지가 최소가 되는 곳에 해당한다. 이러한 고체는 그림 6.2(a)에 보인 것처럼, 3차원 공간에서 질량을 가진 입자들이 주위에 있는 다른 입자들과 서로 스프링으로 연결되어 있는 것과 별반 다르지 않다(이를 고체의 '침대 스프링' 모델이라 부른다). Einstein은 이러한 고체를 그림 6.2(b)와 같이 아래로 깊숙한 포물선 모양의 **위치에너지 우물**(quadratic potential well)에서 모두 동일한 진동수(vibration frequency) ν_E로 진동하고 있는 진동자(harmonic oscillators)들의 집합으로 보았다. 이 진동자들은 각각 x, y, z 세 방향으로 진동하므로 원자가 N개이면 $3N$개의 진동자가 있는 것과 같다. 이러한 고체를 **Einstein 고체**(Einstein solid)라 부르고, 이 진동자들의 동일한 진동수를 **Einstein 진동수**(Einstein frequency)라 부른다. 이제 Einstein이 유도한 길을 되짚어 가 보자.

양자역학에 의하면, 그림 6.2(b)와 같은 포물선 모양의 위치에너지 우물에서 모두 동일한 진동수 ν_E로 진동하는 조화진동자가 가질 수 있는 에너지는 $h\nu_E$를 단위로 양자화($n = 0, 1, 2, 3 \cdots$)되어

$$\varepsilon_n = \left(\frac{1}{2} + n\right) h\nu_E \tag{6.14}$$

와 같이 주어진다. 고전 물리학에 의하면 온도가 0 K이면 진동자들의 에너지가 모두 0이지만, 양자역학적 개념에서는 모두가 가장 아래 양자 수 $n=0$에 해당하는 에너지인 $h\nu_E/2$를 갖게 된다. 이 에너지를 **기저상태 에너지**(ground state energy)라 부른다. 이제 0 K로부터 온도가 오르면 고전적 진동자는 그 에너지가 연속적이어서 열에너지 kT를 크기에 상관없이 흡수하게 되나, 양자역학적 관점에서는 에너지가 $h\nu_E$로 양자화되어 있기 때문에 $kT < h\nu_E$인 열에너지는 우리 진동자가 받아들이지 못한다. 오로지 열에너지를 에너지 양자 $h\nu_E$의 자연수 배만큼만 흡수하게 되는 것이다. 충분히 온도가 높아 $kT \gg h\nu_E$이 되면 우리 진동자는 모든 열에너지를 다 흡수하게 되어 진동자 1개당 열에너지가 $3kT$가 되고, 입자의 수가 1몰이면 $U=3N_AkT=3RT$가 예상된다. 따라서 고온에서는 그 열용량이 $C_V=3R$, 즉 **Dulong-Petit 법칙**을 따를 것이 예상된다. 그러면 낮은 온도에서 열에너지는 어떻게 분포될까?

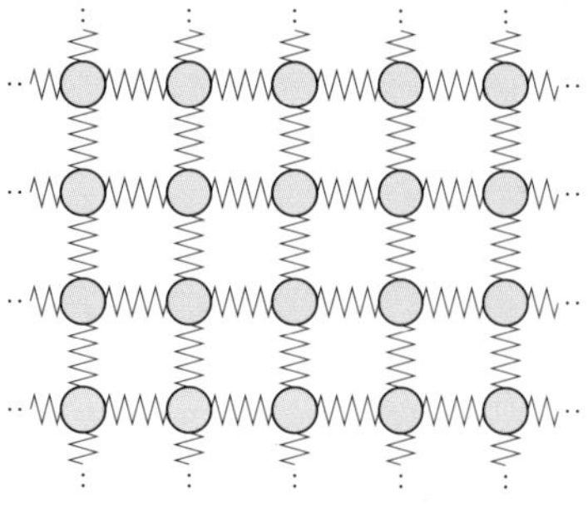

(a)

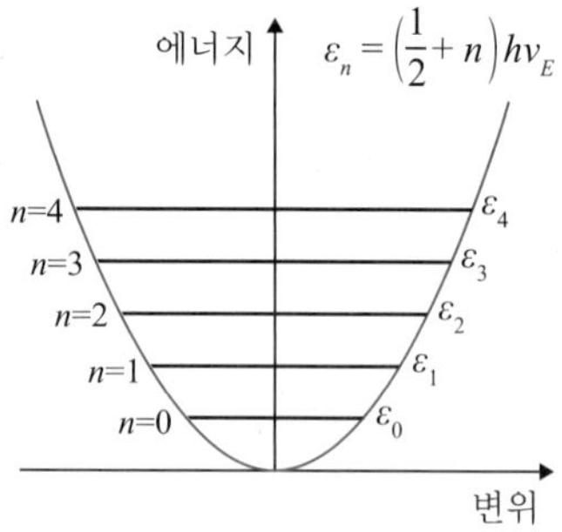

(b)

그림 6.2 (a) 결정의 침대 스프링 모델 (b) 포물선형 위치에너지 우물에서 조화 진동자의 에너지 준위.

4장에서 우리는 Boltzmann 분포에 대하여 배웠다. 온도가 T일 때 한 진동자가 그림 6.2(b)의 에너지 준위 ε_n에 있을 확률 $P(\varepsilon_n)$은

$$P(\varepsilon_n) = \frac{e^{-\beta\varepsilon_n}}{q(\beta, V)} \tag{6.15}$$

이다. 여기서 $q(\beta,V)$는 분배함수(partition function)

$$q(\beta, V) = \sum_n e^{-\beta\varepsilon_n} \tag{6.16}$$

이고, $\beta = 1/kT$이다. 따라서 1개 진동자가 가지는 평균 에너지 $\langle\varepsilon\rangle$는

$$\langle\varepsilon\rangle = \sum_n \varepsilon_n P(\varepsilon_n) = \frac{1}{q}\sum_n \varepsilon_n e^{-\beta\varepsilon_n} = -\frac{\partial \sum_{n=0} e^{-\beta\varepsilon_n}}{q\partial\beta} = -\left(\frac{\partial \ln q}{\partial\beta}\right)_{V,N} \tag{6.17}$$

이 된다. 그러므로 $3N$개 진동자의 전체 내부에너지 U는

$$U = 3N\langle\varepsilon\rangle = -3N\left(\frac{\partial \ln q}{\partial\beta}\right)_{V,N} \tag{6.18}$$

식 (6.14)를 식 (6.16)에 대입하여 분배함수를 구해 보면

$$q = \sum_{n=0}^{\infty} e^{-\beta\left(\frac{1}{2}+n\right)h\nu_E} = e^{-\frac{1}{2}\beta h\nu_E} \sum_{n=0}^{\infty} e^{-n\beta h\nu_E} = \frac{e^{-\frac{1}{2}\beta h\nu_E}}{1-e^{-\beta h\nu_E}} \tag{6.19}$$

우변의 마지막 항등식은 $e^{-\beta h\nu_E}(<1)$를 등비로 가지는 무한 등비수열의 합으로부터 얻어진 것이다. 따라서 $3N$개 진동자로 구성된 우리 고체의 전체 내부에너지는 식 (6.18)에 의하여

$$U = 3N\left(\frac{1}{2}h\nu_E + \frac{h\nu_E}{-1+e^{+\beta h\nu_E}}\right) \tag{6.20}$$

이다. 온도가 높아지면, 즉 $\beta \to 0$이면 $e^{\beta h\nu_E} \approx 1 + \beta h\nu_E$이므로

$$U \approx 3N\left(\frac{1}{2}h\nu_E + kT\right) \approx 3NkT \tag{6.21}$$

온도가 매우 낮아지면, 다시 말하여 $\beta \to \infty$이면

$$U \approx 3Nh\nu_E\left(\frac{1}{2} + e^{-\beta h\nu_E}\right) \tag{6.22}$$

왜 낮은 온도에서는 내부에너지가 고온에서처럼 온도에 일차 비례하여 증가하지 않고 지수함수 형태로 증가하는가? 이는 우리 진동자가 열에너지를 에너지 양자(energy quantum), $h\nu_E$ 단위 혹은 묶음으로 흡수하는 때문이다. 그리고 0 K에서도 우리 계의 에너지는 0이 되지 않고 기저상태 에너지를 가진다? 이는 궁극적으로 1개 입자가 있어 그 운동량 또는 운동에너지가 0이 되면 그 입자 위치의 불확실성이 무한대로 커진다는 양자역학의 **불확실성 원리**(uncertainty principle)를 말해 주고 있다. 이 불확실성 원리는 에너지가 양자화되어 있다는 사실과 함께 양자역학의 요체를 이룬다.

입자 수(N)와 부피(V)가 고정된 계에 대하여 열용량은 그 정의식 (6.11)에 따라

$$C_V = \left.\frac{\partial U}{\partial \beta}\right)_{V,N} \left.\frac{\partial \beta}{\partial T}\right) = -\frac{1}{kT^2}\left.\frac{\partial U}{\partial \beta}\right)_{V,N} \tag{6.23}$$

여기에 내부에너지 식 (6.20)을 β에 대하여 미분하여 대입하고 정리하면 열용량은 다음과 같이 주어진다.

$$C_V = 3Nk\left(\frac{h\nu_E}{kT}\right)^2 \frac{e^{h\nu_E/kT}}{(e^{h\nu_E/kT}-1)^2} \tag{6.24}$$

여기서 Einstein 온도 Θ_E를

$$\Theta_E \equiv \frac{h\nu_E}{k} \tag{6.25}$$

라 정의하면, 식 (6.23)은 더욱 간결하게 다음과 같이 나타낼 수 있다:

$$C_V = 3Nk\left(\frac{\Theta_E}{T}\right)^2 \frac{e^{\Theta_E/T}}{\left(e^{\Theta_E/T}-1\right)^2} \tag{6.26}$$

이 식이 Einstein이 유도한 열용량 표현식이다. 정말 숨이 멎을 정도로 아름다운 식이 아닌가! 이 식에 의하면 고체 종류에 따라 Einstein 온도만 다를 뿐 온도에 따라 변화하는 양상은 고체 종류에 상관없이 똑같다. Einstein 진동수는 조화진동자의 고유진동수로서, 조화진동자를 질량이 m인 추가 천장에 붙은 스프링에 매달려 진동하는 것으로 생각하면, 이때 고유진동수는 Newton의 운동방정식으로부터

$$\nu_E = \frac{1}{2\pi}\sqrt{\frac{k}{m}} \tag{6.27}$$

이다. 여기서 k는 주어진 스프링의 스프링 상수인데 고체에서는 대개 원자 간 결합의 세기에 해당한다. 따라서 스프링이 느슨할수록, 즉 결합의 세기가 약하여 납과 같이 무를 수록 Einstein 진동수가 작아지고 스프링이 강할수록, 즉 결합의 세기가 강하여 다이아몬드처럼 단단할수록 이 고유진동수는 커진다.

식 (6.26)에서 보면 고체가 무르거나 단단하거나 상관없이 모든 고체의 열용량은 T/Θ_E만의 함수가 된다. 이렇게 어떤 변수를 주어진 계의 특성을 나타내는 고유한 변수에 대하여 표준화한 것을 **축약변수**(reduced variables)라 하는데, 식 (6.26)을 축약온도에 대하여 그려보면 그림 6.3의 점선과 같다.

이제 온도가 Einstein 온도 이상으로 아주 높아지거나 그 이하로 아주 낮아질 때 열용량이 어떻게 변하는지 알아보자.

i) $\Theta_E/T \ll 1$ 또는 $T \gg \Theta_E$이면, $e^{\Theta_E/T} \approx 1 + \Theta_E/T$ 이므로, 식 (6.26)은

$$C_V \approx 3Nk \tag{6.28}$$

$N = N_A$이면 $C_V \approx 3R \approx 6$ cal/mol·K, 즉 Dulong–Petit 법칙을 만족한다.

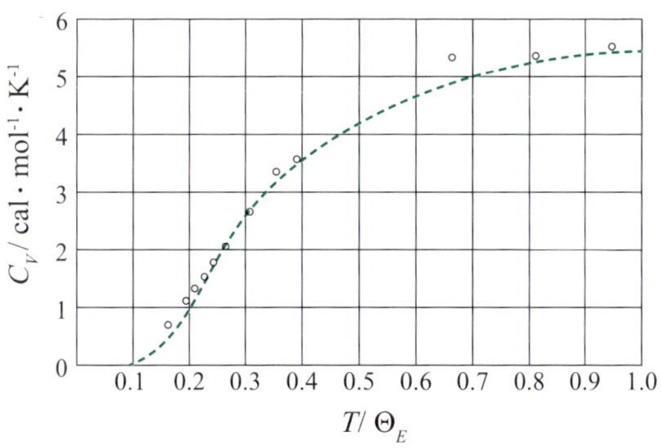

그림 6.3 축약온도에 따른 다이아몬드의 열용량과 Einstein 이론 값.
[A. Einstein, Annalen der Physik 22 (1907), 180]

ii) $\Theta_E/T \gg 1$ 또는 $T \ll \Theta_E$ 이면, $e^{\Theta_E/T} \gg 1$이므로, 식 (6.26)은

$$C_V \approx 3Nk\left(\frac{\Theta_E}{T}\right)^2 e^{-\Theta_E/T} \tag{6.29}$$

온도가 Θ_E 밑으로 아주 낮아지면, 열용량은 온도에 대하여 지수함수로 감소하다가 $T=0$이면 $C_V=0$이 된다.

이 이론식을 실제 실험적으로 측정한 열용량과 비교해 보자. 그림 6.3에 보인 데이터 점들은 실제 다이아몬드에 대하여 실험적으로 측정한 열용량을 그 계의 고유한 Einstein 온도로 축약한 온도(T/Θ_E)에 대하여 나타낸 것이다. 비교해 보면 이론 식이 전체적으로 실제 열용량의 변화를 비교적 잘 설명하고 있다. 그러나 자세히 보면 Dulong–Petit 법칙이 성립하는 온도 이하에서 0 K에 이르는 낮은 온도 부근에서는 전체 경향은 그럴 듯하게 보이나 이론 값이 실제 값보다 작은 것을 볼 수 있다. 왜 이럴까? 이유는 간단하다. 어떤 이론이든 완벽한 것은 없다. 그래서 그렇다.

과학사에서 보면 한 대가가 나타나 그때까지 설명되지 못했던 자연현상의 켯속, 즉 사물의 이치, 물리에 관한 큰 그림을 그리고 나면, 이어서 이 그림을 더욱 완벽하도록 수정하고 보완하는 사람들이 생긴다. 열용량에 관한 이 Einstein 이론을 보완한 사람은 P. Debye이다. 그는 진동자들이 모두 동일한 주기로 진동한다는 Einstein의 가정에 주목하였다. 고체 내 모든 원자들은 그림 6.2(a)에 보는 것처럼 서로 스프링으로 연계되어 있는데 어떻게 모든 진동자가 서로 독립적으로 동일한 주기로 진동할 수 있는가? 이제 Debye가 이 이론을 수정하는 과정을 따라가 보자.

6.4 | Debye의 수정

1912년 당시 28살의 Debye는 Einstein 이론에서 원자들이 모두 동일한 주기(또는 진동수)로 진동한다는 가정에 주목했다. 그림 6.2에서 보는 것처럼 고체를 구성하는 원자들은 모두 서로 결합(bonding)을 통하여 연계되어 있는데 각각이 어떻게 서로 독립적으로 진동할 수 있는가? 쟁반에 담긴 묽은 도토리묵이나 순두부 덩어리를 흔들어 보자. 묵이나 두부의 각 부분이 연계되어 움직이면서 **진동파형**(vibration wave)이 생기는 것을 볼 수 있을 것이다. 결정에서도 결국 원자들이 서로 연계된 이런 진동운동을 할 것이라는 게 Debye의 생각이었다.

한 모의 도토리묵을 상상하면서, 원자 간 간격이 균일하게 a인 1차원 결정을 생각해 보자. 이 1차원 결정이 진동하는 양상은 가장 간단하게는 양쪽 끝이 고정된 긴 줄에 원자들이 일정한 간격 a로 매달려 진동하는 모양이 될 것이다. 이때 이 진동파가 전달되어 가는 속도는 소리의 속도 c_s와 같을 것이므로, 이런 진동파의 파장을 λ라 하면 진동 빈도수 ν는

$$\nu = \frac{c_s}{\lambda} \tag{6.30}$$

와 같을 것이다. 그러므로 원자의 진동수는 고정된 게 아니고 파장 λ에 따라 달라진다. 1차원 결정의 길이가 L일 때, 가능한 진동 형태는 정상파로서 그 반파장의 자연수(n) 배가 L과 같은 파들이다(그림 6.4).

$$\lambda_n = \frac{2L}{n} \quad (n = 1, 2, \cdots) \tag{6.31}$$

이때 우리 결정에서 λ가 가질 수 있는 최소값은 바로 이웃한 2개의 원자가 정확히 반대로 진동하는 경우, 즉 180°의 위상 차가 생길 때이므로(그림 6.4) $\lambda_{\min} = 2a$이다. 그러므로 n이 가질 수 있는 최대값 n_D는

$$n_D = 2L/2a = N \tag{6.32}$$

즉 1차원 결정을 이루고 있는 원자의 수 N과 같다. 따라서 우리 원자는 여러 가지 서로 다른 진동수로 진동하되 그 최대값 ν_D는

$$\nu_D = \frac{c_s}{2L/n_D} = \frac{c_s}{2a} \tag{6.33}$$

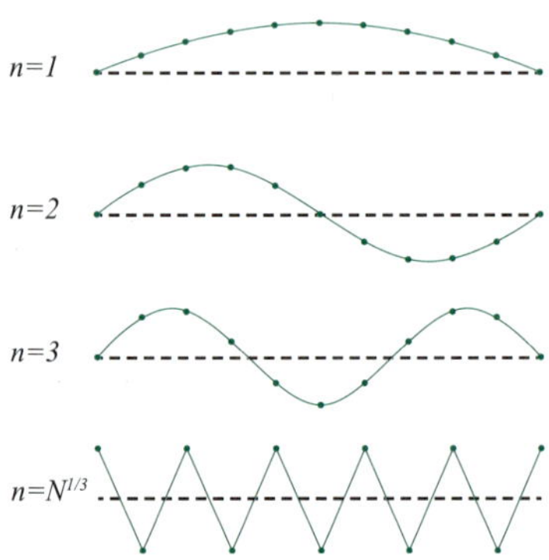

그림 6.4 (http://en.wikipedia.org/wiki/Debye_model)

이다. 이보다 더 많이 진동할 수는 없다. 이를 **Debye 진동수**(Debye frequency)라 부른다(그래서 첨자 D를 붙인다). 이 Debye 진동수 ν_D의 전형적인 크기를 보면, 결정 내 소리 속도가 대개 $c_s \approx 5000$ m/s, 원자 간 거리가 대충 0.2 ~ 0.3 nm 정도이니 $a \approx 0.25$ nm로 잡으면,

$$\nu_D \approx \frac{5\times10^3\ \mathrm{ms}^{-1}}{0.5\times10^{-9}\ \mathrm{m}} = 10^{13}s^{-1} \tag{6.34}$$

정도로 앞서 구한 Einstein 진동수 ν_E와 비슷한 크기이다.

진동파형(vibration mode)이 $n(\nu_n = c_s/\lambda_n)$일 때 운동에너지는 기저에너지(ground state energy, $h\nu_n/2$)를 무시하면

$$\varepsilon_{n,s} = s_n h\nu_n \ \ (s_n = 0, 1, 2, \cdots) \tag{6.35}$$

와 같이 주어진다. 온도가 올라가면 이 파의 운동에너지는 연속적으로 증가하지 않고 에너지의 묶음, 즉 양자(quantum) $h\nu_n$를 기본 단위로 그 자연수(s_n) 배만큼씩 불연속적으로 증가하는데, 이는 진동의 진폭이 불연속적으로 증가하는 것과 같다. 이때 이 진동에너지의 단위 혹은 다발을 가상적인 입자로 간주하여 **포논**(phonon)이라 하는데, 식 (6.35)를 보면 s_n은 바로 포논($h\nu_n$)의 개수에 해당한다. 따라서 온도가 증가하면 진동파형 n에 해당하는 포논($h\nu_n$)의 개수가 증가하는 것과 같다[이런 관점에서 보면 Einstein 고체는 한 종류의 포논($h\nu_E$)만으로 이루어진 것이다].

주위와 열평형이 이루졌을 때 특정 진동파형 n의 평균 에너지의 척도가 되는 평균 포논 수 $\langle s_n \rangle$을 구해 보자. 이 진동파형 n에 해당하는 포논의 분배함수(partition function) q_n가

$$q_n = \sum_{s_n=0}^{\infty} e^{-\beta s_n h\nu_n} = \frac{1}{1-e^{-\beta h\nu_n}} \tag{6.36}$$

이므로, 이 진동파가 에너지 준위 s_n에 있을 확률 $P(s_n)$은

$$P(s_n) = \frac{e^{-\beta s_n h\nu_n}}{q_n} \tag{6.37}$$

그러므로 s_n의 평균값 $\langle s_n \rangle$은

$$\langle s_n \rangle = \sum_{s_n=0} s_n \frac{e^{-\beta s_n h\nu_n}}{q_n} = -\frac{\partial \ln q_n}{\partial \beta h\nu_n} = \frac{1}{e^{\beta h\nu_n}-1} \tag{6.38}$$

이다. 이 분포를 Planck **분포함수**(distribution function)라 부른다.

그러면 N개 원자로 이루어진 1차원 고체의 내부에너지 U는 각 진동파(n)에 해당하는 평균 포논 에너지를 모두 합한 것과 같을 것이므로

$$U = \sum_{n=1}^{n_D} <s_n> h\nu_n \approx \int_{n=0}^{n_D} <s_n> h\nu_n dn \tag{6.39}$$

여기서 합을 적분으로 근사할 수 있는 것은 $n_D \approx 10^{24}$/mol 정도의 크기이고 $\Delta n = 1$이므로 n_D에 비하여 매우 작아 dn으로 근사할 수 있기 때문이다. 따라서 열용량 C_V는 정의에 따라

$$C_V = \left(\frac{\partial U}{\partial T}\right)_{V,N} = \int_{n=0}^{n_D} \left(\frac{\partial <s_n>}{\partial T}\right) h\nu_n dn \tag{6.40}$$

와 같이 주어질 것이다.

이 아이디어를 부피가 $V = L^3$인 3차원 고체로 확장해 보자. 임의의 방향으로 진행하는 임의의 진동파 n에 대하여 원자들은 파의 진행 방향에 대하여 수직으로 진동할 수도 있고, 파가 진행하는 방향으로도 진동할 수 있다. 앞의 것을 **횡파**(transverse wave), 뒤의 것을 **종파**(longitudinal wave)라 부르는데, 종파는 한 가지 양식(mode)밖에는 없으나 횡파는 서로 수직인 방향으로 2개의 진동 양식이 가능하므로 각 파 n에 대하여 모두 3개의 진동 양식이 가능하다. 즉 진동운동의 자유도가 3이다. 그리고 임의의 진동파 n은 x, y, z 방향으로 각각 파 수가 n_x, n_y, n_z인 진동파로 분리할 수 있으므로, 전체 내부에너지는 세 방향 모든 경우에 대한 진동에너지의 합으로서

$$U = 3\sum_{n_z}\sum_{n_y}\sum_{n_x} <s_n> h\nu_n \tag{6.41}$$

와 같다. 여기서

$$n^2 = n_x^2 + n_y^2 + n_z^2 \quad (n, n_x, n_y, n_z = 0, 1, 2, 3, \cdots) \tag{6.42}$$

이다. 동일한 n에 해당하는, 즉 식 (6.42)를 만족하는 해(n_x, n_y, n_z)의 개수 또는 **중첩도**를 $g(n)$이라 하면(이를 degeneracy 또는 multiplicity라 한다), 전체 에너지 U는

$$U = 3\sum_{n=0}^{n_D} g(n) <s_n> h\nu_n \approx 3\int_0^{n_D} g(n) <s_n> h\nu_n dn \tag{6.43}$$

와 같이 간단히 쓸 수 있다. 여기서 n_D는 열진동의 최소 파장 혹은 최대 진동수에 해

당하는 값으로서, 1차원 결정에서는 그 원자 수와 같음을 위 식 (6.32)에서 보았다. 3차원에서는 어떻게 될까? 우리는 복잡한 것을 간단히 해결하는 Debye의 천재를 이제 보게 된다.

서로 직각인 n_x, n_y, n_z 축으로 이루어진 제1팔분공간(n_x, n_y, $n_z > 0$)에서 원점으로부터 반경이 n인 팔분 구 안에 있는 점(n_x, n_y, n_z)의 총 수 ℵ은, n_x, n_y, n_z가 각각 자연수만을 취하므로 이 팔분 구의 부피와 같다.

$$\aleph = \frac{1}{8} \cdot \frac{4}{3} \pi n^3 \tag{6.44}$$

이 식의 양변에 자연대수를 취하여 미분하면

$$\frac{d\aleph}{\aleph} = 3 \frac{dn}{n} \tag{6.45}$$

식 (6.43)의 중첩도 $g(n)$은 n과 $n + dn$ 사이에 있는 점(n_x, n_y, n_z)의 수에 해당하므로

$$g(n) = \frac{d\aleph}{dn} = \frac{3\aleph}{n} \tag{6.46}$$

이를 **진동파형 밀도**(density of vibration modes)라 부른다. 그러므로 식 (6.44)로부터

$$g(n) = \frac{1}{2} \pi n^2 \tag{6.47}$$

이 된다.

그러면 이 n이 가질 수 있는 최대값 n_D는? 부피가 $V = L^3$인 고체에 N개의 원자가 있다면, 각 원자 진동운동의 자유도가 3이므로 모두 $3N$개의 진동파형이 있다. 따라서 n_D를 반경으로 하는 팔분 구 부피의 3배가 진동파형의 총 수에 해당하므로,

$$3 \cdot \frac{1}{8} \cdot \frac{4}{3} \pi n_D^3 = 3N \quad \text{즉} \quad n_D = \left(\frac{6N}{\pi} \right)^{1/3} \tag{6.48}$$

이다. 3차원 정육면체에 N개 원자가 있을 때 한 축에 놓이는 원자 개수가 $N^{1/3}$임을 생각해 보면 식 (6.32)에 비추어 이 식의 의미를 쉬이 짐작할 수 있을 것이다. 따라서 진동파의 최대 진동수 ν_D는

$$\nu_D = \frac{c_s}{2L/n_D} = \frac{c_s}{2}\left(\frac{6N}{\pi V}\right)^{1/3} \tag{6.49}$$

이 된다. 이 최대 진동수의 크기는 1차원 결정에서처럼 대개 $10^{13}\ s^{-1}$이다. 이 최대 진동 빈도수를 Debye **진동수** 또는 결정 내 원자 진동이 이 최대 진동수에서 종결된다고 하여 **종결진동수**(cut-off frequency)라 부른다.

이 종결진동수에 해당하는 에너지 다발 또는 양자 $h\nu_D$를 열에너지 kT로 환산하면

$$T = \frac{h\nu_D}{k} = \frac{hc_s}{2k}\left(\frac{6N}{\pi V}\right)^{1/3} \equiv \Theta_D \tag{6.50}$$

이 온도를 Debye **온도**라 부르고, Θ_D로 표시한다. 이 온도는 주어진 계의 소리속도 c_s에 의하여 결정되는데, 대충 그 크기가

$$\Theta_D \approx \frac{(6.625\times10^{-34}Js)(10^{-13}s^{-1})}{(1.38\times10^{-23}JK^{-1})} \approx 580\ \mathrm{K} \tag{6.51}$$

정도이다.

이제 식 (6.38)과 (6.47)을 식 (6.43)에 대입하면

$$U = 3\int_0^{n_D}\frac{1}{2}\pi n^2\cdot\frac{1}{e^{\beta h\nu_n}-1}\cdot h\nu_n\cdot dn \tag{6.52}$$

$\nu_n = nc_s/2L$, $(2L/\beta hc_s)^3 = (6N/\pi)(T/\Theta_D)^3$임을 알고, $\beta h\nu_n = x$라 두면, 식 (6.52)는 다음과 같이 간단히 나타낼 수 있다.

$$U = 9NkT\left(\frac{T}{\Theta_D}\right)^3\int_0^{\Theta_D/T}\frac{x^3}{e^x-1}dx \tag{6.53}$$

식 (6.52)에서 $\beta(=1/kT)$만이 온도의 함수임을 알고, 열용량의 정의식 (6.11)에 따라 양변을 온도 T에 대하여 미분하면,

$$C_V = -k\beta^2\left(\frac{\partial U}{\partial\beta}\right) = \frac{3}{2}\pi k\beta^2\int_0^{n_D}n^2\frac{(h\nu_n)^2e^{\beta h\nu_n}}{(e^{\beta h\nu_n}-1)^2}dn \tag{6.54}$$

다시 $\nu_n = nc_s/2L$, $(2L/\beta hc_s)^3 = (6N/\pi)(T/\Theta_D)^3$임을 알고, $\beta h\nu_n = x$라 두면, 식 (6.54)는 간단히 다음과 같이 쓸 수 있다.

$$C_V = 9Nk\left(\frac{T}{\Theta_D}\right)^3 \int_0^{\Theta_D/T} \frac{x^4 e^x}{(e^x - 1)^2} dx \tag{6.55}$$

이것이 그 유명한, 숨이 멎을 정도로 아름다운 Debye의 열용량 식이다.

이 식이 과연 경험적인 사실을 제대로 기술하고 있는지 확인해 보자. 어떤 고체이든 고온으로 가면 고체 1몰($N=N_A$)의 열용량은 $C_V \to 3R$가 되고(Dulong-Petit 법칙), 온도가 0 K로 근접해 가면 $C_V \propto T^3$을 따라 0으로 수렴한다.

i) $\Theta_D/T \ll 1$인 온도 범위($\Theta_D/T \to 0$): $x \ll 1$이므로 피적분 함수의 분자에 $e^x \approx 1$, 분모에 $e^x \approx 1+x$을 대입하여 적분하면

$$C_V \approx 3R \tag{6.56}$$

Dulong-Petit 법칙을 과연 만족한다.

ii) $\Theta_D/T \gg 1$인 온도 범위($\Theta_D/T \to \infty$): 이때 적분은 적분 상한을 ∞로 근사할 수 있으므로, 정적분 표로부터

$$\int_0^\infty \frac{x^4 e^x dx}{(e^x - 1)^2} = \frac{4\pi^4}{15} \tag{6.57}$$

그러므로

$$C_V \approx 1943\left(\frac{T}{\Theta_D}\right)^3 \text{J}\cdot\text{mol}^{-1}\cdot\text{K}^{-1} \tag{6.58}$$

관찰결과와 일치하는 결과에 이른다. 이를 Debye의 T^3 법칙이라 부른다.

실제 여러 고체의 열용량을 축약온도 (T/Θ_D)에 대하여 그리고, 식 (6.55)와 비교해 보면 그림 6.5와 같다. Einstein의 모델에 비하여 Debye의 수정된 모델이 관찰결과를 훨씬 더 잘 기술하고 있는 것을 확인할 수 있을 것이다.

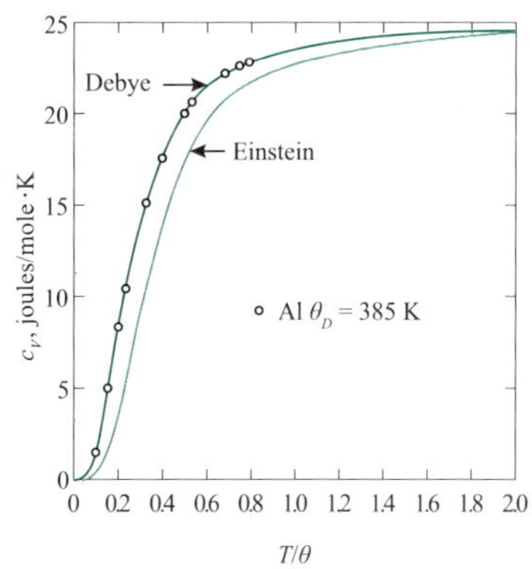

그림 6.5 Einstein 모델과 Debye 모델의 비교. (Gaskell, Introduction to the Thermodynamics of Materials 5E, Fig. 6.2)

6.5 | 전자의 열용량

지금까지 다룬 열용량은 격자 이온 또는 원자들의 진동에 의한 열용량이었다. 이온결합 화합물이나 공유결합 화합물과 달리 금속처럼 자유전자가 있는 경우라면, 온

도가 오르면 전자의 운동에너지도 증가하게 될 것이므로 당연히 전자에 의한 열용량도 고려해야 할 것이다.

고전적 관점에서 자유전자를 이상기체로 보면 각 전자가 하는 직선운동의 자유도가 3이니 **열에너지 균분 원리**(equipartition principle)에 의하여 각 전자당 열에너지는 $3kT/2$, 그러므로 N개의 전자가 있다면 $U=3NkT/2$, 따라서 그 열용량은 이상기체의 열용량 $C_V=(\partial U/\partial T)=3Nk/2$과 같아야 할 것으로 예상된다. 이것은 '모든' 전자가 열에너지의 '크기에 상관없이' 다 흡수한다는 것을 전제로 한 예상이다. 그러나 양자역학에 의하면 전자가 가질 수 있는 에너지는 양자화되어 불연속적이고(discrete), 1개의 에너지 상태에는 전자가 아예 없거나(0) 있으면 1개만(1) 있을 수 있는 성질을 가지고 있다. 이런 입자를 Fermion이라 하는데, 열평형이 이루어졌을 때 주어진 에너지 상태(state) 혹은 준위(level) ε에 전자가 있을 확률 $f(\varepsilon)$(혹은 평균 개수)는

$$f(\varepsilon)=\frac{1}{e^{\beta(\varepsilon-\varepsilon_F)}+1} \tag{6.59}$$

와 같다. 이를 **Fermi-Dirac 분포함수**라 부른다. 이 분포에 의하면(그림 6.6), $T=0$ K에서는 모든 전자가 가장 낮은 에너지 준위부터 하나씩 꼭꼭 채워 에너지 준위 ε_F까지 이른다. 그래서 분포함수의 모양이 'ㄱ' 모양이 되며, 마지막 전자가 차지하는 가장 높은 에너지 준위 ε_F를 **Fermi 에너지**라 부른다. 온도가 오르면 모든 전자가 다 열에너지를 흡수하는 게 아니고, ε_F 부근에 있는 전자부터 열에너지를 흡수하면서 ε_F보다 높은 에너지 준위로 올라가게 된다. 금속 안에 갇힌 자유전자의 경우 에너지 준위 간 간격은 에너지 준위가 높아질수록 좁아지는데, ε_F 부근에서는 그 에너지 차이가 열에너지 kT보다도 훨씬 적어서 거의 이상기체 입자처럼 모든 열에너지를 흡수하게 된다. 그러나 실제 이런 열에너지를 받는 전자 수가 매우 적기 때문에 전자에 의한 열용량이 이온이나 원자에 의한 것보다 매우 적다. 그래서 관건은 임의의 온도 $T(>0)$에서 ε_F 위로 올라가는 전자의 수를 아는 것이다.

$T>0$일 때 Fermi-Dirac 분포를 보면(그림 6.6), 0 K일 때 $\varepsilon=\varepsilon_F$에서 수직이었던 직선이 대충 $f(\varepsilon)=1/2$을 중심으로 시계가 움직이는 반대 방향으로 기울어지고 양 끝에 가서 곡선 모양으로 마무리되고 있다. 이 분포를 직선으로 가정하면 대개 직선의 기울기가 약 $-1/2kT$쯤 된다. 따라서 T에서 ε_F 위로 올라간 전자의 분율은 그림 6.6의 빗금친 삼각형 넓이$[\approx(kT)(1/2)(1/2)]$의 본디 넓이$(=\varepsilon_F\cdot 1)$에 대한 분율에 해당한다. 그러므로 온도 T에서 여기된(excited) 전자의 수는 전자의 총 수를 N이라

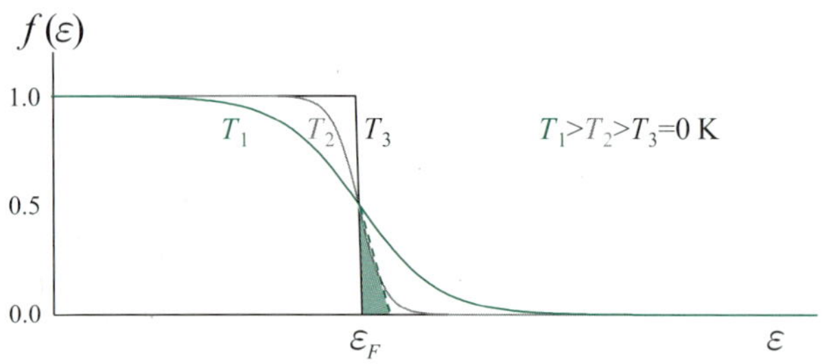

그림 6.6 Fermi-Dirac 분포

하면 대충 그 크기가 NkT/ε_F이 되고, 각각 열에너지 kT를 흡수하므로 전자의 내부에너지 증가 ΔU_{el}은

$$\Delta U_{el} \approx \frac{NkT}{\varepsilon_F} \cdot kT \tag{6.60}$$

따라서 이들 전자에 의한 열용량 C_{el}은

$$C_{el} = \left(\frac{\partial \Delta U_{el}}{\partial T}\right)_{V,N} \approx \frac{2Nk^2T}{\varepsilon_F} \tag{6.61}$$

이다. 실제 Fermi-Dirac 분포식 식 (6.59)를 사용하여 엄밀하게 계산하면

$$C_{el} = \frac{\pi^2 Nk^2 T}{2\varepsilon_F} \tag{6.62}$$

이 된다. 숫자 인자를 제외하면 대충 예측해 본 결과와 같다. 즉 열용량의 곗속은 우리가 바로 짚고 있다는 말이다. 정리하면 전자의 열용량은 T에 일차 비례하여 증가한다.

$$C_{el} = \gamma T \tag{6.63}$$

6.6 | 전체 열용량

따라서 어떤 물질의 몰당 정적열용량은

(i) 매우 낮은 온도($T \ll \Theta_D$)에서는 일반적으로

$$C_V = \gamma T + 1943\left(\frac{T}{\Theta_D}\right)^3 \ \text{Jmol}^{-1}\text{K}^{-1} \tag{6.64}$$

와 같이 나타낼 수 있다. 여기서 자유전자가 없는 이온결합 화합물이나 공유결합 화합물의 경우 $\gamma \approx 0$, 자유전자가 있는 금속의 경우에는 금속마다 서로 다른 값을 가지는데, 예를 들면 Zn의 경우 $\gamma = 6.28 \times 10^{-4}$ $\text{Jmol}^{-1}\text{K}^{-2}$, W의 경우 $\gamma = 214 \times 10^{-4}$ $\text{Jmol}^{-1}\text{K}^{-2}$이다.

(ii) 고온($T \gg \Theta_D$)에서는 진동 부분이 Dulong-Petit 법칙을 따르므로

$$C_V = 3R + \gamma T \tag{6.65}$$

와 같이 표현할 수 있다. 여기서 γT는 자유전자가 있는 물질의 경우 전자에 의한 열용량이다.

6.7 | 정압열용량

재료공학에서 주로 사용하는 열용량은 재료의 사용 조건상 정압열용량 C_P이다. 정압열용량은 일찍이 유도한 대로 정적열용량과

$$C_P = C_V + \frac{\alpha^2 VT}{\kappa_T} \tag{6.66}$$

의 관계에 있다. 고체의 경우 열팽창 계수 α와 등온압축률 κ_T는 매우 작은 값을 가지므로 저온에서는 C_V와 별반 차이가 없다가 Dulong–Petit 법칙이 성립하는 고온 영역에서 비로소 차이가 보이기 시작한다(그림 6.7).

재료공학에서 관심 있는 온도 범위는 대개 실온 이상으로서, 1개의 평형상 존재 범위에서 열용량은 그림 6.8에 보인 것처럼 온도에 따라 미미한 곡률을 가지되 거의 직선으로 증가하는 것처럼 보인다. 그래서 모든 단일상 물질에 대하여 몰당 정압열용량

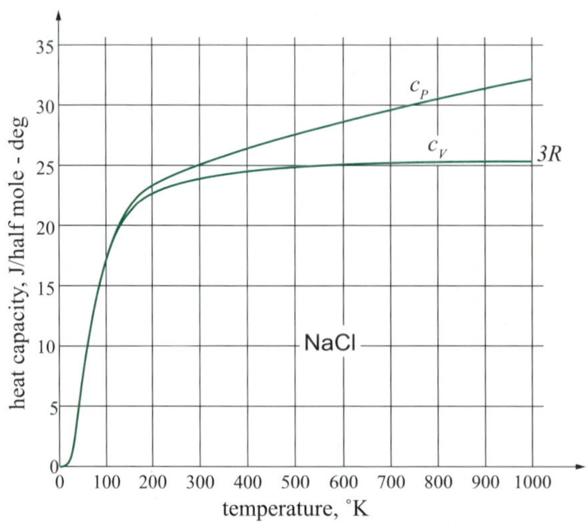

그림 6.7 정압열용량과 정적열용량의 비교(NaCl, 1/2몰의 경우).
(M. W. Zemansky, Heat and Thermodynamics 5E, McGraw–Hill Kogakusha, 1968, p.306)

은 $T \gg \Theta_D$인 온도 영역에서 통상 다음과 같이 근사한다.

$$C_P = a + bT + cT^{-2} \tag{6.67}$$

여기서 a, b, c는 모두 주어진 계의 고유한 상수로서, 모든 단일상 물질에 대하여 그들의 값이 적용되는 온도 범위와 함께 데이터베이스화되어 있다.

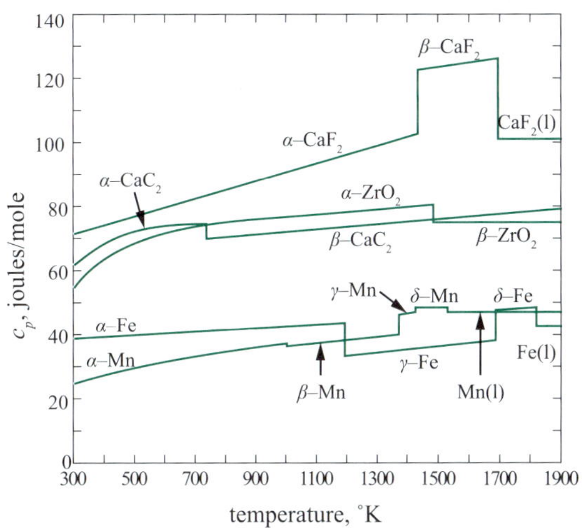

그림 6.8 실온 이상의 온도에서 상전이를 하는 몇 가지 대표적인 단일 성분 물질과 화합물의 몰당 정압열용량 C_P의 온도 의존성. 단일 상 영역에서 거의 직선으로 증가한다. (D. R. Gaskell, Introduction to the Thermodynamics of Materials 5E, Taylor & Francis, 2008, p.116)

6.8 | 온도에 따른 엔탈피 변화

6.8.1 단일 상 물질의 온도에 따른 엔탈피

열용량이 온도에 따라 변화하는 곗속을 알았으니(그림 6.7, 6.8) 이제 엔탈피를 구해 보자. 정압열용량은 압력이 일정할 때 엔탈피의 온도에 대한 편미분

$$\left(\frac{\partial H}{\partial T}\right)_P = C_P \tag{6.68}$$

이므로, 일정한 압력하에서 온도가 T_1에서 T_2로 변화할 때 엔탈피의 변화는

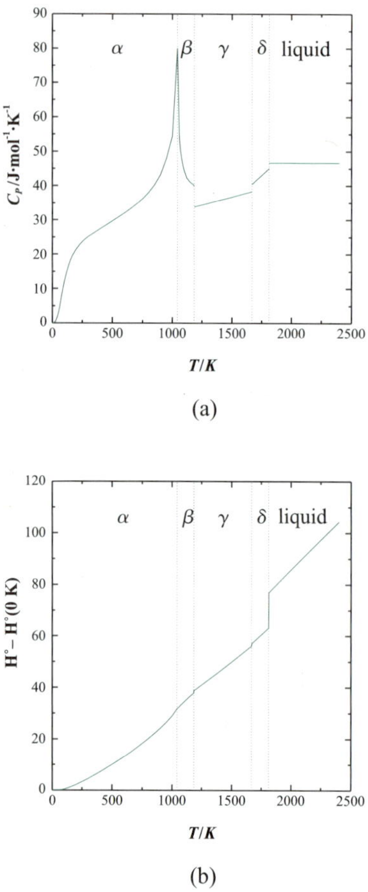

그림 6.9 온도에 따른 Fe의 몰당 정압 열용량과(a) 엔탈피(b). α, β, γ, δ는 고상 Fe의 서로 다른 상들. (data from http://www.nist.gov/data/PDFfiles/jpcrd298.pdf)

$$H(T_2)-H(T_1)=\int_{T_1}^{T_2} C_P dT \tag{6.69}$$

와 같이 주어진다. 이는 그림 6.7, 6.8의 C_P 대 T의 곡선에서 온도 T_1에서 T_2까지 구간에 걸친 C_P 곡선 아래의 면적에 해당한다. 만약 이 온도 범위 내 온도 T_{tr}에서 α상으로부터 β상으로 상변화(phase transition)가 있으면, 온도 T_1에서 T_{tr}까지 α상의 열용량 $C_{P,\alpha}$를 온도에 대하여 적분해 주고, $T=T_{tr}$에서 상변화에 수반되는 잠열(latent heat), 즉 상변화 엔탈피(enthalpy of phase transition) ΔH_{tr}을 더한 후, T_{tr}부터 T_2까지 β상의 열용량 $C_{P,\beta}$를 온도에 대하여 적분하여 더하면 된다.

$$H(T_2)-H(T_1)=\int_{T_1}^{T_{tr}} C_{P,\alpha} dT+\Delta H_{tr}+\int_{T_{tr}}^{T_2} C_{P,\beta} dT \tag{6.70}$$

한 예로 Fe의 경우 정압열용량은 그림 6.9(a)와 같은데, 이렇게 엔탈피를 계산해 보면 그림 6.9(b)와 같다. 한 가지 평형상이 존재하는 온도 영역에서는 엔탈피가 온도에 대하여 연속적이다가 상전이 온도에서는 불연속이 되는데, 이는 그 상전이에 해당하는 잠열 ΔH_{tr}이 추가되는 때문이다.

6.8.2 반응 엔탈피의 온도 의존성

다음으로 화학반응에 수반되는 엔탈피 변화, 즉 **반응 엔탈피**(enthalpy of reaction)의 온도 의존성을 계산해 보자. 압력이 일정할 때 주어진 온도·압력 조건에서 화학반응

$$aA+bB=cC+dD \tag{6.71}$$

의 반응 엔탈피 ΔH는 화학반응에 참여하는 성분 각각의 엔탈피의 대수적 합과 같다:

$$\Delta H=cH_C+dH_D+(-a)H_A+(-b)H_B \tag{6.72}$$

이런 화학 반응식은 식 (6.71)의 좌변을 우변으로 이항하여 통상

$$0=\sum_i \nu_i A_i \tag{6.73}$$

와 같이 줄여 표현하고, 이때 반응 엔탈피는

$$\Delta H=\sum_i \nu_i H_i \tag{6.74}$$

와 같이 간단히 쓴다. 여기서 ν_i는 a, b, c, d와 같은 반응물질 A_i의 **정비계수**(stoichiometric coefficients)를 나타내고, H_i는 반응물질 A_i의 몰당 엔탈피이다. 반응식을 이렇게 쓰면 정비계수가 부호를 가지게 되는데, A_i가 반응 생성물[reaction products, 식 (6.71)의 우변 항]이면 $\nu_i > 0$, 반응물[reactants, 식 (6.71)의 좌변 항]이면 $\nu_i < 0$이다. 여기서 각 물질의 몰당 엔탈피는 그 물질의 몰당 정압열용량 $C_{P,i}$만 알면 식 (6.69) 혹은 (6.70)에 의해 결정되는 양으로 모든 순수물질 i에 대해 $C_{P,i}$가 데이터베이스화되어 있다.

한 온도 T_1에서 이 반응 엔탈피를 알고 각 반응물질의 몰당 열용량이 주어지면 다른 온도 T_2에서 반응 엔탈피를 다음과 같이 계산할 수 있다. 식 (6.74)의 양변을 주어진 압력조건에서 온도에 대하여 미분하면,

$$\left(\frac{\partial \Delta H}{\partial T}\right)_P = \sum_i \nu_i \left(\frac{\partial H_i}{\partial T}\right)_P = \sum_i \nu_i C_{P,i} \equiv \Delta C_P \tag{6.75}$$

즉 반응 엔탈피의 온도 의존성은 생성물의 정압열용량의 합에서 반응물의 열용량의 합과의 차이 ΔC_P에 의하여 결정된다. 이 식을 온도 T_1과 T_2 사이에서 각 반응물질의 상이 바뀌지 않는다고 하면, 이 식의 양변을 이 온도 범위에서 적분하면

$$\Delta H(T_2) = \Delta H(T_1) + \int_{T_1}^{T_2} \Delta C_P dT \tag{6.76}$$

그러므로 T_1에서 반응 엔탈피 $\Delta H(T_1)$을 알면 각 반응물질의 몰당 정압열용량을 적분함으로써 다른 온도 T_2에서의 반응 엔탈피 $\Delta H(T_2)$를 얻을 수 있다. 이 식을 Kirchoff의 **법칙**(Kirchoff's law)이라 부르기도 한다. 이 온도 범위에서 어떤 특정 반응물질이 상변화를 하게 되면 그 상전이에 수반되는 **잠열**, 즉 **전이 엔탈피**(transition enthalpy)를 그 성분의 부호가 고려된 정비상수와 함께 이 식에 더해 주어야 하며, 상이 바뀜에 따라 열용량도 바뀌므로 식 (6.76)의 적분 항에 이것도 함께 고려해야 한다. 대개 전이 온도 이상이나 이하에서 한 상이 열역학적으로 안정하지 않는 경우에는 열용량 데이터가 없다. 이럴 경우 안정한 상의 열용량을 불안정한 온도 범위로 자연스레 연장하여 사용하기도 한다.

한 예로 순수한 물질 A가 고체상태(s)에서 액체상태(l)로 녹는 것을 화학반응으로 간주해서, 평형 용융온도 T_m에서 알려진 반응열(heat of melting) 또는 잠열 $\Delta H_m(T_m)$을 이 평형 전이온도보다 낮은 온도 $T(<T_m)$에서 계산해 보자. 이 용융반응을 반응식 형태로 쓰면,

$$A_{(s)} = A_{(l)} \quad \text{또는} \quad 0 = A_{(l)} - A_{(s)} \tag{6.77}$$

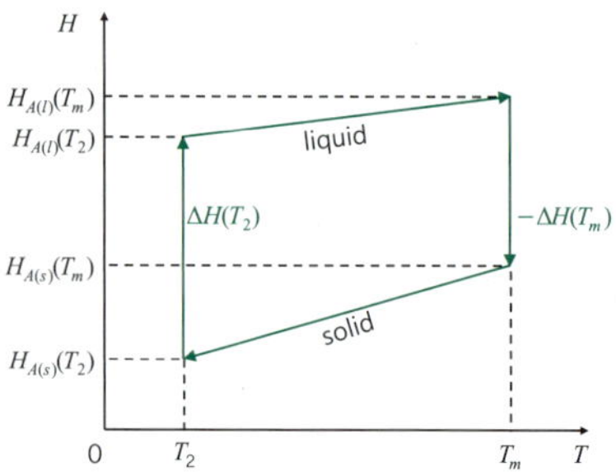

그림 6.10 평형 전이온도 T_m과 다른 온도에서의 반응 엔탈피 계산 및 Hess의 법칙.

따라서 식 (6.76)에 의하면,

$$\Delta H_m(T_2) = \Delta H_m(T_m) + \int_{T_m}^{T_2} (C_{P,l} - C_{P,s})dT \tag{6.78}$$

이다. 이때 $C_{P,l}$은 $T_2 < T_m$의 온도 범위에서 데이터가 없는 경우 $T_2 > T_m$에서 정의된 $C_{P,l}$을 오차를 감내하면서 낮은 온도로 연장하여 사용한다(그림 6.10).

식 (6.75)를 약간 변형하여 다시 쓰면,

$$\Delta H(T_2) + \int_{T_2}^{T_m} C_{P,l}dT - \Delta H_m(T_m) + \int_{T_m}^{T_2} C_{P,s}dT = 0 \tag{6.79}$$

이것은 결국 ΔH가 상태함수라는 사실에 기인하는 것으로서, 그림 6.10의 직선을 따라 각 부분 엔탈피 변화를 합하여 닫힌 사각형의 제자리로 돌아오면 그 합은 당연히 0이 된다. 이것을 **Hess의 법칙**(Hess' law)이라 한다.

6.8.3 엔탈피 값에 관한 약속

우리가 실험적으로 측정하는 엔탈피는 계가 상태 $1(T_1, P)$로부터 상태 $2(T_2, P)$로 상태 변화를 할 때 그 엔탈피의 변화량 $\Delta H = H_2 - H_1$이지 각 상태에서의 엔탈피 절대값이 아니다. 이 절대값은 실험적으로 구할 수가 없다. 식 (6.69) 또는 (6.70)에서 보면, $H(T_1 = 0\text{ K})$ 값만 알면 우리 계의 절대 엔탈피를 구할 수 있을 것처럼 보이지만, $H(T_1 = 0\text{ K})$를 측정할 수가 없다. 실제 열역학에서 중요한 것은 절대값이 아니라 변화량이다. 어차피 변화량이 중요한 것이라면 이 값의 원점을 어디에 두든 상관없다. 그래서 변화량 계산을 좀 더 편하게 하기 위하여 주기율표에 나오는 각 원소의 엔탈피 값의 원점 0에 관하여 다음과 같이 약속을 해 두었다.

T=298 K, P=1 atm에서 가장 안정한 상태에 있는 원소 i의 엔탈피를 0으로 둔다:

$$H_i^0(298\text{ K}) = 0$$

여기서 $T = 298$ K(실온), $P = 1$ atm 상태를 열역학 계의 **표준상태**(standard state)라 부른다. 어떤 열역학 준위함수의 값이 표준기압 $P = 1$ atm일 때의 것임을 나타내기 위하여 그 함수 표식의 오른쪽 어깨에 'o'을 붙이고, 그 함수 이름에 '표준'을 붙여 부른다. 예를 들어 탄소 C의 경우, 실온 1 atm하에서 흑연(graphite)도 있고 다이아몬드

(diamond)도 있다. 그러나 열역학적으로는 흑연이 안정한 상태이기 때문에 298 K일 때 흑연의 '표준 엔탈피'를 0으로 둔다: $H^0_{gr}(298\text{ K}) = 0$. 산소(O)의 경우는 실온 1 atm 하에서 가장 안정한 상태가 산소 원자로 이루어진 기체가 아니라 산소 분자로 이루어진 산소기체이므로, $O_2(g)$의 표준 엔탈피를 0으로 둔다: $H^0_{O_2(g)}(298\text{ K}) = 0$. 그러나 Ar과 같은 경우는 단원자 기체가 안정하므로 $H^0_{Ar(g)}(298\text{ K}) = 0$.

그러면 이 약속을 적용하여 다음 반응의 반응 엔탈피를 계산해 보자.

$$H_{2(g)} + \frac{1}{2}O_{2(g)} = H_2O_{(1)} : \Delta H_{f,H_2O} \tag{6.80}$$

이런 반응은 화합물 H_2O가 그 원소로부터 생성되는 반응이므로 특별히 **생성반응**(formation reaction)이라 부르고, 그때의 표준 엔탈피 변화 $\Delta H_{f,H_2O}$를 물(H_2O)의 **생성 엔탈피**(formation enthalpy or enthalpy of formation, 그래서 첨자 f를 붙인다)라 부르기도 한다. 만약 이 반응이 표준 압력하에서 일어난다면,

$$\Delta H = \Delta H^o_{f,H_2O} = H^o_{H_2O} - H^o_{H_2} - \frac{1}{2}H^o_{O_2} = H^o_{H_2O} \tag{6.81}$$

즉 물의 표준 생성 엔탈피가 이 약속에 따라 물 자체의 몰당 엔탈피와 같아지게 된다. 열역학 데이터베이스에 보면 원소로부터 화합물이 생성되는 표준 생성 엔탈피가 이와 같이 생성되는 화합물 자체의 몰당 엔탈피로 표시되어 있는데, 바로 이런 소이이다.

6.9 | 온도에 따른 엔트로피 변화

6.9.1 단일 상 물질의 온도에 따른 엔트로피

압력이 일정하거나 부피가 일정할 때 엔트로피는 온도에 따라 다음과 같이 변하는 것을 우리는 이미 알고 있다:

$$\left(\frac{\partial S}{\partial T}\right)_P = \frac{C_P}{T} \;\; ; \; \left(\frac{\partial S}{\partial T}\right)_V = \frac{C_V}{T} \tag{6.82}$$

따라서 정압 혹은 정적 조건하에서 온도가 T_1에서 T_2까지 변화할 때 엔트로피 변화는 온도의 함수로 알고 있는 열용량 $C_P(T)$ 혹은 $C_V(T)$를 $dT/T(=d\ln T)$에 대하여 적

분함으로써 각각 얻는다.

$$S(T_2,P)=S(T_1,P)+\int_{T_1}^{T_2} C_P d\ln T \;\; ; \;\; S(T_2,V)=S(T_1,V)+\int_{T_1}^{T_2} C_V d\ln T \qquad (6.83)$$

만약 이 온도 범위 내의 온도 T_{tr}에서 α상(예를 들어 고상)으로부터 β상(예를 들어 액상)으로 잠열 $q)_P=\Delta H_{tr}$(압력이 일정할 때) 혹은 $q)_V=\Delta U_{tr}$(부피가 일정할 때)를 흡수하면서 상전이가 일어난다면, 이 상전이에 수반되는 엔트로피 변화를 더하여

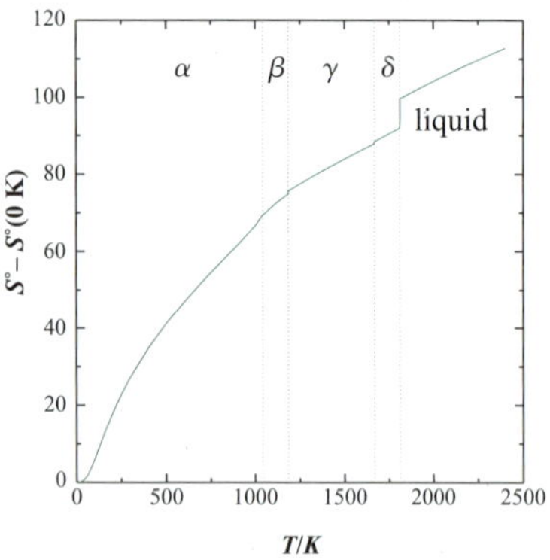

그림 6.11 그림 6.9(a)의 정적열용량으로부터 구한 Fe의 몰당 엔트로피. (data from http://www.nist.gov/data/PDFfiles/jpcrd298.pdf)

(i) 정압조건에서는

$$S(T_2,P)=S(T_1,P)+\int_{T_1}^{T_{tr}} C_{P,\alpha} d\ln T+\frac{\Delta H_{tr}}{T_{tr}}+\int_{T_{tr}}^{T_2} C_{P,\beta} d\ln T \qquad (6.84)$$

(ii) 정적조건에서는

$$S(T_2,V)=S(T_1,V)+\int_{T_1}^{T_{tr}} C_{V,\alpha} d\ln T+\frac{\Delta U_{tr}}{T_{tr}}+\int_{T_{tr}}^{T_2} C_{V,\beta} d\ln T \qquad (6.85)$$

이 된다(그림 6.11).

6.9.2 반응 엔트로피

한 물질의 엔트로피 변화를 열용량의 온도에 따른 변화로부터 계산할 수 있으니, 이들 물질 간 화학반응의 엔트로피 변화도 반응 엔탈피가 그러했던 것처럼 생성물과 반응물의 열용량 차이 ΔC_P로 당연히 계산할 수 있을 것이다.

화학반응

$$0=\sum \nu_i A_i \qquad (6.86)$$

가 있어, 일정한 압력하에서 온도 T일 때 반응 엔트로피가

$$\Delta S(T)=\sum \nu_i S_i(T) \qquad (6.87)$$

라 하자. 이 식의 양변을 온도에 대하여 미분하면,

$$\left(\frac{\partial \Delta S}{\partial T}\right)_P=\sum \nu_i \left(\frac{\partial S_i}{\partial T}\right)_P=\sum \frac{\nu_i C_{P,i}}{T}=\frac{\Delta C_P}{T} \qquad (6.88)$$

그러므로 이 식을 온도 T_1에서 T_2까지 적분하면,

$$\Delta S(T_2) = \Delta S(T_1) + \int_{T_1}^{T_2} \Delta C_P \, d\ln T \tag{6.89}$$

즉 T_1에서의 반응 엔트로피를 알면 T_2에서의 반응 엔트로피를 이 식에 의하여 구할 수 있다. 일종의 Kirchhoff 법칙에 다름 아니다. 만약 이 온도 범위에서 반응물들이 상전이를 한다면 당연히 그들의 상전이에 따르는 엔트로피 변화가 추가되어야 하고, 그에 따라 ΔC_P가 수정되어야 할 것이다.

이 논리는 부피가 일정하게 유지되는 반응에서도 동일하게 적용된다. 이때는 당연히 ΔC_P가 ΔC_V로 되어야 하고, ΔH_{tr}은 ΔU_{tr}로 바뀌어야 한다.

6.9.3 엔트로피의 절대값

엔탈피 계산에서 그랬던 것처럼, 식 (6.83)에서 $T_1 = 0$ K, $T_2 = T$로 두면,

$$S(T) = S(0\text{ K}) + \int_{0}^{T} C_P \, d\ln T \tag{6.90}$$

즉 주어진 압력 P에서 0 K에서의 엔트로피 값 $S(0\text{ K})$를 알기만 하면 임의의 온도 T에서의 엔트로피 절대값도 알 수 있다. 만약

$$S(0\text{ K}) = 0 \tag{6.91}$$

이 된다면, 임의의 온도 T에서의 엔트로피 절대값은 너무도 싱겁게

$$S(T) = \int_{0}^{T} C_P \, d\ln T \tag{6.92}$$

이 될 것이다.

과연 0 K에서 엔트로피는 0이 될 수 있을까? 그렇다! 한 가지 결정적인 조건만 갖추어지면 0 K에서 모든 물질의 엔트로피는 0이 된다. 이를 **열역학 제3법칙**(the 3rd law of thermodynamics)이라 한다. 그리고 이 제3법칙에 근거하여 계산된 절대 엔트로피를 **제3법칙 엔트로피**(the 3rd law entropy)라 부른다. 열역학 데이터베이스에는 모든 물질에 대하여 실온에서의 표준상태(1 atm) 제3법칙 엔트로피 $S_i^0(298\text{ K})$ 값이 주어져 있다. 대개 물질의 경우 그 열용량의 변화가 0 K로부터 실온 정도까지가 요란하지, 그

이상의 온도에서는 식 (6.67)처럼 거의 직선으로 바뀌기 때문에 실온에서의 엔트로피 값을 알면 그 이상 온도에서의 엔트로피는

$$S^o(T > 298\,\mathrm{K}) = S^0(298\,\mathrm{K}) + \int_{298}^{T} C_P\, d\ln T \tag{6.93}$$

와 같이 간단히 계산된다. 그러면 어떠한 경우에 $S(0\,\mathrm{K}) = 0$이 되는지 알아보자.

6.10 | 열역학 제3법칙

1902년 T. W. Richards는 온도가 낮아지면 많은 화학반응에서 그 반응 엔트로피 $\Delta S(=\Sigma\nu_i S_i)$와, 생성물과 반응물의 열용량 차이 $\Delta C_P(=\Sigma\nu_i C_{P,i})$가 각각 0으로 수렴해 가는 것을 발견하였다. 1906년 W. Nernst는 이 관찰결과를 다음과 같이 일반화하였다.

"압력이 일정할 때 온도가 0 K로 수렴하면 모든 화학반응의 반응 엔탈피(enthalpy of reaction)와 반응 Gibbs 자유에너지(Gibbs free energy of reaction)의 온도에 대한 기울기가 각각 0으로 수렴한다."

$$\lim_{T\to 0}\left(\frac{\partial \Delta H}{\partial T}\right)_P = 0 \ ; \ \lim_{T\to 0}\left(\frac{\partial \Delta G}{\partial T}\right)_P = 0 \tag{6.94}$$

이것을 Nernst의 열정리(the Nernst Heat Theorem)라고 하는데, $\partial H/\partial T)_P = C_P$; $\partial G/\partial T)_P = S$이므로 결국

$$\lim_{T\to 0}\Delta C_P = 0 \ ; \ \lim_{T\to 0}\Delta S = 0 \tag{6.95}$$

임을 의미한다. 바로 이 정리가 제3법칙의 단서를 제공하였다. $\Delta C_P = \sum\nu_i C_{P,i} \to 0$이기 위한 하나의 충분조건이 각 반응물의 열용량 $C_{P,i}$가 각각 0이 되는 것인데, 일찍이 Einstein 및 Debye의 이론을 통하여 배운 대로 모든 고체물질 i의 몰당 열용량은 $T\to 0$ K이면 $C_{P,i} \to 0$이 되며, 온도가 0으로 다가가면 모든 화학반응은 고체 간 반응이 된다. 마찬가지로 반응 엔트로피 $\Delta S(=\sum\nu_i S_i)$가 0으로 수렴한다는 것은 하나의 충분조건으로서 반응에 참여하는 각 물질의 몰당 엔트로피 S_i가 0이 된다는 것을 의미하는 것이다. 그러면 어떤 경우에 엔트로피가 0이 될 수 있을까?

우리가 배운 엔트로피의 물리적 의미를 되새겨 보면, 엔트로피는 계를 구성하는

입자들이 계에 주어진 전체 에너지를 나누어 갖는 방법의 가짓수(또는 운동량 공간에서 입자들이 분포되는 방법의 가짓수) Ω_{th}와 기하적 공간, 즉 주어진 부피 안에 입자들이 분포되는 방법의 가짓수 Ω_{conf}에 의하여 결정된다.

$$S = S_{th} + S_{conf} = k \ln \Omega_{th} + k \ln \Omega_{conf} \tag{6.96}$$

그러므로 엔트로피가 0이 되기 위해서는 동시에

$$\Omega_{th} = 1 \;;\; \Omega_{conf} = 1 \tag{6.97}$$

이어야 한다. 0 K에서 열평형이 이루어지면 모든 입자들이 모두 동일한 기저상태(ground state)에 있어야 한다. 모든 입자들이 이렇게 동일한 기저상태에 있게 되면 에너지를 나누어 갖는 방법의 가짓수는 당연히 1개밖에 없을 것이다($\Omega_{th} = 1$). 그리고 주어진 계의 부피 안에서도 입자들이 제 있어야 하는 곳 모두에 각각 자리 잡고 있다면 그때 입자분포 방법의 가짓수도 결국 1이 될 것이다($\Omega_{conf} = 1$). 이런 조건이 만족되면 $S = k\ln(1\times1) = 0$. 입자들이 이렇게 분포되어 있을 때 우리 계는 **내부평형**(internal equilibrium)을 이루고 있다고 말한다. 그래서 열역학 제3법칙은 이렇게 표현한다.

> "무엇이든 균일한 물질(homogeneous substance)이 0 K에서 완전한 내부평형(complete internal equilibrium)을 이루고 있으면 그 엔트로피 값은 0이 된다."

이 말을 미시적 관점에서 좀 더 구체적으로 표현하면,

> "어떤 상(phase)이든 0 K에서 그 양자상태(quantum state)와 입자분포(atomic arrangement)가 유일한 상태(unique state)에 해당하면 그 엔트로피 값은 0이 된다."

이때 균일한 물질(homogeneous) 혹은 상(phase)이라 함은 0 K에서 그것이 열역학적으로 안정하든 아니하든 상관없다. $T > T_{tr}$의 온도 범위에서 안정한 상도 0 K까지 준평형 상으로 유지되어 내부평형 조건만 만족한다면 0 K에서 $S = 0$이 된다. 곧 설명하겠지만 이 논리는 제3법칙을 실험적으로 증명하는 논리이기도 하다.

6.11 | 내부평형으로부터의 괴리

어떤 물질이 내부평형을 이루기 위해서는 원자들이 0 K에서 열평형과 더불어 기하 공간에서 최저 에너지 상태에 해당하는 분포를 가져야 한다. 기하 공간에서 분포하기 위해서는 원자들이 이동해야 하는데, 원자들의 이동은 온도가 낮아질수록 느려져 결국 0 K에 이르기도 전에 거의 다 얼어붙어 버리고 말게 된다. 그런 경우라면 원자들의 이동은 완전히 정지되어 내부평형은 결코 얻을 수 없게 되고, 따라서 0 K에서 엔트로피는 0으로 사라지지 않고 일정한 값으로 남게 된다. 이렇게 0 K에서 남아 있는 엔트로피를 **잔류 엔트로피**(residual entropy)라 부른다. 몇 가지 전형적인 예를 들어보면 다음과 같다.

(i) 유리(glass)

대개 물질은 온도가 낮아지면서 액체에서 결정질 고체로 바뀐다. 결정질 고체는 주어진 결정구조에서 에너지가 가장 낮은 격자점에 원자들이 위치하고 있다. 따라서 액체에서 고체로 상변이되는 것은 원자들이 이 격자점으로 이동함으로써 이루어지는 것이다. 물질에 따라서는 원자의 이동이 원활하지 못하여 원자들이 어중간한 위치에 고정되면서 결정질 고체로 바뀌지 못하고 그 구조가 차라리 액체에서의 원자 배열과 더 가까운 구조를 가지게 되는 경우가 있다. 이런 고체를 **유리**라 부르는데, 구조적 관점에서 보면 차라리 액체에 더 가까워 **과냉각된 액체**(super-cooled liquid)로 부르는 게 더 적절하다. 이런 유리의 경우 온도가 0 K가 되면 원자들의 배열이 유일한 최저 에너지 위치에 있지 못하므로 당연히 엔트로피가 0이 되지 못한다. 즉 잔류 엔트로피가 0이 아니다.

(ii) 고체 고용체(solid solution)

원자 A와 원자 B로 이루어진 **고용체**(solution)가 있다고 하자. 이 고용체가 0 K에서 가질 수 있는 구조는 A와 B 사이의 인력이 같은 것들끼리의 인력보다 더 크면 A와 B가 일정한 본(pattern)을 따라 정렬하여 분포하거나(ordered solution), A와 B 사이의 인력이 같은 것들끼리의 인력보다 더 작으면 A와 B는 서로 분리되어 A는 A끼리 B는 B끼리 모여 배열하게 된다. 고온에서는 엔트로피 효과 때문에 이 고용체는 **화합물**(compound)과 **완전 고용체**(random solution) 사이에 해당하는 원자분포를 가지게 되나, 온도가 0 K로 수렴하게 되면 원자들이 이동하여 화합물이 되거나 완전 고용체를 이루어야 한다. 그러나 온도가 낮아지게 되면 원자들의 이동이 느려지다가 드디어는 멎어 버려 어중간한 분포를 가지게 된다. 따라서 엔트로피는 0 K가 되어도 0이 되지 못한다. 즉 기하 공간분포 엔트로피(configurational entropy)가 다 사라지지 않고 남게 된다.

(iii) 동위원소 혼합체(mixture of isotopes)

모든 원소는 대개 몇 개의 동위원소를 가지고 있다. 예를 들어 산소의 경우 대부분이 O^{16}이나 여기에 0.02%의 O^{18}과 극소량의 O^{17}이 섞여 있다. 따라서 화학적으로는 순수한 산소라 하여도 실제로는 서로 다른 동위원소로 이루어진 용액(solution)과 같다. 온도가 0 K로 수렴하면 이 용액은 결국 화학적으로는 서로 같지만 물리적으로는 서로 다른 것들의 고용체가 되어 얼어 버리게 된다. 따라서 0 K가 되어도 동위원소로 인한 **잔류 혼합 엔트로피**(residual entropy of mixing) 때문에 계의 엔트로피가 0이 되지 못한다. 그러나 재료열역학에서는 이 동위원소로 인한 잔류 엔트로피는 대개 무시한다.

(iv) 2성분계 결정

예를 들어 CO 결정(crystal)을 생각해 보자. 0 K에서 완전한 내부평형이 이루어지면 결정 내 **격자 분자**(lattice molecule) CO가 예외 없이 모두 동일한 방향으로 정렬하여

$$\cdots\cdots\cdots \text{ CO CO CO CO CO CO } \cdots\cdots\cdots$$

형태의 결정이 되어야 한다. 그러나 고온에서 0 K로 온도를 내리게 되면 원자들의 이동이 원활하지 못하여 격자 분자의 배열이 0 K 이상 때의 그것으로 얼어 버리게 되어

$$\cdots\cdots\cdots \text{ CO CO OC CO CO OC } \cdots\cdots\cdots$$

와 같은 분포를 가지게 된다. 따라서 0 K가 되어도 **잔류 공간분포 엔트로피**(configurational entropy)가 남아 제3법칙을 만족하지 못하게 된다. 만약 이들 분자의 분포가 완전히 무작위적이라면 전체 N개 분자 중 반은 CO로 나머지 반은 OC로 배열하게 될 것이므로 최대 잔류 엔트로피는

$$S_{res} = k\ln\frac{N!}{(N/2)!\cdot(N/2)!} = kN\ln 2 \tag{6.98}$$

가 된다. 만약 $N = N_A$, 즉 1몰에 대하여 잔류 엔트로피 값은

$$S_{res} = R\ln 2 = 5.832\ \text{Jmol}^{-1}\text{K}^{-1} \tag{6.99}$$

이다.

(v) 단일 성분 고체의 점결함(point defects)

모든 결정질 고체는 0 K 이상의 온도에서 열역학적 평형특성으로서 **원자 빈자리**(vacancies), **사잇자리 원자**(interstitials)와 같은 **점결함**(point defects)이 생긴다. 이들 점결함의 농도는 온도가 내려가면 지수함수적으로 감소하여 0 K에서는 모두 사라져야 한다. 이런 점결함이 소멸되기 위해서는 원자들이 본디 원자들이 있던 자리로 이동해 가거나 표면으로부터 원자들이 이동하여 들어와 빈자리를 메워야 한다. 그러나 온도가 낮아지게 되면 원자들의 이동이 정지되어 고온에서 생겨난 점결함이 사라지지 못하고 0 K에서도 잔류하게 되어 그 기하 공간분포 엔트로피가 남아 있게 된다. 만약 N개 격자점에 n개만큼의 빈자리 결함이 남아 있다면, 그때 잔류 엔트로피는

$$S_{res} = k\ln\frac{N!}{n!(N-n)!} = -k\left[n\ln\frac{n}{N} + (N-n)\ln\frac{N-n}{N}\right] \qquad (6.100)$$

이 된다. 만약 1몰의 결정에서 점결함의 분율이 $n/N_A \approx 10^{-4}$이라면,

$$S_{res} = 10^{-4}R\ln 10^4 = 0.00765\ \mathrm{Jmol^{-1}K^{-1}} \qquad (6.101)$$

이다.

결국 완전한 내부평형을 이루지 못하는 가장 큰 요인은 낮은 온도에서 입자들의 이동이 얼어붙어 원자들의 재배열이 일어날 수 없기 때문이다.

6.12 | 열역학 제3법칙의 실험적 증명

열역학 제3법칙을 실험적으로 증명하는 방법은 Nernst의 **열정리**에 따라 반응 엔트로피가 0 K에서 0이 됨을 보이는 것이다. 즉 어떤 화학반응이 있어 일정한 압력하 임의의 온도 T에서 그 반응 엔트로피가 $\Delta S(T)$라 할 때,

$$\lim_{T\to 0\,\mathrm{K}} \Delta S(T) = 0 \qquad (6.102)$$

이 되면, 각 반응물질 i의 엔트로피는 0 K에서 $S_i(0\ \mathrm{K}) = 0$이 되는 것이다.

실제 한 예를 보자. Sn은 1 atm에서 온도를 올리면 292 K에서 **회주석**(grey tin)으로부터 **흰주석**(white tin)으로 상전이를 한다. 이때 표준 상전이 엔탈피는 $\Delta H^0_{tr} = 2260$ $\mathrm{Jmol^{-1}K^{-1}}$이다. 그런데 온도를 낮추면 흰주석은 이 평형 상전이 온도에서 회주석으로 전이를 해야 하는데, 온도 변화가 빠르다든지 하면 회주석으로 전이하지 못하고 흰주

석이 준평형 상(metastable phase)으로 남아 있게 된다. 그래서 이 준평형 상에 대해서도 열용량이 비교적 정확하게 알려져 있다.

이제 이 회주석을 1 atm하에서 0 K로부터 292 K까지 승온하고(경로 I), 이 온도에서 흰주석으로 전이시키고 나서(경로 II), 이 흰주석을 그대로 0 K까지 식힌다고 하자(경로 III)(그림 6.12).

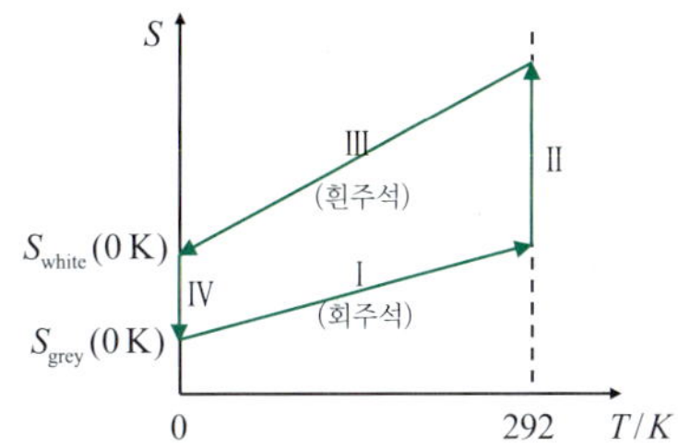

그림 6.12

이때 각 경로의 엔트로피 변화는:

$$\Delta S_I = \int_0^{292} C_{p,grey} d\ln T = 38.11\ \text{Jmol}^{-1}\text{K}^{-1}$$
$$\Delta S_{II} = \frac{\Delta H_{tr}}{T_{tr}} = \frac{2260}{292} = 7.74\ \text{Jmol}^{-1}\text{K}^{-1} \tag{6.103}$$
$$\Delta S_{III} = \int_{292}^{0} C_{p,white} d\ln T = -46.19\ \text{Jmol}^{-1}\text{K}^{-1}$$

그러므로 0 K에서 상전이에 따른 엔트로피 변화 ΔS_{IV}는, 엔트로피가 상태함수이므로

$$\Delta S_{IV} = \Delta S_I + \Delta S_{II} + \Delta S_{III} = -0.33\ \text{Jmol}^{-1}\text{K}^{-1} \tag{6.104}$$

이 값은 아마도 실험오차보다 작은 값일 것이다. 그러면 반응

$$Sn_{(grey)} = Sn_{(white)} \tag{6.105}$$

에 대하여, 반응 엔트로피는 0 K에서 실험오차 범위에서

$$\Delta S(0\,K) = S_{whtie}(0\,K) - S_{grey}(0\,K) = 0 \tag{6.106}$$

이다. 그러므로

$$S_{grey}(0\,K) = 0\ ;\ S_{whtie}(0\,K) = 0 \tag{6.107}$$

즉 제3법칙을 만족한다.

6.13 | 상전이 엔트로피의 경험칙

이제 절대 엔트로피에 관한 논의를 마무리하기 전에 엔트로피 값에 관한 몇 가지 경험적 사실을 알아 두자. 대개 저온 상에서 고온 상으로 상전이가 일어날 때 수반되는 상전이 엔탈피 ΔH_{tr}는 두 상의 상대적 결합 세기의 척도이다. 저온 상의 결합이 대개

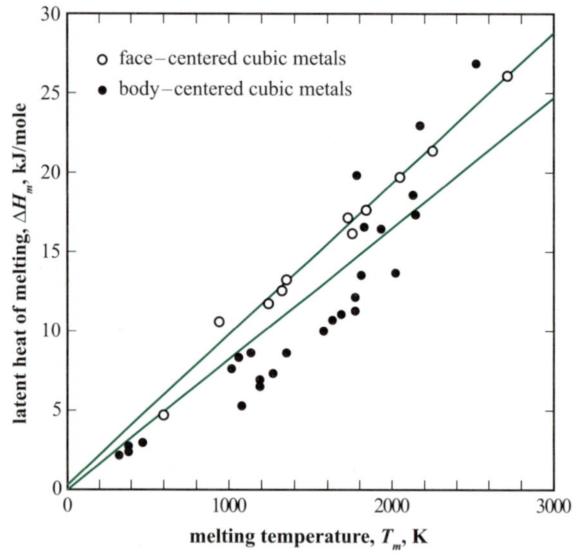

그림 6.13 금속의 용융 엔탈피(잠열) 대 용융점.
(D. R. Gaskell, Introduction to the Thermodynamics of Materials 5E, Taylor & Francis, 2008, p.131)

고온 상의 그것보다 센데, 상전이 엔탈피가 클수록 상전이 온도 T_{tr}도 올라간다. 그러므로 결합의 켯속이 같은 부류의 물질에 대하여 상전이 엔탈피를 상전이 온도로 나누면 어떤 일정한 값이 나오리라는 것을 예측할 수 있다. 즉 동일 계열의 물질 군에서 동일한 상전이에 대하여 그 엔트로피 변화 $\Delta S_{tr}(=\Delta H_{tr}/T_{tr})$가 거의 같으리라는 것이다.

일찍이 금속물질에 대하여 이런 경험적 사실들이 잘 알려졌다. 1897년 Richards는 여러 종류의 금속에 대하여 그 **표준용융 엔탈피** ΔH_m^o을 당해 용융온도 T_m에 대하여 그렸을 때 동일한 결정구조이면 대충 하나의 공통된 기울기를 가지는 직선으로 나타나는 것을 발견하였다(그림 6.13).

최소 자승법으로 직선 맞춤하면,

(i) fcc 구조를 갖는 금속의 경우:

$$\Delta S_m^0 = \frac{\Delta H_m^0}{T_m} \approx 9.6\ \mathrm{Jmol^{-1}K^{-1}} \tag{6.108}$$

(ii) bcc 구조를 갖는 금속의 경우:

$$\Delta S_m^0 = \frac{\Delta H_m^0}{T_m} \approx 8.3\ \mathrm{Jmol^{-1}K^{-1}} \tag{6.109}$$

이것을 'Richards의 **규칙**(Richards's rule)'이라 한다.

한편 비슷한 시기에 Trouton은 여러 종류 액체 금속에 대하여 **표준 기화 엔탈피**(standard enthalpy of vaporization) ΔH_b^o를 끓는 온도(boiling temperature) T_b에 대하여 그렸을 때(그림 6.14) 역시 직선으로 나타나는 것을 발견하였다.

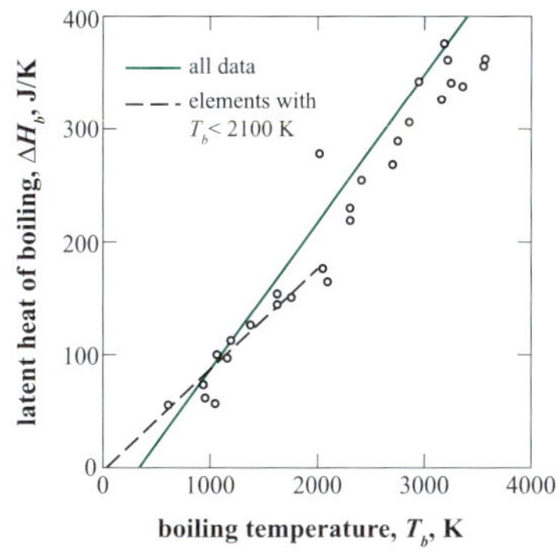

그림 6.14 금속의 비등 엔탈피 대 비등점. (D. R. Gaskell, Introduction to the ThermodynamicsofMaterials5E, Taylor & Francis, 2008, p.132)

전체 온도 영역에서 최소 자승법으로 직선 맞춤하면,

(i) T_b < 4000 K인 모든 금속의 경우:

$$\Delta S_b^0 = \frac{\Delta H_b^0}{T_b} \approx 121\ \text{Jmol}^{-1}\text{K}^{-1} \tag{6.110}$$

그런데 용융점이 2100 K 이하인 금속인 경우에는 이보다 조금 작은 기울기를 가지고 있는 것처럼 보인다.

(ii) T_b < 2100 K인 금속의 경우:

$$\Delta S_b^0 = \frac{\Delta H_b^0}{T_b} \approx 87\ \text{Jmol}^{-1}\text{K}^{-1} \tag{6.111}$$

이 둘을 'Trouton의 **규칙**(Trouton's rule)'이라 부른다.

이 두 법칙을 요약하면, 대강

$$\text{Richards의 규칙: } \Delta S_m^0 \approx R \tag{6.112}$$

$$\text{Trouton의 규칙: } \Delta S_b^0 \approx 10R \tag{6.113}$$

이다. 엔트로피의 의미가 구성 입자들 분포의 혼잡도임을 생각하면 녹을 때와 끓을 때 엔트로피 차이가 10배 정도임을 쉽게 이해할 수 있을 것이다. 이런 경험적인 규칙들은 데이터가 바로 옆에 없을 때 대개의 동향을 점검하는 데 유용하다.

6.14 | 엔탈피와 엔트로피의 압력 의존성

지금까지 우리는 엔탈피와 엔트로피의 온도에 따른 변화를 살펴보았다. 앞으로 사용하게 될 열역학적 변수가 온도와 더불어 주로 압력이 될 터이니 이들 두 열역학 준위함수의 압력 의존성을 정량적으로 이해해 둘 필요가 있다. 결론부터 얘기하면, 우리 재료공학에서 주로 다루는 물질계는 대개 고체나 액체 등 **밀집상**(condensed phase)인데, 이들 계의 엔탈피와 엔트로피는 주로 온도에 의해 결정되고 압력에 의한 효과는 거의 무시할 만하다는 것이다. 이를 정량적으로 살펴보자.

우선 엔탈피의 압력 의존성, 즉 온도가 일정할 때 엔탈피의 압력에 관한 편미분을 우리 계의 물질특성과 열역학 변수로 나타내 보면,

$$\left(\frac{\partial H}{\partial P}\right)_T = T\left(\frac{\partial S}{\partial P}\right)_T + V = -T\left(\frac{\partial V}{\partial T}\right)_P + V = (-\alpha T + 1)V \tag{6.114}$$

이 대목에서 열역학에 나오는 편미분을 계의 열역학 변수(thermodynamic variables)와 물질변수(material properties)로 나타내는 요령을 다시 복습해 두자: 제일 왼쪽부터 등호를 하나씩 건널 때마다 (i) 분자에 dH가 나오니 $dH = TdS + VdP$를 대입하고, (ii) T와 P를 변수로 하는 열역학 준위함수, 즉 $G(T,P)$의 Maxwell 식을 이용하고, (iii) 3개의 독립적인 2차 편미분의 정의로부터 열팽창 계수 α를 찾아 마지막 식에 이른다.

이 식에 의하여 $T \approx 1000$ K 정도에서 압력이 ΔP만큼 변화할 때 엔탈피 변화 ΔH를 구해 보면, 밀집계의 경우 대개 $\alpha \approx 10^{-5\sim-6}\ \mathrm{K}^{-1}$, $V \approx 10^{-5}\ \mathrm{m}^3/\mathrm{mol}$ 정도이므로

$$\begin{aligned}\Delta H &\approx V(1-\alpha T)\Delta P \\ &\approx (10^{-2} L/\mathrm{mol})(\Delta P\ \mathrm{atm})\frac{R}{0.08205 L\cdot \mathrm{atm}\cdot \mathrm{mol}^{-1}\mathrm{K}^{-1}} \approx 0.1R\cdot \Delta P\end{aligned} \tag{6.115}$$

보통의 경우 압력을 10 atm 정도까지 올리는 것도 지난한 일이다. 그래서 매우 비현실적이긴 하지만 최대값으로 $\Delta P \approx 100$ atm를 잡으면, $\Delta H \approx 10R$ 정도이다. 이만큼의 엔탈피 변화를 일으키기 위해 필요한 온도 변화를 계산해 보자. 식 (6.5)로부터

$$\Delta H \approx C_P \Delta T \approx 3R\Delta T \approx 10R \tag{6.116}$$

따라서 $\Delta T \approx 3$ K! 압력을 100 atm으로 증가할 때의 효과가 겨우 온도를 3 K만큼 증가한 효과밖에 되지 않는다.

엔트로피도 비슷하다. 엔트로피의 압력 의존성은

$$\left(\frac{\partial S}{\partial P}\right)_T = -\left(\frac{\partial V}{\partial T}\right)_P = -\alpha V \tag{6.117}$$

이므로

$$\Delta S \backsimeq -\alpha V \Delta P$$
$$\le -(10^{-5}\mathrm{K}^{-1})(10^{-2}L\mathrm{mol}^{-1})(\Delta P\ \mathrm{atm})\frac{R}{0.08205L\ \mathrm{atm\ mol^{-1}K^{-1}}} \quad (6.118)$$

$\Delta P \approx 100$ atm이면, $\Delta S \le 10^{-4}R$. 이를 온도 변화로 환산해 보자.

$$\Delta S \backsimeq \frac{C_P}{T}\Delta T \approx \frac{3R\Delta T}{T} \quad (6.119)$$

이므로, $T \approx 1000$ K라 하면 $\Delta T \le -0.3$ K!! 압력 100 atm의 효과가 겨우 온도 0.3 K의 효과밖에 되지 않는다.

이런 이유로 우리가 다루는 응집계 물질에 대해 엔탈피와 엔트로피는 통상의 경우 압력의 영향은 무시하고 온도만의 함수로 간주해도 무방하다.

$$H(T,P) \approx H(T)\ ;\ S(T,P) \approx S(T) \quad (6.120)$$

익힘문제

6.1 에너지가 0과 ε인 두 상태에만 있을 수 있는 1개의 입자로 이루어진 계를 생각하자. 이제 이 계가 온도 T_r인 항온조와 열평형을 이루어 일정한 온도 $T = T_r$에 있을 때,

(a) 이 계의 분배함수 q를 써라.
(b) 이 계의 내부에너지 $U = \langle \varepsilon \rangle$를 온도의 함수로 구하라.
(c) 이 계의 정적열용량 C_V를 계산하라.
(d) $T \to \infty$일 때와 $T \to 0$일 때 C_V의 극한 값을 각각 구하라.

6.2 고체 황(sulfur)은 0~368.5 K 온도 구간에서는 능면정 구조(rhombic sulfur)로, 368.5 K에서 융점 388.36 K까지는 단사정 구조(monoclinic sulfur)로 존재한다. 그러나 이 단사정 황은 평형 전이온도 368.5 K 이하로 과냉각할 수 있다. 일찍이 이 두 종류 결정 황에 대하여 열용량을 측정하여 엔트로피를 구한 바가 있는데, 그 결과를 요약하면 아래 (i)~(iii)과 같다.

(i) 능면정 황에 대하여 $c_P d\ln T$를 적분하여, $S_{368.5}(\text{rhombic}) - S_0(\text{rhombic}) = 8.810 \pm 0.05$ cal/mol−K
(ii) 능면정에서 단사정으로의 전이 엔탈피로부터, $\Delta S_{tr} = 96.0/368.5 = 0.261 \pm 0.002$ cal/mol−K
(iii) 단사정 황에 대하여 $c_P d\ln T$를 적분하여, $S_{368.5}(\text{monoclinic}) - S_0(\text{monoclinic}) = 9.04 \pm 0.10$ cal/mol−K

이 데이터로부터 0 K에서 만약 $S_0(\text{rhombic}) = 0$이면, $S_0(\text{monoclinic}) = 0$임을 보여라.

6.3 열역학 제3법칙($\lim_{T \to 0} S = 0$)으로부터 다음을 유도하라.

$$\lim_{T \to 0}\left(\frac{\partial V}{\partial T}\right)_P = 0 \ ; \ \lim_{T \to 0}\left(\frac{\partial P}{\partial T}\right)_V = 0$$

6.4 **(a)** 과냉각된(supercooled) 물 1 kg이 −20°C, 1 atm하에서 얼 때 우리 계(물)+주위 전체의 알짜 엔트로피 증가를 계산하라. 물과 얼음의 정압비열은 각각 $C_P^o = 1$, 0.5 cal/deg g이고, 273 K에서 얼음의 표준 용융 엔탈피는 $\Delta H_f^o = 80$ cal/g이다.

(b) 과냉각된 물이 −20°C 등온에서 저절로 어는 이 비가역 과정을 가역적으로 일어나게 한다면 PV−일 이외의 일을 최대 얼마까지 얻을 수 있을까?

6.5 요드(I_2)에 관한 다음 데이터를 이용하여,

(a) 몰당 엔탈피 증가량 $H_T^o - H_{298}^o$을 $T = 298$ K부터 473 K까지의 범위에서 온도 T에 대하여 그리고, $H_{473}^o - H_{298}^o$를 계산하라.

(b) 몰당 엔트로피에 대해서도 $S_T^o - S_{298}^o$을 같은 온도 범위에서 T에 대하여 그리고, $S_{473}^o - S_{298}^o$를 계산하라.

고상 요드의 몰당 열용량: $C_p^{(s)}/\text{Jmol}^{-1}\text{K}^{-1} = 54.68 + 1.34 \times 10^{-3}(T - 298)$

액상 요드의 몰당 열용량: $C_p^{(l)}/\text{Jmol}^{-1}\text{K}^{-1} = 80.33$

기상 요드의 몰당 열용량: $C_p^{(v)}/\text{Jmol}^{-1}\text{K}^{-1} = 37.20$

용융 엔탈피: $\Delta H_m^o/\text{Jmol}^{-1} = 15{,}517$; 용융점 114°C

기화 엔탈피: $\Delta H_b^o/\text{Jmol}^{-1} = 40{,}102$; 비등점 185°C

6.6 엔탈피에 관한 약속과 제3법칙 엔트로피를 염두에 두고, 다음 열역학 데이터를 이용하여 $T = 1700$ K에서 $\alpha-Al_2O_3$ 생성에 대한 ΔH^o, ΔS^o, ΔG^o를 계산하라.

$\alpha-Al_2O_3$: $\Delta H_{298}^o = -400.5 \pm 0.3$ kcal/mol
$H_T^o - H_{298}^o = 40.406$ kcal/mol
$S_T^o - S_0^o = 59.520$ cal/mol−K

liquid Al: $\Delta H_{298}^o = 2.072$ kcal/mol
$H_T^o - H_{298}^o = 10.637$ kcal/mol
$S_T^o - S_0^o = 21.629$ cal/mol−K

O_2 gas: $H_T^o - H_{298}^o = 11.465$ kcal/mol
$S_T^o - S_0^o = 62.757$ cal/mol−K

6.7 **(a)** 495 K까지 과냉각된 일정량의 액상 주석(Sn)을 단열통에 담아 두면, 분율로 얼마만큼이 저절로 고화할지 계산하라. 이 계에 대하여 다음의 열역학적 자료가 알려져 있다.

$\Delta H_{m,\mathrm{Sn}} = 7070$ J at $T_m = 505$ K

$C_{P,\mathrm{Sn}(l)}/\mathrm{JK^{-1}} = 34.7 - 9.2 \times 10^{-3}T$; $C_{P,\mathrm{Sn}(s)}/\mathrm{JK^{-1}} = 18.5 + 26 \times 10^{-3}T$

(b) 이때 엔트로피는 얼마나 증가하는가?

6.8 구리가 $T = 298$ K, $P = 1$ atm의 상태에 있다. 298 K에서 압력을 1 atm에서 1000 atm까지 올릴 때 수반되는 엔탈피와 엔트로피 변화와 동등한 변화를 1 atm에서 온도를 변화하여 내려면 온도를 298 K에서 몇 도까지 올려야 하는지 계산하라. 298 K에서 Cu의 몰당 부피는 7.09 $\mathrm{cm^3}$, 부피 열팽창 계수는 $0.501 \times 10^{-4}\mathrm{K^{-1}}$, 열용량은 24.51 J/mol-K이며, 이 값들은 1~1000 atm 범위에서 상수로 간주할 수 있다.

6.9 압력이 1 atm으로 일정하게 유지되는 단열 용기 안에서 다음 반응이 일어난다:

$CH_4 + 2O_2 + 7.524N_2 + CaCO_3 \rightarrow 2CO_2 + 2H_2O + 7.524N_2 + CaO$

(a) 초기에 반응물질들이 모두 실온 298.15 K였다면, 이 용기 안의 최종온도는 몇 도가 될까?

(b) 만약 공기($2O_2 + 7.524N_2$)를 900 K로 예열하여 주입했다면 최종온도는 몇 도가 될까?

O_2와 N_2의 몰당정압열용량은 각각

$C_p(O_2)/\mathrm{Jmol^{-1}K^{-1}} = 29.96 + 4.18 \times 10^{-3}\mathrm{T} - 1.67 \times 10^{5}\mathrm{T}^{-2}$;

$C_p(N_2)/\mathrm{Jmol^{-1}K^{-1}} = 27.87 + 4.27 \times 10^{-3}\mathrm{T}$

이다.

열역학 자료집(예를 들어 I. Barin, Thermochemical Data of Pure Substances, VCH, 1989)에서 각 반응물질들의 엔탈피 데이터를 찾아 필요하고 관심 있는 온도별로 정리하면 다음 표와 같다.

물질	몰수	$H/\mathrm{kJ \cdot mol^{-1}}$				
		298.15 K	1400 K	1500 K	1600 K	2000 K
CH_4	1	−74.873				
O_2	2	0				
N_2	7.524	0				
$CaCO_3$	1	−1206.921				
CO_2	2	−393.523	−337.606	−331.796	−325.932	−302.062
H_2O	2	−241.826	−198.334	−193.676	−188.919	−169.037
N_2	7.524	0	34.936	38.405	41.904	56.137
CaO	1	−635.089	−577.926	−572.321	−566.671	−543.628

Chapter 7

1성분계의 상평형

7.1 | 열역학적 평형

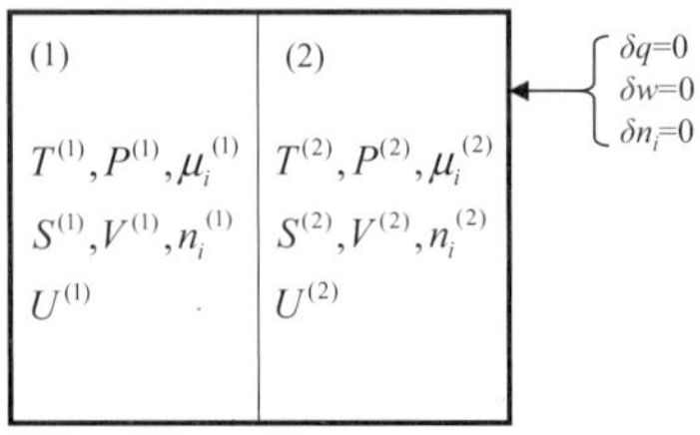

그림 7.1 부속계 (1)과 (2) 사이에서 내부에너지의 재분포에 의하여 **열평형**을 이루고, 부피의 재분포를 통하여 **기계적 평형**을 이루고, 구성분 입자들의 재분포를 통하여 **확산평형**을 이루는 고립된 복합계 (1)+(2).

지금까지 우리는 열역학의 기본 개념과 논리적 구조에 대하여 공부하였다. 이제부터 이 기본 개념과 요령들을 실제 물질 계에 적용한다. 제일 처음 적용하는 데는 1성분계(single component system)의 상평형(phase equilibrium)이다. 먼저 열역학의 원리로부터 열역학적 평형조건을 복습하고 시작하자.

2개의 고립계(isolated systems) (1)과 (2)가 있어 내부에너지 U와 부피 V와 각 구성분들의 몰수 n_i로 정의되는 열역학적 상태가 각각 $(U^{(1)}, V^{(1)}, n_i^{(1)})$, $(U^{(2)}, V^{(2)}, n_i^{(2)})$라고 하자(그림 7.1).

이들은 그대로 두면 각각 고립되어 주위와의 모든 작용이 차단되어 있으므로 현재 있는 상태에 영원히 그대로 있을 것이다. 이제 이 둘을 서로 붙이고 서로 붙은 2개의 **단열벽**(adiabatic wall)을 열교환을 허용하는 **전도벽**(diathermal wall)으로 치환하면, 두 계는 이 전도벽을 통하여 **열작용**(heat interaction)을 하게 될 것이다. 이때 일어나는 열작용의 자연적인 진행 방향과 궁극적 평형상태는 어떤 상태가 될까?

이 두 계를 합한 전체 계는 당연히 고립계이다. **엔트로피 최대 원리**(entropy maximum principle)에 의하면 고립계에서 일어나는 모든 자발적인 과정은 엔트로피가 증가하는 방향이고 엔트로피가 최대가 되면 평형상태에 이른다.

$$dS)_{U,V,n_i} \geq 0 \tag{7.1}$$

지금 각 계는 부피가 일정하고 각 구성분의 입자 수가 고정되어 있으므로, 부속계 (1)과 (2)의 엔트로피 변화는 각각

$$dS^{(1)} = \frac{1}{T^{(1)}} dU^{(1)} \ ; \ dS^{(2)} = \frac{1}{T^{(2)}} dU^{(2)} \tag{7.2}$$

따라서 복합계(composite system) (1) + (2)의 전체 엔트로피 변화는

$$dS = dS^{(1)} + dS^{(2)} = \frac{1}{T^{(1)}} dU^{(1)} + \frac{1}{T^{(2)}} dU^{(2)} \tag{7.3}$$

이 된다. 그러나 복합계 (1) + (2)는 고립되어 있으므로 그들 사이에 어떤 일이 일어나든 전체 에너지는 항상 보존된다.

$$dU = dU^{(1)} + dU^{(2)} = 0 \tag{7.4}$$

이 식을 (7.3)에 대입하면 엔트로피 최대 원리에 의하여,

$$dS = \left(\frac{1}{T^{(1)}} - \frac{1}{T^{(2)}}\right)dU^{(1)} \geq 0 \tag{7.5}$$

그러므로 자발적으로 일어나는 과정은

$$T^{(1)} > T^{(2)}\text{이면 } dU^{(1)} < 0 \ ; \ T^{(1)} < T^{(2)}\text{이면 } dU^{(1)} > 0 \tag{7.6}$$

이다. 즉 온도 차이가 있으면 온도가 높은 데서 낮은 데로 내부에너지가 흐른다. **내부에너지의 재분포**(redistribution)가 일어나는 것이다. 이런 의미에서 온도는 **내부에너지 유출경향**(escaping tendency)의 척도이다. 온도가 높을수록 내부에너지 유출경향이 커진다. 이게 온도 차이가 있을 때 일어나는 **열전달**(heat transfer) 현상의 곗속이다. 이런 과정을 거쳐 평형상태가 되면 엔트로피가 항상 최대가 되므로 식 (7.5)로부터

$$\frac{1}{T^{(1)}} = \frac{1}{T^{(2)}} \tag{7.7}$$

즉 양쪽의 온도가 같아진다. 이것을 **열평형**(thermal equilibrium)이라 부른다.

양쪽 온도가 $T(=T^{(1)}=T^{(2)})$로 같아진 후 이번에는 두 계 간의 현재 움직일 수 없는(immovable) 공통 열전달 벽을 움직일 수 있는 벽(movable wall)으로 바꾸면 무슨 일이 어디까지 일어나는지 분석해 보자. 벽이 움직일 수 있으면 부피가 변화할 수 있다. 그러므로 전체 계의 엔트로피 변화는 다시 엔트로피 바탕식으로부터

$$dS = dS^{(1)} + dS^{(2)} = \frac{P^{(1)}}{T}dV^{(1)} + \frac{P^{(2)}}{T}dV^{(2)} \geq 0 \tag{7.8}$$

그런데 부속계 (1)과 (2) 사이에 부피의 재분포는 일어나더라도, 고립 복합계(isolated composite system) (1)+(2)의 전체 부피는 일정하므로

$$dV = dV^{(1)} + dV^{(2)} = 0 \tag{7.9}$$

따라서

$$dS = \frac{1}{T}(P^{(1)} - P^{(2)})dV^{(1)} \geq 0 \tag{7.10}$$

그러므로 비가역 과정은

$$P^{(1)} > P^{(2)}\text{이면 } dV^{(1)} > 0 \;;\; P^{(1)} < P^{(2)}\text{이면 } dV^{(1)} < 0 \tag{7.11}$$

이다. 즉 압력이 높은 쪽은 부피가 늘어나고 압력이 낮은 쪽은 부피가 줄어들면서 **부피의 재분포**가 일어나는 것이다. 다른 말로 표현하면 압력이 높은 데서 낮은 데로 '−'부피가 흐르는 것과 같다. 그래서 온도가 그랬던 것처럼 압력은 **'−부피' 유출경향**(escaping tendency)의 척도가 된다. 이 비가역 과정을 거쳐 평형상태에 이르면 복합계의 엔트로피는 드디어 최대값을 가지게 되어($dS = 0$),

$$P^{(1)} = P^{(2)} \tag{7.12}$$

이 된다. 즉 양쪽의 압력이 같아진다. 이를 **기계적 평형**(mechanical equilibrium)이라 부른다.

마지막으로 열을 전달하고 움직일 수 있는 이 공통벽을 i 종류의 입자도 통과하는 **반투과 벽**(semipermeable wall)으로 바꾸면 무슨 일이 일어날까? 이제 온도도 일정하고 압력도 일정한 이 고립 복합계 (1)+(2)의 전체 엔트로피 변화는 내부에너지와 부피가 일정할 때의 엔트로피 바탕식으로부터

$$dS = dS^{(1)} + dS^{(2)} = -\frac{\mu_i^{(1)}}{T}dn_i^{(1)} - \frac{\mu_i^{(2)}}{T}dn_i^{(2)} \geq 0 \tag{7.13}$$

그런데 고립 복합계 (1)+(2)의 입자 수는 변하지 않으므로

$$dn_i = dn_i^{(1)} + dn_i^{(2)} = 0 \tag{7.14}$$

그러므로

$$dS = -\frac{1}{T}\left(\mu_i^{(1)} - \mu_i^{(2)}\right)dn_i^{(1)} \geq 0 \tag{7.15}$$

이 부등식을 만족하기 위해서는

$$\mu_i^{(1)} > \mu_i^{(2)}\text{이면 } dn_i^{(1)} < 0 \;;\; \mu_i^{(1)} < \mu_i^{(2)}\text{이면 } dn_i^{(1)} > 0 \tag{7.16}$$

즉 화학포텐셜 차이가 있으면 당해 **입자들의 재분포**가 생기는데, 화학포텐셜이 높은 곳에서 낮은 곳으로 그 입자들이 흐른다. 이런 의미에서 화학포텐셜을 **입자 유출경향**

(escaping tendency)의 척도라 한다. 입자들이 재분포되어 평형상태에 이르면 엔트로피가 최대가 되어 $dS = 0$을 만족하기 위해서는

$$\mu_i^{(1)} = \mu_i^{(2)} \tag{7.17}$$

즉 입자 i의 화학포텐셜이 균일해야 한다. 이것을 **확산평형**(diffusive equilibrium)이라 부른다.

열적 평형이 이루어진 계[식 (7.7)]의 평형조건은 Helmholtz **자유에너지 최소 원리**로도 유도할 수 있다. 온도가 일정할 때 우리 계에서 일어나는 모든 저절로 과정의 방향은 Helmholtz 자유에너지가 감소하는 방향이다:

$$dF)_T \leq 0 \tag{7.18}$$

온도가 서로 같은 2개 계의 자유에너지 변화는

$$dF)_T = dF^{(1)} + dF^{(2)} = \left(-P^{(1)}dV^{(1)} + \sum_i \mu_i^{(1)} dn_i^{(1)}\right) + \left(-P^{(2)}dV^{(2)} + \sum_i \mu_i^{(2)} dn_i^{(2)}\right) \tag{7.19}$$

이므로, 식 (7.9)와 (7.14)에 의하여

$$dF)_T = -(P^{(1)} - P^{(2)})dV^{(1)} + \sum_i (\mu_i^{(1)} - \mu_i^{(2)}) dn_i^{(1)} \leq 0 \tag{7.20}$$

따라서 기계적 평형조건[식 (7.12)]과 확산평형 조건[식 (7.17)]을 얻는다.

또한 열적 평형[식 (7.7)]과 기계적 평형[식 (7.12)]이 함께 이루어진 경우는 Gibbs 자유에너지가 최소가 되어야 하므로

$$dG)_{T,P} = \sum_i (\mu_i^{(1)} - \mu_i^{(2)}) dn_i^{(1)} \leq 0 \tag{7.21}$$

확산평형 식 (7.17)이 얻어진다.

어떤 계가 **열역학적 평형상태** 또는 **완전평형**(complete equilibrium) 상태에 있다 함은 **열적 평형**(thermal equilibrium), **기계적 평형**(mechanical equilibrium), **확산평형**(diffusive equilibrium)이 동시에 만족되어 있는 상태를 말한다. 어느 한 가지라도 만족되지 않을 때 이를 **부분평형 상태**(partial equilibrium state)에 있다고 한다. 평형상태에 있는 계가 외부로부터의 작용에 의하여 열적 평형이 깨어지면 고온에서 저온으로 열전달 현상이 저절로(spontaneously) 자연적으로(naturally) 비가역적으로(irreversibly) 생기면서 새로운 평형상태에 이르고, 기계적 평형이 깨어지면 대류와 같은 부피 이동이 저절로 자연적으로 비가역적으로 일어나면서 새로운 기계적 평형상태를 찾아가고, 확

산평형이 깨어지면 구성분들의 확산이 저절로 자연적으로 비가역적으로 일어나면서 새로운 확산평형 상태를 찾아간다.

7.2 | 단일 성분계의 상평형

우선 **성분**(component)과 **상**(phase)을 정확하게 정의하고 시작하자. 성분이라 함은 한 계를 구성하는 최소 수의 **물질**(substance)로서, 그를 구성하는 **원소**(elements)들의 상대적 함량이 고정되어 있다. 예를 들어 물 H_2O를 보면, 원소 H와 O의 함량비가 2:1로 고정되어 있으므로 물은 두 종류의 원소로 이루어져 있지만 1개의 성분이다. 만약 이들의 상대적 함량이 변화한다면 물이라는 물질은 1개의 성분이 아니라 2개의 성분으로 다루어야 할 것이다. 그러므로 한 계의 **성분 수**(number of components)는 그 계를 이루는 **원소 수**(number of elements)보다 클 수 없다.

상(phase)은 한 계의 일부(part) 또는 전체(whole)로서 그 자체는 물리적으로 특성이 균일하고(physically homogeneous), 표면으로 둘러싸여 있어서(bounded by surface) 기계적으로 분리할 수 있다(mechanically separable). 예를 들어 물과 얼음으로 이루어진 계를 보면 물은 물대로 밀도, 굴절률 등과 같은 물리적 특성을 그 안에서 균일하게 가지고 있고, 얼음은 얼음대로 물의 그것과는 다른 물리적 특성을 균일하게 가지고 있으면서, 집게와 같은 기계적 수단 혹은 방법으로 얼음과 물을 분리할 수 있다. 그러므로 얼음과 물은 같은 성분 H_2O로 이루어져 있되 서로 다른 상이다.

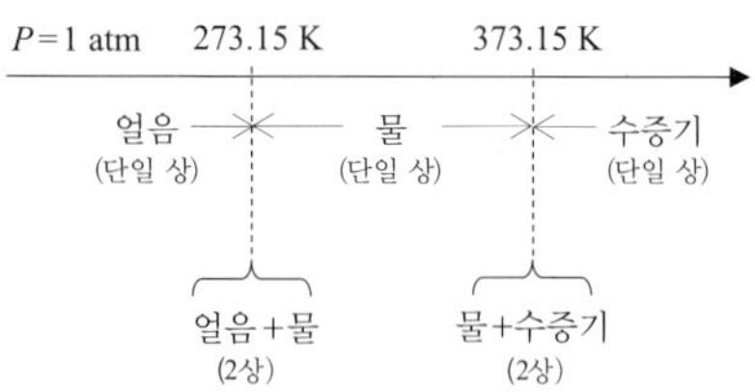

그림 7.2 1 atm하에서 물의 상(phase) 존재 영역.

경험으로 보면, 1 atm하에서 물은 0°C 이하에서는 고체인 얼음 단일 상으로 존재하고, 0°C 부터 100°C까지는 액체인 물 단일 상으로 존재하고, 100°C 이상에서는 기체인 수증기 단일 상으로 존재한다. 그런데 0°C에서는 얼음과 물 두 상이 동시에 같이 존재하고, 100°C에서는 물과 수증기 두 상이 동시에 같이 존재한다(그림 7.2).

압력과 온도가 일정할 때, 즉 기계적 평형과 열적 평형이 이루어져 있을 때 주어진 계의 열역학적 평형조건은 그 계의 Gibbs 자유에너지가 최소가 되는 것이다. 온도와 압력이 일정할 때 n몰의 단일 성분 단일 상의 Gibbs 자유에너지 G는

$$G = n\mu \tag{7.22}$$

그러므로 단일 성분계에서 그 단일 성분의 화학포텐셜은 그 계의 몰당 Gibbs 자유에너지(molar Gibbs free energy)와 같다.

$$\mu \equiv \left(\frac{\partial G}{\partial n}\right)_{T,P} = \frac{G}{n} \tag{7.23}$$

예를 들어 액체(l) 물과 고체(s) 얼음 두 상으로 이루어진 닫힌 계에서 이들 두 상의 입자 수 변화가 각각 dn_l, dn_s이라 하면, 이때 우리 계 전체의 Gibbs 자유에너지 변화 dG는 두 상 각각의 변화를 더하여

$$dG)_{T,P} = \mu_s dn_s + \mu_l dn_l \tag{7.24}$$

그런데 우리 계는 닫혀 있으므로

$$dn = dn_s + dn_l = 0 \tag{7.25}$$

따라서

$$dG)_{T,P} = (\mu_s - \mu_l) dn_s \leq 0 \tag{7.26}$$

그러므로

(i) $\mu_s > \mu_l$ 이면 $dn_s(= -dn_l) \leq 0$:

성분 H_2O가 얼음으로부터 물로 유출한다($dn_s < 0$). 즉 얼음이 저절로 녹는다. 이 저절로 과정에 의하여 얼음이 다 녹아 물이 되면($dn_s = 0$) $dG = 0$. 즉 G가 최소가 되어 열역학적 평형에 이른다. 이게 $T > 273.15$ K일 때의 상황이다.

(ii) $\mu_s < \mu_l$ 이면 $dn_s(= -dn_l) \geq 0$:

성분 H_2O가 물로부터 얼음으로 저절로 유출한다($dn_s > 0$). 즉 얼음이 저절로 언다. 이윽고 물이 다 얼음이 되면($dn_s = 0$), G가 최소가 되어($dG = 0$) 열역학적 평형에 이른다. 이게 $T < 273.15$ K일 때의 상황이다.

(iii) $\mu_s = \mu_l$ 이면

임의의 $dn_s(= -dn_l)$에 대하여 항상 $dG = 0$, 즉 얼음과 물의 상대적 양에 상관없이 G가 최소가 되어 이 두 상이 평형을 이루어 공존하게 된다. 이것이 $T = 273.15$ K일 때의 상황이다.

액체 물과 수증기, 고체 얼음과 수증기에 대해서도 같은 논리로 따져보면 얼음이 승화(sublimation)하고 물이 끓는 현상을 열역학적으로 설명할 수 있다. 요약하면 1 atm하에서

- $T < 273.15$ K에서는 물의 화학포텐셜이 얼음(s)으로 있을 때가 가장 낮고

($\mu_s < \mu_l$, μ_v),

- T = 273.15 K에서는 물의 화학포텐셜이 얼음(s)과 액체 물(l)에서 서로 같고($\mu_s = \mu_l < \mu_v$),
- 273.15 K < T < 373.15 K의 온도 범위에서는 물이 액체 물에서 그 화학포텐셜이 가장 낮고($\mu_l < \mu_s$, μ_v),
- T = 373.15 K에서는 성분 물의 화학포텐셜이 수증기(v)에서와 액체 물(l)에서는 서로 같되 얼음에서의 그것보다는 낮고($\mu_v = \mu_l < \mu_s$),
- T > 373.15 K에서는 성분 물의 화학포텐셜이 수증기(v)에서 가장 낮다($\mu_v < \mu_l$, μ_s).

결국 단일 성분 계에 있어서 주어진 열역학적 조건 (T, P)에서 열역학적으로 가장 안정한 평형상은 존재할 수 있는 상들 중 화학포텐셜이 가장 낮은 상이 된다. 그러므로 온도와 압력에 따른 평형상을 알기 위해서는 있을 수 있는 모든 상에서 이 단일 성분의 화학포텐셜 μ를 단일 성분계의 열역학적 독립변수인 T와 P의 함수로 아는 것이 관건이다.

7.3 | 단일 성분계 단일 상의 몰당 자유에너지 또는 화학포텐셜

단일 성분계 단일 상의 Gibbs 자유에너지 변화 dG는, 열린 계의 에너지 바탕식을 온도와 압력에 대하여 Lagendre 변환한 식으로부터,

$$dG = -SdT + VdP + \mu dn \tag{7.27}$$

단일 성분계 단일 상에서는 G가 식 (7.22)와 같이 주어지므로 이 식을 미분하면

$$dG = \mu dn + nd\mu. \tag{7.28}$$

이 두 식은 당연히 서로 같아야 하므로

$$d\mu = -\frac{S}{n}dT + \frac{V}{n}dP = -sdT + vdP \tag{7.29}$$

여기서 $s(=S/n)$, $v(=V/n)$은 각각 주어진 상의 몰당 엔트로피와 몰당 부피이다. 간단한 관계식을 복잡하게 유도했지만, 이 식은 n몰의 단일 성분으로 이루어진 단일 상의

몰당 Gibbs 자유에너지의 미분에 다름 아니다.

$$d\mu = \frac{dG}{n} \tag{7.30}$$

또한 이 식은 단일 성분계 한 상이 열역학적 평형상태에 있을 때 그 상의 열역학적 세기변수들 T, P, μ 사이의 관계식으로서 그 상의 Gibbs-Duhem 식이다.

어쨌든 단일 성분계의 경우 한 상의 몰당 Gibbs 자유에너지 또는 화학포텐셜은 온도와 압력에 의하여 일의적으로 결정된다.

$$\mu = \mu(T,P) \tag{7.31}$$

이 관계식은 $\{T,P,\mu\}$로 이루어진 3차원 공간에서 μ가 1개의 면(surface)으로 나타난다는 것을 말한다. 이 μ-면의 모양을 예측해 보자.

μ가 몰당 Gibbs 자유에너지이므로 당연히

$$\left(\frac{\partial \mu}{\partial T}\right)_P = -s < 0 \;;\; \left(\frac{\partial \mu}{\partial P}\right)_T = v > 0 \tag{7.32}$$

이 식들을 각각 한 번 더 미분하면,

$$\left(\frac{\partial^2 \mu}{\partial T^2}\right)_P = -\left(\frac{\partial s}{\partial T}\right)_P = -\frac{c_P}{T} < 0 \;;\; \left(\frac{\partial^2 \mu}{\partial P^2}\right)_T = -\left(\frac{\partial v}{\partial P}\right)_T = -v\kappa_T < 0 \tag{7.33}$$

항상 $s, v > 0$이고 $c_P, \kappa_T > 0$이므로, μ의 T와 P에 대한 기울기는 각각 $-s < 0$, $v > 0$이고, 그 곡률은 각각 $-c_P/T < 0$, $-v\kappa_T < 0$으로서 위로 볼록한 모양이다(그림 7.3).

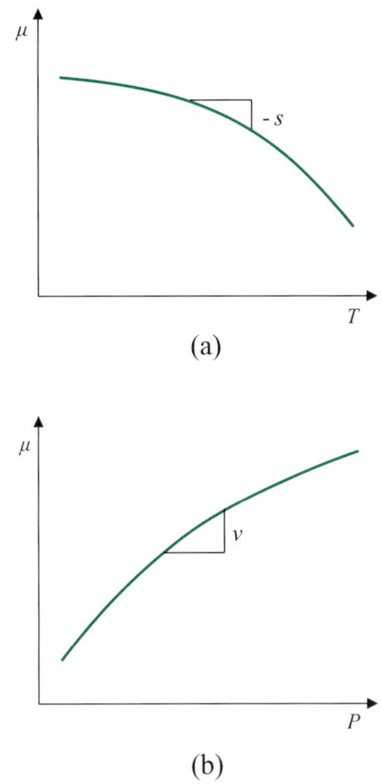

그림 7.3 단일 성분계 화학포텐셜의 온도(a)와 압력(b)에 따른 개략적인 변화 모양.

7.4 | 단일 성분계 물의 화학포텐셜 면 $\mu=\mu(T,P)$

단일 성분계 물에 대하여 물이 가질 수 있는 3상의 화학포텐셜 면을 그려보자. 우선 일상 경험으로부터 잘 알고 있는 상평형 사실(그림 7.2)과 비교하기 위하여, $P=1$ atm일 때 물이 가질 수 있는 세 상의 화학포텐셜을 온도에 따라 그려보자. 물의 몰당 엔트로피가

$$s_s < s_l \ll s_v \tag{7.34}$$

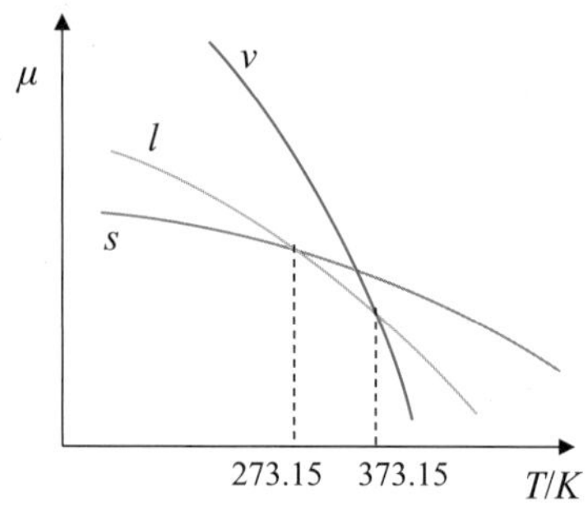

그림 7.4 $P=1$ atm에 해당하는 단일 성분계 물의 $\mu-T$ 단면.

의 순이므로(대개 $S_l-S_s \approx R$, $S_v-S_l \simeq 10R$), $P=1\,\mathrm{atm}$에 해당하는 $\mu-T$ 단면에 비치는 각 상의 화학포텐셜 $\mu=\mu(T,\ 1\,\mathrm{atm})$는 개략적으로 그림 7.4와 같을 것이다.

바로 여기서 이런 의문이 들 것이다. 식 (7.34)는 각 상에 해당하는 μ-곡선들의 상대적 순간 기울기(instantaneous slope)만을 나타내지 온도에 따른 상대적 위치에 대해서는 아무 정보를 주지 않는데 어떻게 알고 그 상대적 위치를 그림 7.4와 같이 그릴 수 있는가? 우리 물질계는 항상 외부의 영향을 상쇄 혹은 무위화하는 방향으로 반응한다. 이를 Le Chatelier의 원리라 한다. 외부의 온도가 높아지면 우리 물질계는 열을 흡수하는 방향으로 반응한다. 따라서 온도가 높을수록 엔트로피가 큰 상이 안정해진다. 이것이 그림 7.4에서 μ_s, μ_l, μ_v의 상대적 위치가 결정되는 켯속이다.

열역학적으로 가장 안정한 상은 성분의 유출경향이 가장 작은 상, 즉 화학포텐셜이 가장 작은 상임을 상기하면, 이제 물에 대한 경험적 사실이 어떻게 표현되는지 알 수 있을 것이다. 당연히 $\mu_s(T,\ 1\ \mathrm{atm}) = \mu_l(T,\ 1\ \mathrm{atm})$이 되는 데가 $T=273.15$ K, $\mu_l(T,\ 1\ \mathrm{atm}) = \mu_v(T,\ 1\ \mathrm{atm})$이 되는 데가 $T=373.15$ K에 해당한다. 전자를 **정상 융점** 또는 **녹는 점**(normal melting point), 후자를 **정상 비등점** 또는 **끓는 점**(normal boiling point)이라 부른다.

임의의 온도 T에 해당하는 $\mu-P$ 단면의 모양은 그림 7.5와 같을 것이다. 다시 LeChatelier 원리에 따라 압력이 높아질수록 부피가 작은 상이 안정해지므로, P가 커질수록 고체나 액체 같은 응집계의 화학포텐셜이 기체의 그것보다 작은 값을 가진다. 대개의 경우

$$v_s < v_l \ll v_v \tag{7.35}$$

그래서 μ_l의 기울기가 μ_s의 기울기보다 더 크다. 그러나 물은 이상하게도 고체 얼음의 몰당 부피가 액체 물의 몰당 부피보다 조금 더 크다:

$$v_l < v_s \ll v_v \tag{7.36}$$

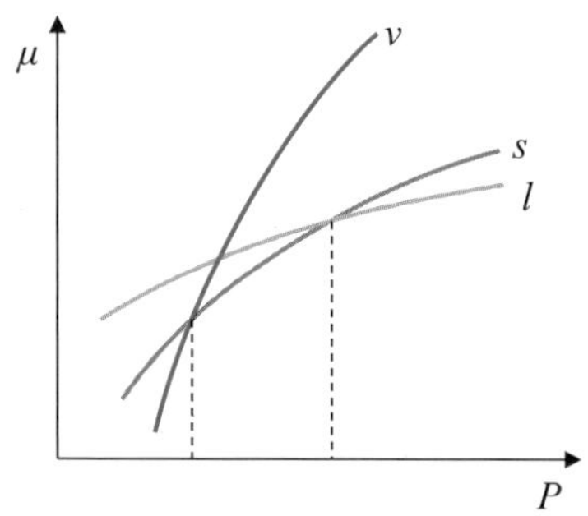

그림 7.5 임의의 온도 T에 해당하는 단일 성분계 물의 $\mu-P$ 단면.

그래서 3개 μ-곡선의 기울기가 그림 7.5에서처럼 나타난 것이다. 바로 이 사실 때문에 물은 다른 물질과 특별히 구별되며, 이런 특별한 물질을 마시고 사는 인간들이 신기하기까지 하다. 이런 거동을 보이는 물질은 물을 포함하여 다섯 가지 정도밖에 되지 않는다.

주어진 열역학적 조건에서 화학포텐셜이 가장 낮은 상이 안정한 상임을 상기하면, 임의의 온도에서 압력이 올라가면서 수증기→얼음→물 순서로 단일 성분계 물의 안정상이 변화하는 것을 알 수 있을 것이다.

그림 7.4와 7.5를 조합하면 $T-P-\mu$ 3차원 공간에서 고체 얼음과 액체 물과 기체 수

증기 각각의 μ-면이 어떤 모양이 될지 짐작할 수 있을 것이다. 실제 얼음과 물 두 상의 화학포텐셜 면 $\mu_s = \mu_s(T,P)$, $\mu_l = \mu_l(T,P)$를 보면 그림 7.6과 같다. 여름 잔칫날 마당 위에 해를 가리기 위하여 드리운 차일을 생각하자. 2개의 차일 $\mu_s = \mu_s(T,P)$, $\mu_l = \mu_l(T,P)$이 T-P 면(마당) 위에 드리워져 있는 형국이다. 주어진 한 열역학적 조건 (T,P)에서 어느 차일이 더 아래에 있는가에 따라 안정상이 결정되며, 차일 면과 면이 만나는 데서는 1개의 선이 정의되는데, 이 선 상에서는 2개의 화학포텐셜이 서로 같으므로 두 상이 같이 존재하게 된다. 가장 낮은 μ의 T-P 영역을 그 상의 **안정 영역**(stability field) 또는 **단일 상 영역**(single phase field)이라 부른다.

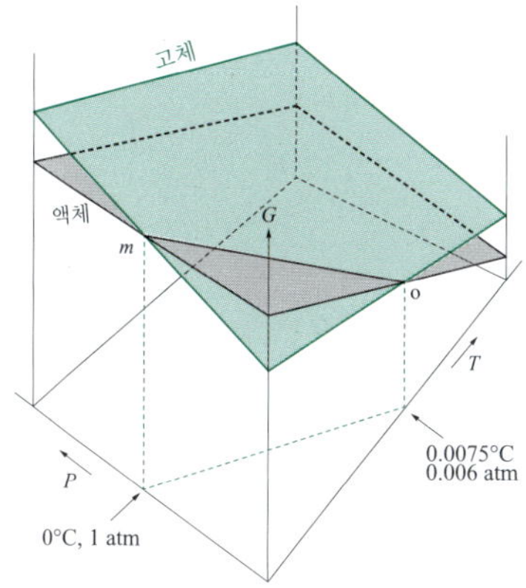

그림 7.6 단일 성분계 물의 고체와 액체 화학포텐셜 면. (D. R. Gaskell, Introduction to the Thermodynamics of Materials 5E, Taylor & Francis, 2008, p.160)

각 상에 해당하는 차일을 기술하는 식을 정량적으로 알므로 두 상에 해당하는 차일이 서로 교차하는 선, 즉 두 상이 공존하는 조건을 정량적으로 계산하는 것도 손바닥을 뒤집는 것만큼이나 쉬울 것이다. 이제 이 면과 면이 만나서 만드는 교선의 식을 구해 보자.

7.5 | 인접하는 상들의 상경계(phase boundaries)

단일 성분계에서 고체(s)/액체(l)/기체(v) 3상이 있는 경우 상평형은 T-P 면 위에 드리워진 각 상에 해당하는 3개의 화학포텐셜 면 $\mu_s = \mu_s(T,P)$, $\mu_l = \mu_l(T,P)$, $\mu_v = \mu_v(T,P)$의 상대적 위치에 따라 결정된다. 한 단일 상의 안정 영역은 그 상의 화학포텐셜 면이 가장 낮은 T-P 영역으로 주어진다. 서로 다른 두 상에 해당하는 화학포텐셜 면과 면이 만나면 두 상의 화학포텐셜이 서로 같아져 두 상이 동시에 공존할 수 있는 조건이 된다. 그러면 두 면 간의 교선은 몇 개나 될까? 있을 수 있는 상이 3개라면 그 교선의 수는 세 면 중 2개를 선택하는 방법의 가짓수에 해당하므로 ${}_3C_2$, 즉 고체/액체, 액체/기체, 고체/기체 간 교선 3개가 정의된다. 먼저 고체상과 액체상의 경계를 구해 보자.

7.5.1 고체상/액체상 경계 – Clapeyron 식

고체상과 액체상의 상경계에서는 이들 상의 화학포텐셜이 서로 같아야 하므로,

$$\mu_s(T,P) = \mu_l(T,P) \tag{7.37}$$

원칙적으로는 이 식을 풀면 우리는 T와 P 사이의 관계식

$$P = P(T) \quad \text{또는} \quad T = T(P) \tag{7.38}$$

를 얻는다. 바로 이 곡선 상에서 두 상 s와 l이 공존하게 된다.

불행히도 열역학에서는 각 상의 화학포텐셜의 정량적 표현식 $\mu=\mu(T,P)$이 알려져 있지 않다. 다만 그들의 미분 $d\mu$를 식 (7.29)와 같이 알고 있을 따름이다. 그러면? 논리적으로 식 (7.37)이 참이면, 반드시

$$d\mu_s(T,P)=d\mu_l(T,P) \tag{7.39}$$

여야 한다. 그러나 유의할 것: 이 역은 항상 참이 아니다. 즉 식 (7.39)는 식 (7.37)의 필요조건(necessary condition)이라는 말이다. 이 필요조건에 식 (7.29)를 대입하면 T와 P에 관한 미분방정식

$$-S_s dT+v_s dP=-s_l dT+v_l dP \tag{7.40}$$

이 얻어진다. 정리하면

$$\frac{dT}{dP}=\frac{\Delta v_{l/s}}{\Delta s_{l/s}}=\frac{v_l-v_s}{s_l-s_s} \tag{7.41}$$

식 (7.38) 대신 그 필요조건으로서 두 면이 만나는 교선의 기울기를 얻는다. 주어진 압력 P와 T에서 고체가 액체로 상전이를 할 때 몰당 엔탈피 변화, 즉 **몰당 용융 엔탈피**(molar enthalpy of melting)를 $\Delta h_{l/m}$이라 하면 몰당 엔트로피 변화, 즉 **몰당 용융 엔트로피** $\Delta s_{l/s}$는

$$\Delta s_{l/s}=\frac{\Delta h_{l/s}}{T} \tag{7.42}$$

그러므로 식 (7.41)은

$$\frac{dT}{dP}=\frac{T\Delta v_{l/s}}{\Delta h_{l/s}} \quad \text{또는} \quad \frac{d\ln T}{dP}=\frac{\Delta v_{l/s}}{\Delta h_{l/s}} \tag{7.43}$$

1834년 이 식을 처음으로 유도한 프랑스 물리학자 B. P. E. Clapeyron을 기려 Clapeyron 식이라 부른다.

이 식에 의하면, 압력에 따른 용융점의 변화는 $\Delta h_{l/s}/\Delta v_{l/s}$(또는 $\Delta h_{s/l}/\Delta v_{s/l}$) 비의 부호에 따라 결정되는데, $\Delta h_{l/s}$는 항상 >0이고, $\Delta v_{l/s}$는 대부분의 물질의 경우 >0이나 H_2O, Bi, Sb 등 몇 개 이상한 물질의 경우는 <0이다. 그러므로 대부분의 물질의 경우 $dT/dP>0$: 압력이 커지면 녹는 점도 높아진다. 그러나 물과 같이 이상한 물질의

경우 $dT/dP<0$: 압력이 높아지면 녹은 점은 오히려 낮아진다(그림 7.7).

일반적으로 응집계 간 상전이에 따른 부피 변화는 상대적으로 매우 작으므로 ($\Delta v_{l/s}/v_l \ll 1$) 그림 7.7에서 보는 것처럼 압력이 크게 바뀌어도 융점의 변화는 그리 크지 않다. 예를 들어 물의 경우 1 atm, 0°C에서

$$\Delta h_{l/s}=79.8\ \mathrm{cal/g}\ ;\quad v_l=1.0001\ \mathrm{cm^3/g}\ ;\quad v_s=1.097\ \mathrm{cm^3/g} \tag{7.44}$$

의 값을 가지므로,

$$\begin{aligned}\frac{dT/T}{dP}&=\frac{(1.0001-1.097)\times 10^{-3}\mathrm{L/g}}{(79.8\ \mathrm{cal/g})(0.08205\ \mathrm{L\cdot atm\cdot mol^{-1}K^{-1}}/1.987\ \mathrm{cal\cdot mol^{-1}K^{-1}})}\\&=-2.94\times 10^{-5}\mathrm{atm^{-1}}\end{aligned} \tag{7.45}$$

또는

$$\frac{\Delta T}{T}\approx(-2.94\times 10^{-5}\mathrm{atm^{-1}})\cdot \Delta P \tag{7.46}$$

즉 압력이 1 atm 증가할 때($\Delta P=1$) 얼음의 녹는 점은 273.15 K에서 겨우 0.0075 K 감소한다. 별것 아닌 것처럼 느껴진다. 그러나 이 빙점 강하가 비록 미미하게 보이지만 압력이 커지면 그 효과는 지형을 바꿀 만큼 대단하고, 우리의 스타 김연아가 이 세상 피겨 스케이팅계를 제패한 것도 그 켯속은 바로 이것이다. 스케이트 날 두께가 대충 1 mm, 길이는 대충 30 cm, 이 위에 50 kg 무게가 얹히면 스케이트 날에 걸리는 압력 증가는 $\Delta P\approx 16$ atm에 달하여 날이 닿는 면의 얼음은 주위보다 그 녹는 점이 0.13°C 정도 낮아져 물이 생긴다. 이렇게 생긴 물이 윤활제가 되어 스케이트를 미끄러지게 하는 것이다. 스케이트가 지나가고 나면 물은? 그 자리에서 다시 언다. 빙산이 바위를 통과해 가는 것도 같은 이치이다. 직육면체 얼음덩이 한가운데 열이 잘 통하는 철사를 길치고 그 밑 철시 끝에 큰 추를 달아 두면(그림 7.8), 이 철사는 마술처럼 얼음 덩어리는 멀쩡하게 그냥 둔 채 얼음을 통과한다. 이제 빙하가 어떻게 바위를 지나가는지 이해할 수 있을 것이다. 이 대목에서 한 가지 질문: 만약 철사 대신 열이 잘 안 통하는 나일론 끈이나 노끈으로 추를 매달면 철사만큼 그리 빨리 통과하지 못한다. 왜일까? 얼음이 녹는 것은 흡열과정(endothermic process)이고 물이 어는 것은 발열과정(exothermic process)임을 알고 이 이유를 생각해 보기 바란다.

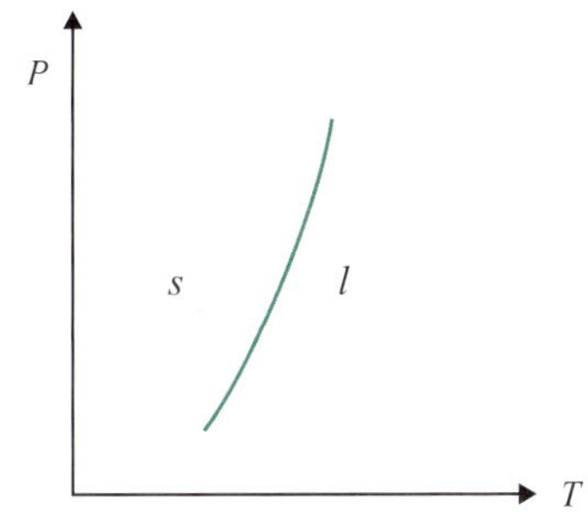

(a)

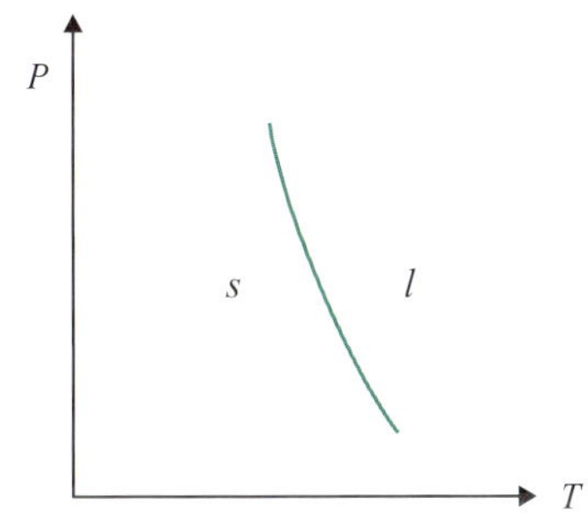

(b)

그림 7.7 고체상과 액체상의 화학포텐셜 면이 서로 만나는 교선 $\mu_s(T,P)=\mu_l(T,P)$[고체상의 녹는 온도 T가 압력이 증가할 때 녹으면서 부피가 증가하면($\Delta v_{l/s}>0$) 증가하고(a), 감소하면($\Delta v_{l/s}<0$) 감소한다(b)].

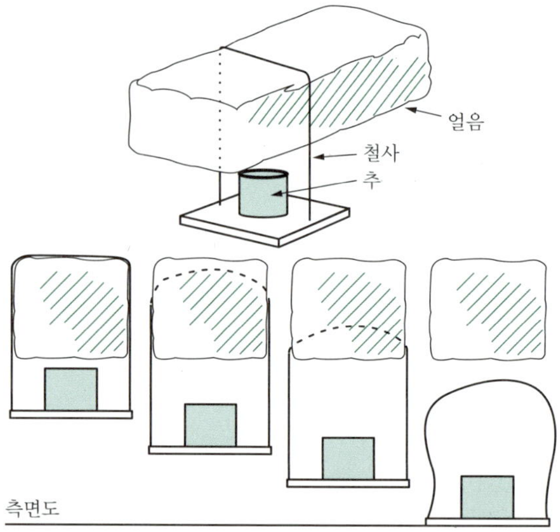

그림 7.8 열이 잘 통하는 철사에 무게를 달아 얼음 덩어리 중간에 걸쳐 두면 얼음덩이는 멀쩡하게 그대로 둔 채 무게 달린 철사가 얼음을 통과한다. (Fenn, Engines, Energy, and Entropy, Fig. 10–9)

Clapeyron 식[식 (7.43)]은 T와 P에 관한 미분방정식으로서, 주어진 계에서 두 상이 공존하는 조건을 알면 이를 적분함으로써 궁극적으로 두 상 간 교선에 관한 정량적 관계식 $T=T(P)$를 얻을 수 있다. 특정 상태 (T_o, P_o)에서 두 상이 공존하는 것을 알고, 상전이 온도 범위가 그리 크지 않아 우리 계의 열역학적 특성 $\Delta h_{l/s}$, $\Delta v_{l/s}$를 상수로 가정할 수 있는 경우라면 Clapeyron 식으로부터

$$\ln\frac{T}{T_o} = \frac{\Delta v_{l/s}}{\Delta h_{l/s}}(P - P_o) \tag{7.47}$$

이미 알고 있듯이 응집계 간 상전이의 경우는 어지간한 압력 변화에 대해서는 그 전이온도의 변화 $\Delta T = T - T_o$가 매우 작아 $|\Delta T|/T_o \ll 1$일 것이므로, 이 사실을 이용하여 식 (7.47)의 좌변을 1차 근사하면

$$\ln\frac{T}{T_o} = \ln\left(1 + \frac{\Delta T}{T_o}\right) \approx \frac{\Delta T}{T_o} \approx \frac{\Delta v_{l/s}}{\Delta h_{l/s}}(P - P_o) \tag{7.48}$$

예를 들어 물의 경우 $P_o = 1$ atm, $T_o = 273.15$ K이므로, 물과 얼음이 공존하는 교선의 식은

$$T/K \approx 273.15 - 0.0080 \cdot (P/\text{atm} - 1) \tag{7.49}$$

와 같이 근사되어 $T=T(P)$가 거의 직선으로 보인다. 만약 온도 범위가 넓어 전이 엔탈피를 더 이상 상수로 취급할 수 없으면, 앞에서 배운 반응 엔탈피에 관한 Kirchhoff 법칙에 의하여, 각 상의 몰당 열용량 $c_{P,l}$, $c_{P,s}$의 온도 의존성을 고려하여 전이 엔탈피를

$$\Delta h_{l/s}(T) = \Delta h_{l/s}(T_o) + \int_{T_o}^{T} (c_{p,l} - c_{P,s})dT \tag{7.50}$$

와 같이 T의 함수로 계산한 후, 이를 Clapeyron 식에 대입하여 적분함으로써 얻는다.

7.5.2 응집상/기체상 경계 - Clausius - Clapeyron 식

응집상과 그 증기상과의 경계도 마찬가지로 Clapeyron 식 (7.43)으로 주어진다. 예를 들어 액상(l)과 그 증기상(v)의 경우, 그 교선은

$$\mu_l(T,P) = \mu_v(T,P) \tag{7.51}$$

을 만족하는 곡선으로서, 원칙적으로 이를 풀어 포화 증기압 P를 비등점 또는 끓는 온도 T의 함수, 즉 $P=P(T)$를 얻게 된다. 그러나 역시 같은 이유로 그 필요조건이 Clapeyron 식에 의하여,

$$\frac{dP}{dT} = \frac{\Delta s_{v/l}}{\Delta v_{v/l}} = \frac{s_v - s_l}{v_v - v_l} \tag{7.52}$$

여기서 $\Delta s_{v/l}$은 전이 엔트로피로서, 지금의 경우는 액상의 증발 엔탈피(vaporization enthalpy) $\Delta h_{v/l}$를 끓는 온도 T로 나눈 값

$$\Delta s_{v/l} = \frac{\Delta h_{v/l}}{T} \tag{7.53}$$

이다. 그런데 응집상 간 평형 때와는 달리, 증기를 이상기체로 가정하면

$$v_v = \frac{RT}{P} \gg v_l \tag{7.54}$$

이 두 식을 Clapeyron 식 (7.43)에 대입하여 정리하면,

$$\frac{dP}{dT} = \frac{P\Delta h_{v/l}}{RT^2} \quad \text{또는} \quad \frac{d\ln P}{d(1/T)} = -\frac{\Delta h_{v/l}}{R} \tag{7.55}$$

이다. 이 식은 액상 위에 공존하는 증기를 이상기체로 간주하여 Clapeyron 식을 약간 변형한 것인데, Clausius가 처음으로 제안한 것이어서 특별히 Clausius–Clapeyron 식이라 부른다.

주어진 계에서 한 온도 T_o에서 공존하는 액체의 평형 증기압이 P_o임을 알면, 식 (7.55)를 적분함으로써 액체의 평형 증기압을 온도의 함수, 즉 $P=P(T)$를 계산할 수 있다:

$$\ln\frac{P}{P_o}=\frac{1}{R}\int_{T_o}^{T}\frac{\Delta h_{v/l}}{T^2}dT \tag{7.56}$$

이때 기화 엔탈피 값은 일반적으로 온도에 의존하므로, 기체와 액체의 몰당 정압열용량을 각각 $c_{P,v}$, $c_{P,l}$이라 하고 한 특정 조건 이를테면 정상 끓는 점(normal boiling point) T_b를 알면, Kirchhoff 법칙에 의하여

$$\Delta h_{v/l}(T)=\Delta h^o_{v/l}(T_b)+\int_{T_b}^{T}(c_{p,v}-c_{p,l})dT \tag{7.57}$$

이 식을 식 (7.55)의 우변에 대입하여 T에 관하여 적분함으로써 온도에 따른 평형 증기압

$$P=P(T) \tag{7.58}$$

를 얻는다.

만약 주어진 온도 범위에서 $\Delta h_{v/l}$를 상수로 볼 수 있다면, 식 (7.56)은 간단히

$$\ln\frac{P}{P_o}=-\frac{\Delta h_{v/l}}{R}\left(\frac{1}{T}-\frac{1}{T_o}\right) \tag{7.59}$$

이 식을 상수 항들을 따로 모아 다시 정리하면,

$$\ln P=\left(\ln P_0+\frac{\Delta h_{v/l}}{RT_o}\right)-\frac{\Delta h_{v/l}}{RT}=A-\frac{\Delta h_{v/l}}{RT} \tag{7.60}$$

실제 $\Delta h_{v/l}$를 상수로 가정한 식 (7.60)은 대개의 경우 만족할 정도로 잘 맞는다. 예를 들어 물의 경우 100°C에서 $\Delta h_{v/l}=9697$ cal/mol, 0°C에서 10,717 cal/mol, 즉 100°C 온도 범위에서 엔탈피 값 차이가 겨우 10% 정도밖에 되지 않으니 말이다. 식 (7.60)에 의하면, $\ln P$를 $1/T$에 대하여 그렸을 때 순간 기울기가 $-\Delta h_{v/l}/R$이 되는데, 대개 관심 있는 전체 온도 범위에서 식 (7.60)과 같이 직선으로 나타난다.

일례로 액체 물의 평형 증기압을 계산해 보자. 물의 경우 298~2500 K 온도 범위에서

$$c_{P,v}/JK^{-1}\text{mol}^{-1} = 30 + 10.7 \times 10^{-3}T + 0.33 \times 10^{5}T^{-2} \tag{7.61}$$

273~373 K 범위에서

$$c_{P,l}/JK^{-1}\text{mol}^{-1} = 75.44 \tag{7.62}$$

이다. 따라서 식 (7.57)에 의하여

$$\Delta h_{v/l}(T)/\text{Jmol}^{-1} = 57,383 - 45.44T + 5.35 \times 10^{-3}T^{2} - \frac{0.33 \times 10^{5}}{T} \tag{7.63}$$

그러면 이 식을 식 (7.56)에 대입하고, $P=1$ atm일 때 $T_b=373.15$ K 조건을 적용하여 적분하면,

$$\log(P/\text{atm}) = 21.98 - \frac{2997}{T} - 5.465\log T + 0.279 \times 10^{-3}T + \frac{862}{T^{2}} \tag{7.64}$$

이 증기압이 온도 범위 273~373 K에서 계산된 액체 물의 평형 증기압이다. 실제 실험으로 측정한 포화 증기압은

$$\log(P/\text{atm}) = A - \frac{B}{T} + C\log T \tag{7.65}$$

의 형태로 맞춤하는데, 물의 경우

$$\log(P/\text{atm}) = 19.732 - \frac{2900}{T} + 4.65\log T \tag{7.66}$$

이다. 전체 온도 범위에서 직선의 관계식 식 (7.60)을 대개 만족하고 있다(그림 7.9).

물의 평형 수증기압은 재료공학적으로도 매우 중요하다. 예를 들어 수소이온 전도체 소재의 수소이온 전도도를 제어하기 위해서는 그 재료의 한 성분으로서 재료 내 수분의 함량을 조절해야 하는데, 가장 손쉬운 방법이 주위 물의 수증기압을 조절하여 확산평형이 되게 하는 방법이다. 이때 주위의 수증기압은 식 (7.66)에 의하여 순수한 물의 온도를 조절함으로써 가능하다.

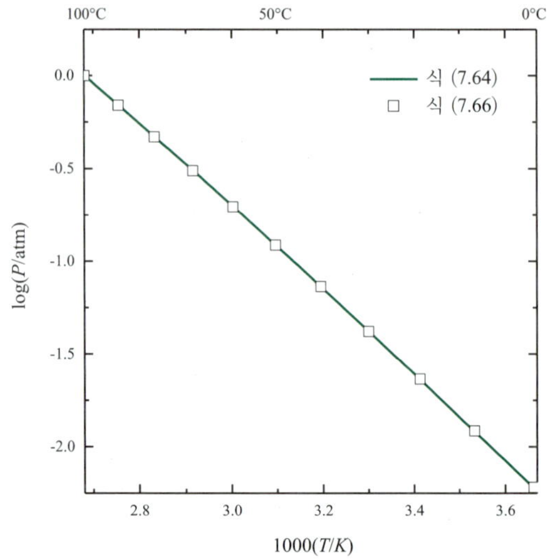

그림 7.9 온도의 함수로 나타낸 액체 물의 포화 증기압.

7.5.3 고체상/기체상 평형

고체상과 기체상 간 평형 역시 액체상/기체상 평형일 때와 동일한 논리에 의하여 결정된다. 이 두 상이 같이 존재하기 위해서는 그들의 화학포텐셜이 서로 같아야 하므로

$$\mu_s(T,P) = \mu_v(T,P) \tag{7.67}$$

이 되고, 이 식으로부터 두 상이 공존하는 경계선의 식

$$P = P(T) \tag{7.68}$$

가 얻어지는데, 역시 그 필요조건으로부터 Clausius-Clapeyron 식을 얻는다.

$$\frac{dP}{dT} = \frac{P\Delta h_{v/s}}{RT^2} \quad \text{또는} \quad \frac{d\ln P}{d(1/T)} = -\frac{\Delta h_{v/s}}{R} \tag{7.69}$$

이때 $\Delta h_{v/s}$는 고체의 **승화 엔탈피**(enthalpy of sublimation)이다. 역시 식 (7.57)에서처럼 알려져 있는 열용량의 온도 의존성으로부터 $\Delta h_{v/s}(T)$를 구하고, 이를 식 (7.56)에 의하여 적분함으로써 고체의 온도에 따른 평형 증기압을 계산한다. 많은 경우에 그러하듯이 이때도 온도 범위가 그리 크지 않다면 그 승화 엔탈피를 거의 상수로 가정할 수 있고, 그러면 식 (7.66)과 같은 증기압 곡선을 얻는다.

7.6 | 3상 평형

지금까지 면과 면이 만나는 2상 간 평형을 다루었다. 면과 면이 만나 1개의 교선이 정의되고, 그 교선의 기울기 dP/dT는 Clapeyron 식으로 주어졌다. 그러면 세 면이 동시에 만날 수 있을까? 다시 말하여 3개의 교선이 동시에 교차할 수 있을까? 고상과 액상이 공존하고 동시에 액상과 기상이 공존한다면 결국 3상이 동시에 공존하는 것이므로 당연히 세 교선은 한 점에서 동시에 교차하게 된다.

3개의 상이 동시에 공존하기 위한 완전조건은

$$\mu_s(T,P) = \mu_l(T,P) = \mu_v(T,P) \tag{7.70}$$

T와 P 미지수 2개에 식 2개가 있으므로 T와 P가 일의적으로 결정되고 만다. 이를 **삼중점**(triple point)이라 부른다. 물의 삼중점은 $T_{tr} = 273.16$ K, $P_{tr} = 0.006$ atm이다. 이 삼중점은 일의적으로 결정되어 고유하기 때문에, 물의 삼중점은 **실용온도 눈금**의 일차 표준(primary standard)으로 채택되고 있다.

7.7 | 상평형의 기하학적 표현 – 상평형도(phase diagram)

단일 성분계에 있을 수 있는 3상 간의 평형 관계는 $P-T$ 평면 위 각 상의 화학포텐셜 면 $\mu = \mu(T,P)$의 상대적 위치에 따라 결정되었다(그림 7.6). 그러면 이를 위에서 $P-T$ 면으로 내려다보면 어떻게 보일까? 면과 면이 교차하는 3개의 교선이 $T-P$ 면을 고상(s)/액상(l)/기상(v) 세 영역으로 분할하면서 삼중점으로 모이는 모양이 될 것이다. 지금까지 예로 든 물의 경우, 그 모양은 그림 7.10과 같다. 이와 같이 상 존재 영역(phase field)을 주어진 계의 열역학적 독립변수 공간에 기하적으로 나타낸 것을 **상평형도**(phase diagram)라 한다. 이 상평형도를 보면 열역학적 독립변수가 변화할 때 있을 수 있는 상이 무엇이며, 어디서 그 상이 어떤 상으로 전이하는지를 한눈에 알 수 있다. 그림 7.10의 물의 경우, 1 atm하에서 점선을 따라 오른쪽으로 이동해 보면, 온도가 0°C까지는 얼음이 열역학적으로 안정하고, 0°C에서는 얼음과 물이 동시에 존재하고(즉 얼음이 얼거나 녹고), 0°에서 100°C까지는 액체 물이, 100°C에서는 액체 물과 수증기가 동시에 존재하고(즉 물이 끓거나 수증기가 응축하고), 100°C보다 높으면 수증기만 남는다는 것을 알 수 있다. 온도를 0°C로 일정하게 유지하면서 압력을 가장 아래에서부터 증가하면 상변화는 어떻게 되는지 상평형도를 보면서 예측해 보기 바란다. 뿐만 아니라 이 상평형도에는 3개 상경계의[식 (7.47), (7.59), (7.69)] 열역학

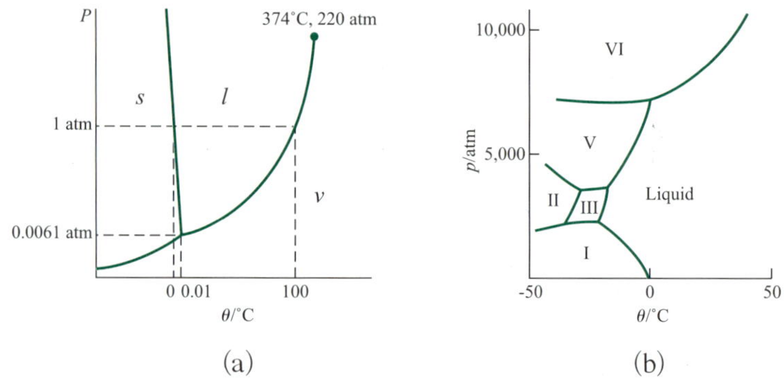

그림 7.10 단일 성분계 물의 상평형도: (a) 통상의 온도·압력 영역. l/v 경계가 끝나는 점(374°C, 220 atm)은 물의 임계점. (Castellan, Physical Chemistry 3E, 12.8), (b) 높은 압력 영역. (Castellan, Physical Chemistry 3E, 12.9)

적 특성이 담겨 있다.

여기서 한 가지 상기할 것: 단일 성분계에서 압력이 증가하면 대개 액상은 더 이상 안정하지 않고 거의 다 고상 간 상전이, 이를테면 결정구조가 서로 다른 상 간의 상전이를 하게 되는데, 이때 그 상경계는 역시 Clapeyron 식 (7.43)으로 주어진다. 이들 두 상을 각각 α, β라 하면

$$\lim_{T\to 0}\frac{dP}{dT} = \lim_{T\to 0}\frac{\Delta s_{\alpha/\beta}}{\Delta v_{\alpha/\beta}} = 0 \tag{7.71}$$

즉 온도가 0 K로 수렴하면 공존하는 2개의 고상 간 상경계의 기울기가 0으로 수렴해야 한다[그림 7.10(b)]. 왜 그래야 하는지 열역학 제3법칙을 생각하면 금방 그 이유를 알 수 있을 것이다.

7.8 | 계의 자유도와 Gibbs의 상법칙

우리 단일 성분계의 열역학적 변수는 T와 P이다. 그림 7.10(a)를 보면 인접한 2개의 상 간 경계선으로 둘러싸인 3개의 단일 상 영역 각각에서는 그 상을 유지한 채로 이 2개의 변수를 독립적으로 변화할 수 있다. 그러나 두 상이 공존하는 경계선 상에서는 T와 P 중 하나만 자유롭게 변화하고 다른 하나는 경계선의 식 $P = P(T)$에 의하여 종속적으로 결정된다. 3상이 동시에 존재하는 삼중점에서는 2개의 변수가 각각 일의적으로 고정되어 이 세 상을 동시에 유지하는 한 우리가 바꿀 수 있는 변수가 없다. 이렇게 주어진 상의 변화 없이 우리가 자유롭게 변화할 수 있는 열역학적 독립변수의 수를 우리 계의 **자유도**(degrees of freedom)라 부른다. 임의의 3상 α, β, γ를 가지는 단일 성분계($C=1$)에 대하여 요약하면,

공존상의 개수(ϕ)	평형조건	자유도(F)	독립변수
$1(\alpha)$	$\mu_\alpha(T,P) < \mu_\beta(T,P), \mu_\gamma(T,P)$	2	T와 P
$2(\alpha,\beta)$	$\mu_\alpha(T,P) = \mu_\beta(T,P) < \mu_\gamma(T,P)$	1	T 또는 P
$3(\alpha,\beta,\gamma)$	$\mu_\alpha(T,P) = \mu_\beta(T,P) = \mu_\gamma(T,P)$	0	없음

$F=0, 1, 2, 3, \cdots$인 계를 영어로는 이 숫자에 해당하는 라틴어 접두어를 붙여서 각각 invariant, univariant, bivariant, trivariant,…라 부른다. 이 표를 보면 공존상의 개수 ϕ와 자유도 F 사이에 어떤 체계적인 관계가 있어 보인다. 이 관계식은 어떤 것일까? 답을 미리 말하면, 성분의 수를 C라 할 때

$$F = C + 2 - \phi \tag{7.72}$$

이다. 지금 다루고 있는 단일 성분계의 경우 $C=1$이므로, $F=3-\phi$. 이 관계식이 바로 1875년 W. Gibbs가 유도한 'Gibbs의 **상법칙**(Gibbs' phase rule)'으로서, 어쩌면 재료열역학에서 가장 중요한 법칙이다. 이제 이 법칙을 공식적으로 유도해 보자.

여기 서로 화학반응을 하지 않고 서로 구별되는 성분 $C(i=1,2,3,\cdots,C)$개를 가진 계가 있어 α, β, $\gamma,\cdots$, ϕ 상으로 이루어져 있다고 하자. 물론 이 계 안에는 휘어진 계면도 없고 기계적 응력도 없다고 가정한다(이들이 있으면 열역학적 변수가 증가하게 되고 상평형 조건도 더 복잡해진다). 이때 자체적으로 열역학적 평형상태에 있는 한 상을 열역학적으로 완전히 기술하기 위해서는 그 상의 온도(T)와 압력(P)과 조성(x_i)을 알아야 한다. 조성은 대개 몰분율(mole fraction)이나 질량분율(weight fraction) x_i로 나타내는데, $\sum x_i = 1$이므로 조성변수의 수는 $C-1$개가 된다. 따라서 각 상당 알아야 할 열역학적 변수들은

$$\{T, P, x_1, x_2, \cdots, x_{c-1}\} \tag{7.73}$$

로서, 조성변수 $C-1$개에다 온도와 압력 2개를 더하여 모두 $C+1$개가 된다. 상이 모두 ϕ개가 있으니

$$(\text{변수의 전체 개수}) = \phi(C+1) \tag{7.74}$$

이 된다. 그런데 이 ϕ개 상들이 서로 열역학적 평형을 이루기 위해서는 i) 열적 평형, ii)기계적 평형, iii) 확산평형이 동시에 이루어져 있어야 한다. 즉 각 상의 온도가 서로 같아야 하고 압력이 서로 같아야 하고 각 성분의 화학포텐셜이 서로 같아야 한다:

$$\begin{aligned} &T^{(\alpha)} = T^{(\beta)} = T^{(\gamma)} = \cdots = T^{(\phi)} \\ &P^{(\alpha)} = P^{(\beta)} = P^{(\gamma)} = \cdots = P^{(\phi)} \\ &\mu_1^{(\alpha)} = \mu_1^{(\beta)} = \mu_1^{(\gamma)} = \cdots = \mu_1^{(\phi)} \\ &\mu_2^{(\alpha)} = \mu_2^{(\beta)} = \mu_2^{(\gamma)} = \cdots = \mu_2^{(\phi)} \\ &\cdots\cdots\cdots\cdots\cdots\cdots\cdots\cdots\cdots \\ &\mu_C^{(\alpha)} = \mu_C^{(\beta)} = \mu_C^{(\gamma)} = \cdots = \mu_C^{(\phi)} \end{aligned} \tag{7.75}$$

따라서 각 부분평형 조건당 $\phi-1$개씩의 조건이 있고, 모두 $C+2$개의 부분평형 조건이 있으므로

$$(\text{부분평형 조건 전체 개수}) = (C+2)(\phi-1) \tag{7.76}$$

이다. 그러므로 상의 개수를 유지한 채 우리가 자유롭게 조절할 수 있는 열역학적 변수의 수, 즉 독립변수의 개수 F는

$$F = [(C+1)\phi] - [(C+2)(\phi-1)] = C + 2 - \phi \tag{7.77}$$

바로 Gibbs의 상법칙이다!

그런데 실제 Gibbs는 이보다 훨씬 더 세련되고 간단하게 이렇게 유도하였다. 열역학적 평형상태에 있는 우리 계를 열역학적으로 완전하게 정의하기 위하여 필요한 세기변수는

$$\{T, P, \mu_1, \mu_2, \cdots, \mu_C\} \tag{7.78}$$

로 모두 $C+2$개밖에 없다. 그런데 각 상마다 이들 세기변수들 사이의 관계식인 Gibbs-Duhem 식이 하나씩 있으므로 모두 ϕ개가 있다. 따라서 독립적인 세기변수의 수 F는

$$F = (\text{세기변수의 총 개수}) - (\text{Gibbs-Duhem 식 총 개수}) = (C+2) - \phi! \tag{7.79}$$

역시 열역학의 비조 Gibbs답다!

이 법칙에서 주의할 것은 반드시

$$F \geq 0 \tag{7.80}$$

이라는 사실이다. 만약 $F<0$이 되면 우리 계는 열역학적 평형상태에 있지 않거나 과도하게 제약되어 기존에 있던 상들이 사라지면서 이 조건을 만족하게 된다.

익힘문제

7.1 **(a)** 단일 성분 응집상이 그 자체 증기와 두 상 평형을 이루고 있을 때 계에 걸리는 전체 압력 P는 평형 포화 수증기압 p와 같고, 이 포화 수증기압은 다음과 같이 Clausius-Clapeyon 식에 따라 온도만에 의하여 결정됨을 보았다:

$$\left(\frac{d\ln p}{dT}\right)_{eq} = \frac{\Delta s_{vap}}{\Delta v_{vap}} \approx \frac{\Delta h_{vap}}{RT^2}$$

불활성 기체 등을 이용하면 계에 걸리는 전체 압력 P를 조절할 수 있다. 응집상의 몰당 부피가 v_c이고 증기가 이상기체라 가정하고, 온도가 일정할 때 전체 압력 P의 증가에 따른 평형 증기압 p의 변화와, 전체 압력이 일정할 때 온도에 따른 평형 증기압의 변화가 각각 다음과 같음을 보여라:

$$\left(\frac{\partial \ln p}{\partial P}\right)_T = \frac{v_c}{RT} \ ; \ \left(\frac{\partial \ln p}{\partial T}\right)_P \approx \frac{\Delta h_{vap}}{RT^2}$$

(b) 일정한 온도에서 응집상에 걸리는 전체 압력 P가 올라가면 평형 증기압 p가 증가한다. 왜 그런지 전체 압력에 따른 물질의 유출경향(escaping tendency) 변화의 관점에서 설명하라.

7.2 25°C, 1 atm의 공기압(air pressure)하에서 물의 증기압은 공기압 없이 수증기압 그 자체하에 있을 때보다 높다. 공기압하에서의 평형 수증기압을 계산하라. 물의 밀도는 1 g/cm^{3}이고 공기압이 없을 때의 평형 수증기압은 3167.2 Pa이다.

7.3 물을 포함하는 혼합체에서 물을 제거하는 방법 중 하나가 이 혼합체의 온도를 우선 0°C 이하로 식히고 압력을 물의 삼중점 이하로 낮춘 다음 가열하는 것이다. 이 공정을 'freeze drying'이라 부르는데, 물의 상평형도로부터 왜 이렇게 부르는지 설명하라.

7.4 **(a)** 298 K, 1 atm하에서 다음 반응에 수반되는 Gibbs 자유에너지의 변화 ΔG는 얼마인가?

$$C_{graphite} = C_{diamond}$$

(b) 298 K에서 다이아몬드(diamond)와 흑연(graphite) 중 어느 것이 열역학적으로 더 안정한가? 이유는 무엇인가?

(c) 다이아몬드를 298 K에서 1 atm으로부터 1000 atm까지 등온 가압할 때 다이아몬드의 Gibbs 자유에너지 변화를 계산하라.

(d) 흑연과 다이아몬드 둘 다 압축되지 않는다고 가정하고(즉 등온압축률 $\kappa_T = 0$), 298 K에서 두 상이 평형을 이루어 공존하는 압력을 계산하라.

(e) 흑연과 다이아몬드 두 상의 열용량이 서로 같다고 가정하고, 900 K에서 다이아몬드와 흑연의 Gibbs 자유에너지 차이를 구하라.

(f) 다이아몬드는 고온·고압에서 흑연으로부터 합성한다. 위 계산으로부터 고압이 필요하다는 것은 자명하다. 그러면 고온은 왜 필요한가?

	밀도/gcm^{-3}	$\Delta H^o_{f,298}$/kJmol^{-1}	S^o_{298}/$\text{JK}^{-1}\,\text{mol}^{-1}$
다이아몬드	3.51	1.897	2.38
흑연	2.25	0	5.74

7.5 400°C 액체 아연(liquid Zn)의 평형 증기압은 10^{-4} atm이다. 이 아연의 증발열(heat of vaporization)이 대략 28 kcal/mol이라 할 때 Zn가 정상적으로 끓는 온도(normal boiling point)를 예상하라.

7.6 증발잠열(latent heat of vaporization)이 5000 J/mol로서 온도와 압력에 무관한 상수인 물질 1몰이 부피가 1 L로 고정된 통 안에서 온도 300 K, 압력 1 atm일 때 그 증기와 2상 평형을 이루고 있다. 이 통의 온도를 올려 그 평형압력이 2 atm이 되도록 하였다. 증기를 이상기체로 가정하고 응집상의 부피를 증기의 부피에 비하여 무시하고, 온도를 올리기 전과 올린 후 기상에 있는 물질의 몰분율을 각각 계산하라.

7.7 CO_2의 삼중점(−56.6°C) 아래 온도에서 고상 CO_2의 증기압이 다음과 같다.

$$\ln(p/\text{atm}) = -\frac{3116}{T} + 16.01$$

(a) 고상 CO_2의 증기압이 1 atm가 되는 온도는 몇 도인가?

(b) CO_2의 용융잠열(latent heat of melting)은 8330 J/mol이다. 25°C에서 액상 CO_2의 증기압을 예측하라.

(c) 고체 CO_2를 왜 'dry ice'라 부르는지 설명하라.

(d) 시중에서 사는 CO_2 기체는 실린더 안에 들어 있는데, 통을 흔들면 액체가 출렁이는 소리가 들린다. 이때 CO_2 통 안의 압력은 몇 기압이나 될까?

7.8 질소는 $P = 4650$ atm, $T = 44.5$ K에서 3개의 고체상 α, β, γ가 서로 평형을 이루어 공존한다. 이 삼중점에서 $V_\beta - V_\alpha = 0.043$ cm^3/mol, $V_\alpha - V_\gamma = 0.165$ cm^3/mol, $S_\beta - S_\alpha = 4.59$ J/mol−K, $S_\alpha - S_\gamma = 1.25$ J/mol−K이다. 열역학 상태 $P = 1$ atm, $T = 36$ K는 α 상과 β 상 경계에 있는데, 이 상태에서 $S_\beta - S_\alpha = 6.22$ J/mol−K, $V_\beta - V_\alpha = 0.22$ cm^3/mol이다. 이 데이터를 이용하여 낮은 온도 영역에서 N_2의 상평형도를 가능한 한 정량적으로 그려라.

7.9 1 atm, 910°C에서 Fe의 밀도는 α−Fe가 7.571 g/cm^3, γ−Fe가 7.633 g/cm^{3}이고, $\alpha \rightarrow \gamma$ 전이 시 우리 계 Fe는 218 cal/mol을 흡수한다. 100 atm일 때 $\alpha \rightarrow \gamma$ 평형 상전이 온도를 1 atm일 때의 그것과 비교하여 계산하라. 상전이 시 부피 변화는 압력에 무관하다고 가정한다.

Chapter 8 혼합기체

8.1 | 들어가는 말

이 장에서는 단일 성분계의 상평형에 이어 두 번째 예로 **혼합기체**(gas mixture)를 열역학적으로 분석해 보자. 대개 재료공학에서 다루게 될 고상, 액상 소재의 증기나 소재 내 한 성분의 농도를 제어하기 위하여 사용하는 분위기 기체는 압력이 그리 높지 않기 때문에 대부분의 경우 이상기체로 다루어도 크게 틀리지 않는다. 대개 기체의 성질은 재료열역학을 배우기 전 물리화학에서 이미 다룬 내용들이니, 이 장에서는 이상기체와 실제기체의 정의와 더불어 그 거동을 복습한 후 혼합기체의 열역학적 특성을 분석한다. 혼합기체를 다루기 위해서는 성분기체가 순수하게 있을 때와 다른 기체와 섞여 있을 때 각각의 화학포텐셜을 알아야 하고, 이 화학포텐셜 차이로부터 혼합기체 전체의 열역학적 특성을 알기 위한 논리체계를 확보해야 한다. 이것은 다음 장에서 배우게 될 재료열역학의 백미 중 하나인 **용액열역학**(solution thermodynamics)의 출발점이 된다.

8.2 | 이상기체

이상기체는

"서로 간에 힘작용이 없는 점-질량 입자들(non-interacting point-mass particles)"

로 이루어진 기체를 말한다. 기하학적 정의에 따르면 점은 부피가 없다. 따라서 점-질량으로 이루어진 기체는 입자 자체가 차지하는 부피가 없고, 상호작용을 하지 않으므로 입자들 간에 인력이나 척력이 작용하지 않아서 0 K에 이르도록 액체나 고체로 되지 않고 오로지 기체로만 존재한다는 의미이다. 이와 같은 경우 상태방정식은 일찍이 배운 대로 이상기체 법칙으로 주어진다.

$$PV = RT \tag{8.1}$$

여기서 V는 이상기체의 몰당 부피로서 기체를 구성하는 점-질량 입자들은 자체가 차지하는 부피가 없으므로 입자들이 자유롭게 날아다닐 수 있는 자유공간에 해당한다.

8.3 | 실제기체

그러나 실제기체는 온도가 낮아지거나 압력이 높아지면 응축하여 일정한 부피를 가지는 액체나 고체가 된다. 기체가 액체 또는 고체로 응축된다는 사실은 기체 입자들 사이에 인력이 작용한다는 것을 의미하고, 응축되었을 때 일정 부피를 가진다는 것은 기체 입자들이 점-질량이 아니고 일정한 크기를 가지고 있다는 것을 의미한다.

실제기체는

"서로 간에 힘작용을 하는 일정한 크기의 질량 입자들(interacting, finite-sized mass particles)"

로 이루어져 있다. 따라서 실제기체의 상태방정식은 이상기체와는 달리 서로 힘작용을 하는 일정한 크기의 질량 입자로 이루어져 있다는 이 두 가지 사실을 반영해야 한다. 그래서 여러 가지 상태방정식이 제안되어 있는데, 가장 간단하면서도 가장 먼저 제안된 것이 이상기체 법칙에서 P를 인력에 대하여 보정하고(a), V를 입자들 자체의 일정한 크기에 대하여 보정한(b) van der Waals 식이다:

$$\left(P + \frac{a}{V^2}\right)(V - b) = RT \tag{8.2}$$

기체의 압력은 기체 입자들이 열운동에 의하여 용기 벽과 충돌할 때 운동량 변화에 의하여 벽에 가해지는 단면적당 힘이다. 기체 입자들이 서로 당기면 이상기체일 때보다 벽에 충돌하는 운동량 변화가 적어져 압력이 작아질 것이 예상된다. 이 적어지는 정도는 용기 벽 바로 앞에 있는 기체 입자 수와 이 입자 하나하나가 안쪽으로 끌리는 힘에 비례할 것인데, 이 끌리는 힘은 입자들 바로 안쪽에 있는 입자들의 수에 또한 비례할 것이다. 한 위치에서 입자 수는 부피에 반비례하므로, 따라서 줄어드는 압력은 그 비례상수를 a라 하면 a/V^2이 될 것이다. 그러므로 이상기체 법칙에 나오는 P가 $P + a/V^2$로 보정되어야 하는 것이다. 그리고 이상기체 법칙에 나오는 부피 V는 기체 입자들이 자유롭게 날아다닐 수 있는 자유공간이므로, 실제기체의 부피가 V라면 기체 입자가 자유롭게 날아다닐 수 있는 공간은 기체 입자들 자체 부피를 제한 나머지 공간이 될 것이다. 기체 입자들 자체 부피는 응축되었을 때 부피와 비슷할 터, 이를 b라 하면 자유공간의 크기는 $V-b$밖에 되지 않을 것이다. 이것이 van der Waals 식 (8.2)가 나오게 된 곗속이다.

8.4 | 순수한 이상기체의 열역학적 특성 – 화학포텐셜

혼합기체나 용액(solution)처럼 여러 성분이 섞여 있는 계를 다루는 데 가장 기본이 되는 열역학적 특성은 한 성분의 화학포텐셜이다. 단일 성분 기체, 즉 순수한 기체의 화학포텐셜은 조성변수가 없으므로 온도와 압력만의 함수로서 몰당 Gibbs 자유에너지에 다름 아니다.

$$\mu = \mu(T,P) = \frac{G}{n} \tag{8.3}$$

이제 이 함수의 모양을 찾아보자. 기체의 경우는 $T-P-V$ 사이의 관계식인 상태방정식이 잘 알려져 있고,

$$\left(\frac{\partial \mu}{\partial P}\right)_T = V \tag{8.4}$$

이므로, 이 식에 이상기체 상태방정식을 대입하고 상태 (T,P_o)에서 (T,P)까지 적분하면

$$\int_{T,P_0}^{T,P} d\mu = \int_{T,P_0}^{T,P} VdP = \int_{T,P_0}^{T,P} \frac{RT}{P} dP \tag{8.5}$$

또는

$$\mu(T,P) = \mu(T,P_0) + RT\ln\frac{P}{P_0} \tag{8.6}$$

이 식은 한 온도에서 순수한 기체의 화학포텐셜 $\mu(T,P)$를 $\mu(T,P_0)$를 기준으로 계량화할 수 있다는것을 보여준다. 재료열역학에서는 이 기준점을 보통 기체의 **표준상태**, 즉 온도 T에서 $P_0 = 1$ atm인 상태로 취하는데, 표준 1 atm를 위첨자 '^{o}'로 표시하여

$$\mu(T,P_0 = 1\,\text{atm}) \equiv \mu^o(T) \tag{8.7}$$

와 같이 줄여 쓴다. 그러면

$$\mu(T,P) = \mu^o(T) + RT\ln\left(\frac{P}{\text{atm}}\right) \tag{8.8}$$

그러나 이 기준상태는 편리한 것으로 지정하면 되는 것으로서, 이를테면 $P_0 = 1\,Torr$

때를 선택해도 무방하다. 이런 경우면

$$\mu(T,P) = \mu^o(T) + RT\ln\left(\frac{P}{Torr}\right) \tag{8.9}$$

이 될 것이다. 앞으로 우리가 다루는 재료열역학에서는 따로 특별한 언급이 없으면 기준상태는 표준상태이다.

참고로 응집계의 경우는 그 압력 의존성, 즉 등온압축률 κ_T가 매우 작아서 몰당부피 V를 상수로 간주하여 식 (8.4)를 적분하면

$$\mu(T,P) \approx \mu(T,P_0) + V(P - P_0) \tag{8.10}$$

앞 장에서 이미 논의한 대로 응집계의 경우 압력 효과는 온도 효과에 비하여 무시할 수 있으므로 대개 μ를 온도만의 함수로 근사하여

$$\mu(T,P) \approx \mu(T,P_0) \tag{8.11}$$

한편 화학포텐셜의 온도에 대한 편미분은 몰당 엔트로피가 되는데, 이상기체의 경우

$$S = -\left(\frac{\partial \mu}{\partial T}\right)_P = -\frac{d\mu^o}{dT} - R\ln P = S^o - R\ln P \tag{8.12}$$

이 된다.

8.5 | 부분 몰당량

8.5.1 정의

임의의 열역학적 크기특성 Q가 있다 하자. 이를테면 U, S, V, H, F, G와 같은 특성들이다. 이 크기특성은 계가 열역학적 평형상태에 있으면, 제-1법칙에 의하여 T와 P와 각 성분의 몰수 $n_i(i = 1, 2, \cdots, C)$에 의하여 일의적으로 결정된다.

$$Q = Q(T, P; n_1, n_2, \cdots, n_i, \cdots, n_C) \tag{8.13}$$

따라서 이 크기특성 Q의 전미분은

$$dQ = \left(\frac{\partial Q}{\partial T}\right)_{P,n_i} dT + \left(\frac{\partial Q}{\partial P}\right)_{T,n_i} dP + \sum_{i=1}^{C}\left(\frac{\partial Q}{\partial n_i}\right)_{T,P,n_{j(\neq i)}} dn_i \tag{8.14}$$

예를 들어 $Q=V$면

$$dV = \left(\frac{\partial V}{\partial T}\right)_{P,n_i} dT + \left(\frac{\partial V}{\partial P}\right)_{T,n_i} dP + \sum_{i=1}^{C}\left(\frac{\partial V}{\partial n_i}\right)_{T,P,n_{j(\neq i)}} dn_i \tag{8.15}$$

이때 특성 Q의 성분 i의 몰수 n_i에 대한 편미분을 '**성분 *i*의 부분 몰당 *Q*(partial molar quantity)**'라 정의하고,

$$\overline{Q}_i \equiv \left(\frac{\partial Q}{\partial n_i}\right)_{T,P,n_{j(\neq i)}} \tag{8.16}$$

라 쓴다. 예를 들면

$$\overline{U}_i = \left(\frac{\partial U}{\partial n_i}\right)_{T,P,n_{j\neq i}} ; \overline{H}_i = \left(\frac{\partial H}{\partial n_i}\right)_{T,P,n_{j\neq i}} ; \overline{F}_i = \left(\frac{\partial F}{\partial n_i}\right)_{T,P,n_{j\neq i}} ; \overline{G}_i = \left(\frac{\partial G}{\partial n_i}\right)_{T,P,n_{j\neq i}} \tag{8.17}$$

이 부분 몰당량은, 미분의 정의대로 일정한 온도(T)와 압력(P)하에서 다른 성분의 양($n_{j\neq i}$)은 일정하게 유지한 채(즉 조성을 일정하게 유지하면서) 성분 i를 미소량(infinitesimal amount) 계에 넣을 때 전체 특성 Q의 증분(increment)에 해당한다.

짐작하다시피 이 부분 몰당량은 크기특성(extensive property)을 크기특성으로 나눈 것이므로 세기특성(intensive property)이 되어 계의 온도나 압력이 그러하듯이 계의 크기와는 상관없다. 따라서 이 부분 몰당량은 온도와 압력과 조성에 의하여 일의적으로 결정되는 특성이다.

$$\overline{Q}_i = \overline{Q}_i(T, P; x_1, x_2, \cdots, x_{C-1}) \tag{8.18}$$

강조할 것은 이 부분 몰당량은 온도(T)와 압력(P)이 일정할 때 정의된다는 사실이다. 다른 특성, 이를테면 온도와 부피가 일정할 때 이에 해당하는 편미분은 부분 몰당량이라 부르지 않는다. 예를 들어 내부에너지 U의 경우

$$\left(\frac{\partial U}{\partial n_i}\right)_{S,V,n_{j\neq i}} = \mu_i \ ; \ \left(\frac{\partial U}{\partial n_i}\right)_{T,P,n_{j\neq i}} = \overline{U}_i \tag{8.19}$$

그러나 Gibbs 자유에너지의 경우는 특별히 그 자연적 독립변수가 서로 같아서

$$\left(\frac{\partial G}{\partial n_i}\right)_{T,P,n_{j\neq i}} = \overline{G}_i = \mu_i \tag{8.20}$$

이 된다.

그리고 한 계의 열역학적 전체 특성들 간에 성립하는 모든 관계식이 부분 특성들 간에도 그대로 성립한다. 예를 들어

$$F = U - TS \tag{8.21}$$

이면

$$\left(\frac{\partial F}{\partial n_i}\right)_{T,P,n_{j\neq i}} = \left(\frac{\partial U}{\partial n_i}\right)_{T,P,n_{j\neq i}} - T\left(\frac{\partial S}{\partial n_i}\right)_{T,P,n_{j\neq i}} \tag{8.22}$$

이니

$$\overline{F}_i = \overline{U}_i - T\overline{S}_i \tag{8.23}$$

동일한 관계식이 성립할 수밖에 없다. 한 예를 더 들면

$$G = U - TS + PV\ ;\ \overline{G}_i = \overline{U}_i - T\overline{S}_i + P\overline{V}_i = \mu_i \tag{8.24}$$

8.5.2 부분 몰당량에 관한 몇 가지 수학적 특성

(i) 부분 몰당량 $\overline{Q}_i$는 세기특성

세기특성은 계의 크기에 무관하다. 따라서 일정한 온도와 압력하에서 각 성분의 몰수를 각각 λ배만큼 증가해도 이 특성은 바뀌지 않는다.

$$\overline{Q}_i(T,P;\lambda n_1,\lambda n_2,\cdots,\lambda n_C) = \overline{Q}_i(T,P;n_1,n_2,\cdots,n_C) \tag{8.25}$$

일찍이 배운 바 있는 Euler의 **동차함수**(homogeneous function) 정의에 따르면, 모든 열역학적 크기특성이 1차 동차함수(1st order homogeneous function)인데 반하여, 부분 몰당량은 0차 동차함수(homogenous function of the 0th order)에 해당한다.

이 식의 양변을 λ에 관하여 미분하면 연쇄법칙에 의하여

$$\frac{d\overline{Q}_i}{d\lambda} = \sum_{j=1}^{C}\left[\frac{\partial \overline{Q}_i}{\partial(\lambda n_j)}\right]_{T,P,nk\neq j} \cdot \frac{\partial(\lambda n_j)}{\partial \lambda} = \sum_{j=1}^{C}\left[\frac{\partial \overline{Q}_i}{\partial(\lambda n_j)}\right]_{T,P,nk\neq j} \cdot n_j = 0 \qquad (8.26)$$

그런데 이 식은 어떤 λ값에 대하여도 성립해야 하므로 $\lambda = 1$을 대입하면,

$$\sum_{j=1}^{C}\left(\frac{\partial \overline{Q}_i}{\partial n_j}\right)_{T,P,nk\neq j} \cdot n_j = 0 \qquad (8.27)$$

(ii) **전체 특성**(integral property) Q**는 크기특성**

크기특성은 1차 동차함수이므로

$$\sum_{i=1}^{C}\left(\frac{\partial Q}{\partial n_i}\right)_{T,P,n_{j\neq i}} \cdot n_i = Q \qquad (8.28)$$

즉

$$Q = \sum_{i=1}^{C} \overline{Q}_i n_i \qquad (8.29)$$

각 성분의 부분 몰당량을 계 안에 있는 모든 몰수에 대하여 합하면 **전체 양**(integral quantity)이 된다. 예를 들면,

$$V = \sum \overline{V}_i n_i \;;\; G = \sum \overline{G}_i n_i \qquad (8.30)$$

이를 전체 몰수로 나누면 **전체 몰당량**(integral molar quantity) 또는 **평균 몰당량**(mean molar quantity) Q_m이 된다.

$$Q_m = \frac{Q}{n} = \sum_{i=1}^{C} \overline{Q}_i \frac{n_i}{n} = \sum_{i=1}^{C} \overline{Q}_i x_i \qquad (8.31)$$

(iii) Gibbs–Duhem 식

크기 상태함수(extensive state property) Q는 일반적으로 $T, P, n_1, n_2, \cdots$의 함수이므로 그 전미분은

$$dQ = \left(\frac{\partial Q}{\partial T}\right)_{P,n_i} dT + \left(\frac{\partial Q}{\partial P}\right)_{T,n_i} dP + \sum_{i=1}^{C} \overline{Q}_i dn_i \qquad (8.32)$$

그런데 전체 특성 Q는 식 (8.29)와 같이 주어지므로, 이 식을 미분하면

$$dQ = \sum_{i=1}^{C} n_i d\overline{Q}_i + \sum_{i=1}^{C} \overline{Q}_i dn_i \tag{8.33}$$

이 두 전미분은 서로 같아야 하므로

$$\left(\frac{\partial Q}{\partial T}\right)_{P,n_i} dT + \left(\frac{\partial Q}{\partial P}\right)_{T,n_i} dP - \sum_{i=1}^{C} n_i d\overline{Q}_i = 0 \tag{8.34}$$

만약 온도와 압력이 고정되어 있는 경우($dT=0=dP$)라면

$$\sum_{i=1}^{C} n_i d\overline{Q}_i = 0 \quad \text{또는} \quad \sum_{i=1}^{C} x_i d\overline{Q}_i = 0 \tag{8.35}$$

바로 Gibbs-Duhem 식에 다름 아니다. 예를 들어 $Q=V$면

$$\alpha VdT - \kappa_T VdP - \sum_{i=1}^{C} n_i d\overline{V}_i = 0 \tag{8.36}$$

$Q=G$이면

$$-SdT + VdP - \sum_{i=1}^{C} n_i d\mu_i = 0 \tag{8.37}$$

일찍이 만난 적이 있던 식이다.

8.5.3 부분 몰당량과 전체 몰당량의 관계

각 성분의 부분 몰당량 $\overline{Q}_i$을 알면 식 (8.31)에 의하여 전체 몰당량 Q_m을 알 수 있다. 그러면 거꾸로 일정한 온도와 압력하에서 전체 몰당량을 조성의 함수로 알 때 그로부터 각 성분의 부분 몰당량을 알 수 있을까? 당연히 그래야 하는 것, 더해서 된 것이니 나누면 될 것이다. 이 관계식은 다음 장에서 다루게 될 용액열역학 논리체계의 중요한 한 축을 이루게 되므로 여기서 이들 두 양 사이의 수학적 관계를 이해하고 넘어가자. 선형대수의 복잡함을 피하기 위하여, 간단한 2성분계와 3성분계에 대하여 결과를 유도하고 C-성분계로 일반화하겠다.

(i) 2성분계

계의 성분이 2개이면 그들의 몰분율의 합 $x_1+x_2=1$이므로 독립적 조성변수는 1개가 된다. 따라서 주어진 T, P하에서 각 성분의 부분 몰당량은 이 1개의 독립 조성변수 x_1 또는 x_2에 의하여 일의적으로 결정된다.

$$\overline{Q}_1 = \overline{Q}_1(T,P;x_1)\ ;\ \overline{Q}_2 = \overline{Q}_2(T,P;x_1) \tag{8.38}$$

여기서 이 2개의 세기특성은 Gibbs-Duhem 식 (8.35)에 의하여 1개만이 독립적이라는 사실을 상기하자. 당연히 1개를 알면 다른 하나는 이 Gibbs-Duhem 식을 적분하여 얻을 수 있다.

전체 몰당량은 식 (8.31)에 의하여

$$Q_m = x_1\overline{Q}_1 + x_2\overline{Q}_2 \tag{8.39}$$

즉 각 성분의 부분 몰당량으로부터 전체 몰당량을 조성의 함수로 계산한 것이다.

그러면 이제 거꾸로 Q_m으로부터 $\overline{Q}_i$를 구해 보자. 식 (8.39)를 x_1 또는 $x_2(=1-x_1)$에 대해서 미분하면

$$\frac{dQ_m}{dx_2} = -\overline{Q}_1 + \overline{Q}_2 = -\frac{dQ_m}{dx_1} \tag{8.40}$$

이 식을 식 (8.39)와 연립하여 풀면,

$$\overline{Q}_1 = Q_m - \frac{dQ_m}{dx_2}x_2 \tag{8.41}$$

$$\overline{Q}_2 = Q_m - \frac{dQ_m}{dx_1}x_1 \tag{8.42}$$

그림 8.1 2성분계 한 조성 x_2에서 평균 몰당량 Q_m과 부분 몰당량 $\overline{Q}_i\ (i=1,2)$의 기하학적 관계. 점 (x_2, Q_m)을 지나는 접선이 조성축 $x_i=1$과 만나는 절편이 $\overline{Q}_i$가 된다.

이 식에서 성분을 나타내는 아래첨자의 배치에 주목하기 바란다. 왼쪽에 나오는 성분첨자가 오른쪽에는 나오지 않는다.

이 관계식을 기하학적으로 살펴보면 매우 흥미롭다. 식 (8.41), (8.42)를 재배치하면

$$\frac{dQ_m}{dx_2} = \frac{Q_m - \overline{Q}_1}{x_2 - 0}\ ;\ \frac{dQ_m}{dx_1} = \frac{Q_m - \overline{Q}_2}{x_1 - 0} \tag{8.43}$$

전체 몰당량 $Q_m(T,P,x_2)$은 조성 $x_2(=1-x_1)$에 대하여 1개의 곡선을 그리고 있을 것이다(그림 8.1). 한 특정 조성 $x_2(=1-x_1)$에서 함수 Q_m에 접선을 그으면 그 기울기가 dQ_m/dx_2가 되는데, 이때 접선의 식이 바로 식 (8.41), (8.42)가 되는 것이다. 즉 이 접선이 $x_2=0(x_1=1)$과 만나는 절편이 $\overline{Q}_1$, $x_1=0(x_2=1)$과 만나는 절편이 $\overline{Q}_2$인 것이다.

(ii) 3성분계

3성분이 되면 조성변수는 2개가 되고, 그때 Q_m은 이들 2개의 독립변수에 대하여 1개의 곡면을 그리게 될 것이다. 그러면 이때 임의의 조성 (x_1, x_2, x_3)에 해당하는 각 성분의 $\overline{Q}_i$는 이 조성점에서의 접면(tangential plane)이 $x_1=1$, $x_2=1$, $x_3=1$이 되는 축과 각각 만나는 절편이 되지 않을까? 바로 그렇다(그림 8.2).

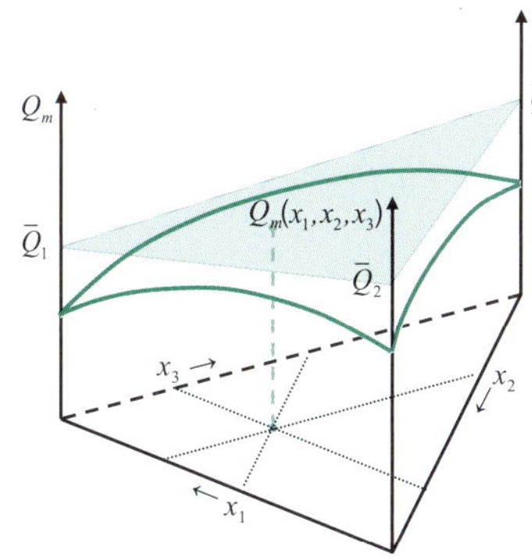

그림 8.2 3성분계의 경우 한 조성 (x_1,x_2,x_3)에서의 평균 몰당량 Q_m과 부분 몰당량 $\overline{Q}_i\ (i=1,2,3)$의 기하학적 관계. 점 (x_i, Q_m)을 지나는 접면이 조성축 $x_i=1$과 만나는 절편이 $\overline{Q}_i$가 된다.

전체 몰당량은 식 (8.31)에 의하여,

$$Q_m = x_1\overline{Q}_1 + x_2\overline{Q}_2 + x_3\overline{Q}_3 \tag{8.44}$$

$x_3 = 1 - x_1 - x_2$임을 염두에 두고, 이 식을 독립 조성변수 x_1, x_2에 대하여 각각 편미분하면

$$\frac{\partial Q_m}{\partial x_1} = \overline{Q}_1 - \overline{Q}_3 \tag{8.45}$$

$$\frac{\partial Q_m}{\partial x_2} = \overline{Q}_2 - \overline{Q}_3 \tag{8.46}$$

이 세 식을 연립하여 풀어 3개의 부분 몰당량을 구하고, $x_1 + x_2 + x_3 = 1$의 관계식을 이용하여 첨자를 정리하면

$$\overline{Q}_1 = Q_m - \frac{\partial Q_m}{\partial x_2}x_2 - \frac{\partial Q_m}{\partial x_3}x_3 \tag{8.47}$$

$$\overline{Q}_2 = Q_m - \frac{\partial Q_m}{\partial x_3}x_3 - \frac{\partial Q_m}{\partial x_1}x_1 \tag{8.48}$$

$$\overline{Q}_3 = Q_m - \frac{\partial Q_m}{\partial x_1}x_1 - \frac{\partial Q_m}{\partial x_2}x_2 \tag{8.49}$$

그림 8.2에서 보면, 이들 세 식은 점 (x_1, x_2, x_3)에서 그때의 함수값에 해당하는 점 $Q_m(x_1, x_2, x_3)$에 접하는 접면의 식에 다름아니다.

(iii) C−성분계

자, 그럼 이 결과를 C−성분계로 확장 일반화하자. 이때 Q_m은 $C-1$ 차원의 공간에서 정의되는 곡면이 될 것이고, 임의의 조성점 $(x_2, x_3, \cdots, x_{C-1}, x_C)$에서 접면(?)을 그렸을 때 이 접면이 C개의 조성축과 만나는 절편이 바로 그 성분의 부분 몰당량에 해당할 것이다:

$$\overline{Q}_i = Q_m - \sum_{j \neq i} \frac{\partial Q_m}{\partial x_j} x_j$$

$$(\text{이때 } x_i \, (= 1 - \sum_{j \neq i} x_j)\text{는 종속 변수가 된다.}) \tag{8.50}$$

8.6 | 이상기체를 섞을 때 일어나는 열역학적 특성 변화

이제 이상기체를 서로 섞을 때 일어나는 일을 열역학적으로 분석해 보자. 일정한 온도 T에서 순수한 기체 각각이 n_i몰씩 압력 P_i^*인 통에 담겨 있다고 하자. 이들을 동일한 온도에서 전체 압력이 P가 되도록 섞는다고 하자(그림 8.3). 경험으로부터 우리는 기체들이 자발적으로 저절로 자연적으로 섞인다는 것을 안다. 이때 일어나는 열역학적 특성 변화를 먼저 경험과 직관을 이용하여 예측하고 정량적으로 계산해 보자.

(i) 내부에너지 및 엔탈피

서로 다른 기체를 이렇게 섞을 때 내부에너지나 엔탈피 변화는 어떻게 될까? 섞으면서 기체가 식게 되면 통이 차게 느껴질 것이고, 열이 나면 따뜻하게 느껴질 것이다. 우리 기체가 모두 이상기체라면, 이상기체는 서로 아무런 작용을 하지 않는 질량점으로 이루어진 기체이므로 섞더라도 서로를 느끼지 못할 것이므로 혼자 있을 때와 아무런 차이가 없을 것이다. 그러므로 온도가 변할 까닭이 없고 따라서 내부에너지나 엔탈피도 변할 이유가 없다.

(ii) 엔트로피

온도 변화가 없으니 열 엔트로피 변화는 없을 터이지만, 압력이 달라지면 부피가 변하므로 기하 공간분포 엔트로피가 변화할 것이다. 즉 달라진 공간을 기체 입자들이 나누어 분포하는 방법의 가짓수가 달라지는 것이다.

(iii) Helmholtz 자유에너지 변화

내부에너지는 변화가 없으나 엔트로피가 변화하므로 자유에너지도 달라질 것이다. Gibbs 에너지도 마찬가지로 변화가 생길 것이다.

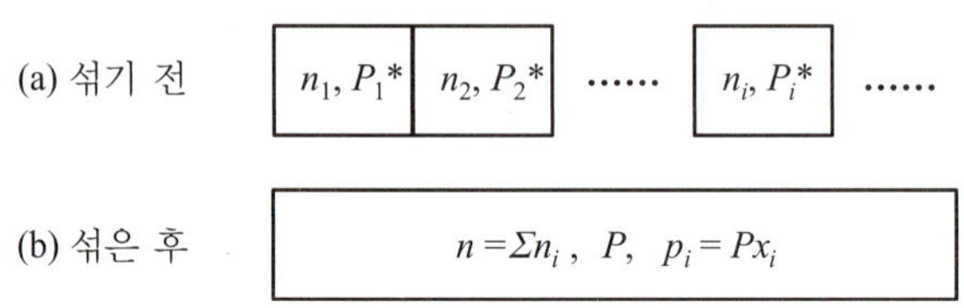

그림 8.3 여러 개의 순수한 기체를 서로 섞기 전 초기상태(a)와 섞은 후 최종상태(b).

이제 이렇게 예상되는 열역학적 특성의 변화를 정량적으로 계산해 보자.

8.6.1 성분기체의 화학포텐셜

섞이기 전 순수한 기체 i는 온도 T에서 압력이 P_i*였다[그림 8.3(a)]. 이 순수한 기체의 화학포텐셜은 식 (8.8)에 의하여

$$\mu_i^{(i)} = \mu_i^0 + RT\ln P_i^* \tag{8.51}$$

여기서 위첨자 (i)는 섞이기 전 초기상태(initial state)를 나타낸다.

이상기체는 서로 섞여도 아무런 힘작용이 없으므로 다른 기체를 인식하지 못하고 새로운 부피에 자기 혼자 있다고 느낀다. 따라서 섞인 후의 전체 부피를 V라 하면, 각 기체가 내는 압력 P_i는

$$P_i = n_i \frac{RT}{V} \tag{8.52}$$

이 압력을 기체 i의 분압(partial pressure)이라 한다.

섞인 후의 전체 압력 P는 당연히 각 성분기체의 분압을 모두 합한 것과 같다:

$$P = \sum_i P_i = n\frac{RT}{V} \;;\; n \equiv \sum_i n_i \tag{8.53}$$

식 (8.52)를 식 (8.53)으로 나누어 보면

$$P_i = x_i P \;;\; x_i \equiv \frac{n_i}{n} \tag{8.54}$$

이를 Dalton의 **법칙**이라 부른다.

그러면 섞인 후 기체 i의 화학포텐셜은? 역시 식 (8.8)에 의하여

$$\mu_i^{(f)} = \mu_i^0 + RT\ln P_i = \mu_i^0 + RT\ln x_i P \tag{8.55}$$

여기서 위첨자 (f)는 섞인 후의 최종상태(final state)를 의미한다.

따라서 섞기 전과 섞은 후의 화학포텐셜 변화 또는 차이를 계산해 보면,

$$\Delta \overline{G}_i^M \equiv \mu_i^{(f)} - \mu_i^{(i)} = RT\ln P_i - RT\ln P_i^* = RT\ln\frac{x_i P}{P_i^*} \tag{8.56}$$

이 화학포텐셜 변화를 보통 $\Delta\overline{G}_i^M$라 줄여 쓰고, (초기상태에 대한) '상대적 부분 몰당 섞임 Gibbs 자유에너지(relative partial molar Gibbs free energy of mixing)'라 부른다. 이 양은 섞임 열역학에서 가장 중요한 역할을 하는 것이니만큼 잘 기억해 두자. 이제 이 $\Delta\overline{G}_i^M$으로부터 부분 몰당 특성 변화를 계산한 다음 전체 특성을 계산해 보겠다. 논리적 체계를 잘 익혀 두기 바란다.

8.6.2 다른 부분 몰당량들

(i) 기체 i의 '상대적 부분 몰당 섞임 엔트로피(relative partial molar entropy of mixing)', $\Delta\overline{S}_i^M$

순수한 기체 i를 섞을 때 i의 부분 몰당 엔트로피 변화이다.

$$\Delta\overline{S}_i^M = -\left(\frac{\partial\Delta\overline{G}_i^M}{\partial T}\right)_{P_i^*, P, x_i} = -R\ln\frac{P}{P_i^*} - R\ln x_i \tag{8.57}$$

우변의 첫째 항은 기체가 섞일 때 전체 부피 변화에 따른 엔트로피 변화에 해당하고, 그 다음 항은 주어진 부피에서 다른 기체 입자와 섞였을 때의 섞이는 방법의 가짓수 변화를 나타내는 엔트로피이다. $P = P_i{}^*$일 경우를 생각해 보기 바란다.

(ii) 기체 i의 '상대적 부분 몰당 섞임 엔탈피(relative partial molar enthalpy of mixing)', $\Delta\overline{H}_i^M$

Gibbs–Helmholtz 식으로부터,

$$\Delta\overline{H}_i^M = \left[\frac{\partial(\Delta\overline{G}_i^M/T)}{\partial(1/T)}\right] = 0 \tag{8.58}$$

예상했던 대로이다.

(iii) 기체 i의 '상대적 부분 몰당 섞임 부피(relative partial molar volume of mixing)', $\Delta\overline{V}_i^M$

부피는 Gibbs 자유에너지의 압력 의존성에 해당한다. 섞이기 전과 후의 압력이 다르므로 압력에 관한 편미분을 전과 후로 나누어 시행하면,

$$\Delta\overline{V}_i^M = \left(\frac{\partial\mu_i^{(f)}}{\partial P_i}\right)_{T, x_i} - \left(\frac{\partial\mu_i^{(i)}}{\partial P_i^*}\right)_T = RT\left(\frac{1}{P_i} - \frac{1}{P_i^*}\right) \tag{8.59}$$

섞이기 전의 전체 압력과 섞인 후의 부분 압력이 서로 같으면 부피 변화는 없다. 이상기체 입자가 크기가 없는 점질량들이라는 사실을 생각해 보면 물리적으로 금방 이해될 것이다.

(iv) **기체 i의 '상대적 부분 몰당 섞임 내부에너지**(relative partial molar internal energy of mixing)', $\Delta\overline{U}_i^M$

이제 $\Delta\overline{G}_i^M$, $\Delta\overline{S}_i^M$, $\Delta\overline{H}_i^M$, $\Delta\overline{V}_i^M$을 다 알므로 열역학적 관계식을 이용하여 구한다.

$$\Delta\overline{U}_i^M = \Delta\overline{H}_i^M - \left(P_i\overline{V}_i^{(f)} - P_i^*V_i^{(i)}\right) = 0 \tag{8.60}$$

(v) **기체 i의 '상대적 부분 몰당 섞임** Helmholtz **자유에너지**(relative partial molar Helmholtz free energy of mixing)', $\Delta\overline{F}_i^M$

역시 열역학 관계식으로부터

$$\Delta\overline{F}_i^M = \Delta\overline{U}_i^M - T\Delta\overline{S}_i^M = -T\Delta\overline{S}_i^M = \Delta\overline{G}_i^M \tag{8.61}$$

논리의 흐름을 요약하면, 부분 몰당량으로서 $\Delta\overline{G}_i^M$를 알면, 그 온도 의존성으로부터 $\Delta\overline{S}_i^M$를 구하고, Gibbs-Helmholtz 식을 이용하여 $\Delta\overline{H}_i^M$를 구하고, 그 압력 의존성으로부터 $\Delta\overline{V}_i^M$를 구한다. 그러면 나머지는 다 이들 특성들 간의 관계식을 이용하여 계산된다.

이제 이들 부분 몰당량으로부터 각각에 해당하는 전체 양을 계산해 보자.

8.6.3. 전체 양(integral quantities)

전체 양은 크기특성이므로 식 (8.29) 혹은 (8.31)에 의하여 모두 계산된다. 예를 들면,

상대적 전체 섞임 Gibbs **자유에너지**(relative integral Gibbs free energy of mixing), ΔG^M:

$$\Delta G^M = \sum n_i \Delta\overline{G}_i^M \tag{8.62}$$

만약 전체 양을 몰당량으로 구하고자 하면 몰수 n_i 대신에 몰분율 x_i를 가중치로 하여 더한다:

$$\Delta G^M = \sum x_i \Delta\overline{G}_i^M \tag{8.63}$$

특별히 등온 1 atm하에서 기체를 섞을 때, 즉 $P = P_i^* = 1$ atm일 때 일어나는 G, S, H의 변화를 부분 몰당량과 그로부터 계산된 전체 몰당량으로 정리하면 다음 표와 같다. 표를 보면서 이들 양들 사이의 논리적 연계성을 복습하기 바란다.

$\Delta\overline{G}_i^M = RT\ln x_i$	$\Delta G^M = \sum x_i \Delta\overline{G}_i^M = RT\sum x_i \ln x_i$
$\Delta\overline{S}_i^M = -R\ln x_i$	$\Delta S^M = \sum x_i \Delta\overline{S}_i^M = -R\sum x_i \ln x_i$
$\Delta\overline{H}_i^M = 0$	$\Delta H^M = \sum x_i \Delta\overline{H}_i^M = 0$

익힘문제

8.1 실제기체를 이상기체 거동으로부터 벗어나게 하는 두 종류의 기체 분자 간 작용을 설명하고, 각각 기체 압력을 이상기체에 비하여 더 크게 혹은 작게 하는지 설명하라.

8.2 **(a)** 실제기체가 이상기체 거동으로부터 벗어나는 정도는 보통 주어진 온도와 압력에서 실제기체가 가지는 부피 V의 이상기체 부피 V^{id}에 대한 비[이를 이 기체의 압축인자(compressibility factor)라 한다] $Z = V/V^{id}$로 나타낸다. 통상의 압력조건에서 $b/V < 1$이라는 사실을 이용하여, van der Waals 상태방정식으로부터 $Z(T,V)$가 다음과 같이 표현됨을 보여라.

$$Z(T,V) = \frac{V}{(RT/P)} = 1 + \left(b - \frac{a}{RT}\right)\frac{1}{V} + \left(\frac{b}{V}\right)^2 + \left(\frac{b}{V}\right)^3 + \cdots$$

(b) $1/V$의 다항식으로 나타낸 위 식에서 $1/V = P/RTZ$를 대입하고 $p \to 0$일 때 $Z \to 1$이 되는 사실을 이용하면, Z를 P에 관한 다항식으로 아래와 같이 나타낼 수 있다. 이 식을 유도하라.

$$Z(T,P) = \frac{V}{(RT/P)} = 1 + \frac{1}{RT}\left(b - \frac{a}{RT}\right)P + \frac{a}{(RT)^3}\left(2b - \frac{a}{RT}\right)p^2 + \cdots$$

8.3 이상기체에 대하여 $(\mu - \mu^o)/RT$를 압력의 함수로 그려라.

8.4 N_2 기체는 대개 van der Waals 상태방정식을 따르는데 $a = 1.39\ L^2atm/mol^2$, $b = 39.1\ cm^3/mol$의 값을 가진다. 400 K에서 이 기체 1몰이 1 L에서 2 L로 부피가 증가할 때 ΔG와 ΔS를 계산하라.

8.5 일정한 온도에서 압력이 각각 1 atm인 이상기체 A x몰과 이상기체 B $(1-x)$몰을 일정한 전체 기압 $P = 1$ atm하에서 서로 섞었다.

(a) 이때 계의 Gibbs 자유에너지 감소(상대적 전체 Gibbs 섞임 자유에너지) ΔG^M을 최대로 하는 x를 구하라.

(b) 이때 기체 A와 B의 상대적 부분 몰당 Gibbs 섞임 자유에너지 $\Delta\overline{G}_A^M$, $\Delta\overline{G}_B^M$을 각각 계산하라.

(c) 이 전체 섞임 자유에너지 감소를 상쇄하여 $\Delta G^M = 0$이 되게 하려면 섞인 기체의 전체 압력 P를 몇 기압까지 올려야 할까?

(d) 이때 $\Delta\overline{G}_A^M$, $\Delta\overline{G}_B^M$을 각각 계산하라.

8.6 N_2 4몰, H_2 n몰, O_2 $(8-n)$몰을 $T=300$ K, $P=1$ atm에서 섞었다. 모든 기체는 이상기체로 가정하고,

(a) 이 혼합기체의 상대적 몰당 Gibbs 섞임 자유에너지 ΔG^M의 표현식을 써라.

(b) n이 얼마일 때 ΔG^M이 최소가 되는가?

(c) ΔG^M의 최소값을 계산하라.

8.7 **(a)** 298 K에서 Ar과 Ne이 반반씩 섞인 대량 혼합기체에 Ar을 1몰 더 섞어 넣을 때 Ar의 상대적 부분 몰당 섞임 엔트로피(relative partial molar entropy of mixing) $\Delta\overline{S}^M_{Ar}$를 계산하라. 혼합기체 전체 기압은 1 atm이고 모든 기체는 이상기체이다.

(b) 이 혼합기체의 Ar 1몰의 부분 몰당 엔트로피(partial molar entropy) $\overline{S}^M_{Ar}$를 계산하라.

(c) (a)와 (b)에서 구한 $\Delta\overline{S}^M_{Ar}$와 $\overline{S}^M_{Ar}$는 (i) 혼합기체의 몰당 섞임 엔트로피와 (ii) 몰당 엔트로피를 조성 X_{Ar}의 함수로 그린 그래프로부터 기하적으로도 구할 수 있음을 스케치로 보여라.

298 K에서 Ar과 Ne의 절대 엔트로피(제3법칙 엔트로피)는 각각 다음과 같다.

$$S^o_{298}(\text{Ar}) = 154.72 \text{ J/mol-K} \ ; \ S^o_{298}(\text{Ne}) = 146.23 \text{ J/mol-K}$$

Chapter

9 용액열역학

The Thermodynamics of Materials

9.1 | 용액의 정의와 거동의 대강

사람이나 사물이나 이 세상에 100% 순수한 것은 없다. 정도 차이가 있을 뿐 모두 다른 것들과 적당히 섞여 있다. 시멘트와 자갈처럼 섞인 게 있는가 하면 물과 술처럼 섞인 것도 있다. 시멘트와 자갈처럼 섞여 있는 것은 자갈은 자갈대로 시멘트는 시멘트대로 그 고유한 특성을 유지한 채 서로 혼재되어 있는 상황이다. 필요하면 기계적인 수단으로 자갈과 시멘트를 분리해 낼 수 있다. 이렇게 섞여 있는 것들을 **상 복합체**(phase mixture)라 부르는데, 7장에서 배운 상(phase)의 정의를 생각해 보면 이 명칭이 쉬이 이해가 된다. 그러나 물과 술처럼 섞이면 상 복합체와 달리 물과 술의 고유한 특성이 공간적으로 구별되지 않고 원자 혹은 분자 수준에서 서로 골고루 섞여 1개의 상처럼 균일한 특성을 보인다. 이렇게

"원자 혹은 분자 수준에서 골고루 섞인 혼합물"
(homogeneous mixture of substances on an atomic or molecular scale)

을 **용액**(solution)이라 부른다. 대개 용액이라 하면 '액(液)'이라는 한자가 액체를 뜻하는 글자여서 액체를 떠올리게 되는데, 열역학적 의미로는 고체든 액체든 기체든 상관없이 원자 혹은 분자 수준에서 골고루 섞인 것을 통틀어 용액이라 부른다. 굳이 그 상의 상태를 명시할 필요가 있으면 **고상용액**(solid solution), **액상용액**(liquid solution), **기상용액**(gaseous solution)이라 구별하여 부르기도 한다.

이 장에서는 용액의 열역학적 특성을 다룬다. 재료 관점에서 보면 모든 상은 궁극적으로 용액이다. 따라서 **용액열역학**(solution thermodynamics)은 재료의 열역학적 특성을 이해하는 데 필수적이다.

성분 A에 성분 B를 섞으면 순수한 A에서 순수한 B에 이르기까지 전 조성 영역에서 섞이는 게 있는가 하면, 제한된 조성 영역에서만 섞이는 게 있다. 전자를 **완전용액**(complete solution), 후자를 **제한용액**(limited solution)이라 부른다. 서로 잘 섞이다 못해 너무 잘 섞이면 A 옆에는 반드시 B가 B 옆에는 반드시 A가 놓여 궁극적으로 **화합물**(compound)이 만들어지기도 하고, 그 반대로 A와 B가 서로 잘 안 섞이다 보면 궁극적으로 A 원자 주위에는 A만, B 원자 주위에는 B만 오게 되는 상황도 발생한다. 예를 들어 물에 기름을 섞으면 서로 전혀 섞이지 않고 기름은 기름대로 물은 물대로 논다. 이런 상황을 '**멍울짐**(clustering)'이라 한다. 그러나 잘 섞이는 것이야 말할 나위 없지만 잘 안 섞이는 것들도 온도가 올라가면 섞이는 경향이 일반적으로 향상된다.

이와 같은 A-B 간 용액의 거동을 미시적으로 어떻게 설명할 수 있을까? A나 B가

섞이기 전 순수한 상태로 따로 있을 때는 그 결합이 같은 것들끼리의 결합이다. 그러나 이들이 섞이면 같은 것들끼리의 결합도 있지만 A와 B 서로 다른 것들끼리의 결합이 생긴다. 같은 것들끼리의 결합은 본질적으로 서로 당기는 것으로서, 이를 **결합 엔탈피**(bond enthalpy) H_{AA}, H_{BB}로 나타내면,

$$H_{AA}<0 \ ; \ H_{BB}<0 \tag{9.1}$$

이제 A와 B를 섞을 때 A와 B 간 결합이 같은 것들끼리의 결합보다 더 세다면, 다시 말하여 $A-B$ 간 결합 엔탈피 H_{AB}가 음으로 더 크다면, 즉

$$H_{AB}<H_{AA},\ H_{BB} \tag{9.2}$$

A 옆에는 B를 B 옆에는 A를 선호하여 전 영역에서 잘 섞이게 될 것이다. 이런 경우가 극한에 이르게 되면($H_{AB} \ll H_{AA}$, H_{BB}) 화합물이 만들어질 것이다.

그러나 만약 다른 것들끼리의 결합이 같은 것들끼리의 그것보다 약하거나 오히려 서로 밀치면, 즉

$$H_{AB}>H_{AA},\ H_{BB} \tag{9.3}$$

이면, 계의 에너지를 줄이기 위하여 $A-B$ 결합보다는 $A-A$, $B-B$ 결합을 선호하여 전 조성 영역에서 섞이지 못하고 제한된 조성 범위에서만 섞일 것이다. 이런 경우가 극한에 이르면($H_{AB} \gg H_{AA}$, H_{BB}) A와 B는 서로 섞이지 않고(insoluble) 따로따로 멍울(cluster)로 존재하게 될 것이다. 만약

$$H_{AB} \approx H_{AA} \approx H_{BB} \tag{9.4}$$

이면, 특별히 선호할 분포가 없이 전 조성 영역에서 무작위로 섞이게 될 것이다. 어떤 경우이든 온도가 올라가면 섞임 엔트로피가 증가하여 서로 섞이는 경향이 증가한다. 이것이 대강 용액의 거동이 결정되는 곗속이다. 이제 이런 용액의 거동을 열역학적으로 기술해 보자.

9.2 | 응집체 용액의 조성에 따른 증기압

고체나 액체와 같은 응집체 A에 B를 섞어 넣을 때, B의 몰분율 x_B에 따라 성분 A와 B의 증기압 P_A, P_B를 측정해 보면 대강 세 종류의 거동이 관찰된다(그림 9.1). 일

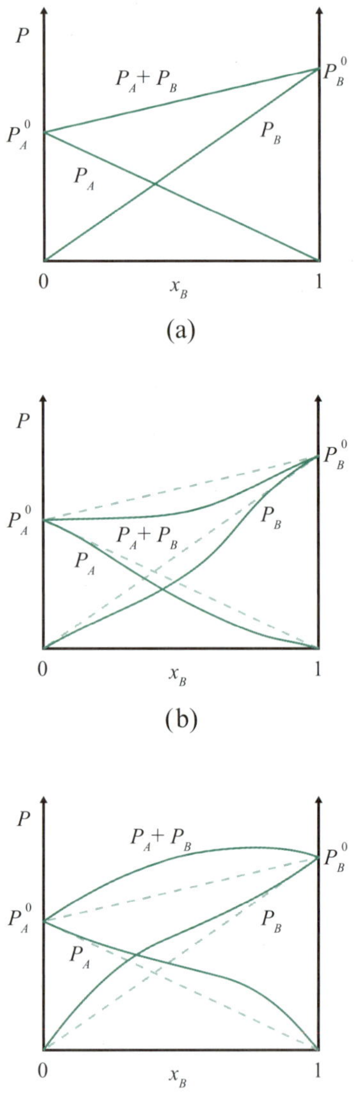

그림 9.1 2성분 용액의 조성 x_B에 따른 각 성분의 증기압(P_A, P_B)과 전체 압력(P_A+P_B): (a) 이상용액, (b) 이상거동(점선)으로부터 음의 방향으로 벗어난 용액, (c) 이상거동(점선)으로부터 양의 방향으로 벗어난 용액.

정한 온도에서 순수한 A와 B의 **평형포화 증기압**(equilibrium saturation vapor pressure)을 각각 P_A^0, P_B^0라 할 때,

$$\text{(i)} \quad P_A = x_A P_A^0 \ ; \ P_B = x_B P_B^0$$

$$\text{(ii)} \quad P_A < x_A P_A^0 \ ; \ P_B < x_B P_B^0$$

$$\text{(iii)} \quad P_A > x_A P_A^0 \ ; \ P_B > x_B P_B^0$$

거동 (i)을 **이상거동**(ideal behavior)이라 하고, 이런 거동을 보이는 용액을 **이상용액**(ideal solution)이라 한다. (ii)와 (iii)을 **비이상 거동**(nonideal behavior)이라 하고 이런 용액을 통틀어 **비이상 용액**(nonideal solution)이라 하는데, 이상거동 증기압보다 증기압이 작은 (ii)의 경우를 (이상거동으로부터) '**음으로 벗어난 용액**(negatively deviated solution)'이라 하고 그 반대인 (iii)의 경우를 '**양으로 벗어난 용액**(positively deviated solution)'이라 한다.

그런데 비이상 거동을 보이는 이 두 가지 경우에 보면, 일반적으로 1개 성분 i의 농도가 아주 묽어지면[이를 **용질**(solute)라 한다] 이 성분의 증기압은 이 성분의 몰분율 x_i에 일차 비례하여 증가한다.

$$\lim_{x_i \to 0} P_i = K_i x_i \tag{9.5}$$

이런 거동을 Henry의 **법칙**(Henry's law)이라 부른다. 여기서 K_i는 비례상수로서 Henry **상수**(Henrian constant)라고도 부른다.

반대로 한 성분의 농도가 아주 짙어지면[이를 **용매**(solvent)라 한다], 이 성분의 증기압은 일반적으로 이상용액의 거동을 보인다.

$$\lim_{x_i \to 1} P_i = x_i P_i^0 \tag{9.6}$$

이를 Raoult의 **법칙**(Raoult's law)이라 부른다.

A와 B가 서로 잘 섞이는가 잘 안 섞이는가는 결국 같은 것들끼리 서로 당기는 힘에 비하여 다른 것들끼리 당기는가 미는가, 당기면 얼마나 더 세게 당기는가에 의하여 결정된다. 이런 힘작용의 결과는 용액으로부터 탈출하여, 즉 증발하여 생기는 각 성분의 증기압으로 나타난다. 만약 같은 것들끼리나 다른 것들끼리나 당기는 힘이 별반 서로 다르지 않다면 기체와 맞닿아 있는 용액 표면이 A와 B로 주어진 조성분율 $x_A(=1-x_B)$ 만큼씩 덮여 있을 것이다. 이때 각 성분의 증기압은 용액 표면을 차지하고 있는 분율에 각각 비례하게 되어 (i)과 같은 이상거동을 보이게 된다. 만약 $A-B$ 사이의 결합이 같은 것들 사이의 그것보다 더 세면, 다시 말하여 A와 B가 잘 섞이면 A는 B를 B는 A

를 서로 당겨 탈출하지 못하게 하기 때문에 그 증기압은 이상거동을 할 때보다 작아지게 될 것이다. (ii) 반대로 A와 B가 잘 안 섞이는 경우는 A와 B가 서로 밀치기 때문에 증기압은 이상거동을 할 때보다 커지게 될 것이다. (iii) 용질의 농도가 아주 작아지면 이 용질 원자들 주위는 거의 용매 원자들로 둘러싸여 서로 멀리 떨어져 있게 되므로 용질의 증기압은 용질 원자의 개수에 비례하게 될 것이다[식 (9.5)]. 이게 Henry 법칙의 컷속이다. 한편 용매는 그 분율만큼 용액의 표면을 차지하되 용질의 농도가 아주 적으므로 용질에 의한 영향을 못 느끼게 될 것이므로 이상거동을 보이게 된다. 즉 Raoult의 법칙이 성립하게 되는 것이다[식 (9.6)].

9.3 | 화학포텐셜과 열역학적 활동도

용액의 이런 거동을 기술하기 위해서는, 이상기체 혼합체를 다룰 때 그랬던 것처럼 우선 용액을 구성하는 각 성분의 부분 몰당 Gibbs 자유에너지, 즉 화학포텐셜을 알아야 한다. 여기 일정한 온도 T에서 용액과 같은 응집상태에 있는 순수한 성분 i를 다른 것들과 섞어 조성이 x_i인 용액을 만든다고 하자(그림 9.2). 이때 i의 평형 증기압을 보면 섞이기 전에는 단일 성분이므로 단일 성분계의 평형조건에 의하여 결정되는 **평형포화 증기압** P_i^o하에 있는데, 용액이 되면 평형증기분압이 P_i가 된다. 증기상(vapor phase)과 응집상(condensed phase)이 서로 평형이 되기 위해서는 두 상에 있는 성분 i의 탈출경향, 즉 화학포텐셜이 같아야 한다. 순수한 응집상 상태를 위첨자 'o'로 나타내면(기체의 경우 1 atm 표준상태를 위첨자 'o'로 표시하는데, 응집상의 경우 통상의 압력조건에서는 압력의 영향을 무시할 수 있으므로 순수한 상태를 'o'로 나타내고 화학포텐셜을 재는 기준상태로 삼는다), 섞이기 전에는 순수한 응집상 i가 평형포화 증기와 평형을 이루고 있으므로 순수한 응집상 i의 화학포텐셜 μ_i^o가 포화증기 i의 화학포텐셜 $\mu_{i,v}$와 같아야 한다. 일정한 온도에서 기체의 화학포텐셜은 압력 1 atm일 때를 기준으로 그 분압에 의하여 결정되므로

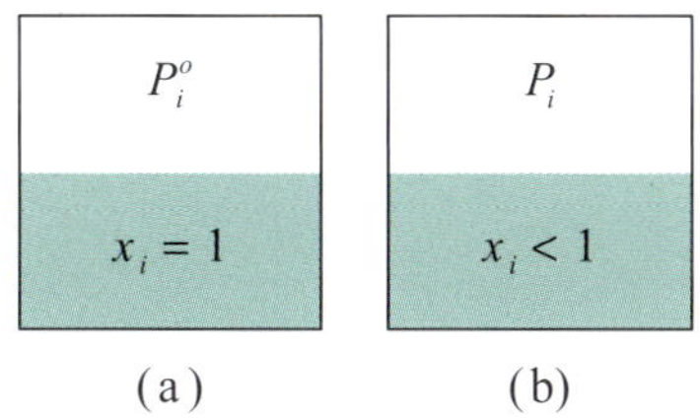

그림 9.2 일정한 온도에서 성분 i의 섞이기 전 상태(a)와 조성 x_i로 섞인 후의 상태(b). 섞이기 전에는 순수한 응집상 i의 평형포화 증기압 P_i^o을 내다가, 섞이고 나면 평형증기분압이 P_i로 달라진다.

$$\mu_i^o = \mu_{i,v}(x_i = 1) = \mu_{i,v}^o + RT\ln P_i^o \tag{9.7}$$

여기에 $\mu_{i,v}^o$는 주어진 온도, 표준 압력하에서의 순수한 기체 i의 화학포텐셜을 나타낸다. 섞인 후엔 용액 속의 i가 분압 P_i에 있는 기체 i와 평형을 이루고 있으므로 역시 확산평형 조건에 의하여

$$\mu_i = \mu_{i,v}(x_i) = \mu_{i,v}^o + RT\ln P_i \tag{9.8}$$

이 두 식을 서로 빼면

$$\mu_i = \mu_i^o + RT\ln\frac{P_i}{P_i^o} \tag{9.9}$$

즉 주어진 온도(T) 전체 압력(P) 조성(x_i) 조건에서 응집상 용액에 있는 성분 i의 화학포텐셜 μ_i가 용액과 같은 응집상태에 있는 순수한 i의 화학포텐셜 μ_i^o을 기준점으로 평형 증기압의 비에 의하여 계량된다. 이 평형 증기압의 비는 그림 9.1에서 본 것처럼 실험적으로 측정할 수 있다. 이 비는 용액열역학의 핵심이 되는데, 이를 간단히

$$\frac{P_i}{P_i^o} \equiv a_i \tag{9.10}$$

라고 쓰고 성분 i의 '열역학적 활동도(thermodynamic activity)'라 부른다. 그러면 화학포텐셜은

$$\mu_i = \mu_i^o + RT\ln a_i \tag{9.11}$$

이것이 앞으로 용액을 다룰 때 빠짐없이 나오는 응집상 상태에 있는 i의 화학포텐셜 또는 부분 몰당 Gibbs 자유에너지이다.

여기서 다시 한 번 강조할 것은 활동도는 평형 증기압을 측정함으로써 실험적으로 결정할 수 있다는 사실이다. 용액의 증기압 거동이 그림 9.1과 같으므로 세 가지 경우에 대하여 활동도를 계산해 보면 일반적으로

i) 이상용액: $a_i = \dfrac{P_i}{P_i^o} = x_i$

ii) 음으로 벗어난 비이상 용액: $a_i = \dfrac{P_i}{P_i^o} < x_i$

iii) 양으로 벗어난 비이상 용액: $a_i = \dfrac{P_i}{P_i^o} > x_i$

이 되는데, 조성에 따라 그림 9.3과 같이 변화한다. 이 활동도는 $x_i = 1$일 때 $P_i = P_i^o$이므로 $a_i = 1$이 된다.

부등식은 사람을 자주 불편하게 한다. 그래서 활동도와 몰분율 사이의 부등식 관계를 등식으로 나타내기 위하여 임의의 계수 γ_i를 도입하여 활동도를

$$a_i = \gamma_i x_i \tag{9.12}$$

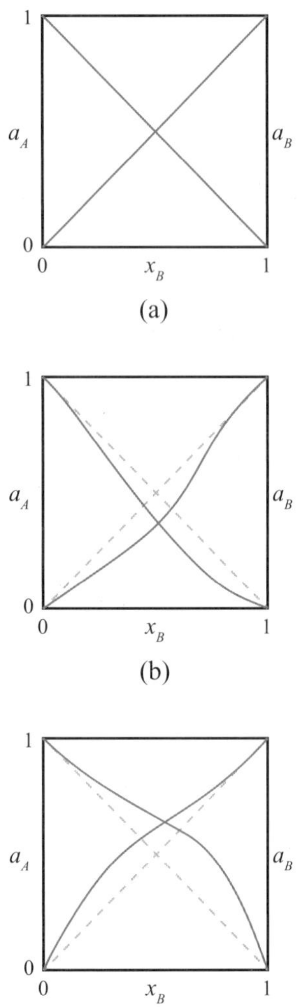

그림 9.3 2성분계 용액의 조성에 따른 활동도: (a) 이상용액, (b) 음으로 벗어난 비이상 용액, (c) 양으로 벗어난 비이상 용액. (b), (c)에서 점선은 이상용액일 때의 활동도.

와 같이 일반화하여 쓰면,

i) 이상용액: $\gamma_i = 1$

ii) 음으로 벗어난 비이상 용액: $\gamma_i < 1$

iii) 양으로 벗어난 비이상 용액: $\gamma_i > 1$

Henry의 법칙이 성립하는 조성 영역에서는 이 계수가 다음과 같이

$$a_i = \frac{P_i}{P_i^o} = \gamma_i^o x_i \;\; ; \;\; \gamma_i^o = \frac{K_i}{P_i^o} \tag{9.13}$$

상수가 되고, Raoult의 법칙이 성립하는 영역에서는

$$\gamma_i = 1 \tag{9.14}$$

이 된다. 이런 계수 γ_i를 성분 i의 '**활동도 계수**(activity coefficient)'라 부른다. 그림 9.3의 경우 활동도 계수를 조성에 대하여 개략적으로 그려보면 대충 그림 9.4와 같다. 이 활동도 계수도 조성에 대하여 각 성분의 증기분압을 측정함으로써 실험적으로 결정할 수 있다.

요약하면, 한 용액을 구성하는 임의의 성분 i의 부분 몰당 Gibbs 자유에너지 또는 화학포텐셜은 일반적으로

$$\begin{aligned}\mu_i &= \mu_i^o + RT\ln a_i \\ &= \mu_i^o + RT\ln x_i + RT\ln \gamma_i\end{aligned} \tag{9.15}$$

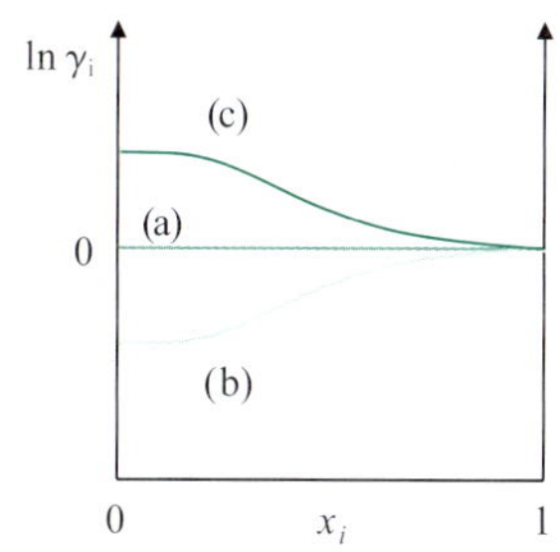

그림 9.4 2성분계 용액의 조성에 따른 활동도 계수의 변화: (a) 이상용액, (b) 음으로 벗어난 비이상 용액, (c) 양으로 벗어난 비이상 용액.

이상용액(ideal solution)이라면 $\gamma_i = 1$이므로 이때의 화학포텐셜을 특별히

$$\mu_i^{id} = \mu_i^o + RT\ln x_i \tag{9.16}$$

와 같이 쓰기도 하는데, 그리하면

$$\mu_i = \mu_i^{id} + RT\ln \gamma_i \tag{9.17}$$

즉 용액의 모든 비이상적 거동은 몽땅 활동도 계수의 몫이다.

9.4 | 용액열역학의 논리적 체계

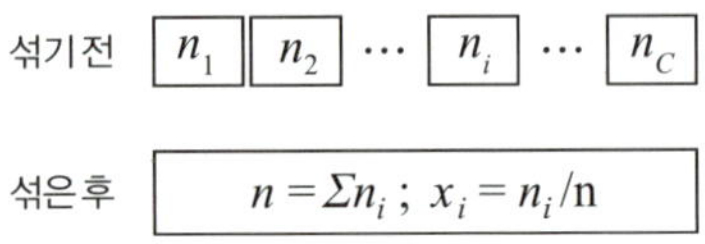

그림 9.5

자, 이제 일정한 온도 T, 일정한 전체 압력 P 조건에서 C개의 순수한 성분을 섞어 조성 $\{x_1, x_2, \cdots, x_i, \cdots, x_{C-1}\}$의 용액을 만든다고 하자(그림 9.5). 이때 섞기 전 순수한 성분과 섞인 용액의 응집상태는 모두 같다고 가정한다. 전과 후의 응집상태가 다른 경우는 후에 다루게 될 것이다.

용액의 열역학적 특성을 기술하는 논리적 체계는

(1) 각 성분의 부분 몰당 Gibbs 자유에너지를 조성의 함수로 알고, 이로부터 열역학적 관계식을 이용하여 부분 몰당 엔탈피, 엔트로피, 부피를 알고, 이들 각 부분 몰당 특성을 조합하여 전체 몰당 특성을 기술하거나,

(2) 전체 몰당 Gibbs 에너지를 조성의 함수로 알고, 이로부터 열역학적 관계식을 이용하여 전체 몰당 엔탈피, 엔트로피, 부피를 알고, 이로부터 각각의 부분 몰당 특성을 기술하는 것이다.

이때 부분 몰당량으로부터 전체(평균) 몰당량을, 전체 몰당량으로부터 부분 몰당량을 얻는 연결고리는 일찍이 8장에서 배웠다.

$$Q = \sum_i \overline{Q}_i x_i \tag{9.18}$$

$$\overline{Q}_i = Q - \sum_{j \neq i} \frac{\partial Q}{\partial x_j} x_j \tag{9.19}$$

그러면 부분 몰당 Gibbs 자유에너지로부터 다른 부분 몰당량을 계산하고, 이어서 전체 몰당량을 유도해 보자.

(1) 부분 몰당량(partial molar quantities)

$$\overline{G}_i \equiv \mu_i = \mu_i^o + RT\ln a_i = \mu_i^o + RT\ln x_i + RT\ln\gamma_i \tag{9.20}$$

$$\overline{S}_i = -\left(\frac{\partial \overline{G}_i}{\partial T}\right)_{P,nj} = S_i^o - R\left[\frac{\partial(T\ln a_i)}{\partial T}\right]_{P,nj} = S_i^o - R\ln x_i - R\left[\frac{\partial(T\ln\gamma_i)}{\partial T}\right]_{P,nj} \tag{9.21}$$

$$\overline{H}_i = \left[\frac{\partial(\overline{G}_i/T)}{\partial(1/T)}\right]_{P,nj} = H_i^o + R\left[\frac{\partial\ln a_i}{\partial(1/T)}\right]_{P,nj} = H_i^o + R\left[\frac{\partial\ln\gamma_i}{\partial(1/T)}\right]_{P,nj} \tag{9.22}$$

$$\overline{V}_i = \left(\frac{\partial \overline{G}_i}{\partial P}\right)_{T,nj} = V_i^o + RT\left(\frac{\partial\ln a_i}{\partial P}\right)_{T,nj} = V_i^o + RT\left(\frac{\partial\ln\gamma_i}{\partial P}\right)_{T,nj} \tag{9.23}$$

(2) **전체 몰당량**(integral molar quantities)

$$G = \sum x_i \overline{G}_i \tag{9.24}$$

$$S = \sum x_i \overline{S}_i = -\left(\frac{\partial G}{\partial T}\right)_{P,xi} \tag{9.25}$$

$$H = \sum x_i \overline{H}_i = \left[\frac{\partial (G/T)}{\partial (1/T)}\right]_{P,xi} \tag{9.26}$$

$$V = \sum x_i \overline{V}_i = \left(\frac{\partial G}{\partial P}\right)_{T,xi} \tag{9.27}$$

물론 이 전체 몰당량들 사이에는 부분 몰당량들 사이에서와 동일한 관계식이 성립하고 있다. 그러므로 전체 몰당량을 그에 해당하는 부분 몰당량을 몰분율에 따라 더해서 얻기도 하지만 몰당 Gibbs 자유에너지와의 관계식으로부터 얻을 수도 있다.

지금까지 유도해 본 용액의 절대적 열역학적 특성은 사실 실험적으로 측정할 수 없다. 실제 실험적으로 관찰하는 특성은 섞기 전 상태 대비 특성 변화, 즉 상대적 몰당 섞임특성이다. 섞이기 전 표준상태에 대한 상대적 부분 몰당 섞임량(relative partial molar quantities of mixing)과 상대적 전체 몰당 섞임량(relative integral molar quantities of mixing)을 정리하면 다음과 같다.

(3) **상대적 몰당 섞임량**(relative partial molar quantities)

상대적 몰당 섞임특성을 상대적 몰당 섞임 Gibbs 자유에너지 $\Delta\overline{G}_i^M$으로부터 계산해 보면:

$$\Delta\overline{G}_i^M \equiv \mu_i - \mu_i^o = RT\ln a_i = RT\ln x_i + RT\ln\gamma_i \tag{9.28}$$

$$\Delta\overline{S}_i^M = \overline{S}_i - S_i^o = -\left(\frac{\partial \Delta\overline{G}_i^M}{\partial T}\right)_{P,x_j} = -R\left[\frac{\partial (T\ln a_i)}{\partial T}\right]_{P,n_j} = -R\ln x_i - R\left[\frac{\partial (T\ln\gamma_i)}{\partial T}\right]_{P,n_j} \tag{9.29}$$

$$\Delta\overline{H}_i^M = \overline{H}_i - H_i^o = \left[\frac{\partial (\Delta\overline{G}_i^M/T)}{\partial (1/T)}\right]_{P,xj} = R\left[\frac{\partial \ln a_i}{\partial (1/T)}\right]_{P,nj} = R\left[\frac{\partial \ln\gamma_i}{\partial (1/T)}\right]_{P,nj} \tag{9.30}$$

$$\Delta\overline{V}_i^M = \overline{V}_i - V_i^o = \left(\frac{\partial \overline{G}_i^M}{\partial P}\right)_{T,nj} = RT\left(\frac{\partial \ln a_i}{\partial P}\right)_{T,nj} = RT\left(\frac{\partial \ln\gamma_i}{\partial P}\right)_{T,nj} \tag{9.31}$$

이들을 각 성분의 몰분율을 고려하여 모두 모으면 상대적 전체 몰당량을 얻는다.

(4) 상대적 전체 몰당량(relative integral molar quantities)

$$\Delta G^M = \sum x_i \Delta \overline{G}_i^M \tag{9.32}$$

$$\Delta S^M = \sum x_i \Delta \overline{S}_i^M = -\left(\frac{\partial \Delta G^M}{\partial T}\right)_{P,xi} \tag{9.33}$$

$$\Delta H^M = \sum x_i \Delta \overline{H}_i^M = \left[\frac{\partial(\Delta G^M/T)}{\partial(1/T)}\right]_{P,xi} \tag{9.34}$$

$$\Delta V^M = \sum x_i \Delta \overline{V}_i^M = \left(\frac{\partial \Delta G^M}{\partial P}\right)_{T,xi} \tag{9.35}$$

지금까지 나오는 용액 관련 열역학 양 혹은 특성의 표식과 명칭이 매우 복잡하고 길게 들렸을 것이다. 그러나 알고 보면 일정한 규칙이 있어서 이 규칙만 알면 매우 체계적으로 붙여진 표식이고 이름인 것을 알 수 있을 것이다. 이제 기본 명칭이 'Gibbs 자유에너지'인 G를 예로 들어 이 표준용어를 정리하겠다. 여러분들은 앞으로 의사소통을 할 때 이 표준어를 사용하면 서로 오해가 생기지 않을 것이다.

$\overline{G}_i$: (성분) i의 부분 몰당 Gibbs 자유에너지(partial molar Gibbs free energy of i)

$\Delta\overline{G}_i^M$: i의 상대적 부분 몰당 섞임 Gibbs 자유에너지(relative partial molar Gibbs free energy of mixing of i)

$G\left(=\sum x_i G_i\right)$: 전체 몰당 Gibbs 자유에너지(integral molar Gibbs free energy)

$\Delta G^M\left(=\sum x_i \Delta\overline{G}_i^M\right)$: 상대적 전체 몰당 섞임 Gibbs 자유에너지(relative integral molar Gibbs free energy of mixing)

9.5 | 이상용액의 특성

9.5.1 성분의 화학포텐셜

이상용액은 전 조성 영역에서 모든 성분이 각각 Raoult의 법칙을 만족하는 용액을 말한다[그림 9.1(a)].

$$a_i = \frac{P_i}{P_i^o} = x_i \ ; \ \gamma_i = 1 \tag{9.36}$$

그래서 이상용액을 Raoult 용액(Raoultian solution)이라 부르기도 한다.

이때 성분 i의 부분 몰당 Gibbs 자유에너지, 즉 화학포텐셜은

$$\mu_i = \mu_i^o + RT\ln a_i = \mu_i^o + RT\ln x_i \tag{9.37}$$

여기서 기준상태는 용액과 동일한 응집상태에 있는 순수한 i로서, 그때의 몰당 Gibbs 자유에너지가 μ_i^o로서 T와 P만의 함수이다.

이상용액의 경우, 조성 x_i를 알면 용액의 모든 상대적 열역학적 특성을 다 유도할 수 있다. 이제 이상용액의 상대적 부분 몰당 섞임량들과 그들을 합한 상대적 전체 몰당 섞임량들을 알아보자. 이상용액임을 강조하기 위하여 모든 양 표식 오른쪽 어깨에 첨자 'id'를 붙이겠다.

9.5.2 이상용액의 상대적 섞임량

(i) 상대적 부분 몰당 섞임량(relative partial molar quantities of mixing)

$$\Delta\overline{G}_i^{M,id} = \mu_i - \mu_i^o \qquad = RT\ln x_i \tag{9.38}$$

$$\Delta\overline{S}_i^{M,id} = -\left(\frac{\partial\Delta\overline{G}_i^{M,id}}{\partial T}\right)_{P,x_i} \qquad = -R\ln x_i \tag{9.39}$$

$$\Delta\overline{H}_i^{M,id} = \left[\frac{\partial(\Delta\overline{G}_i^{M,id}/T)}{\partial(1/T)}\right]_{P,x_i} = 0 \tag{9.40}$$

$$\Delta\overline{V}_i^{M,id} = \left(\frac{\partial\Delta\overline{G}_i^{M,id}}{\partial P}\right)_{T,x_i} \qquad = 0 \tag{9.41}$$

이 일련의 식에서 첫째 등식은 해당 부분 몰당량을 계산하는 열역학적 관계식을 나타내고, 마지막 항이 화학포텐셜 식 (9.38)로부터 관계식에 의하여 계산한 결과이다.

(ii) 상대적 전체 몰당 섞임량(relative integral molar quantities of mixing)

$$\Delta G^{M,id} = \sum x_i\Delta\overline{G}_i^{M,id} \qquad = RT\sum x_i\ln x_i \tag{9.42}$$

$$\Delta S^{M,id} = \sum x_i\Delta\overline{S}_i^{M,id} = -\left(\frac{\partial\Delta G^{M,id}}{\partial T}\right)_{P,x_i} = -R\sum x_i\ln x_i \tag{9.43}$$

$$\Delta H^{M,id} = \sum x_i \Delta \overline{H}_i^{M,id} = \left[\frac{\partial(\Delta G^{M,id}/T)}{\partial(1/T)}\right]_{P,x_i} = 0 \tag{9.44}$$

$$\Delta V^{M,id} = \sum x_i \Delta \overline{V}_i^{M,id} = \left(\frac{\partial \Delta G^{M,id}}{\partial P}\right)_{T,x_i} = 0 \tag{9.45}$$

이 일련의 식에서도 첫 번째 등식은 해당 전체 몰당량을 부분 몰당량으로부터 계산하는 관계식을, 두 번째 등식은 전체 몰당 Gibbs 자유에너지로부터 계산하는 관계식을 적어 두었다. 마지막 항이 계산결과이다. 다시 한 번 강조해 둘 것은 부분 몰당량들 사이의 관계식이 그대로 전체 몰당량들 사이에서도 성립한다는 사실이다.

9.5.3 이상용액의 켯속

이상용액은 서로 섞일 때 에너지 변화도 없고($\Delta \overline{H}_i^{M,id} = 0 = \Delta H^{M,id}$), 부피 변화도 없다($\Delta V_i^{M,id} = 0 = \Delta V^{M,id}$). 오직 엔트로피 변화만 있는 용액이다. 이 엔트로피 변화도 에너지 변화가 없으니 열 엔트로피(thermal entropy) 변화는 아닐 것이고, 서로 다른 것들이 무작위로 섞이면서 생기는 분포방법의 가짓수 증가에 해당하는 기하적 분포 엔트로피(configurational entropy)에 해당할 것이다.

원자들 간 힘작용이 어떠할 때 이런 거동이 가능할까? 논의를 간단하게 하기 위하여 A/B 2성분계 용액을 생각해 보자. 둘을 섞을 때 생기는 서로 다른 것들 사이의 결합에너지가 만약 같은 것들끼리의 결합에너지와 같다면($H_{AB} = H_{AA} = H_{BB}$), 서로 섞이면서 열을 내거나 흡수하는 일도 없을 것이고($\Delta H^M = 0$), 당연히 결합길이(bond length)의 변화가 없어 부피 변화도 없을 것이다($\Delta V^M = 0$).

또한 서로 척력이나 인력이 작용하지 않아서 섞일 때 그냥 무작위로 확률적으로 섞이게 될 것이니, A N_A개와 B N_B개를 무작위로 섞어 배열하는 방법의 가짓수 Ω_f는

$$\Omega_f = \frac{(N_A + N_B)!}{N_A! N_B!} \tag{9.46}$$

이를 대수를 취하여 Stirling의 근사식으로 근사하면, 섞인 후의 분포 엔트로피 S_f는 각 성분의 몰분율을 x_A, x_B라 두면

$$S_f = k \ln \Omega_f = -k(N_A \ln x_A + N_B \ln x_B) \tag{9.47}$$

가 된다. 한편 서로 섞이기 전 A N_A개와 B N_B개가 따로 있을 때는 이들을 배열하는 방법의 가짓수는 각각 $\Omega_A = 1$, $\Omega_B = 1$이므로, 섞이기 전 전체 방법의 가짓수 Ω_i는

$$\Omega_i = \Omega_A \cdot \Omega_B = 1 \tag{9.48}$$

그러므로 섞이기 전 우리 계의 섞임 엔트로피는

$$S_i = k \ln \Omega_i = 0 \tag{9.49}$$

따라서 섞을 때 수반되는 전체 몰당 엔트로피 변화(relative integral molar entropy of mixing)는

$$\Delta S^{M,id} = S_f - S_i = -R(x_A \ln x_A + x_B \ln x_B) \tag{9.50}$$

이 되는 것이다. 그러므로 Gibbs 자유에너지 변화(relative integral molar Gibbs free energy of mixing)는

$$\Delta G^{M,id} = \Delta H^{M,id} - T\Delta S^{M,id} = RT(x_A \ln x_A + x_B \ln x_B) \tag{9.51}$$

전체 몰당량을 예측했으니 복습도 할 겸 변환 식 (9.19)에 의하여 부분 몰당량을 거꾸로 계산해 보자.

$$\Delta \overline{S}_A^{M,id} = \Delta S^{M,id} - \frac{\partial \Delta S^{M,id}}{\partial x_B} x_B = -R \ln x_A \,;\, \Delta \overline{S}_B^{M,id} = \Delta S^{M,id} - \frac{\partial \Delta S^{M,id}}{\partial x_A} x_A = -R \ln x_B \tag{9.52}$$

$$\Delta \overline{G}_A^{M,id} = \Delta G^{M,id} - \frac{\partial \Delta G^{M,id}}{\partial x_B} x_B = RT \ln x_A \,;\, \Delta \overline{G}_B^{M,id} = \Delta G^{M,id} - \frac{\partial \Delta G^{M,id}}{\partial x_A} x_A = RT \ln x_B \tag{9.53}$$

이것이 이상용액의 켯속이다.

9.5.4 섞임 자유에너지와 섞임 엔트로피 대 조성곡선

A와 B를 섞어 이상용액을 만들 때 조성에 따라 Gibbs 자유에너지와 엔트로피의 변화를 그려보면 그림 9.6과 같은 모양이 된다. 모든 조성 영역에서

$$\Delta G^{M,id} \leq 0 \tag{9.54}$$

이 되므로, A와 B는 모든 조성 영역에서 자발적으로 자연적으로 비가역적으로 섞인다. 이리 섞이는 연유는 오로지 이들이 섞임으로써 섞임 엔트로피가 증가하는 때문이다.

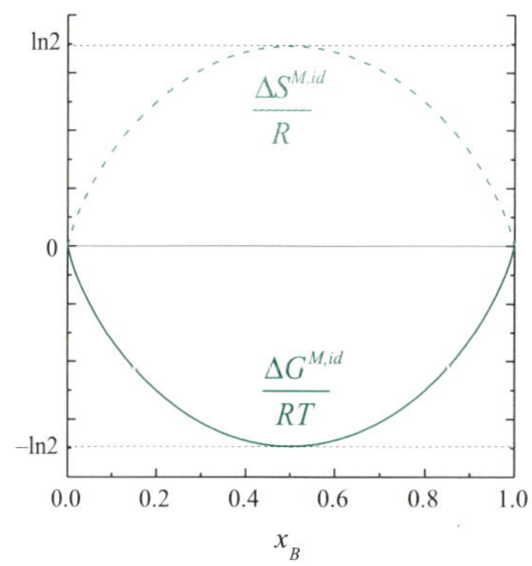

그림 9.6 조성에 따른 2성분계 이상용액의 상대적 전체 몰당 섞임 Gibbs 자유에너지와 섞임 엔트로피.

$$\Delta G^{M,id} = -T\Delta S^{M,id} \tag{9.55}$$

이런 섞임 경향은 한 성분의 상대적 부분 몰당 Gibbs 자유에너지, 식 (9.53)으로부터도 알 수 있다:

$$\Delta \overline{G}_i^{M,id} = \mu_i - \mu_i^0 = RT\ln x_i < 0 \tag{9.56}$$

용액 중에 있는 성분 i의 탈출경향이 순수한 상태로 있을 때의 그것에 비하여 더 적으니, 성분 i는 순수한 상태로 있기보다 섞여 있는 것이 열역학적으로 더 안정하다.

9.6 | 비이상 용액의 특성

9.6.1 성분의 화학포텐셜

비이상 용액의 경우 그 활동도는 다음과 같다:

$$a_i = \gamma_i x_i \ ; \ \gamma_i \neq 1 \tag{9.57}$$

따라서 성분 i의 화학포텐셜은

$$\mu_i = \mu_i^o + RT\ln a_i = \mu_i^o + RT\ln x_i + RT\ln \gamma_i \tag{9.58}$$

9.6.2 상대적 부분 몰당량

이렇게 주어진 화학포텐셜 표현식으로부터 비이상 용액의 상대적 부분 몰당량을 열역학적 관계식에 따라 적어내려 보자.

(i) 성분 i의 상대적 부분 몰당 섞임 Gibbs 자유에너지(relative partial molar Gibbs free energy of mixing of i)

식 (9.20)으로부터

$$\Delta \overline{G}_i^{M} = \mu_i - \mu_i^o = RT\ln x_i + RT\ln \gamma_i = \Delta \overline{G}_i^{M,id} + \overline{G}_i^{XS} \tag{9.59}$$

특별히 이상용액에 해당하는 몫을

$$RT\ln x_i = \Delta\overline{G}_i^{M,id} \tag{9.60}$$

로 쓰고, 비이상성으로 인한 우수리를

$$RT\ln\gamma_i = \overline{G}_i^{XS} \tag{9.61}$$

로 나타내기도 하는데, 이 '우수리량(excess quantity)'을 '우수리 Gibbs 자유에너지(excess Gibbs free energy)'라 부른다. 다음에 보다시피 이 우수리량들 사이에도 모든 열역학적 관계식이 그대로 다 성립하게 된다.

(ii) **성분 i의 상대적 부분 섞임 엔탈피**(relative partial molar enthalpy of mixing of i)

$$\Delta\overline{H}_i^M = \left[\frac{\partial(\Delta\overline{G}_i^M/T)}{\partial(1/T)}\right]_{P,x_i} = R\left[\frac{\partial\ln\gamma_i}{\partial(1/T)}\right]_{P,x_i} = \overline{H}_i^{XS} \tag{9.62}$$

(iii) **성분 i의 상대적 부분 섞임 엔트로피**(relative partial molar entropy of mixing of i)

$$\Delta\overline{S}_i^M = -\left(\frac{\partial\Delta\overline{G}_i^M}{\partial T}\right)_{P,x_i} = -R\ln x_i - R\left(\frac{\partial T\ln\gamma_i}{\partial T}\right)_{P,x_i} = \Delta\overline{S}_i^{M,id} + \overline{S}_i^{XS} \tag{9.63}$$

(iv) **성분 i의 상대적 부분 섞임 부피**(relative partial molar volume of mixing of i)

$$\Delta\overline{V}_i^M = \left(\frac{\partial\Delta\overline{G}_i^M}{\partial P}\right)_{T,x_i} = RT\left(\frac{\partial\ln\gamma_i}{\partial P}\right)_{T,x_i} = \overline{V}_i^{XS} \tag{9.64}$$

이상용액이었다면 섞일 때 에너지 변화도 없고($\Delta\overline{H}_i^M = 0$) 부피 변화도 없고 ($\Delta\overline{V}_i^M = 0$) 오직 섞임분포 엔트로피만 증가하는데, 비이상 용액이 되면 일반적으로 에너지 변화도 있고 부피 변화도 생기고 섞임분포 엔트로피에다 열 엔트로피 변화까지 수반된다. 이는 오로지 비이상성의 척도인 활동도 계수의 온도, 압력 의존성에 의하여 결정되는 특성들이다. 모든 비이상성 거동의 책임이 활동도 계수에게로 귀속되는 것이다.

9.6.3 상대적 전체 몰당 섞임량들

위에서 구한 각 부분 몰당량들을 식 (9.18)에 따라 모으면 된다. 당연히 임의의 상대적 몰당량 ΔQ^M은

$$\Delta Q^M = \sum x_i \Delta \overline{Q}_i^{M,id} + \sum x_i \overline{Q}_i^{XS} = \Delta Q^{M,id} + Q^{XS} \tag{9.65}$$

의 모양이 된다.

$$\Delta G^M = \Delta G^{M,id} + G^{XS} = \sum x_i \Delta \overline{G}_i^{M,id} + \sum x_i \overline{G}_i^{XS} \tag{9.66}$$

$$\Delta H^M = \qquad H^{XS} = \qquad \sum x_i \overline{H}_i^{XS} \tag{9.67}$$

$$\Delta S^M = \Delta S^{M,id} + S^{XS} = \sum x_i \Delta \overline{S}_i^{M,id} + \sum x_i \overline{S}_i^{XS} \tag{9.68}$$

$$\Delta V^M = \qquad V^{XS} = \qquad \sum x_i \overline{V}_i^{XS} \tag{9.69}$$

여러분들은 이 관계식에 앞에서 계산해 둔 부분 몰당량을 대입함으로써 전체 몰당량을 조성과 각 성분의 활동도 계수의 함수로 구할 수 있을 것이다. 이 모든 식은 겉보기에 매우 복잡한 것 같지만, 그 요체는 성분 i의 화학포텐셜 식과 이 화학포텐셜과 다른 열역학적 양들과의 관계식, 그리고 부분 몰당량을 전체 몰당량으로 조합하는 식이다. 식을 하나하나 차근히 읽어 가면서 그 규칙성을 파악해 두기 바란다.

9.6.4 비이상 용액의 일반적 경향

같은 것들끼리보다 서로 다른 A, B가 서로 당기고 끌려서 너무 잘 섞여도 비이상성을 보이고, 서로 밀고 밀려 잘 섞이지 않아도 비이상성을 보인다. 그러나 온도가 올라가면 서로 당기는 것들도 서로 밀치는 것들도 열운동에 의한 뒤섞임 효과(disordering effect) 때문에 비이상성이 적어지게 되어 균일하게 섞이는 경향을 보인다. 이게 일반적 경향이다. 모든 비이상성은 활동도 계수의 몫이므로 활동도 계수의 온도 의존성을 이런 경험적 사실로부터 예측해 볼 수 있다.

용액이 양의 방향으로 벗어난 경우는 $\ln\gamma_i > 0$이고 온도가 올라가면 비이상성이 적어져 $\ln\gamma$ 값이 0쪽으로 작아지므로

$$\left(\frac{\partial \ln \gamma_i}{\partial T}\right)_{P,xi} < 0 \tag{9.70}$$

음의 방향으로 벗어난 경우는 $\ln\gamma_i < 0$이고 온도가 올라가면서 $\ln\gamma_i = 0$ 쪽으로 커지므로

$$\left(\frac{\partial \ln \gamma_i}{\partial T}\right)_{P,xi} > 0 \tag{9.71}$$

그러므로

i) $\gamma_i > 1$이면

$$\Delta \overline{H}_i^M = \overline{H}_i^{XS} = R\left[\frac{\partial \ln \gamma_i}{\partial (1/T)}\right]_{P,x_i} > 0 \ ; \ \Delta H^M = \sum x_i \Delta \overline{H}_i^M > 0 \tag{9.72}$$

즉 양으로 편기하는 용액은 제각기 따로 있을 때에 비하여 용액이 되면 에너지가 증가한다. 서로 싫어 밀치는 것들을 섞어 놓으니 에너지가 증가하는 것이다($H_{AB} > H_{AA}, H_{BB}$).

ii) $\gamma_i < 1$이면

$$\Delta \overline{H}_i^M = \overline{H}_i^{XS} = R\left[\frac{\partial \ln \gamma_i}{\partial (1/T)}\right]_{P,x_i} < 0 \ ; \ \Delta H^M = \sum x_i \Delta \overline{H}_i^M < 0 \tag{9.73}$$

즉 서로 좋아 당기는 것들을 서로 섞으면 당연히 에너지가 따로 있을 때보다 감소하는 것이다($H_{AB} < H_{AA}, H_{BB}$).

한편 i가 용액으로 녹아들 때 부분 몰당 부피 변화는 부분 몰당 우수리 부피에 해당한다:

$$\Delta \overline{V}_i^M = \overline{V}_i^{XS} = RT\left(\frac{\partial \ln \gamma}{\partial P}\right)_{T,x_i} \tag{9.74}$$

양으로 편기하면 용액을 만들면서 부피가 늘어날 것이고, 음으로 편기하면 부피가 따로 있을 때보다 작아질 것이다. 이 사실로부터 각각의 경우에 활동도 계수가 압력에 따라서 어떻게 변화할지도 예측해 보기 바란다.

9.7 | 2성분계에서의 부분 몰당량과 전체 몰당량 간 상호 변환

9.7.1 변환 논리

우리는 앞에서 온도와 압력이 일정할 때 C개 성분 단일 상에 대하여 부분 몰당량과 전체 몰당량이 다음과 같은 관계에 있음을 배웠다.

$$\sum_{i=1}^{C} x_i d\overline{Q}_i = 0 \tag{9.75}$$

$$Q = \sum_{i=1}^{C} x_i \overline{Q}_i \tag{9.76}$$

$$\overline{Q}_i = Q - \sum_{j \neq i} \left(\frac{\partial Q}{\partial x_j} \right) x_j \tag{9.77}$$

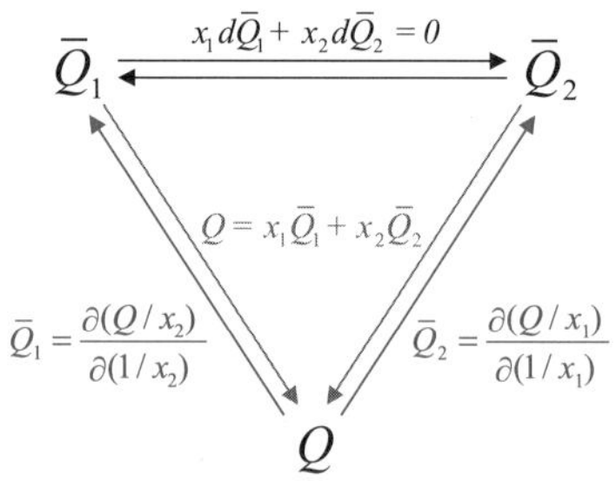

그림 9.7 2성분계에서의 2개의 부분 몰당량과 1개의 전체 몰당량 사이의 변환 논리.

그러므로 $C-1$개의 독립 성분의 부분 몰당량을 알면 식 (9.75)에 의하여 나머지 성분의 부분 몰당량을 알고, 이들로부터 식 (9.76)에 의하여 전체 몰당량을 계산하기도 하고, 거꾸로 전체 몰당량을 조성의 함수로 알면 식 (9.77)에 의하여 부분 몰당량을 계산해 낼 수도 있다.

재료공학에서 중요한 용액 중에는 아직도 2성분계가 많다. 가장 간단한 2성분계에 대하여 이들 상호 변환기구를 정량적으로 확립해 보자. 2성분계에 대하여 2개의 부분 몰당량과 1개의 전체 몰당량 사이의 상호 변환 논리를 요약하면 그림 9.7과 같다.

(i) $\overline{Q}_2$로부터 $\overline{Q}_1$, 또는 $\overline{Q}_1$으로부터 $\overline{Q}_2$

Gibbs-Duhem 식

$$x_1 d\overline{Q}_1 + x_2 d\overline{Q}_2 = 0 \tag{9.78}$$

에 의하여,

$$\int d\overline{Q}_1 = -\int \frac{x_2}{x_1} d\overline{Q}_2 \ ; \ \int d\overline{Q}_2 = -\int \frac{x_1}{x_2} d\overline{Q}_1 \tag{9.79}$$

(ii) $\overline{Q}_2$, $\overline{Q}_1$ 으로부터 Q

$$Q = x_1 \overline{Q}_1 + x_2 \overline{Q}_2 \tag{9.80}$$

(iii) Q로부터 $\overline{Q}_1$과 $\overline{Q}_2$

$$\overline{Q}_1 = Q - \frac{\partial Q}{\partial x_2} x_2 \ ; \ \overline{Q}_2 = Q - \frac{\partial Q}{\partial x_1} x_1 \tag{9.81}$$

또는 이 식을 각각 x_2^2, x_1^2으로 나누고 정리하면

$$\frac{\overline{Q}_1}{x_2^2} = \frac{Q}{x_2^2} - \frac{1}{x_2}\cdot\frac{\partial Q}{\partial x_2} = -\frac{\partial(Q/x_2)}{\partial x_2} \; ; \; \frac{\overline{Q}_2}{x_1^2} = \frac{Q}{x_1^2} - \frac{1}{x_1}\cdot\frac{\partial Q}{\partial x_1} = -\frac{\partial(Q/x_1)}{\partial x_1} \tag{9.82}$$

따라서

$$\overline{Q}_1 = \frac{\partial(Q/x_2)}{\partial(1/x_2)} \; ; \; \overline{Q}_2 = \frac{\partial(Q/x_1)}{\partial(1/x_1)} \tag{9.83}$$

(iv) $\overline{Q}_1$ 또는 $\overline{Q}_2$ 로부터 바로 Q

식 (9.83)을 각각 적분하면

$$\int d\left(\frac{Q}{x_2}\right) = \int \overline{Q}_1 d\left(\frac{1}{x_2}\right) \; ; \int d\left(\frac{Q}{x_1}\right) = \int \overline{Q}_2 d\left(\frac{1}{x_1}\right) \tag{9.84}$$

부분 몰당량 하나를 알면 다른 하나를 Gibbs-Duhem 식 (9.78)을 적분하여 얻고, 이 둘을 식 (9.80)에 의하여 전체 몰당량을 얻는 대신 부분 몰당량 1개만으로부터 Gibbs-Duhem 식을 거치지 않고 바로 전체 몰당량을 구하는 논리이다. 한 예로 2성분계 용액에서 용질 2의 활동도를 조성의 함수로 알 때 용매 1의 활동도를 계산해 보자.

9.7.2 용질의 $\Delta\overline{G}_2^M$ 으로부터 용매의 $\Delta\overline{G}_1^M$ 계산

Gibbs-Duhem 식에 의하여

$$x_1 d\Delta\overline{G}_1^M + x_2 d\Delta\overline{G}_2^M = 0 \quad \text{또는} \quad x_1 d\ln a_1 + x_2 d\ln a_2 = 0 \tag{9.85}$$

이므로, 이를 $x_1 = 1$부터 임의의 조성 $x_1 (= 1 - x_2)$까지 적분하여 용매의 활동도 a_1을 조성 x_1의 함수로 얻게 된다.

$$\int_{x_1=1}^{x_1} d\ln a_1 = \ln a_1(x_1) = -\int_{a_2=0}^{a_2(x_1)} \frac{x_2}{x_1} d\ln a_2 \tag{9.86}$$

마지막 항의 적분은 x_2/x_1을 $-\ln a_2$의 함수로 그렸을 때, 가로축의 $-\ln a_2(x_2=0)=\infty$부터 $-\ln a_2$까지 곡선 아래의 면적에 해당한다(그림 9.8) 만약 a_2가 조성의 함수로 주어져 있다면, 피적분 함수 $(x_2/x_1)(d\ln a_2)$를 해석적으로 적분하면 되는데, 대개의 경우 이 함수 관계는 알려져 있지 않고, 조성에 대하여 용질의 활동도를 실험적으로 측정하기 때문에 불연속적인 데이터 집합 $\{\ln a_2, x_2\}$이 알려져 있다. 이때는 이 데이터를

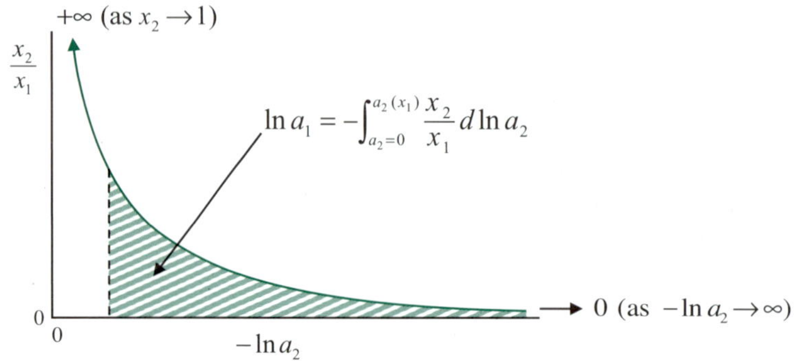

그림 9.8 x_2/x_1 대 $-\ln a_2$ 곡선. 빗금 친 부분이 식 (9.86)의 적분에 해당하는 면적이다.

그려서 구분구적법으로 그 면적을 얻을 수밖에 없다.

그런데 여기에 수학적인 문제가 하나 있다. 적분식을 보면 $-\ln a_2 \to \infty$일 때 x_2/x_1이 일정한 값을 가지지 않고 0으로 근접하고 있다:

$$\lim_{-\ln a_2 \to \infty} \frac{x_2}{x_1} \to 0 \tag{9.87}$$

이런 것을 수학에서는 곡선이 "터져 있다(blow up)"라고 한다. 마찬가지로 $-\ln a_2 \to 0$일 때도 곡선은 닫히지 않고 터져 있다.

$$\lim_{-\ln a_2 \to 0} \frac{x_2}{x_1} \to \infty \tag{9.88}$$

따라서 식 (9.86)에서 적분의 상한이 $-\ln a_2 = 0$ 쪽으로 깊숙히 들어와 있으면 곡선이 $-\ln a_2 \to \infty$에 터져 있어도 결국 0으로 수렴하여 그 부분의 면적은 전체 면적에 비하여 무시할 수 있으므로 적분결과에 큰 영향을 미치지는 못한다. 문제는 아주 묽은 경우, 즉 적분의 상한 $a_2(x_1)$이 0에 가까워지는, 다시 말해 $-\ln a_2 = 0$으로부터 멀어지는 경우이다. 이때는 터진 부분의 면적을 무시할 수 없게 되므로 면적을 충분히 정확하게 구할 수 없게 된다.

이 수학적 문제를 우회하는 요령이 있는데, 바로 $x_2 \to 0$일 때 용질은 Henry의 법칙을 따르고 용매는 Raoult의 법칙을 따른다는 사실을 이용하는 것이다. Henry의 법칙을 따르면 $x_2 \to 0$일 때 $-\ln a_2 \to \infty$이지만 $\ln\gamma_2 = \ln\gamma_2^0$로 일정한 값을 가지고, 이때 $\ln\gamma_1 = 0$이 된다. $a_i = \gamma_i x_i$를 Gibbs–Duhem 식 (9.85)에 대입하여 정리하면,

$$x_1 d\ln x_1 + x_2 d\ln x_2 = 0 \tag{9.89}$$

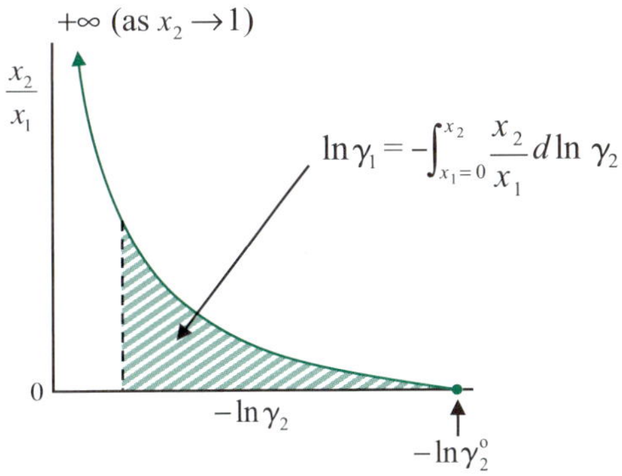

그림 9.9 x_2/x_1 대 $-\ln\gamma_2$ 그림. 오른쪽 끝이 막혀 있다.

이므로

$$x_1 d\ln\gamma_1 + x_2 d\ln\gamma_2 = 0 \tag{9.90}$$

이 된다. 따라서

$$\int_{x_1=1}^{x_1} d\ln\gamma_1 = \ln\gamma_1(x_1) = -\int_{x_2=0}^{x_2} \frac{x_2}{x_1} d\ln\gamma_2 \tag{9.91}$$

x_2/x_1을 $-\ln\gamma_2$에 대하여 그려보면 그림 9.9과 같다. 그림 9.8에서와는 달리 곡선 x_2/x_1이 오른쪽으로 터지지 않고 막혀 있다. 즉 Henry의 법칙에 의하여

$$x_2 = 0\text{일 때} \quad -\ln\gamma_2 = -\ln\gamma_2^0 \tag{9.92}$$

그러므로 식 (9.91)의 적분은 x_2에 상관없이 정확하게 계산된다. 이리 계산된 γ_1값을 가지고 아는 조성 x_1과 곱하여 $a_1(=\gamma_1 x_1)$을 조성의 함수로 결정한다. 실제 많이 사용하는 방법이다.

이 방법을 이용하여 용질이 Henry의 법칙을 따르면 용매는 Raoult의 법칙을 따른다는 것을 유도할 수 있을 것이다. 그 반대는? 다시 말하여 용매가 Raoult의 법칙을 따르면 용질은 Henry의 법칙을 따른다는 것도 유도할 수 있을까? 스스로 유도해 보기 바란다.

9.8 | 비이상 용액의 해석적 접근

지금까지 우리는 용액의 모든 비이상성을 현상학적으로 모두 우수리 부분 몰당 Gibbs 자유에너지

$$\overline{G_i^{XS}} = RT\ln\gamma_i \tag{9.93}$$

의 몫으로 돌리고 용액의 열역학적 특성을 분석하였다. 이 우수리량의 물리화학적 정체는 무엇일까? 이 정체에 관해서는 한 가지 이론이 전해져 오는데, 그것은 바로 묽은 전해질 용액에서 용질인 전해질의 활동도 계수를 계산한 Debye-Huckel 이론이다.

전해질 용액은 소금(NaCl)과 같은 이온결합 화합물이 물에 녹은 용액을 말한다. 소금을 물에 녹이면 소금은 Na^+ 이온과 Cl^- 이온으로 해리하여 존재하게 되고, 바로 이런 이온들 때문에 물의 전기 전도도가 올라간다. 이때 이 용액의 특성이 이상용액의 특성으로부터 음의 방향으로 벗어나는데, 이들은 이것을 이렇게 설명하였다. 만약 이 이온들이 전하를 띠고 있지 않으면 이상용액이 되겠지만, 전하를 띠고 있기 때문에 전기적 인력에 의하여 음이온 주위에는 양이온들이 선택적으로 분포하게 되고 (이를 **전하구름**, charge cloud 또는 ionosphere라 부른다), 양이온 주위에는 음이온들이 선택적으로 분포하게 되어 계의 위치에너지를 낮추게 된다. 우수리 Gibbs 자유에너지는 바로 이런 전기적 인력 때문에 이상용액일 때보다 낮아지게 되는 위치에너지에 해당한다. 이외에는 우수리 Gibbs 자유에너지를 정량적으로 설명하는 물리적 이론이 없다. 다만 용액의 열역학적 비이상 거동을 해석적으로 다루기 위한 경험적 수단이 하나 전해져 온다.

9.8.1 Margules의 경험적 접근

오스트리아 빈 대학 Boltzmann에게 사사하고 훗날 자존심 때문에 스스로 굶어 죽었다는 얘기가 전해지고 있는 M. Margules는 1895년 성분 i의 부분 몰당 우수리 Gibbs 자유에너지를 경험적으로 조성변수 $(1-x_i)$에 대한 다항식으로 전개하였다(이를 Margules 급수라 부른다).

$$RT\ln\gamma_i = \alpha_0 + \alpha_1(1-x_i) + \alpha_2(1-x_i)^2 + \alpha_3(1-x_i)^3 + \cdots \tag{9.94}$$

여기서 각 항의 계수 α_k는 상수이다. 대개 이와 같은 다항식 전개는 어떤 특성의 함수관계를 잘 모를 때 그 특성을 해석적으로 다루기 위하여 종종 취하는 수학적 요령인데, 지금의 경우 조성에 대하여 우수리량을 실험적으로 측정한 결과를 최소자승맞

춤을 하여 계수 α_k를 결정해 두면 비록 이 계수가 지니는 물리화학적 의미는 모르더라도 계의 열역학적 특성은 해석적으로 기술할 수 있는 것이다.

우선 성분 i의 우수리 부분 몰당 자유에너지를 몰분율에 관한 다항식으로 나타내는데, 그 변수를 왜 x_i가 아니고 $(1-x_i)$로 선택했는지를 생각해 보자. 모든 용액은 음으로 벗어나든 양으로 벗어나든 항상 Henry의 법칙과 Raoult의 법칙을 만족한다.

$$\text{Henry의 법칙: } \lim_{x_i \to 0} RT\ln\gamma_i = RT\ln\gamma_i^0 = \text{상수} \tag{9.95}$$

$$\text{Raoult의 법칙: } \lim_{x_i \to 1} RT\ln\gamma_i = 0 \tag{9.96}$$

그러므로 이 두 조건을 동시에 만족하기 위해서는 $(1-x_i)$에 대하여 다항식 전개를 할 수밖에 없고, 항상 $\alpha_o = 0$이어야 한다.

이제 $A-B$ 2성분계 용액에 대하여 이 다항식의 계수를 구해 보자. 성분 A와 B의 우수리 자유에너지는 각각

$$RT\ln\gamma_A = \alpha_1 x_B + \alpha_2 x_B^2 + \alpha_3 x_B^3 + \cdots \tag{9.97}$$

$$RT\ln\gamma_B = \beta_1 x_A + \beta_2 x_A^2 + \beta_3 x_A^3 + \cdots \tag{9.98}$$

이고, 각 성분에 대하여 Henry의 법칙과 Raoult의 법칙이 성립하는 것을 확인할 수 있을 것이다.

나아가 이들 두 우수리량들은 Gibbs-Duhem 식

$$x_A d\overline{G}_A^{XS} + x_B d\overline{G}_B^{XS} = 0 \tag{9.99}$$

을 만족해야 하므로, 이 식에 식 (9.97), (9.98)을 미분하여 대입하고 양변의 같은 차수 항의 계수를 비교해 보면 항상

$$\alpha_1 = \beta_1 - 0 \tag{9.100}$$

이어야 함을 알 수 있다. 그러므로 가장 간단한 비이상 용액은 식 (9.97)과 (9.98)에서 3차 이상의 항을 잘라낸 것으로서

$$RT\ln\gamma_A = \alpha_2 x_B^2 \tag{9.101}$$

$$RT\ln\gamma_B = \beta_2 x_A^2 \tag{9.102}$$

이 되고, 이때 Gibbs–Duhem 식 (9.99)에 의하여

$$\alpha_2 = \beta_2 \equiv \alpha \tag{9.103}$$

이 된다. 여기서 α는 온도에 무관한 상수이다. 이런 거동을 보이는 용액을 **정규용액**(regular solution)이라 부르는데, 1927년 미국 버클리 대학의 물리화학 교수 J. H. Hildebrand가 그리 명명하였다.

이 정규용액은 $\alpha < 0$이면 $\gamma_i < 1$이어서 음으로 벗어나고, $\alpha > 0$이면 $\gamma_i > 1$이 되어 양으로 벗어날 것이 예상된다. 그리고 α가 상수이므로 주어진 조성에서 온도가 올라가면 γ_i가 1로 근접해 간다. 즉 모든 비이상 용액의 거동이 다 그러하듯이 이상용액에 근접할 것 또한 예상된다. 이제 이러한 2성분계 정규용액의 열역학적 특성을 탐구해 보자.

9.9 | 2성분계 정규용액의 열역학적 특성

9.9.1 상대적 부분 몰당 섞임량

성분 $i(=A, B)$에 대하여,

$$\Delta\overline{G}_i^M = \Delta\overline{G}_i^{M,id} + \overline{G}_i^{XS} = RT\ln x_i + \alpha(1-x_i)^2 \tag{9.104}$$

$$\Delta\overline{H}_i^M = \left[\frac{\partial(\Delta\overline{G}_i^M/T)}{\partial(1/T)}\right]_{P,x_i} = \alpha(1-x_i)^2 = \overline{H}_i^{XS} \tag{9.105}$$

$$\Delta\overline{S}_i^M = -\left(\frac{\partial\Delta\overline{G}_i^M}{\partial T}\right)_{P,x_i} = -R\ln x_i = \Delta\overline{S}_i^{M,id} \tag{9.106}$$

$$\Delta\overline{V}_i^M = \left(\frac{\partial\Delta\overline{G}_i^M}{\partial P}\right)_{T,x_i} = 0 \tag{9.107}$$

여기서 보면 상대적 부분 몰당 엔탈피는 우수리 부분 몰당 엔탈피와 같고, 상대적 부분 몰당 엔트로피는 이상용액의 그것, 즉 무작위 분포 엔트로피와 같다. 따라서

$$\Delta\overline{G}_i^M = \overline{H}_i^{XS} - T\Delta\overline{S}_i^{M,id} \tag{9.108}$$

이것이 바로 정규용액의 특징이다.

9.9.2 상대적 전체 몰당 섞임량

부분 몰당량과 전체 몰당량과의 관계식 (9.18)에 의하여,

$$\Delta G^M = \sum x_i \Delta \overline{G}_i^M = RT(x_A \ln x_A + x_B \ln x_B) + \alpha x_A x_B \tag{9.109}$$

$$\Delta H^M = \sum x_i \Delta \overline{H}_i^M = \alpha x_A x_B = H^{XS} \tag{9.110}$$

$$\Delta S^M = \sum x_i \Delta \overline{S}_i^M = -R(x_A \ln x_A + x_B \ln x_B) = \Delta S^{M,id} \tag{9.111}$$

$$\Delta V^M = \sum \Delta \overline{V}_i^M = 0 \tag{9.112}$$

그리고 당연히

$$\Delta G^M = H^{XS} - T\Delta S^{M,id} = G^{M,xs} + \Delta G^{M,id} \tag{9.113}$$

이 ΔG^M을 조성 x_B에 대하여 그려보면 그림 9.10과 같다. $\Delta G^M = \Delta G^{M,id} + \alpha x_A x_B$로서 용액의 특성이 (i) 양으로 벗어나면 $\alpha > 0$이 되어 $\Delta G^M_{(i)}$과 같이 되고, (ii) 음으로 벗어나면 $\alpha < 0$이 되어 $\Delta G^M_{(ii)}$과 같이 된다.

A와 B가 섞어 용액이 될 때 엔트로피 변화는 이상용액일 때와 같은데, 엔탈피 변화는 0이 아니다!? 엔탈피 변화가 있다는 것은 A와 B가 서로 당기거나 밀치거나 한다는 말이고, 엔트로피 변화가 이상용액일 때와 같다는 것은 이들이 서로 섞일 때 열 엔트로피 변화는 없고 오직 기하적 공간분포 엔트로피만 있어서 그 분포가 하얀 당구공과 빨간 당구공을 서로 섞을 때처럼 무작위로 이루어진다는 것을 의미한다. A와 B가 서로 밀거나 당기는데도 그 분포는 무작위로 된다? 어떻게 이런 일이 가능할까? 정규용액의 비정상적인 거동이다. 이런 묘한 열역학적 거동을 미시적 관점에서 한번 이해해 보자.

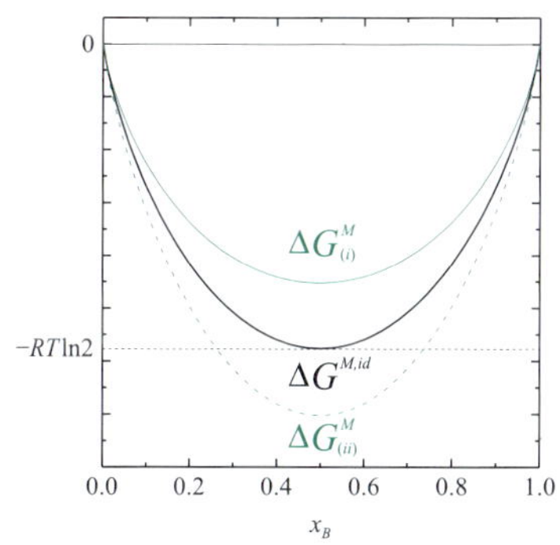

그림 9.10 2성분계 정규용액의 조성 x_B에 대한 상대적 전체 몰당 섞임 Gibbs 자유에너지 ΔG^M의 변화. $\Delta G^M_{(i)}$은 $\alpha > 0$인 경우, $\Delta G^M_{(ii)}$는 $\alpha < 0$인 경우, $\Delta G^{M,id}$은 $\alpha = 0$, 즉 이상용액의 경우.

9.10 | 용액의 통계적 모델

9.10.1 섞임 엔탈피

지금 A 원자 N_A개와 B 원자 N_B개를 섞어 $N_A + N_B$개 원자로 이루어진 용액 (A, B)를 만든다고 하자.

$$N_A A + N_B B \rightarrow (N_A + N_B)(A, B) \tag{9.114}$$

이때 용액 (A,B)의 엔탈피는 바로 옆에 있든 멀리 있든 모든 원자 간의 상호작용 에너지의 총합에 해당할 것이다. 논의를 간단하게 하기 위하여 우리의 원자들은 바로 옆에 있는 원자하고만 결합하고 다른 것들과는 결합이 없다고 가정하자. 이런 용액 모델을 pairwise potential model이라 부르기도 한다. 그러면 우리 용액의 전체 엔탈피는 바로 옆에 있는 것들과의 결합 엔탈피만을 다 합하면 된다. 용액 중에 A와 A 사이의 결합 엔탈피가 H_{AA}이고 그 개수가 P_{AA}, B와 B 사이의 결합 엔탈피가 H_{BB}이고 그 개수가 P_{BB}, A와 B 사이의 결합 엔탈피가 H_{AB}이고 그 개수가 P_{AB}라 하면, 용액의 전체 엔탈피 H는

$$H = P_{AA}H_{AA} + P_{BB}H_{BB} + P_{AB}H_{AB} \tag{9.115}$$

이 된다. 순수한 A도 B도 온도가 내려가면 기체에서 액체가 되고 고체가 된다. 이는 서로 같은 것들끼리는 인력이 작용한다는 것이므로, 본질적으로 H_{AA}, $H_{BB} < 0$이다.

이제 각종 결합 수가 몇 개나 되는지 한번 계산해 보자. 우리 용액 내 한 원자 바로 옆에 A나 B 상관없이 모두 Z개씩 있다면[이를 **배위수**(coordination number)라 부른다], A나 B 1개당 결합 수는 Z개가 된다. 여기에 A의 총 개수 N_A를 곱하면(ZN_A), $A-B$ 결합은 단 한 번씩 포함되지만 $A-A$ 결합은 두 번씩 포함되므로,

$$ZN_A = P_{AB} + 2P_{AA} \tag{9.116}$$

마찬가지로

$$ZN_B = P_{AB} + 2P_{BB} \tag{9.117}$$

선뜻 이해되지 않으면, 이 용액에 있는 전체 결합 수가

$$P_{AB} + P_{AA} + P_{BB} = \frac{1}{2}Z(N_A + N_B) \tag{9.118}$$

이 되는 것을 생각해 보라.

따라서

$$P_{AA} = \frac{1}{2}(ZN_A - P_{AB}) \ ; \ P_{BB} = \frac{1}{2}(ZN_B - P_{AB}) \tag{9.119}$$

이를 식 (9.115)에 대입하여 정리하면,

$$H = \left(\frac{1}{2}ZN_A H_{AA} + \frac{1}{2}ZN_B H_{BB}\right) + P_{AB}\left[H_{AB} - \frac{1}{2}(H_{AA} + H_{BB})\right] \tag{9.120}$$

한편 섞이기 전의 전체 엔탈피 H_o를 계산해 보면, 순수한 A의 경우 전체 결합 수가 $ZN_A/2$, 순수한 B의 그것이 $ZN_B/2$개이므로, 섞이기 전이나 후나 같은 것들 끼리의 결합 엔탈피는 변하지 않는다고 보면

$$H_o = \left(\frac{1}{2}ZN_A H_{AA} + \frac{1}{2}ZN_B H_{BB}\right) \tag{9.121}$$

그러므로 **상대적 전체 섞임 엔탈피(relative integral molar enthalpy of mixing)**는

$$\Delta H^M = H - H_o = P_{AB}\left[H_{AB} - \frac{1}{2}(H_{AA} + H_{BB})\right] \tag{9.122}$$

9.10.2 이상용액과 비이상 용액

지금까지 배운 바에 의하면 이상용액은 $\Delta H^M = 0$, 즉 섞이기 전이나 후나 엔탈피 변화가 없는 용액이고, 비이상 용액은 $\Delta H^M \neq 0$, 즉 섞이기 전과 후에 엔탈피 차이가 있는 경우였다. 따라서 식 (9.122)에 의하면 이상용액이란

$$H_{AB} = \frac{1}{2}(H_{AA} + H_{BB}) \tag{9.123}$$

인 경우에 해당한다. 즉 $A-B$ 사이의 결합 엔탈피가 $A-A$ 간의 결합 엔탈피와 $B-B$ 간 결합 엔탈피의 평균값에 해당하면 우리 용액은 이상용액으로 거동한다.

비이상 용액의 경우 만약

$$H_{AB} > \frac{1}{2}(H_{AA} + H_{BB}) \tag{9.124}$$

이면 $\Delta H^M > 0$이 되어 양으로 벗어나는 거동을 보이는데, 이는 $A-B$ 사이가 같은 것들끼리보다는 덜 당기거나 혹은 서로 밀치기 때문이다. 이의 극한적 상황으로서 $H_{AB} \gg (H_{AA} + H_{BB})/2$이면, 즉 서로 전혀 결합이 되지 않는다면 A와 B는 서로 섞이지 않고 따로따로 놀 것이다. 즉 물에 기름 돌 듯 **멍울짐(clustering)**이 일어난다.

만약

$$H_{AB} < \frac{1}{2}(H_{AA} + H_{BB}) \tag{9.125}$$

이면 $\Delta H^M < 0$이 되어 음으로 벗어나는 거동을 보이는데, 이는 서로 다른 $A-B$끼리가 같은 것들끼리보다 더 당겨서 일어나는 일이다. 그 극한 상황으로서 $H_{AB} \ll (H_{AA} + H_{BB})/2$이라면 A는 그 주위에 반드시 B를, B는 그 주위에 반드시 A를 오게 할 것이다. 이 상황이 $A-B$ 사이에 화합물이 형성되는 경우에 해당한다.

9.10.3 정규용액

정규용액이란 섞임 엔탈피는 우수리 엔탈피가 있어서 0이 아니지만 섞임 엔트로피가 이상용액의 그것과 같은 용액으로 정의하였다:

$$\Delta H^M = H^{XS} \ ; \ \Delta S^M = \Delta S^{M,id} \tag{9.126}$$

섞임 엔트로피가 이상용액의 그것과 같다는 것은 A와 B가 섞일 때 그 분포가 무작위로 된다는 말이다. 즉 확률로 결정된다는 것이다. 그러면 식 (9.122)에서 $A-B$ 결합 수 P_{AB}는 A 바로 주위에 Z개가 있는데, 그중 B의 몰분율 $x_B[=N_B/(N_A+N_B)]$만큼 B가 있으므로 A 1개당 $A-B$ 결합 수는 Zx_B, 용액 중에는 A가 모두 N_A개이므로

$$P_{AB} = N_A(Zx_B) = N_O Z x_A x_B \tag{9.127}$$

여기서 N_O은 입자 총 수이다($N_O = N_A + N_B$).

이때 전체 섞임 엔탈피는 식 (9.127)을 식 (9.122)에 대입하여

$$\Delta H^M = \alpha x_A x_B \ ; \ \alpha = N_O Z\left[H_{AB} - \frac{1}{2}(H_{AA} + H_{BB})\right] \tag{9.128}$$

이상용액은 아니면서($\Delta H^M \neq 0$) 구성 원자들의 분포는 이상용액처럼 무작위 분포($\Delta S^M = \Delta S^{M,id}$)를 할 수 있으려면, 결국 입자들의 열운동에 의한 흩섞임 효과(disordering effect)가 입자들 간 결합에 의한 정돈 효과(ordering effect)보다 크면 될 것이다. 따라서 대개 몰당 $\Delta H^M \approx RT$ 정도이면 정규용액 거동을 보일 것으로 예상할 수 있다.

9.11 | 버금정규용액

정규용액의 상대적 몰당 섞임 자유에너지는

$$\Delta G^M = H^{XS} - T\Delta S^{M,id} = \alpha x_A x_B + RT(x_A \ln x_A + x_B \ln x_B) \tag{9.129}$$

로서, 그림 9.10에 보인 것처럼 일정한 온도에서 조성 $x_B(=1-x_A)$에 대하여 대칭이다.

그러나 엔트로피 면에서는 정규용액 거동을 보이는 데도 불구하고 그 상대적 몰당 섞임 자유에너지가 조성에 대하여 대칭적인 거동을 보이지 않는 용액도 있다. 이는 우수리 엔탈피가 조성에 대하여 비대칭적이어서 생긴다고 볼 수 있고, 따라서 식 (9.129)에서 온도와 조성에 무관한 상수인 α 인자가 조성 의존성을 가지고 있어서 그렇다고 볼 수 있다. 이런 상황을 해석적으로 다루기 위해서는 α의 조성 의존성을 해석적으로 알아야 하는데, 그 조성 의존성은 미리 알려진 게 아니므로 이럴 때 많이 사용하는 수학적 요령으로서 α를 x_B에 관한 다항식으로 전개한다.

$$\alpha = a + bx_B + cx_B^2 + dx_B^3 + \cdots \tag{9.130}$$

이때 2차 항 이상을 끊어 버리고 1차 항까지만 선택하면

$$\alpha = a + bx_B \tag{9.131}$$

이 되고, 따라서 우수리 섞임 자유에너지는

$$G^{XS} = H^{XS} = (a + bx_B)x_A x_B \tag{9.132}$$

의 형태가 되어 조성에 대하여 비대칭성을 보이게 된다. 이는 정규용액보다는 딱 한 단계 더 복잡해진 상황으로서, 이런 용액을 **버금정규용액**(sub-regular solution)이라 부른다.

그림 9.11은 실험적으로 측정한 Al-Sb 계의 ΔG^M을 버금정규용액 모델 식 (9.131)을 이용하여 $\Delta G^M = \Delta G^{M,id} + G^{XS}$에 맞춘한 예를 보여준다. 만약 이 무텔루 비대칭성을 다 설명 못하면 식 (9.130)에서 2차 항, 3차 항을 고려하게 된다.

여기서 더 나아가 우수리 엔트로피(excess entropy), 즉 열 엔트로피(thermal en-tropy)까지 고려할 필요가 있으면, 이를테면

$$\alpha = (a + bx_B)\left(1 - \frac{T}{\tau}\right) \tag{9.133}$$

라 두면,

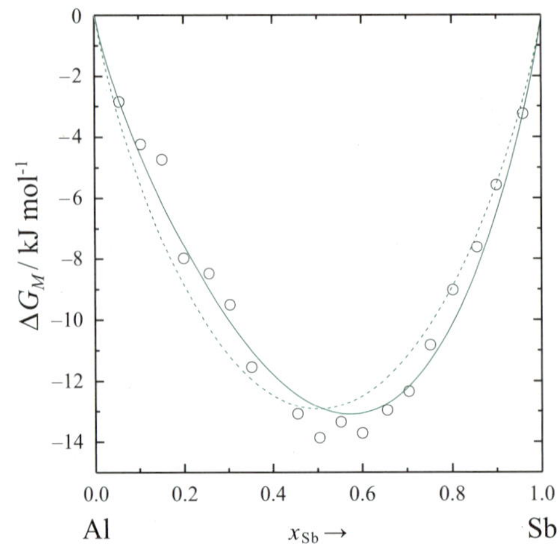

그림 9.11 버금정규용액으로 맞춘 Al–Sb 계의 1350 K에서의 상대적 섞임 자유에너지. 점선은 a값만 사용하여 정규용액으로 맞춘 결과. [data from K. Yamaguchi et al., Mater. Trans. JIM 36 (1995) 432~437]

$$G^{XS} = \alpha x_A x_B = (a + bx_B)\left(1 - \frac{T}{\tau}\right)x_A x_B \tag{9.134}$$

가 되고, 따라서 우수리 섞임 엔트로피 S^{XS}는

$$S^{XS} = -\frac{\partial G^{XS}}{\partial T} = \frac{(a + bx_B)}{\tau}x_A x_B \tag{9.135}$$

같이 주어진다. 즉 엔트로피의 비대칭성까지 고려되는 것이다. 이는 α를 T에 관한 다항식으로 전개하고 T의 일차항까지만 취한 것과 같다.

한 가지 염두에 두어야 할 것은 이런 버금 모델로 실험데이터는 설명할 수 있을지 모르나, 수학적 목적으로 도입하는 a, b, τ 등 **맞춤상수**(fitting parameters)들의 물리화학적 의미는 따로 찾아야 하는데, 대개 그 의미가 불투명하다는 사실이다.

익힘문제

9.1 놋쇠(brass)는 구리(Cu)와 아연(Zn)의 합금이다. 액상 놋쇠에 있는 아연의 활동도계수가 1000~1500 K의 온도 범위에서 Joule 단위로 다음과 같이 주어진다.

$$RT\ln\gamma_{\text{Zn}} = -38.300x_{\text{Cu}}^2$$

여기서 x_{Cu}는 Cu의 몰분율이다. 1200 K에서 $x_{\text{Cu}}=0.60$인 놋쇠 용액의 Zn의 포화 부분 증기압을 계산하라. 순수한 Zn의 포화 증기압은 1200 K에서 1.17 atm이다.

9.2 놋쇠 용액 중 Zn의 활동도 계수가 익힘문제 9.1에 주어진 것과 같을 때, Cu의 활동도 계수를 조성 x_{Zn}의 함수로 유도하라.

9.3 593 K에서 Hg–Bi 합금 액상용액의 평형 증기압을 측정하여 다음과 같이 Hg의 활동도를 결정하였다.

x_{Hg}	0.949	0.893	0.851	0.753	0.653	0.537	0.437	0.330	0.207	0.063
a_{Hg}	0.961	0.929	0.908	0.840	0.765	0.650	0.542	0.432	0.278	0.092

(a) 이 온도에서 조성이 $x_{\text{Hg}}=0.600$일 때 Bi의 활동도 a_{Bi}를 구하고 상대적 전체 몰당 섞임 자유에너지(relative integral molar Gibbs free energy of mixing) ΔG^M을 계산하라.

(b) 이 조성($x_{\text{Bi}}=0.4$)에서 $\dfrac{\Delta G^M}{x_{\text{Bi}}} = -\displaystyle\int_{x_{\text{Bi}}=1}^{x_{\text{Bi}}=0.4} \frac{\Delta \overline{G}_{\text{Hg}}^M}{x_{\text{Bi}}^2}dx_{\text{Bi}}$ 임을 보여라.

9.4 A–B 액상용액의 평균 몰당 부피(mean molar volume) V_m이 일정한 온도 T, 일정한 압력 P하에서 조성의 함수로 다음과 같이 주어진다.

$$V_m = 100x_A + 80x_B + 2.5x_Ax_B$$

(a) A와 B의 부분 몰당 부피(partial molar volume)를 각각 구하고, V_m과 함께 이 용액의 조성에 대하여 그려라.

(b) 상대적 몰당 섞임 부피(relative integral molar volume of mixing) ΔV^M을 조성의 함수로 구하고 조성에 대하여 도시하라.

9.5 $MgCl_2$와 MgF_2는 제한된 조성 영역에서 용액을 만든다. 두 화합물의 용융 Gibbs 자유에너지와 정상 융점은 각각 다음과 같다.

$MgCl_2$: $\Delta G_m/\text{Jmol}^{-1} = 43,905 - 43.644T$; $T_m = 1006$ K

MgF_2: $\Delta G_m/\text{Jmol}^{-1} = 58,702 - 38.217T$; $T_m = 1536$ K

이들 두 화합물 액상용액의 상대적 몰당 섞임 자유에너지(free energy of mixing)가 다음과 같다.

$$\Delta G^M/\text{Jmol}^{-1} = 2RT(x_{MgCl_2}\ln x_{MgCl_2} + x_{MgF_2}\ln x_{MgF_2}) + x_{MgCl_2}x_{MgF_2}[-2556 + 25(x_{MgF_2} - x_{MgCl_2})]$$

900°C에서 액상 $MgCl_2$에 녹아들어 가는 MgF_2의 최대 용해도를 계산하라. $MgCl_2$는 고상 MgF_2에 전혀 녹아들지 않는다.

9.6 1000 K에서 Al–Mg 용액의 열역학적 특성은 아래 표와 같다. 순수한 액체 Al과 순수한 액체 Mg가 각 1몰씩 주위와 열교환이 없는 단열통(adiabatic enclosure) 안에서 섞인다고 하자.

(a) 이 용액의 최종온도는 몇 도인가?

(b) 이 섞임 과정에 수반된 전체 엔트로피 변화를 계산하라.

x_{Mg}	ΔG^M (cal/mol)	ΔH^M (cal/mol)	ΔS^M [cal/(mol·K)]	C_P [cal/(mol·K)]
0.1	−800	−300	0.5	7.1
0.2	−1250	−600	0.65	7.18
0.3	−1550	−750	0.8	7.26
0.4	−1700	−850	0.85	7.34
0.5	−1800	−900	0.9	7.42
0.6	−1700	−850	0.85	7.5
0.7	−1550	−750	0.8	7.58
0.8	−1250	−600	0.65	7.66
0.9	−800	−300	0.5	7.74

9.7 서울리움(So)-관악키움(Kw) 액상용액이 묽으면 용질 So는 Henry의 법칙을 따르는데, 그때 So의 Henry 활동도 계수 γ^o_{So}는 온도에 따라 다음과 같이 변한다.

$$\ln\gamma^o_{So} = -\frac{840}{T} + 1.58$$

단열통 안에서 액상 So, 1몰을 99몰 액체 Kw에 섞어 넣을 때 온도 변화를 계산하라. 이렇게 만들어진 합금의 몰당 정압열용량은 $c_P = 29.5$ J/mol−K이다.

9.8 Fe−Ni 합금은 930°C에서 정규용액 거동을 보이는데, 상대적 전체 몰당 엔탈피(relative integral molar enthalpy of mixing)가

$$\Delta H^M/\text{Jmol}^{-1} = -5439x_{Fe}x_{Ni}$$

이다. $x_{Ni} = 0.4$인 조성에서 Fe의 우수리 부분 몰당 Gibbs 자유에너지 $\overline{G}^{M,xs}_{Fe}$을 계산하라.

9.9 **(a)** 1500 K 등온 조건하에서 액상 Cu 0.9몰에 고상 Ni 0.1몰을 섞어 넣을 때 이 계의 엔탈피 변화를 계산하라. 우리 용액은 1500 K에서 액상이고 이상용액을 만든다고 가정한다.

(b) 이 과정에 수반된 우리 계와 주위의 엔트로피 변화를 계산하라.

Cu: T_m = 1356 K, ΔH^o_m = 13,263 J/mol; Ni: T_m = 1726 K, ΔH^o_m = 17,615 J/mol,
$C_{p,s}$ = 36.192 J/mol−K, $C_{p,l}$ = 43.095 J/mol−K

9.10 **(a)** A-B는 정규용액 거동을 보이는데, 상대적 전체 몰당 섞임 부피(molar volume of mixing)가 다음과 같이 주어진다.

$$\Delta V^M = \beta x_A x_B (\beta \neq 0)$$

이 고용체를 식힐 때 안 섞이기 시작하는 가장 높은 온도, 즉 임계온도(T_{cr}, upper consolute temperature)를 구하는 식을 유도하라.

(b) 위에서 구한 T_{Cr}에 압력은 어떤 영향을 끼치는가? (i) $\Delta V^M > 0$인 경우와 (ii) $\Delta V^M < 0$인 경우를 나누어 답하라.

Chapter 10

2성분계의 섞임 자유에너지 (ΔG^M) 대 조성(x_B) 그림

10.1 무엇을 위한 ΔG^M 대 x_B 그림인가?

단일 성분으로 이루어져 있거나, 단일 성분은 아니더라도 그 조성이 고정된 한 물질이 고체, 액체, 기체 등 서로 다른 여러 상(phase)으로 존재할 때, 주어진 온도와 압력하에서 열역학적으로 가장 안정한 상은 그 Gibbs 자유에너지가 가장 낮은 상이라는 것을 우리는 알고 있다. 단일 성분 혹은 조성이 고정된 계의 한 상 ϕ의 몰당 Gibbs 자유에너지 $G^{(\phi)}$는 온도와 압력만의 함수

$$G^{(\phi)} = G^{(\phi)}(T,P) \tag{10.1}$$

이므로, 이 물질이 가질 수 있는 모든 상, 이를테면 $\phi = \alpha, \beta$ 각 상의 자유에너지를 이 계의 열역학적 변수 공간 T–P–$G^{(\phi)}$에 그려보면 개략적으로 그림 10.1과 같다. 그러므로 T–P 면 상에서 α상과 β상의 안정 영역을 $G^{(\alpha)} < G^{(\beta)}$인 영역과 $G^{(\alpha)} > G^{(\beta)}$으로 시각적으로 분별할 수 있을 뿐만 아니라 두 상이 공존하는 조건($G^{(\alpha)} = G^{(\beta)}$), 각 상의 열역학적 특성을 이와 같은 G 그림으로부터 읽어낼 수가 있는 것이다.

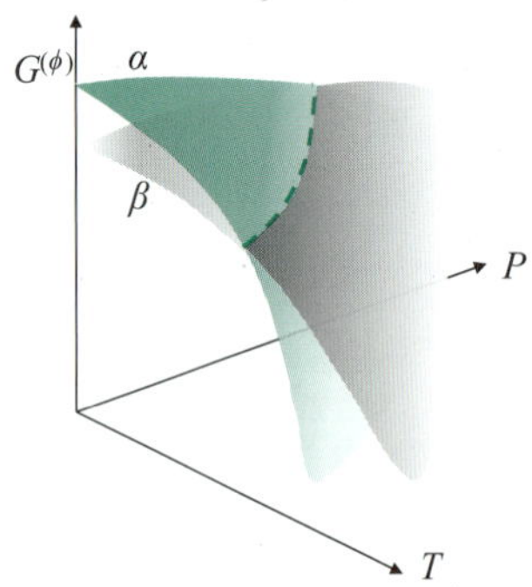

그림 10.1 단일 성분 혹은 조성이 고정된 계가 α상과 β상으로 존재할 수 있을 때 각 상의 몰당 자유에너지 $G^{(\phi)}(T,P)$의 열역학적 변수 T와 P에 대한 그림.

만약 우리의 물질이 여러 성분으로 이루어져 있다면 각 상의 Gibbs 자유에너지는 온도, 압력뿐만 아니라 조성 x_i에 따라서도 변화할 터:

$$G^{(\phi)} = G^{(\phi)}(T,P;x_1,x_2,\cdots,x_i,\cdots) \tag{10.2}$$

일정한 온도와 압력하에서 조성에 대하여 이 자유에너지를 그리면 대개 그림 10.2와 같은 모양이 될 것이다. 그러면 이 자유에너지 대 조성 그림으로부터 우리는 단일 성분의 경우에서처럼, 열역학적 평형상태에서는 우리 계의 전체 Gibbs 자유에너지가 최소가 된다는 **에너지 최소 원리(energy minimum principle)**에 근거하여, 각 상의 안정조성 영역, 공존조성, 조성에 따른 각 상의 열역학적 특성에 관한 정보를 시각적으로 얻을 수 있을 것이다. 이와 같은 조성에 대한 그림을 동일한 압력하에서 여러 온도에서 가지고 있으면 온도와 조성에 따른 각 상의 안정 영역, 공존조성 등에 관한 정보를 또한 얻을 수 있을 것이다. 이게 바로 $G^{(\phi)}$를 매개로 하여 온도와 조성으로 이루어지는 공간에서 상평형 관계를 나타낸 상평형도의 켯속이며, 바로 이런 목적으로 **자유에너지 대 조성 그림**을 공부한다.

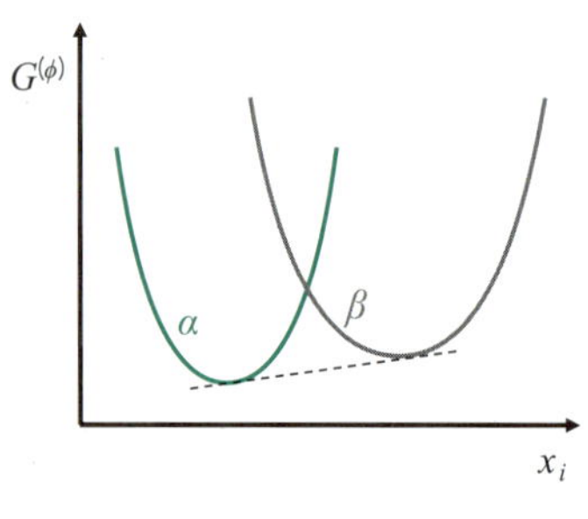

그림 10.2 다성분계 물질이 α상과 β상으로 존재할 수 있을 때 일정한 온도와 압력하에서 조성 x_i에 대한 각 상의 몰당 자유에너지 $G^{(\phi)}(x_i)$.

이 장에서는 조성변수가 하나뿐인 가장 간단한 2성분계 A–B에 대하여 자유에너지 대 조성 그림을 그리고, 그로부터 열역학적 정보를 읽어내는 논리를 익힌다. 우선 2성분계에 대하여 자유에너지 대 조성 그림의 논리적 구성과 기하학적 관계식을 요약하자.

10.2 | 자유에너지 대 조성 그림의 논리적 구성과 기하적 관계들

성분 A와 B가 몰분율 $x_A(=1-x_B)$와 x_B로 이루어진 용액 $\{x_A A,\ x_B B\}$를 생각하자. 이 용액의 한 성분 $i(=A,\ B)$의 활동도 a_i는 원칙적으로 이 용액과 평형을 이루고 있는 증기 중에 있는 성분 i의 부분 증기압 $P_i(x_i)$를 용액의 조성 x_i의 함수로 측정하면, 알고 있는 순수한$(x_i=1)$ i의 포화 증기압 P_i^o와 더불어

$$a_i \equiv \frac{P_i(x_i)}{P_i^o} \equiv x_i \gamma_i \tag{10.3}$$

와 같이 결정된다. 부분 증기압을 조성의 함수로 측정하는 것도 그리 손쉬운 일은 아니나, 중요한 사실은 이 활동도를 실험적으로 결정할 수 있다는 것이다. 그러면 활동도 계수 γ_i도 그 정의식 $a_i \equiv x_i\gamma_i$에 의하여 결국은 실험적으로 결정되는 양이다. 물론 조성 x_i도.

성분 i의 활동도를 알면, 그 성분의 상대적 부분 몰당 섞임 자유에너지 $\Delta\overline{G}_i^M$가 계산된다:

$$\Delta\overline{G}_i^M = RT\ln a_i \tag{10.4}$$

2성분계에서 한 성분의 활동도나 부분 몰당 섞임 자유에너지를 조성의 함수로 알면, Gibbs-Duhem 식

$$x_A d\Delta\overline{G}_A + x_B d\Delta\overline{G}_B = 0 \quad \text{또는} \quad x_A d\ln a_A + x_B d\ln a_B = 0 \tag{10.5}$$

에 의하여 다른 성분의 활동도나 부분 몰당 섞임 자유에너지를 알 수 있다. 그러면 용액 전제의 상대적 몰당 섞임 자유에너지 ΔG^M는

$$\Delta G^M = x_A\Delta\overline{G}_A^M + x_B\Delta\overline{G}_B^M = RT(x_A\ln a_A + x_B\ln a_B) \tag{10.6}$$

로 주어진다. 거꾸로 전체 몰당 자유에너지로부터 각 성분의 부분 몰당 자유에너지는 각각

$$\Delta\overline{G}_A^M = \Delta G^M - \frac{d\Delta G^M}{dx_B}x_B \ ; \ \Delta\overline{G}_B^M = \Delta G^M - \frac{d\Delta G^M}{dx_A}x_A \tag{10.7}$$

와 같이 계산된다. 자유에너지 대 조성 그림이란 식 (10.6)을 조성 x_B에 대하여 그린 것인데, 그 개형이 이상용액일 때$(\gamma_i=1;\ id)$, 양으로 벗어날 때$(\gamma_i>1;\ +ve)$, 음으로 벗어

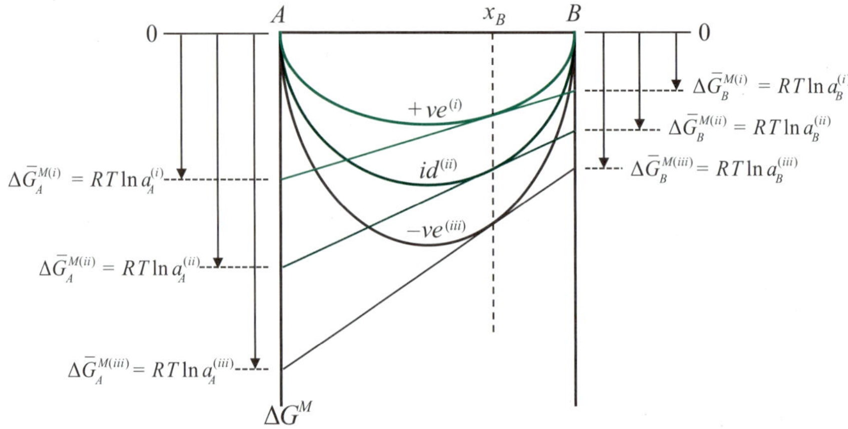

그림 10.3 자유에너지 대 조성 그림(*id*: 이상용액, +*ve*: 양으로 벗어난 용액, −*ve*: 음으로 벗어난 용액).

날 때($\gamma_i < 1$; $-ve$) 대개 그림 10.3과 같다. 이때 이 섞임 자유에너지 곡선의 초기 기울기, 즉 $x_B \to 0$ 혹은 $x_B \to 1$일 때의 기울기가 $-\infty$ 또는 $+\infty$가 된다는 사실을 기억해 두자.

$$\lim_{\substack{x_B \to 0 \\ (x_A \to 1)}} \frac{d\Delta G^M}{dx_B} = \lim_{\substack{x_B \to 0 \\ (x_A \to 1)}} (\ln a_B - \ln a_A) = -\infty$$
$$\lim_{\substack{x_B \to 1 \\ (x_A \to 0)}} \frac{d\Delta G^M}{dx_B} = \lim_{\substack{x_B \to 1 \\ (x_A \to 0)}} (\ln a_B - \ln a_A) = +\infty \tag{10.8}$$

이는 100% 순수한 것은 어떤 경우이든 불순물이 조금만 들어가도 그 섞임 자유에너지가 급격히 감소하므로, 항상 불순물 흡수원으로 작용한다는 것이다. 다시 말하여 100% 순수한 것은 열역학적으로 불가능하다는 말과 같다.

식 (10.7)이 기술하는 대로, 조성이 x_B인 용액의 전체 몰당 섞임 자유에너지와 부분 몰당 섞임 자유에너지와의 기하학적 관계를 보면 이렇다. 조성점 x_B에서 수직선(그림 10.3의 점선)을 그었을 때 자유에너지 곡선과 만나는 점이 이 조성에 해당하는 전체 몰당 자유에너지 ΔG^M이다. 이 교점에서 접선(그림 10.3의 실선)을 그었을 때 양쪽 조성축 $x_B = 0$, $x_B = 1$과 만나는 점이 각각 $\Delta\bar{G}_A^M$, $\Delta\bar{G}_B^M$에 해당한다. 이 절편들을 각 조성에 대하여 구하면 성분 i의 활동도를 조성의 함수로 구하게 되는데, 이것이 바로 부분 증기압으로부터 결정하는 바로 그 활동도에 해당한다(그림 10.4). 그러므로 활동도 대 조성 그림은 결국 섞임 자유에너지 대 조성 그림과 등가이다. 즉 $a_A(x_B)$, $a_B(x_B)$를 알면 $\Delta G^M(x_B)$를 알고, $\Delta G^M(x_B)$를 알면 $a_A(x_B)$, $a_B(x_B)$를 안다.

이제 이 자유에너지 대 조성 그림의 논리와 기하적 관계를 열역학적 모든 특성을 해석적으로 알고 있는 정규용액(regular solution)에 적용해 보자.

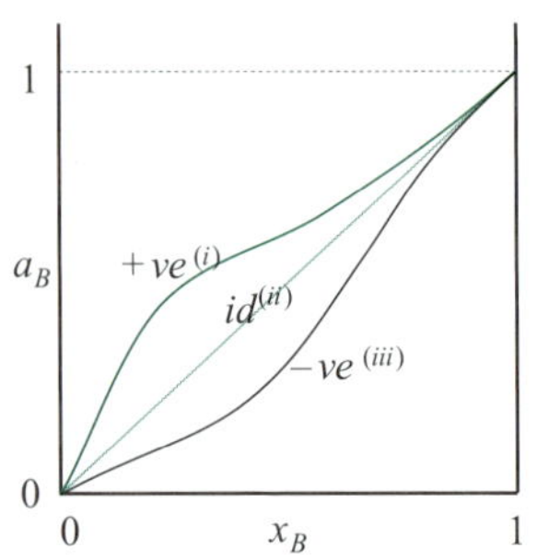

그림. 10.4 섞임 자유에너지 대 조성 도표로부터 구한 활동도(*id*: 이상용액, +*ve*: 양으로 벗어난 용액, −*ve*: 음으로 벗어난 용액).

10.3 | 정규용액

10.3.1 섞임 자유에너지 대 조성 그림

2성분계 정규용액의 경우, 상대적 부분 몰당 섞임 자유에너지(relative partial molar free energy of mixing)와 상대적 전체 몰당 섞임 자유에너지(relative integral molar free energy of mixing)는 각각 다음과 같다.

$$\Delta\overline{G}_A^M = RT\ln a_A = RT\ln x_A + \alpha x_B^2 \;;\; \Delta\overline{G}_B^M = RT\ln a_B = RT\ln x_B + \alpha x_A^2 \qquad (10.9)$$

$$\Delta G^M = RT(x_A\ln a_A + x_B\ln a_B) = RT(x_A\ln x_A + x_B\ln x_B) + \alpha x_A x_B \qquad (10.10)$$

ΔG^M은 $x_B = 0.5$를 중심으로 대칭으로서, 식 (10.10)에서 보듯이 모든 열역학적 특성이 조성에 대하여 대칭이 된다. 여기서 α는 정규용액 특성상수로서, 용액의 통계적 모델에 의하면

$$\alpha = ZN_O\left[H_{AB} - \frac{1}{2}(H_{AA} + H_{BB})\right] \qquad (10.11)$$

이다(Z=배위수, N_O=Avogadro수). $\alpha = 0$이면 이상용액이고, $\alpha < 0$이면 이상용액 거동으로부터 음으로 벗어나고, $\alpha > 0$이면 양으로 벗어난다.

음으로 벗어나는 경우($\alpha < 0$), 정규용액의 전체 몰당 섞임 자유에너지, 식 (10.10)을 조성에 대하여 그려보면 그림 10.3의 곡선 (iii)처럼 전 조성 영역에 걸쳐 이상용액의 경우보다 그 자유에너지가 더 낮아 전 조성 영역에서 이상용액보다도 더 잘 섞일 것이 예상되고, 그 열역학적 특성은 $x_B = 0.5$를 중심으로 대칭적일 뿐 특별히 이상한 거동은 없다. 이때 임의의 조성점 x_B에서 접선을 그으면 조성축 $x_B = 0$과 $x_B = 1$을 만나는 절편이 각각 $\Delta\overline{G}_A^M$, $\Delta\overline{G}_B^M$이 되고, 그로부터 식 (10.9)에 따라 각 성분의 활동도를 구해 보면

$$a_A = x_A\gamma_A = x_A e^{\alpha x_B^2/RT} \;;\; a_B = x_B\gamma_B = x_B e^{\alpha x_A^2/RT} \qquad (10.12)$$

와 같이 얻어질 것이다. 이를 조성에 따라 그려보면 대개 그림 10.4의 '$-ve$'과 같고, 각 성분의 활동도 계수는 식 (10.12)에서 보듯이 당연히 1보다 작다.

양으로 벗어나는 경우($\alpha > 0$), 전체 몰당 섞임 자유에너지를 조성 x_B에 대하여 그려보면 그림 10.5와 같다. 여기서는 온도의 효과를 정규용액 특성계수 α와 한데 묶어 보기 위하여 식 (10.10)의 ΔG^M 대신에 $\Delta G^M/RT$을 x_B에 대하여 그렸다.

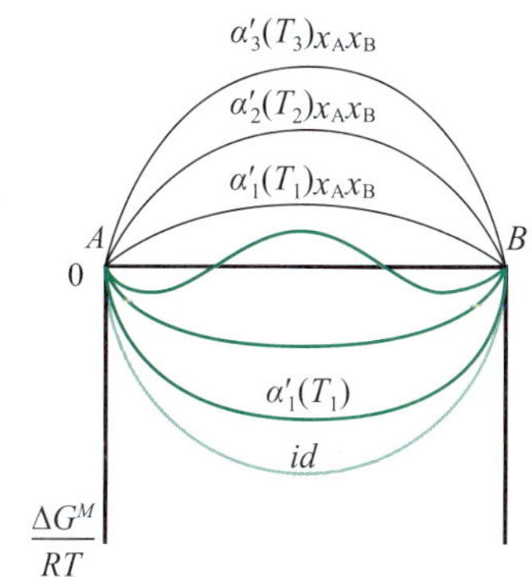

그림 10.5 양으로 벗어나는 2성분 정규용액의 조성 x_B에 따른 $\Delta G^M/RT$. 'id'는 이상용액의 경우($\alpha'=0$). $\alpha'_3 > \alpha'_2 > \alpha'_1$ ($T_3 < T_2 < T_1$)

$$\frac{\Delta G^M}{RT} = (x_A \ln x_A + x_B \ln x_B) + \alpha' x_A x_B \ ; \ \alpha' \equiv \frac{\alpha}{RT} \tag{10.13}$$

온도가 아주 높아지면($T \to \infty$) $\alpha' \to 0$이 되므로,

$$\lim_{T \to \infty} \frac{\Delta G^M}{RT} = (x_A \ln x_A + x_B \ln x_B) = \frac{\Delta G^{M,id}}{RT} \tag{10.14}$$

우리 정규용액은 이상용액의 거동을 보인다. 이는 $\alpha < 0$일 때도 마찬가지이다.

그러나 온도가 낮아지면서 α' 값이 0으로부터 양으로 점차 커지게 되면($\alpha'_1 < \alpha'_2 < \alpha'_3$), 전 조성 영역에 걸쳐 아래로 볼록하던 ΔG^M 곡선이 $x_B = 0.5$ 부근에서부터 점점 편평해지다가 급기야 위로 볼록하게 변한다. 즉 곡선의 곡률 $\partial^2(\Delta G^M/RT)/\partial x_B^2$이 >0, $=0$, <0으로 바뀐다. 이와 더불어 $x_B = 0.5$에 있던 하나의 최소점이 편평하게 펴지고 이어서 최대점으로 바뀌면서 양쪽에 대칭으로 2개의 최소점을 만들게 된다. 이렇게 섞임 자유에너지 곡선의 곡률이 바뀔 때 어떤 일이 생기는지 예측해 보자.

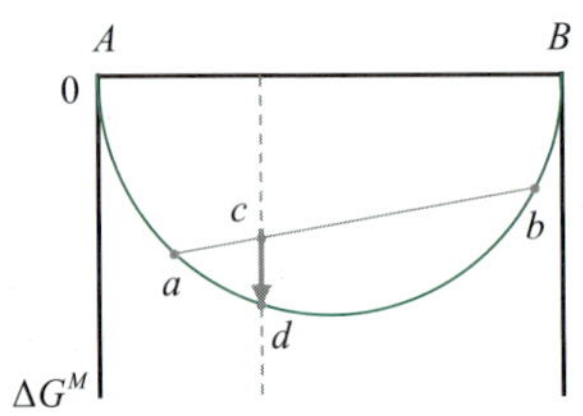

그림 10.6 섞임 자유에너지 곡선이 아래로 볼록한 경우: a와 b의 기계적 혼합체 c보다 균일하게 섞여 용액이 되면 그 섞임 자유에너지가 점 c에서 점 d로 낮아진다. 따라서 모든 조성에서 균일한 용액이 열역학적으로 안정하다.

10.3.2 곡률과 평형상

우선 전 조성 영역에서 아래로 볼록한 경우$[\partial^2(\Delta G^M/RT)/\partial x_B^2 > 0]$, 그림 10.6에서 몰당 섞임 자유에너지가 점 a와 점 b인 두 용액을 평균 조성이 c가 되도록 기계적으로 합하면 이 **기계적 혼합체**(mechanical mixture)의 몰당 자유에너지는 점 c에 해당하는 값이 될 것이다. 그러나 이들이 균일하게 섞여 용액이 되면 몰당 섞임 자유에너지는 점 d에 해당하는 값으로서 점 c보다 낮아진다. 즉 섞임 자유에너지 곡선이 아래로 볼록한 경우에는 기계적 혼합체보다 원자 수준에서 균일한 용액이 되면 계의 자유에너지가 더 낮아지므로 전 조성 영역에서 섞이게 되는 것이다.

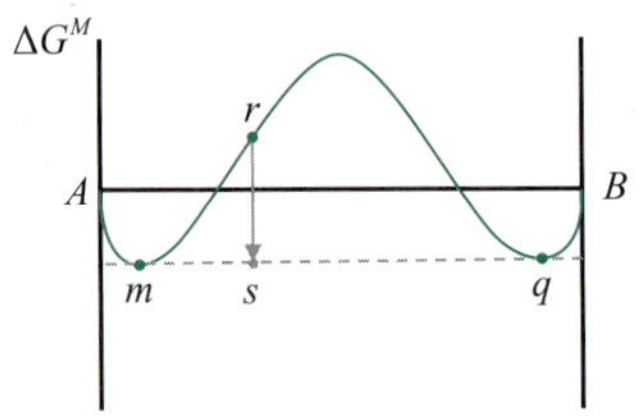

그림 10.7 섞임 자유에너지 곡선이 위로 볼록한 경우: 균일한 용액 r보다 공통 접선이 만나는 조성 m과 q, 2개의 용액으로 나뉘어 존재하는 게 그 자유에너지가 점 r에서 점 s로 낮아지게 되므로 더 안정하다.

섞임 자유에너지 곡선이 위로 볼록한 조성 영역의 경우$[\partial^2(\Delta G^M/RT)/\partial x_B^2 < 0]$, 그림 10.7에서 균일한 용액 r은 이 곡선에 공통접선이 만나는 조성 m과 q, 두 균일한 용액으로 나누어져 평균 조성은 r과 같되 점 s에 해당하는 기계적 혼합체로 되면 계의 전체 자유에너지가 점 r에서 점 s로 낮아지게 된다. 이 경우는, 그림 10.6과 반대로, 2개의 용액 m과 q로 갈라지는 게 계의 자유에너지를 낮추어 열역학적으로 안정하게 되는 것이다. 이와 같은 사실은 점 m과 q 사이의 모든 조성에 해당된다. 그러나 점 A와 m 사이의 조성과 점 q와 B 사이의 조성에서는 그림 10.7에서처럼 단일 상 용액으로 있는 게 자유에너지가 최소가 되어 열역학적으로 안정하다. 그러므로 지금과 같은 자유에너지 곡선의 경우는 순수한 A에 B를 섞어 넣으면 조성 m까지는 단일 상 용액

으로 존재하고, m에서 q까지는 조성이 m에 해당하는 용액과 q에 해당하는 용액 두 상이 안정하고, q에서 B까지는 다시 단일 상 용액이 안정하다.

10.3.3 곡률과 미세 조성요동에 대한 안정성

한 용액이 있어 그 조성을 x_B라 하면, 조성이 x_B로서 전체적으로 균일하게 유지될 것 같지만 사실은 국부적으로 조성은 x_B를 중심으로 미세하게 끊임없이 요동하고 있다. 물론 용질의 전체 양은 유지된 채. 고립계가 아닌 한 우리 계는 끊임없이 그 주위와 열적·기계적 상호작용을 하고 있고, 용액이 고체든 액체든 구성 원자들은 간단없이 움직이고 있다는 사실을 생각해 보면 이런 미세한 조성요동은 항상 일어나고 있다는 것을 쉽게 이해할 수 있을 것이다. 이런저런 이유로 우리 계의 조성이 미세하게 변동될 때 우리 계는 어떻게 반응할까?

그림 10.8에서 섞임 자유에너지 곡선이 아래로 볼록한 조성 부분($\partial^2 \Delta G^M / \partial x_B^2 > 0$)을 보자. 이 경우 겉보기 평균 조성이 점 a인 용액이 조성요동에 의하여 점 b와 c인 조성으로 나뉘면 계의 자유에너지는 점 a에서 점 d로 증가하게 된다. 따라서 우리 용액은 그 자유에너지가 낮아지는 방향으로 점 d에서 점 a로 저절로 돌아오게 된다. 즉 조성요동이 저절로 잦아들면서 균일한 조성 a를 다시 회복하는 것이다. 섞임 자유에너지 곡선의 곡률이 +이면, "**미세한 조성요동에 대하여 우리 계가 안정하다**(stable with respect to minor fluctuations)".

반면에 섞임 자유에너지 곡선이 위로 볼록한 조성 부분($\partial^2 \Delta G^M / \partial x_B^2 < 0$)을 보자. 초기에 균일한 조성 e가 있어 미세한 조성요동에 의하여 조성 f와 g로 나뉘면, 그 자유에너지가 점 e에서 점 h로 오히려 낮아지게 된다. 자유에너지가 낮아지는 게 자연적 변화 방향이니, 우리 계는 균일한 조성 e로 자발적으로는 되돌아가지 못하고 오히려 이러한 조성요동의 폭은 점점 더 커지게 된다. 즉 우리 계는 "**미세한 조성요동에 대하여 불안정하다**(unstable with respect to minor fluctuations)".

1개의 섞임 자유에너지 곡선 위에서 그 곡률에 따라 우리 용액이 미세한 조성요동에 대하여 안정하기도 불안정하기도 하다. 곡률이 +인 부분과 −인 부분을 나누는 경계,

$$\left(\frac{\partial^2 \Delta G^M}{\partial x_B^2}\right)_{T,P} = 0 \tag{10.15}$$

인 조성점(그림 10.8의 점 s_1과 s_2)을 **스피노달**(spinodal)이라 부른다. 그리고

$$\left(\frac{\partial^2 \Delta G^M}{\partial x_B^2}\right)_{T,P} > 0 \tag{10.16}$$

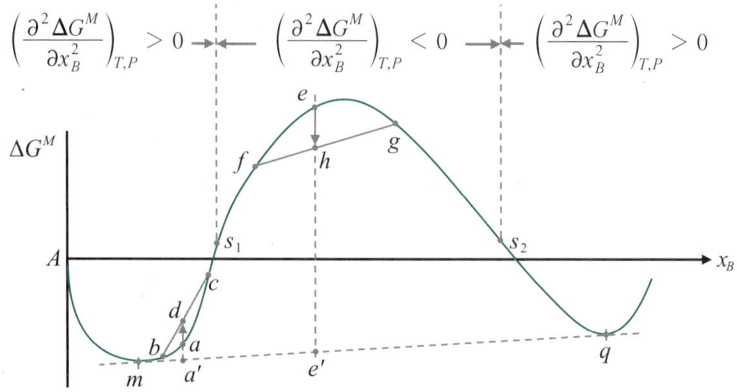

그림 10.8 섞임곡선의 곡률과 미세 조성요동에 대한 상 안정성. 미세 조성요동에 대하여 곡률이 >0이면 우리 계는 안정하고(조성 a), <0이면 불안정하다(조성 e). 아래로 볼록한 영역과 위로 볼록한 영역의 경계(s_1,s_2)를 스피노달(spinodal)이라 부른다.

인 조건을 '고유한 안정 조건(intrinsic stability criterion)';

$$\left(\frac{\partial^2 \Delta G^M}{\partial x_B^2}\right)_{T,P} < 0 \qquad (10.17)$$

인 조건을 '고유한 불안정 조건(intrinsic instability criterion)'이라 부른다.

10.3.4 곡률에 따른 상분리 기구

그림 10.8을 보면, 조성점 m 과 q 사이에는 점 a나 e 같은 균일한 조성의 용액보다 m과 q 2개의 균일한 용액으로 공존하는 것(점 a', e')이 그 자유에너지가 낮으므로 열역학적으로 더 안정하다. 따라서 균일한 용액 a나 e는 저절로 용액 m과 q로 분리된다. 그러면 이들이 2개의 균일한 용액으로 어떤 과정을 통하여 상분리(혹은 상변태)를 할지 상상해 보자.

우선 스피노달 안쪽, 즉 $(\partial^2 \Delta G^M / \partial x_B^2) < 0$인 영역에 있는 용액 e를 보자. 이 용액은 미세한 조성요동에 대하여 불안정하므로, 조성 e를 중심으로 조성요동이 생기면 그 자유에너지가 낮아져 시간과 더불어 조성 차이가 저절로 커지면서 궁극적으로 용액 m과 q로 분리되고, 그때 상대적 섞임 자유에너지는 점 e' 에 해당하는 값이 된다.

조성요동(composition fluctuation)은 용액 안 모든 곳에서 가지가지 파장(λ)을 가지고 3차원으로 일어날 터인데, 조성의 물매(∇x_B)가 생기면 물매에 의한 계면에너지(interfacial energy)가 증가하게 된다. 이때 계면에너지는 항상 >0 으로서 조성물매의 제곱에 비례한다. 그래서 이 조성물매에 의한 계면에너지를 **물매에너지**(gradient energy)라고도 부른다. 대개 조성물매는 조성요동의 진폭을 조성요동의 파장으로 나눈 값($\Delta x_B/\lambda$) 정도에 해당하므로, 계면에너지는 동일한 변동 진폭일 때 λ가 작을수록 커진다. 주어진 조성요동(이를테면 그림 10.8의 조성 점 f와 g)에 대하여 섞임 자유에너지가 이를테면 그림 10.8의 점 e에서 점 h까지 감소한다고 하면, 이때 계면물매 에너지는 증가하게 되는데, 특정 파장에서는 감소하는 섞임 자유에너지와 증가하는 계면물매 에너지가 같아지게 될 것이다. 이 특정 파장 λ_c을 **임계파장**(critical wavelength)이라 부른다. 따라서 $\lambda<\lambda_c$인 조성요동파는 조성요동과 더불어 물매에너지 증가가 자유에너지 감소보다 더 커서 용액 전체의 자유에너지를 오히려 증가시키므로 저절로 잦아들게 되고, $\lambda>\lambda_c$인 조성요동파들은 전체 자유에너지가 낮아지므로 그 진폭이 커지게 된다. 이때 궁극적 평형조성이 m과 q가 되기 위해서는 용질, 이를테면 성분 B가 농도가 낮은 데서 높은 데로 확산해 가지 않으면 안 된다. 이렇게 기존의 Fick의 법칙에 반하여 농도가 낮은 데서 높은 데로 일어나는 확산을 **'거꾸로 오르는 확산**(uphill diffusion)'이라 부른다. 이런 과정을 거쳐서 일어나는 상분리를 **스피노달 상분리**(spinodal decomposition)라 부른다.

한편 스피노달 바깥, 즉 곡률 $(\partial^2\Delta G^M/\partial x_B^2)>0$인 영역에 속해 있는 조성 a의 경우는 미세 조성요동에 대하여 우리 계가 안정하므로 비록 조성요동이 일어나더라도 저절로 잦아들고 말기 때문에, 위의 스피노달 상분리와 같이 조성요동이 저절로 커져 상분리가 되는 일은 결코 일어날 수 없다. 그러면? 균일했던 용액 a의 **바대**(matrix) 안에서 원자들 간의 충돌에 의하든 하여튼 어떤 계기로 B 원자들이 모여들어 조성이 q인 **핵**(nuclei)이 생겼다고 해 보자. 그러면 당연히 이 핵들 주위에는 B의 농도가 본디 조성 a보다 낮아져 있을 것이다. 그러면 Fick의 법칙에 의하여 B는 핵들 표면으로 농도물매를 타고 확산해 들어와[이런 확산을 **'바로 내리는 확산**(downhill diffusion)'이라 한다] 그 핵에 붙음으로써 그 핵을 점점 자라게 할 것이다. 이렇게 전개되는 상분리 과정을 **핵생성-성장 기구**(nucleation-and-growth mechanism)라 부른다.

섞임곡선의 곡률에 따른 이들 2개의 상분리 기구를 비교해 보면, **스피노달 상분리**는 공간적으로 '바대 전체'에 걸쳐서 '미미한 조성요동'에 의하여 전개되고, 핵생성-성장에 의한 상분리는 공간적으로 제한된 '바대의 몇몇 제한된 곳'에서 '큰 조성 차이'가 갑자기 생김으로써 전개된다. 그래서 전자를 영어로 'large in extent, small in degree', 후자를 'small in extent, large in degree'라 표현한다. 재료계에서 일어나는 상분리는 대개 이 2개 중 하나에 의하여 일어난다.

10.3.5 정규용액 특성계수 α'의 임계값

그림 10.5를 다시 보자. $\alpha'(>0)$값이 적어서 섞임곡선이 전체적으로 아래로 볼록하면, 그래서 최소점 하나만 있는 경우 우리 계는 전 조성 영역에서 균일하게 섞인다. 그러나 α'값이 점점 증가하여 위로 볼록한 부분이 나타나기 시작하면, 즉 2개의 최소점과 그 중간에 1개의 최대점이 생기면 2개의 최소점 사이 위로 볼록한 부분에서 우리 계는 균일한 용액을 만들지 못하고, 2개 최소점에 해당하는 2개 용액으로 존재하게 된다. 이 두 서로 다른 상황의 경계에서는 섞임 자유에너지 곡선을 $x_B=0.5$ 주위로 넓게 편평하게 펴서 최소와 최대의 구별을 없이 하는 α'값이 될 것이다. 이 임계값 α'_{cr}을 구해 보자.

기하학적으로 간단히 말하면, 이 임계에서 섞임곡선은 편평하되 위로 볼록과 아래로 볼록이 구별되지 않는다. 편평하므로

$$\frac{\partial(\Delta G^M/RT)}{\partial x_B}=0 \tag{10.18}$$

이고, 위아래로 볼록함이 구별되지 않으므로

$$\frac{\partial^2(\Delta G^M/RT)}{\partial x_B^2}=0 \tag{10.19}$$

이어야 한다.

이리되는 켯속이 쉬이 손에 잡히지 않거든 그림 10.9를 보자. 여기에는 ΔG^M의 첫 번째 미분[식 (10.18)]과 두 번째 미분[식 (10.19)]을 (a) $\alpha' < \alpha'_{cr}$ 여서 전 영역에서 아래로 볼록한 경우, (b) $\alpha' = \alpha'_{cr}$ 여서 넓게 편평한 경우, (c) $\alpha' > \alpha'_{cr}$ 여서 위로 볼록한 영역이 나타나는 경우에 대하여 각각 그린 것이다. 이때 (a)와 (c)의 경계가 되는 (b)의 경우에 식 (10.18)과 (10.19)가 동시에 만족되는 것을 확인할 수 있을 것이다.

식 (10.13)을 보면, 정규용액의 섞임 자유에너지 ΔG^M은 주어진 온도에서 조성 x_B와 정규용액 특성계수 α'의 함수이다. 그러므로 우리가 필요한 정보는 α'_{cr} 값이 얼마가 될 때, x_B 얼마에서 이 곡선이 넓게 편평해지는가 하는 것이다. 이 임계조건에서는 2개의 조건 식 (10.18)과 (10.19)가 동시에 만족한다. 따라서 2성분계에서 $x_A+x_B=1$임을 염두에 두고 식 (10.13)을 미분하면,

$$\frac{\partial(\Delta G^M/RT)}{\partial x_B}=\ln x_B-\ln x_A+\alpha'(x_A-x_B)=0 \tag{10.20}$$

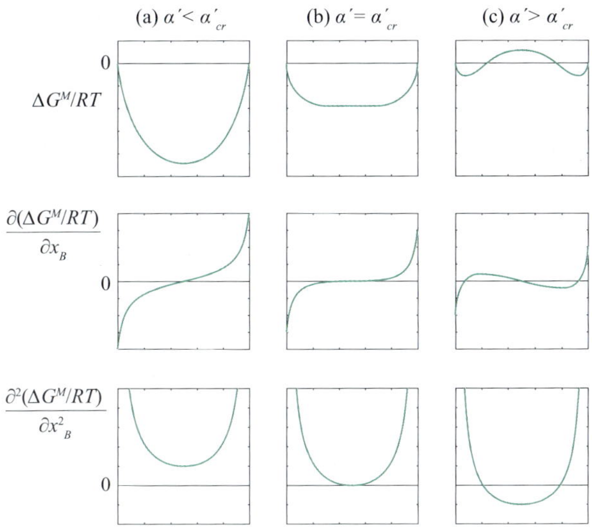

그림 10.9 정규용액 ΔG^M의 첫째 미분과 둘째 미분:
(a) $\alpha' < \alpha'_{cr}$, (b) $\alpha' = \alpha'_{cr}$, (c) $\alpha' > \alpha'_{cr}$인 경우.

$$\frac{\partial^2(\Delta G^M/RT)}{\partial x_B^2} = \frac{1}{x_B} + \frac{1}{x_A} + \alpha'(-1-1) = 0 \tag{10.21}$$

이다. 그러므로

$$x_A = x_B = \frac{1}{2} \;;\; \alpha'_{cr} \equiv \frac{\alpha}{RT_{cr}} = \frac{1}{2x_A x_B} = 2 \tag{10.22}$$

그림 10.5에서 예상하던 대로 정규용액의 특성은 조성에 대하여 대칭이므로 임계상황은 $x_B = 0.5$를 중심으로 전개되며, 그때 $\alpha'_{cr} = 2$가 된다.

정규용액 특성계수 α는 식 (10.11)에서 보는 것처럼 주어진 용액의 특성상수이다. 그러므로 한 정규용액이 있어 그 α값이 주어지면 그때 식 (10.22)를 만족하는 임계온도 T_{cr}은

$$T_{cr} = \frac{\alpha}{2R} \tag{10.23}$$

이 된다. 거꾸로 한 정규용액의 임계온도가 주어지면, 그 정규용액의 특성상수는 $\alpha = 2RT_{cr}$가 된다.

요약하면

(i) $\alpha' < \alpha'_{cr}$ 또는 $T>T_{cr}$이면, 우리 정규용액은 전 조성 영역에서 섞이고,

(ii) $\alpha' > \alpha'_{cr}$ 또는 $T<T_{cr}$이면, 우리 정규용액은 $x_B=0.5$를 중심으로 2개의 대칭 용액으로 갈라진다. 그러므로 임계온도란 주어진 $A-B$ 정규용액이 2개의 용액 또는 상으로 존재하는 온도의 상한이 된다. 이 온도 이상이 되면 우리 정규용액은 전 조성 영역에서 균일한 단일 용액으로 존재하게 된다. 이는 결국 온도가 오르면서 섞임 엔트로피 효과가 (+)엔탈피 효과보다 커져서 일어나는 일이다. 이런 의미에서 이 임계온도를 '다 섞이는 윗 온도(upper consolute temperature)'라 부른다. 계에 따라서는 특정 온도 아래가 되면 전 조성 영역에서 다시 다 섞이게 되는 경우가 있는데, 이런 임계온도를 '다 섞이는 아래 온도(lower consolute temperature)'라 부른다. 이는 엔탈피 효과가 엔트로피 효과보다 더 승하여 화합물을 만들듯이 A 옆에는 B를 B 옆에는 A를 선택적으로 오게 함으로써 전 조성 영역에서 섞이게 되는데, 물과 니코틴 계가 한 예이다.

10.3.6 정규용액의 상평형도

그림 10.5를 또 다시 보자. $\alpha' > \alpha'_{cr}(=2)$가 되면, 즉 온도가 '다 섞이는 윗 온도' T_{cr}보다 낮아지면 섞임곡선이 $x_B=0.5$를 중심으로 위로 볼록한 부분이 나타나는데 그 영역이 점점 넓어지는 것을 볼 수 있을 것이다. 그림 10.10(a)에 보인 것처럼, 이런 곡선에 공통되는 접선을 그으면 위로 볼록한 부분 양쪽에 하나씩 있는 최소점에서 접점이 생긴다. 이미 설명한 대로 이 두 접점 사이에서는 단일 상이 안정하지 않고 바로 이 접점에 해당하는 두 상 S_1과 S_2로 공존하게 된다. 공존하는 두 상의 조성을 온도에 따라 그리면 그림 10.10(b)와 같다. 이 그림을 보면 다 섞이는 윗 온도 T_{cr} 위에서는 전 조성 영

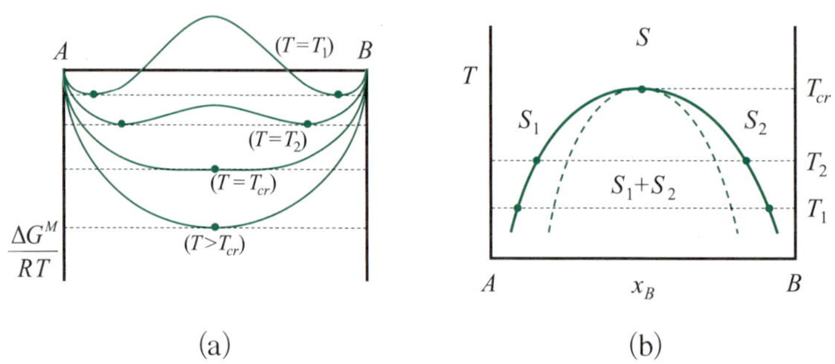

그림 10.10 (a) 몇 개 대표적 온도에서 정규용액의 상대적 몰당 섞임 자유에너지 대 조성 그림 $T_1<T_2<T_{cr}$, (b) 각 온도에서 공통접선의 접점으로부터 결정된 공존조성의 궤적으로부터 결정한 상평형도. 굵은 선으로 표시한 돔이 2상 영역. 단속선은 스피노달 궤적.

역에 걸쳐 단일 상 용액 S로 존재하나, 이 온도 이하에서 둥근 지붕(dome) 모양을 한 짙은 실선 안의 조성에서는 단일 상으로 존재하지 못하고 2개의 서로 다른 조성용액 S_1과 S_2로 존재하게 된다. 이 영역이 바로 A와 B가 안 섞이는 두 상 영역에 해당한다(이를 영어로 immiscibility dome이라 한다). 이게 섞임 자유에너지 대 조성 그림으로부터 상평형도를 그리는 귓속이다.

한 온도에서 공존하는 두 용액의 조성을 알려면, 그 온도에서 조성축에 나란한 선을 그었을 때 이 선과 둥근 지붕 모양의 곡선이 만나는 두 점을 찾으면 된다. 이런 선을 2개 공존하는 조성을 묶는다고 하여 **묶음선**(tie line)이라 부른다[그림 10.10(b)].

그림 10.10(b)의 단속선(dashed line)은 그림 10.10(a)의 섞임 자유에너지 곡선 상의 스피노달을 각 온도에서 구해서 그 궤적을 그린 것이다. 이 스피노달 곡선 안에서는 상이 갈라질 때 스피노달 상분리에 의하여 갈라지고, 이 곡선 바깥에서는 핵생성-성장기구에 의하여 상이 둘로 분리하게 된다.

10.3.7 조성에 따른 활동도

그림 10.3에서 이미 설명했던 대로, 조성에 따른 각 성분의 활동도는 상대적 몰당 섞임곡선을 따라가면서 접선을 그어 그 접선이 조성축 $A(x_B=0)$와 만나는 점 $\Delta\overline{G}_A^M(=RT\ln a_A)$, 조성축 $B(x_B=1)$와 만나는 점 $\Delta\overline{G}_B^M(=RT\ln a_B)$으로부터 구한다. 이상용액인 경우, $T>T_{cr}(0<\alpha'<\alpha'_{cr}=2)$인 경우, $T=T_{cr}(\alpha'=\alpha'_{cr}=2)$인 경우, $T<T_{cr}(\alpha'>\alpha'_{cr}=2)$인 경우에 대하여 그 상대적 몰당 섞임 자유에너지 곡선이 그림 10.11(a)와 같이 주어졌을 때, 이 방법으로 성분 B의 활동도를 조성의 함수로 구해 보면 그림 10.11(b)와 같다.

이상용액이면

$$a_B = x_B\gamma_B = x_B \tag{10.24}$$

여서 그대로 기울기가 1인 직선이 되지만, 양으로 벗어나는 정규용액의 경우($\alpha'>0$)에는

$$a_B = x_B\gamma_B = x_B e^{\alpha' x_A^2} \tag{10.25}$$

로서 항상 $a_B>x_B$이 된다. 이때 $T>T_{cr}$ 또는 $0<\alpha'<\alpha'_{cr}=2$이면 B의 활동도는 x_B에 따라 항상

$$\frac{\partial a_B}{\partial x_B}>0 \tag{10.26}$$

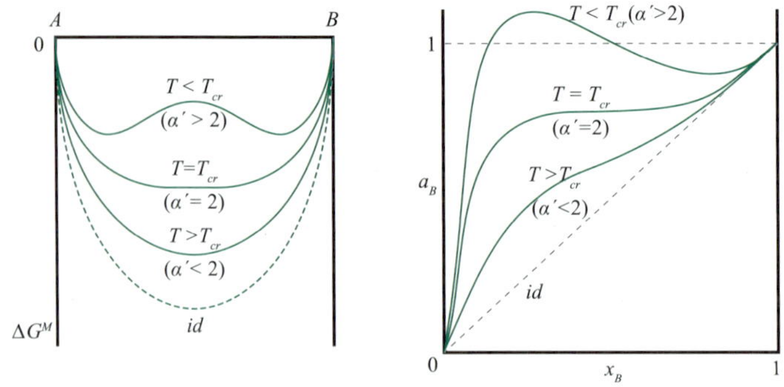

(a) (b)

그림 10.11 (a) 이상용액인 경우(id), $T>T_{cr}(\alpha'<\alpha'_{cr})$인 경우, $T=T_{cr}(\alpha'=\alpha'_{cr})$인 경우, $T<T_{cr}(\alpha'>\alpha'_{cr})$인 경우의 상대적 몰당 섞임 자유에너지 곡선, (b) 그로부터 구한 성분 B의 조성 x_B에 따른 활동도 a_B.

로서, B의 양이 많아지면 그 활동도가 단조증가를 한다. 그러나 $T<T_{cr}$ 또는 $\alpha' > \alpha'_{cr} = 2$ 이면, 두 스피노달 안에서

$$\frac{\partial a_B}{\partial x_B} < 0 \tag{10.27}$$

이 된다. 즉 B의 양이 증가하는데도 그 활동도는 오히려 줄어든다. 열이 흘러들면 계의 온도가 올라가는 게 자연적 현상이듯이(그래서 C_P, $C_V>0$이다!), B의 양이 증가하면 당연히 그 활동도도 증가하는 게 원칙이다(이런 일련의 원칙을 Le Chatelier의 원리라 부른다). 이런 조건, 즉 식 (10.26)을 계가 안정하기 위한 고유한 안정 조건(intrinsic stability criterion)이라 부른다. 그러나 지금 상황은 식 (10.27)처럼 고유안정 조건을 만족하지 않는다. 즉 우리 계가 열역학적으로 불안정하다는 말이다. 뒤에 정량적으로 다시 설명하겠지만 이 스피노달 안에서는 섞임곡선이 위로 볼록하여 계가 미세한 조성요동에도 불안정하다는 사실을 상기하자.

마지막으로 $T=T_{cr}$, 즉 $\alpha' = \alpha'_{cr} = 2$가 되면 그림 10.11(b)에 보는 것처럼 안정조건 식 (10.26)과 불안정 조건 식 (10.27)로 넘어가는 경계를 이루어 곡선 모양이 $x_B=0.5$를 중심으로 넓게 편평해지면서 위로 볼록해지게 될 부분과 아래로 볼록해지게 될 부분을 나누게 된다.

그러면 이 활동도 곡선 위 어디에서 최대가 되고 최소가 되는지 정량적으로 계산해 보자. 최대 또는 최소가 되는 조성에서는

$$\frac{\partial a_B}{\partial x_B} = 0 \tag{10.28}$$

이므로, 식 (10.25)를 미분하면

$$\frac{\partial a_B}{\partial x_B} = e^{\alpha' x_A^2}(1 - 2\alpha' x_A x_B) = 0 \tag{10.29}$$

이다. 이 식을 풀면

$$x_B = \frac{1}{2}\left(1 \pm \sqrt{1 - \frac{2}{\alpha'}}\right) \tag{10.30}$$

따라서

i) $\alpha' > \alpha'_{cr} = 2$, 즉 $T < T_{cr}$이면 2개의 대칭되는 조성점에서 극한값을 가지고,

ii) $\alpha' = \alpha'_{cr} = 2$, 즉 $T = T_{cr}$이면 2개의 극한값이 $x_B = 0.5$로 모이는 임계상황이 되고,

iii) $\alpha' < \alpha'_{cr} = 2$, 즉 $T > T_{cr}$이면 극한값을 가지지 않는다.

이게 그림 10.11에서 보는 바이다.

10.3.8 상의 안정성과 활동도 변화의 상관 관계

기하적인 방법으로부터 우리는

$$\frac{\partial^2 \Delta G^M}{\partial x_B^2} > 0 \text{ 이면 } \frac{\partial a_B}{\partial x_B} > 0 \tag{10.31a}$$

$$\frac{\partial^2 \Delta G^M}{\partial x_B^2} = 0 \text{ 이면 } \frac{\partial a_B}{\partial x_B} = 0 \tag{10.31b}$$

$$\frac{\partial^2 \Delta G^M}{\partial x_B^2} < 0 \text{ 이면 } \frac{\partial a_B}{\partial x_B} < 0 \tag{10.31c}$$

이 됨을 보았다. 이제 이 관계를 정량적으로 확립하자.

식 (10.7)의 두 번째 식의 양변을 x_B에 대하여 한 번 미분하면

$$\frac{\partial \Delta \overline{G}_B^M}{\partial x_B} = x_A \frac{\partial^2 \Delta G^M}{\partial x_B^2} \tag{10.32}$$

그러므로 $\Delta \overline{G}_B^M = RT \ln a_B$ 임을 상기하면, 한 상의 고유안정/불안정/임계 조건인 식 (10.15), (10.16), (10.17)에 따라 식 (10.31)이 나온다.

10.4 | 2성분계 상평형도 계산: 완전용액의 경우

10.4.1 상평형도

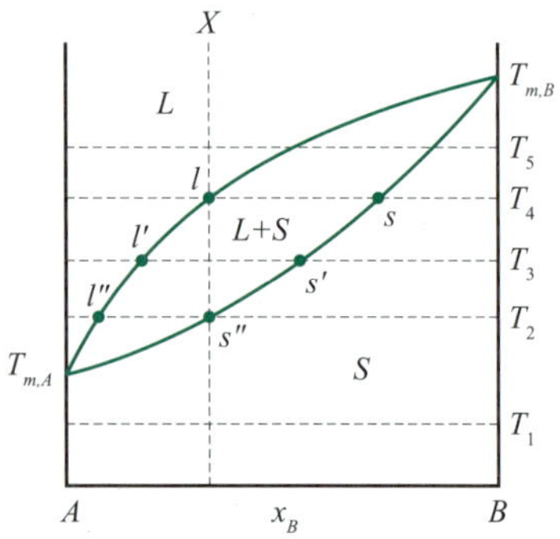

그림 10.12 A–B 2성분이 액상에서도 다 섞이고 고상에서도 다 섞이는 경우의 상평형도. L: 단일 상 액상용액 영역, S: 단일 상 고상용액 영역, L+S: 액상과 고상 두 상 공존 영역.

녹는 온도가 각각 $T_{m,A}$와 $T_{m,B}(>T_{m,A})$인 성분 A와 B가 섞여 액상용액(L)을 만들거나 고상용액(S)을 만들 때 전 조성 영역에서 다 섞이는 경우, 실험적으로 결정하는 상평형도는 대개 그림 10.12 와 같다. 이 상평형도를 보면 일정한 조성의 액상용액을 식힐 때 어떤 과정을 거쳐 같은 조성의 고상용액으로 고화(solidification)를 하는지, 혹은 반대로 고상용액을 덥힐 때 어떤 과정을 거쳐 동일한 조성의 액상으로 상변태를 하는지 그 과정이 기술되어 있다. 그림 10.12에서 조성이 X인 균일한 액상용액을 온도 T_5로부터 식힐 때 일어나는 일련의 과정을 보자.

온도 T_4가 되면 조성 s에 해당하는 고상용액이 극미량 막 생기기 시작하고, 온도 T_3에 이르면 조성이 s'인 고상용액과 조성이 l'인 액상용액으로 된다. 이때 고상용액과 액상용액의 상대적 몰수(입자 수)는, 본디 용액 X의 전체 몰수 또는 입자 수를 N이라 하고 고상용액 s'의 총 입자 수를 $N_{s'}$, 액상용액 l'의 총 입자 수를 $N_{l'}$이라 하면, **질량 보존법칙** 혹은 **지렛대 법칙**(lever rule)에 의하여

$$\frac{N_{s'}}{N} = \frac{X - l'}{s' - l'} \ ; \ \frac{N_{l'}}{N} = \frac{s' - X}{s' - l'} \tag{10.33}$$

온도가 T_2가 되면, 마지막 미량의 액상용액 l''을 남기고 모두 고상용액 s''으로 된다. 이 온도에서 마지막 고화가 일어나서 이 온도를 떠날 때는 조성이 $s''(=X)$인 100% 고체용액 X가 된다.

순수한 A나 B였다면 일정한 온도 $T_{m,A}$, $T_{m,B}$에서 고화나 액화가 일거에 일어났겠지만, 조성이 X인 용액이 되면 온도 T_4에서 시작된 고화가 온도 T_2에서 마무리되는데, 그 동안 액상용액의 조성은 조성점 l에서 l''까지 **액상선**(liquidus)를 따라 내려오고, 고상용액의 조성은 조성점 s에서 s''까지 **고상선**(solidus)를 따라 내려온다. 이와 같이 온도에 따라 전체 평균 조성이 X로 일정한 점들을 연결한 선을 **등치선**(isopleth)이라 하는데, 본디 이 말은 지도상에서 어떤 수 또는 값이 동일한 곳들, 예를 들어 인구 밀도가 동일한 도시들을 연결한 선을 말한다.

이번에는 일정한 온도, 이를테면 T_3에서 순수한 A에 B를 섞어 넣을 때 x_B가 증가함에 따라 어떤 일이 생기는지 살펴보자. 온도 T_3에서 순수한 A는 액체이고 순수한 B는 고체이다. 이 온도 T_3에서의 **묶음선**(tie line)을 따라 액체 A에 고체 B를 첨가해 나가면, 점 l'에 이를 때까지는 비록 고체 B를 첨가하지만 균일한 액체용액이 만들어진다. 그

러다가 x_B가 l'에 이르면 조성 s'에 해당하는 고체용액이 미량 생기기 시작하면서 2상(phase)이 된다. B를 점점 더 첨가하면 공존하는 두 상의 조성은 l'과 s'으로 고정된 채 고상용액의 상대적 양만 증가한다. 전체 계의 평균 조성이 X가 되도록 B를 넣어 주면, 그때 액상과 고상의 상대적 양은 역시 질량보존법칙에 의하여 식 (10.33)과 같이 주어진다. 넣어 주는 B의 양이 s'에 이르면 조성 l'의 액상용액 양은 식 (10.33)에 의하여 극미량 남아 있다가, s'보다 더 많아지면 비록 액체 A에 고체 B를 섞는데도 균일한 고상용액이 만들어진다.

거꾸로 이와 같은 조성 등치선이나 등온선을 따라 존재하는 평형상들의 조성과 상대적 양을 실험적으로 측정하면 그림 10.12와 같은 상평형도를 그릴 수도 있지 않겠는가? 이것이 상평형도를 실험적으로 결정하는 가장 전형적인 방법이다.

10.4.2 완전고용체가 되기 위한 조건

그러면 액상용액은 액체라서 그렇다 치고, **완전 고용체**는 A와 B가 어떠할 때 만들어질 수 있을지 생각해 보자. 우선

(i) A와 B의 결정얼개가 서로 같아야 한다.

예를 들어 **결정얼개**(crystal structure)가 FCC인 A에 결정얼개가 HCP인 B를 섞어 넣는다고 하자. A를 하나씩 B로 바꿔 넣으면 $x_B = 1$이 되어도 그 얼개는 FCC이다. 그런데 $x_B = 1$이면 그 얼개가 HCP여야 한다. 모순이 생긴다. 그러므로 완전한 고용체를 이루기 위해서는 양 끝 성분들의 얼개가 일단 서로 같아야 한다.

(ii) A와 B는 그 크기가 비슷해서 서로 치환(substitution)할 수 있어야 한다.

경험적으로 보면 상대적 크기 차이가 대개 10% 이상이 되면 치환을 하지 않고 **침입형 고용체**(interstitial solution)를 만든다(이를 Hume-Rothery 법칙이라 부른다). 사잇자리(interstitial sites)에 용질이 들게 되면 궁극적으로 응력에 의한 기계적 에너지가 증가하게 되어 완전 고용체를 만들지 못하고 그 용해도가 제한된다. 아울러 B가 사잇자리에 들게 되면 $x_B = 1$이 될 때 얼개가 바뀌는 모순이 생긴다.

(iii) A와 B는 전기음성도(electronegativity)가 서로 비슷해야 한다.

서로 얼개가 같고 크기가 비슷하다 하더라도 만약 전기음성도의 차이가 많이 나면 서로 섞이기보다는 화합물을 만들어 제3의 얼개를 만들게 된다. 그러므로 금속의 경우 금속 간 화합물을 안 만들고 서로 다 섞이기 위해서는 양 끝 성분들의 전기음성도

가 서로 비슷해야 한다.

(iv) A와 B는 같은 원자가(valence)를 가져야 한다.

이는 이온결합 화합물에 주로 해당하는 조건으로서, 예를 들어 MgO와 K_2O가 똑같이 산소이온으로 이루어진 음이온 딸림격자(anion sublattice)는 FCC 얼개를 하고 있지만, Mg와 K는 그 원자가가 +2와 +1로 서로 달라 Mg는 음이온 딸림격자의 팔면체 꼴 안자리(octahedral interstices)에, K는 사면체꼴 안자리(tetrahedral interstices)에 있어서 그 결정구조가 서로 달라 MgO는 암염 구조(rocksalt structure), K_2O는 반형석 구조(anti-fluorite structure)로 전 조성 영역에서 섞이지 못한다.

10.4.3 몰당 섞임 자유에너지 대 조성 그림과 평형상 분포

상평형도란 전형적으로 일정한 압력하에서 각 온도에서 존재할 수 있는 각 상의 섞임 자유에너지 곡선의 상대적 위치와 공통접선에 관한 정보로부터 단일 상만으로 존재하는 영역과 여러 상이 공존하는 영역을 찾아 온도와 조성으로 이루어진 공간에 표시해 둔 것이다. 그러므로 상평형도를 계산하는 논리는 먼저 주어진 계에 있을 수 있는 모든 상을 알고, 이 상들 각각의 섞임 자유에너지를 온도와 조성의 함수로 계산한 다음, 각 온도에서 계의 자유에너지를 최소로 하는 상의 조합을 찾는 것이다. 이제 이 논리를 따라 그림 10.12의 상평형도를 계산해 보자.

그림 10.12에서 온도 T_3일 때를 보자. 이 온도에서는 A 조성축에서 점 l'까지는 균일한 단일 상 액상용액(L)이 안정하고, 조성 영역 l'에서 s'까지는 조성 l'을 가지는 균일한 액상용액과 조성 s'의 균일한 고상용액 두 상이 공존하고, 조성 영역 s'에서 B 조성축까지는 균일한 단일 상 고상용액(S)이 안정하다. 이 말은 그림 10.13에서 보는 바와 같이, 액상용액과 고상용액에 해당하는 상대적 전체 몰당 섞임 자유에너지 곡선 ΔG_L^M과 ΔG_S^M를 조성에 대하여 같이 그리면 공통접선이 액상곡선의 조성점 l'과 고상곡선의 조성점 s'에 접하고 있다는 것을 의미한다.

현재 우리 계에는 1개의 액상용액(L)과 1개의 고상용액(S)이 존재한다. 그러므로 필요한 섞임 자유에너지 곡선은 이 두 상에 대한 것들 ΔG_L^M과 ΔG_S^M이다. 현재 온도 T_3은 $T_{m,A} < T_3 < T_{m,B}$이므로 양쪽 끝 성분 A와 B의 **자연 존재상태**(natural state of existence)는 각각 액상(L)이고 고상(S)이다. 그러므로 이 온도에서는 액체상태에 있는 순수한 A와 고체상태에 있는 순수한 B가 섞여 액상용액 L과 고상용액 S가 생기는데, 이때 양쪽 끝 성분들의 자연 존재상태를 기준(이런 기준상태를 **자연 기준상태**, natural reference state 혹은 Raoultian reference state라 부른다)으로 ΔG_L^M과 ΔG_S^M를 조성의 함수로

계산하는 것이 관건이다. 논의를 간단하게 하기 위하여 2개의 용액은 이상용액을 만든다고 가정한다. 설령 비이상 용액이라 하더라도 그 논리는 달라지지 않는다.

우선 액상용액에 대하여 계산하자. 액상용액 L을 생성하는 과정을 반응식 형태로 써 보면,

$$x_A A_{(L)} + x_B B_{(S)} \to \{x_A A, x_B B\}_{(L)}:\ \Delta G_L^M \tag{10.34}$$

따라서

$$\Delta G_L^M = x_A \Delta \overline{G}_{A,L}^M + x_B \Delta \overline{G}_{B,L}^M = x_A(\mu_{A,L} - \mu_{A,L}^o) + x_B(\mu_{B,L} - \mu_{B,S}^o) \tag{10.35}$$

여기서 위첨자 'o'는 **자연 기준상태**(Raoultian reference state)를 의미하고, 아래첨자 중 두 번째는 그 상태(S와 L)를 나타내기로 한다. 지금 A는 본디 그 기준상태가 액체인데 액체용액 중에 있으니,

$$\Delta \overline{G}_{A,L}^M = \mu_{A,L} - \mu_{A,L}^o = RT \ln x_A \tag{10.36}$$

만약 비이상 용액이라면 몰분율 x_A 대신에 활동도 a_A를 써야 할 것이다.

한편 B는 자연상태가 고상인데 액상용액 중에 녹아든 것이므로 그 상대적 부분 몰당 섞임 자유에너지가

$$\Delta \overline{G}_{B,L}^M = \mu_{B,L} - \mu_{B,S}^o \tag{10.37}$$

와 같은데, 존재상태가 서로 달라 식 (10.36)처럼 간단히 x_B의 함수로 쓸 수 없다. 그래서 용액의 존재상태와 그 기준상태를 액상으로 같게 하기 위하여, 현재 조건에서는 자유에너지가 높아 실재 존재할 수는 없지만 순수한 액상 B의 화학포텐셜 $\mu_{B,L}^*(> \mu_{B,S}^o)$을 도입하여 식 (10.37)을 다시 쓰면

$$\Delta \overline{G}_{B,L}^M = \mu_{B,L} - \mu_{B,S}^o = (\mu_{B,L} - \mu_{B,L}^*) + (\mu_{B,L}^* - \mu_{B,S}^o) \tag{10.38}$$

그러면 제일 우변의 첫째 항은 순수한 액체 B를 액체용액에 풀어 넣을 때 수반되는 부분 몰당 섞임 자유에너지 변화에 해당하는데, 우리 용액이 이상용액이므로

$$\mu_{B,L} - \mu_{B,L}^* = RT \ln x_B \tag{10.39}$$

와 같이 간단히 주어지고, 둘째 항은 B의 녹는 점보다 낮은 현재 온도 $T = T_3(< T_{m,B})$에서 순수한 B를 녹일 때 필요한 자유에너지로서 일찍이 7장에서 만난 적이 있는 순

수한 B의 용융 자유에너지 $\Delta G^o_{m,B}$에 해당한다. 만약 액상과 고상 B의 열용량 차이가 없다면($C_{P,L}=C_{P,S}$),

$$\mu^*_{B,L}-\mu^o_{B,S}=\Delta G^o_{m,B}=\Delta H^o_{m,B}\left(1-\frac{T}{T_{m,B}}\right) \tag{10.40}$$

만약 두 열용량이 다르다면 6장에서 배운 대로 Kirchhoff의 식을 이용하여 용융엔탈피 $\Delta H^o_{m,B}$와 용융 엔트로피 $\Delta S^o_{m,B}$를 각각 계산하든지, 아니면 먼저 Kirchhoff의 식을 이용하여 $\Delta H^o_{m,B}$를 온도의 함수로 구한 다음 이를 Gibbs-Helmholtz 식에 대입 적분함으로써 용융 자유에너지를 계산해야 한다. 어쨌든 식 (10.40)에서 보면 항상 $\Delta H^o_m>0$이므로, $T<T_{m,B}$이면 예상하던 대로 $\Delta G^o_{m,B}>0$이 되고, $T=T_{m,B}$면 $\Delta G^o_{m,B}=0$, $T>T_{m,B}$면 $\Delta G^o_{m,B}<0$이다.

이처럼 열역학적 계산의 편의를 위하여 도입하는 $\mu^*_{B,L}$과 같은 가상적 기준상태를 인공 기준상태(artificial reference state)라 부르고, 그런 상태를 여기에서는 위첨자 'o' 대신에 '*'를 사용하여 구별하였다.

식 (10.39), (10.40)을 식 (10.38)에 대입하고, 식 (10.36)과 함께 식 (10.35)에 대입하여 정리하면,

$$\Delta G^M_L=x_A\Delta\overline{G}^M_{A,L}+x_B\Delta\overline{G}^M_{B,L}=RT(x_A\ln x_A+x_B\ln x_B)+x_B\Delta G^o_{m,B} \tag{10.41}$$

한편 고상용액에 대해서는,

$$x_AA_{(L)}+x_BB_{(S)}\rightarrow\{x_AA,x_BB\}_{(S)}:\Delta G^M_S \tag{10.42}$$

따라서

$$\Delta G^M_S=x_A\Delta\overline{G}^M_{A,S}+x_B\Delta\overline{G}^B_{B,S}=x_A(\mu_{A,S}-\mu^o_{A,L})+x_B(\mu_{B,S}-\mu^o_{B,S}) \tag{10.43}$$

순수한 B는 지금 그 자연상태가 고상이므로,

$$\Delta\overline{G}^M_{B,S}=\mu_{B,S}-\mu^o_{B,S}=RT\ln x_B \tag{10.44}$$

그러나 A는 그 자연상태가 액상이므로, 액상용액에서 B에 대하여 그랬던 것처럼 가상적 고체상태 $\mu^*_{A,S}$를 도입하면

$$\Delta\overline{G}^M_{A,S}=(\mu_{A,S}-\mu^*_{A,S})-(\mu^o_{A,L}-\mu^*_{A,S})=RT\ln x_A-\Delta G^o_{m,A} \tag{10.45}$$

여기서

$$\Delta G^o_{m,A} = \Delta H^o_{m,A}\left(1 - \frac{T}{T_{m,A}}\right) \tag{10.46}$$

인데, 항상 $\Delta H^o_{m,A} > 0$이고 지금 $T > T_{m,A}$이므로 예상하는 대로 $\Delta G^o_{m,A} < 0$이다. 위의 식 (10.40)을 유도하면서 설명한 대로 지금 이 식도 A의 열용량이 액상일 때나 고상일 때나 동일할 때 성립하지, 대개 그러하듯이 이들이 서로 다르면 역시 Kirchhoff의 관계식을 이용하여 계산하든지 아니면 열용량의 차이를 온도에 대하여 적분함으로써 용융 엔탈피를 온도의 함수로 계산한 다음 이를 Gibbs–Helmholtz 식에 대입하고 적분하여 $\Delta G^o_{m,A}$를 온도의 함수로 구해야 한다.

식 (10.44)와 (10.45)를 식 (10.43)에 대입하여 정리하면,

$$\Delta G^M_S = x_A \Delta \overline{G}^M_{A,S} + x_B \Delta \overline{G}^M_{B,S} = RT(x_A \ln x_A + x_B \ln x_B) - x_A \Delta G^o_{m,A} \tag{10.47}$$

식 (10.41)의 ΔG^M_L과 식 (10.47)의 ΔG^M_S를 현재 온도 $T=T_3$에서 조성 x_B에 대하여 그리면 그림 10.13과 같다. 이때 양 조성축 $x_B=0$과 $x_B=1$에서의 원점($\Delta G^M=0$)은 각각 끝 성분 A, B의 자연 기준상태, 즉 액체 $A(x_B=0)$와 고체 $B(x_B=1)$에 해당한다. 이 두 식을 보면 맨 오른편 식의 첫째 항은 $x_B=0.5$를 중심으로 대칭인 이상용액의 상대적 전체 몰당 섞임에너지 $\Delta G^{M,id}=-T\Delta S^{M,id}$에 해당한다. 식 (10.41)의 경우 마지막 항은 원점($x_B=0, \Delta G^M_L=0$)과 B 조성축($x_B=1$)에 절편 $\Delta G^o_{m,B}$를 지나는 직선이다. 이 둘을 합한 것이 왼쪽으로 기운 반달형 ΔG^M_L 곡선이다. 반면에 식 (10.47)의 경우는 점 ($x_B=0, \Delta G^M_S=-\Delta G^o_{m,A}$)와 점 ($x_B=1, \Delta G^M_S=0$)을 지나는 직선으로, 이 둘을 합한 오른쪽으로 기울어진 반달 모양의 곡선이 ΔG^M_S 곡선이다. $x_B=0$에서 왜 $\Delta G^M_L=0, \Delta G^M_S=-\Delta G^0_{m,A}$이고, $x_B=1$에서는 $\Delta G^M_L=\Delta G^0_{m,B}, \Delta G^M_S=0$이 되어야 하는지 생각해 보기 바란다.

그러면 이제 이 두 섞임 자유에너지 곡선으로부터 평형상의 분포가 어떻게 될지 생각해 보자. 우선 이 2개 곡선에 공통접선을 찾아보면, 그림 10.13의 조성점 l'과 s'을 동시에 지나는 직선이 된다. 이제 이 두 점을 직선으로 연결해 두고, 두 자유에너지 곡선을 아래에서 쳐다보자. 어디가 보이는가? $x_B=0$에서 점 l'까지는 ΔG^M_L 곡선이 가장 아래에 있고, l'에서 s'까지는 이 공통접선이 가장 아래에 있고, s'에서 $x_B=1$까지는 ΔG^M_S이 가장 아래에 있다. 따라서

(i) 조성 영역 $0 \le x_B \le x_{B,l'}$에서는 액상용액(L)이 홀로 안정하고,

(ii) 조성 영역 $x_{B,l'} \le x_B \le x_{B,s'}$에서는 조성이 $x_{B,l'}$인 액상용액과 조성이 $x_{B,s'}$인 고

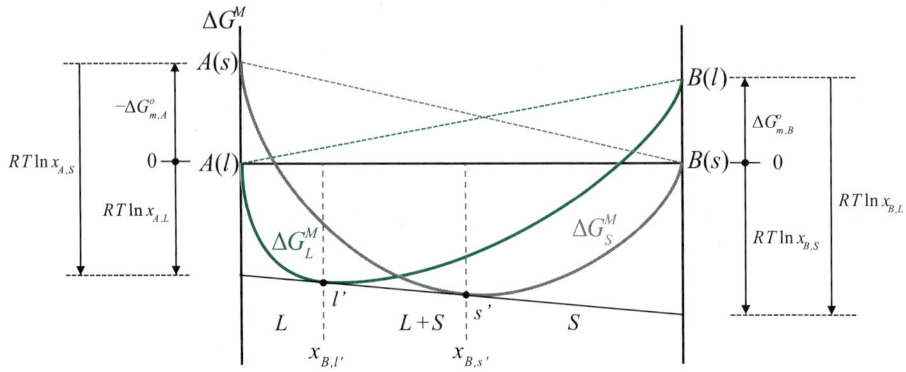

그림 10.13 $T_{m,A}<T<T_{m,B}$인 온도 T_3에서의 액상용액과 고상용액의 상대적 전체 몰당 섞임 자유에너지 곡선 ΔG^M_L과 ΔG^M_S.

상용액 두 상이 공존하고,

(iii) 조성 영역 $x_{B,s'} \le x_B \le 1$에서는 고상용액(S)이 홀로 안정하다.

이 3개의 조성 영역을 온도 T_3에서 그린 것이 그림 10.12의 상평형도에서 $T=T_3$에서 보이는 L, $L+S$, S 등 3개의 조성 영역이고, 이게 상평형도를 계산하는 켯속이다.

10.4.4 공존상들의 조성

평형을 이루어 공존하는 두 상 L과 S의 조성 $x_{B,l'}$과 $x_{B,s'}$는 어떻게 계산할 수 있을까? 한 온도와 압력하에서 여러 개의 상이 공존하기 위한 필요하고도 충분한 조건은 각 성분의 화학포텐셜 혹은 부분 몰당 섞임 자유에너지가 모든 상에서 동일한 것이다. 2성분계인 지금의 경우

$$\Delta\overline{G}^M_{A,L} = \Delta\overline{G}^M_{A,S} \tag{10.47}$$

여야 하고, 동시에

$$\Delta\overline{G}^M_{B,L} = \Delta\overline{G}^M_{B,S} \tag{10.48}$$

여야 한다. 따라서 이 두 식으로부터 공존하는 두 상의 조성 $x_{B,l'}$과 $x_{B,s'}$이 일의적으로 다음과 같이 정해진다.

$T_{m,A} < T < T_{m,B}$의 온도 범위에서 A의 자연상태가 액체이고, B의 자연상태가 고체임을 염두에 두고 식 (10.47)과 (10.48)을 각각 다시 쓰면

$$\mu_{A,L} - \mu^o_{A,L} = (\mu_{A,S} - \mu^*_{A,S}) - (\mu^o_{A,L} - \mu^*_{A,S}) \tag{10.49}$$

$$(\mu_{B,L} - \mu^*_{B,L}) + (\mu^*_{B,L} - \mu^o_{B,S}) = \mu_{B,S} - \mu^o_{B,S} \tag{10.50}$$

식 (10.49)로부터

$$RT\ln x_{A,L} = RT\ln x_{A,S} - \Delta G^o_{m,A} \quad \text{또는} \quad \frac{x_{A,S}}{x_{A,L}} = \exp\left(\frac{\Delta G^o_{m,A}}{RT}\right) \tag{10.51}$$

식 (10.50)으로부터

$$RT\ln x_{B,L} + \Delta G^o_{m,B} = RT\ln x_{B,S} \quad \text{또는} \quad \frac{x_{B,S}}{x_{B,L}} = \exp\left(\frac{\Delta G^o_{m,B}}{RT}\right) \tag{10.52}$$

$x_{B,S} = 1 - x_{A,S} = x_{B,S'}$, $x_{B,L} = 1 - x_{A,L} = x_{B,l'}$ 임을 알고 이 두 식을 연립하여 풀어 2개 공존하는 액상용액과 고상용액의 조성 $x_{B,l'}$ 과 $x_{B,s'}$ 를 구한다. 식 (10.47)~(10.52)의 기하적 관계를 그림 10.13에 표시해 두었으니 이 관계식을 기하적으로 익혀 두기 바란다.

이렇게 공존하는 두 용액의 조성을 식 (10.51)과 (10.52)로부터 온도의 함수로 구하면 $x_{B,L} = x_{B,L}(T)$, $x_{B,S} = x_{B,S}(T)$가 각각 그림 10.12의 액상선(liquidus)이 되고 고상선(solidus)이 된다. 이 액상선과 고상선으로 둘러싸인 $L+S$ 두 상 영역이 렌즈 모양으로 $T = T_{m,A}$와 $T = T_{m,B}$에서 두 선이 모이는 것을 볼 수 있다. 이는 한 끝 성분이 녹는 온도에서는 그 성분의 용융 자유에너지가 0이 되고, 이 용융점으로부터 멀어질수록 이 에너지의 절대값이 커지는 때문이다. 이 상황을 기하적으로 이해하기 위하여 다른 온도에서 섞임 자유에너지 곡선을 보자.

10.4.5 다른 온도에서의 섞임 자유에너지 대 조성 그림

그림 10.14(a),(b)에 $T_{m,A} < T_2 < T_4 < T_{m,B}$인 2개 다른 온도 T_2, T_4(그림 10.12의 상평형도 참조)에서 ΔG^M_L 과 ΔG^M_S 이 상대적으로 어떻게 변화하는지 비교해 보였다. 온도가 올라갈수록 A는 그 녹는 온도 $T_{m,A}$로부터 멀어지므로 $-\Delta G^o_{m,A}$ 가 점점 커지고, B는 그 녹는 온도 $T_{m,B}$에 가까워지므로 $\Delta G^o_{m,B}$ 가 점점 작아진다. 따라서 두 상 공존 영역 (L+S)이 x_B가 커지는 방향으로 이동한다. 그림에서 조성축의 절편 $-\Delta G^o_{m,A}$ 와 $\Delta G^o_{m,B}$ 가 온도에 따라 상대적으로 어떻게 이동하여 L+S 영역을 오른쪽으로 이동시키는지 그림 10.12에서 설명한 기하적 의미를 되새기면서 관찰하기 바란다.

그림 10.14(c), (d), (e), (f)에는 $T < T_{m,A}$(c), $T = T_{m,A}$(d), $T = T_{m,B}$(e), $T > T_{m,B}$(f) 때

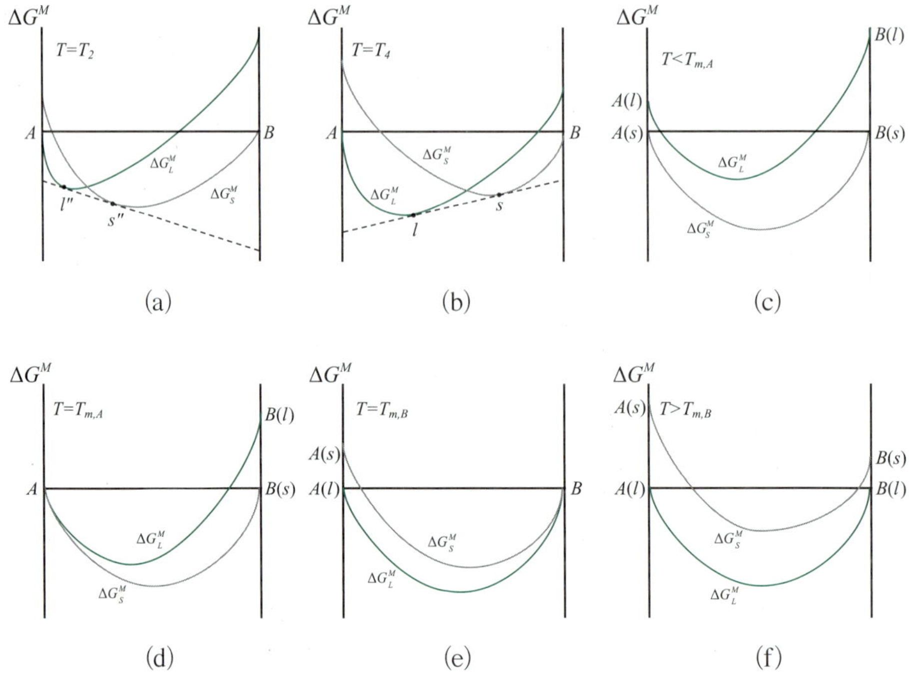

그림 10.14 다른 온도에서의 섞임 자유에너지 대 조성 그림. (a),(b) $T_{m,A}<T_2<T_4<T_{m,B}$인 두 온도 $T=T_2$와 T_4, (c) $T<T_{m,A}$, (d) $T=T_{m,A}$, (e) $T=T_{m,B}$, (f) $T>T_{m,B}$.

의 섞임 자유에너지 대 조성 그림을 그려 두었다. (a),(b)의 경우와 비교하면서 왜 이런 모양으로 되는지 그 이유를 $-\Delta G^o_{m,A}$과 $\Delta G^o_{m,B}$가 온도에 따라 어떻게 변해서 그리 되는지 생각하면서 보기 바란다.

10.4.6 인공 기준상태(artificial reference state)

지금까지 용액열역학을 공부하면서 우리는 주어진 용액의 한 성분 'i'의 화학포텐셜 μ_i가 통상

$$\mu_i = \mu_i^o + RT\ln a_i \tag{10.53}$$

와 같이 표현되는 것을 보아 왔다. 여기서 μ_i^o는 성분 i가 **표준상태**(standard state)에 있을 때 가지는 화학포텐셜로서 '**표준 화학포텐셜**(standard chemical potential)'이라 부르는데, 여기서 표준상태라 함은 '순수한(pure)' i가 주어진 온도(T)와 압력(P)하에서 존재할 수 있는 가장 안정한 자연의 상태를 의미한다. 예를 들어 $T<T_{m,A}$인 온도조건이라면 성분 A의 표준상태는 '고체상태의 순수한 A'에 해당한다. 이런 표준상태를 '**자연 표준**

상태(natural standard state)' 또는 'Raoult의 표준상태(Raoultian standard state)'라 부른다.

그런데 식 (10.53)에서 보면, 이 표준상태는 $\ln a_i = 0$ 또는 $a_i = 1$인 상태에 해당한다. 즉 i의 활동도 a_i를 재는 기준점에 해당되는 것이다. 이런 관점에서 이 '표준상태'는 활동도 눈금의 '기준상태(reference state)'가 되며, 이것이 위에서 이 표준상태를 '자연 기준상태(natural reference state)' 혹은 'Raoult의 기준상태(Raoultian reference state)'라 불렀던 소이이다.

화학포텐셜 μ_i는 열역학적 특성으로서 열역학적 변수, 즉 온도와 압력과 조성이 주어지면 일의적으로 결정되는 불변의 양(invariant)이다. 그러나 활동도는 기준상태를 어떻게 정의하느냐에 따라 그 값이 달라지게 된다. 열역학적 계산의 편의를 위하여 이 기준상태를 표준상태가 아닌 상태로 선택하기도 하는데, 이렇게 인공적으로 만들어진 기준상태를 **인공 기준상태**(artificial reference state)라 부른다. 예를 들면 성분 i의 용융점보다 낮은 온도$T(<T_{m,i})$에서 액상용액(L) 중에 있는 성분 i의 화학포텐셜 $\mu_{i,L}$을 i의 표준상태, 즉 '순수한 고체 $i(\mu^o_{i,S})$'를 기준으로 기술할 수도 있지만, 실제는 불안정한 '순수한 액체 $i(\mu^*_{i,L})$'를 기준상태로 선택하여 기술할 수도 있다.

$$\begin{aligned}\mu_{i,L} &= \mu^o_{i,S} + RT\ln a^{(o)}_{i,L} \\ &= \mu^*_{i,L} + RT\ln a^{(*)}_{i,L}\end{aligned} \tag{10.54}$$

이때 우리 액체용액이 이상용액이라면 인공상태(*)를 기준으로 한 활동도 $a^{(*)}_{i,L}$는 간단히

$$a^{(*)}_{i,L} = x_{i,L} \tag{10.55}$$

즉, 액상용액(L)의몰분률 $x_{i,L}$과 같아진다. 바로 이런 편리함, 간단함이 인공 기준상태를 도입하는 소이이다.

그러면 $a^{(o)}_{i,L}$는? 이제 기준상태를 달리하는 두 활동도 사이의 관계를 알아보자. 식 (10.54)로부터

$$\frac{a^{(*)}_{i,L}}{a^{(o)}_{i,L}} = \exp\left(-\frac{\mu^*_{i,L} - \mu^o_{i,S}}{RT}\right) = \exp\left(-\frac{\Delta G^o_{m,i}}{RT}\right) \tag{10.56}$$

$T<T_{m,i}$이면 $\Delta G^o_{m,i} \equiv \mu^*_{i,L} - \mu^o_{i,S} > 0$ 이므로 $a^{(*)}_{i,L} < a^{(o)}_{i,L}$이다. 이는 $\ln a_{i,L}$ 눈금의 원점을 $\mu^o_{i,S}$로부터 그 위에 있는 $\mu^*_{i,L}$로 옮긴 때문이다. 그림 10.15를 보면 분명해질 것이다.

인공 기준상태 $\mu^*_{i,L}$를 자연 기준상태 $\mu^o_{i,S}$에 대한 활동도($a^{(o)}_{i,*}$)로 계산해 보면

$$\mu^*_{i,L} = \mu^o_{i,S} + RT\ln a^{(o)}_{i,*} \quad \text{또는} \quad a^{(o)}_{i,*} = \exp\left(\frac{\Delta G^o_{m,i}}{RT}\right) \tag{10.57}$$

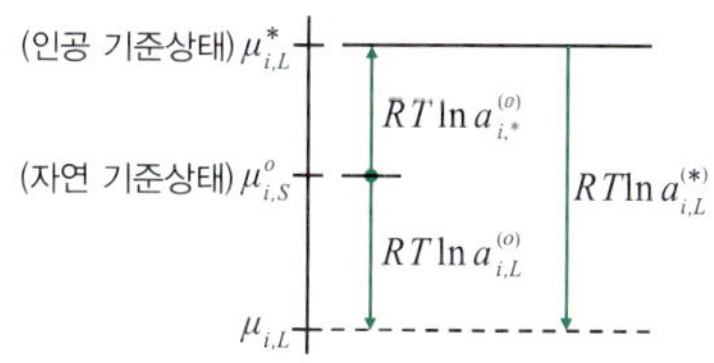

그림 10.15 $T<T_{m,i}$인 온도 때 액상용액 중 성분 i의 화학포텐셜 $\mu_{i,L}$, 자연 기준상태(고상) 포텐셜 $\mu^o_{i,S}$, 인공 기준상태(액상) 포텐셜 $\mu^*_{i,L}$ 의 상대적 위치와 i의 활동도, $a_{i,L}$.

$T \le T_{m,i}$에서는 예상하는 대로 당연히 $a_{i,*}^{(o)} \ge 1$이다. 따라서 현재 계속 예로 들고 있는 경우에서, $a_{i,L}^{(*)}$를 $a_{i,L}^{(o)}$ 눈금으로 표시하면 식 (10.56)과 (10.57)에 의하여

$$a_{i,L}^{(o)} = a_{i,L}^{(*)} \exp\left(\frac{\Delta G_{m,i}^{o}}{RT}\right) = x_{i,L} a_{i,*}^{(o)} \tag{10.58}$$

이 되는 것을 볼 수 있다.

10.4.7 활동도 대 조성 그림

그러면 이제 그림 10.12의 온도 T_3에서 조성에 따라 성분 B의 활동도가 어떻게 변하는지 알아보자. 활동도는 이 온도에서의 섞임 자유에너지 대 조성 그림 10.13에서 조성에 따라 접선을 그었을 때 B축($x_B = 1$)과 만나는 절편이

$$\Delta \overline{G}_B^M = \mu_B - \mu_{B,S}^{o} = RT \ln a_B^{(o)} \tag{10.59}$$

이라는 사실로부터 구한다. 그러므로 그림 10.13으로부터,

(i) 조성 영역 $0 \le x_B \le x_{B,l'}$

액상용액(L)이 이상용액이므로 인공 기준상태(액상 B) $\mu_{B,L}^{*}$을 기점으로 하면 $a_B^{(*)} = x_{B,L}$이 되지만, 자연 기준상태(고상 B) $\mu_{B,S}^{o}$를 기점으로 하면 식 (10.58)에 의하여

$$a_B^{(o)} = x_{B,L} \exp\left(\frac{\Delta G_{m,B}^{o}}{RT_3}\right) \tag{10.60}$$

이 된다. $T_3 < T_{m,B}$이므로 $\Delta G_{m,B}^{o} > 0$, 따라서 $a_{B,L}^{(o)} = \exp(\Delta G_{m,B}^{o}/RT) > 1$임을 기억해 두자. 그러나 성분 A는 이 온도에서 그 자연상태가 액체이므로,

$$a_A^{(o)} = x_{A,L} = 1 - x_{B,L} \tag{10.61}$$

(ii) 조성 영역 $x_{B,l'} \le x_B \le x_{B,s'}$

공통접선 영역으로서 공존하는 액상용액($x_{B,l'}$)과 고상용액($x_{B,s'}$)의 활동도가 B의 경우는

$$a_B^{(o)} = x_{B,s'} \tag{10.62}$$

A의 경우는

$$a_A^{(o)} = x_{A,l'} = 1 - x_{B,l'} \tag{10.63}$$

으로 고정된다.

(iii) 조성 영역 $x_{B,s'} \le x_B \le 1$

안정상 고상용액(S)이 이상용액이므로,

$$a_B^{(o)} = x_{B,S} \tag{10.64}$$

그러나 A 성분의 경우는 A의 자연상태가 액상이므로,

$$a_A^{(o)} = x_{A,S}\exp\left(\frac{-\Delta G^o_{m,A}}{RT}\right) \tag{10.65}$$

여기서 $x_{A,S} = 1 - x_{B,S}$ 이고, $T_3 > T_{m,A}$ 이므로 $-\Delta G^o_{m,A} > 0$, 따라서 $\exp(-\Delta G^o_{m,A}/RT) > 1$ 이다.

이렇게 구해진 조성 영역별 A와 B의 활동도를 x_B에 대하여 그려보면 그림 10.16(c)와 같다. 한눈에 상관 관계를 파악할 수 있도록 그림 (a)에 상평형도를, 그림 (b)에는

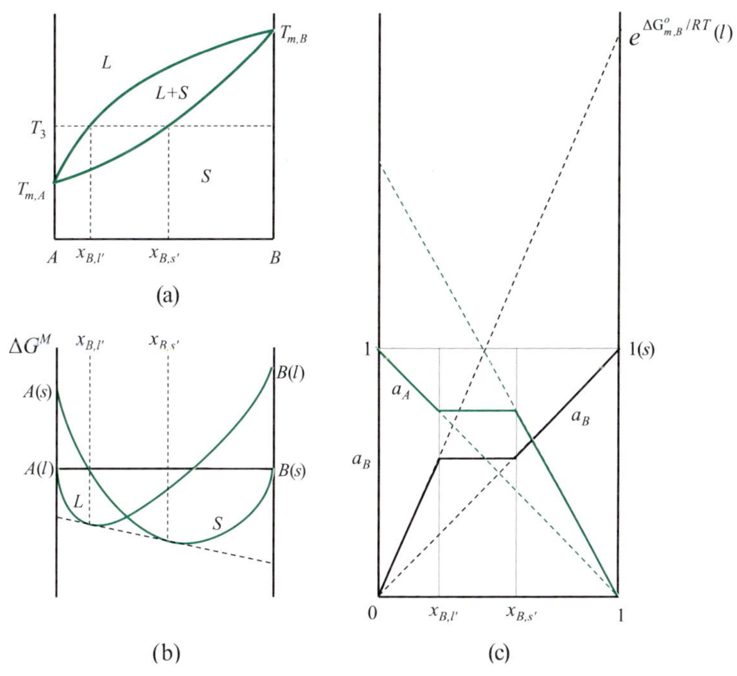

그림 10.16 (a) 완전용액 상평형도. $T = T_3$일 때 액상용액과 고상용액의 상대적 전체 몰당 섞임 자유에너지 곡선(b)과 그에 상응하는 각 성분의 활동도(c).

온도 T_3에 해당하는 상대적 전체 몰당 섞임 자유에너지 곡선을 동일한 x_B축 위에 그려 두었다. 여러분들은 (a)에서 (b)를 얻고 (b)에서 (c)를 얻거나, 거꾸로 (c)에서 (b)를 얻고 (b)에서 (a)를 얻는 논리적 고리를 이해해 두어야 한다.

10.5 | 제한된 고상 용해도를 가지는 경우의 상평형도

10.5.1 제한된 고상 용해도와 존재할 수 있는 상들

고체 A와 B가 전 조성 영역에서 다 섞일 수 있으려면, 양 끝 성분 A와 B가 (i) 결정얼개가 서로 같아야 하고, (ii) 원자 크기가 서로 비슷해야 하며, (iii) 전자친화도가 비슷해야 하고, (iv) 원자가가 같아야 한다. 이 조건들이 동시에 만족되지 않으면 A와 B의 **상대적 용해도**(mutual solubility)는 제한될 수밖에 없다. 그러므로 실제 자연계에서는 완전 고용체를 만드는 경우보다 제한된 고용체를 만드는 경우가 훨씬 더 많다.

A에 B가, B에 A가 섞여들 수 있는 한계를 **용해도 한계**(solubility limit) 또는 **포화 용해도**(saturation solubility)라 부른다. A **얼개**(structure) 안에 다른 얼개를 가지고 있는 B가 섞여들면 B의 용해도 한계에 이를 때까지 A 얼개의 고상용액(α)을 만들게 될 것이다. 반대로 B 얼개 안에 A를 섞어 넣으면 B 얼개의 고상용액(β)을 만들다가 A의 농도가 그 포화 용해도에 이르면 더 이상 섞여들지 않을 것이다. 따라서 이 경우 존재할 수 있는 고상용액은 A 얼개의 α-고상용액과 B 얼개의 β-고상용액 두 가지가 될 것이다.

한편 액체용액인 경우는, A와 B가 산화물이거나 해서 액체상태에서 점도가 매우 커 유리를 잘 만들거나 하는 경우가 아니면 대개 전 조성 영역에서 다 섞인다. 특히 금속인 경우에는 대부분 그러하다. 여기에서는 $A-B$ 액상용액이 전 조성 영역에서 다 섞여 1개의 액상용액 L을 만드는 경우를 생각한다.

10.5.2 상평형도 계산의 원리

A와 B가 그 결정얼개가 서로 달라 고상에서는 **제한된 상호 용해도**(limited mutual solubility)를 가지되 액상용액은 전 영역에서 다 섞이는 경우, 우리 $A-B$ 계에 있을 수 있는 고상(solid state)이나 액상(liquid state) 상(phase)들은

A-얼개의 고상용액 α

B-얼개의 고상용액 β

완전 액상용액 L

등 3개가 된다.

이런 계의 상평형도를 계산하는 원리는, 완전용액 상평형도를 계산할 때와 마찬가지로 $T_{m,A}$와 $T_{m,B}$ 아래위 각 온도 T에서 이들 3개 상(α,β,L) 각각의 상대적 몰당 섞임 자유에너지 $\Delta G_\alpha^M(T,x_{B,\alpha})$, $\Delta G_\beta^M(T,x_{B,\beta})$, $\Delta G_L^M(T,x_{B,L})$를 조성 $x_{B,\alpha}$, $x_{B,\beta}$, $x_{B,L}$에 대하여 계산하거나 그린 다음, 계의 자유에너지를 최소로 하는 상의 조합과 조성을 찾는 것이다.

여기서는 앞에서와 마찬가지로, 거꾸로 실험으로 확립된 상평형도로부터 섞임 자유에너지를 얻고, 거기서부터 각 성분의 활동도를 조성의 함수로 계산해 보자.

10.5.3 상평형도

이런 계의 상평형도는 대개 그림 10.17(a)와 같다. 우선 조성 X를 온도 T_1으로부터 식히면서 일어나는 평형상들의 변화를 이 상평형도로부터 읽어보자.

지금 T_1에서 우리 계는 균일한 액상용액 L, 단일 상으로서 온도가 T_2에 이를 때까지 조성이 X인 단일 상 L로 존재한다.

온도가 T_2에 딸각 이르면 조성이 α_2인 α-고용체가 미소량 생기기 시작하면서 기존의 액상용액 L과 고상용액 α, 두 상 영역에 접어든다. 온도가 T_E에 이를 때까지 액상용액의 양은 줄어들고 고상용액의 양이 점점 증가하는데(그 상대적 양의 변화를 지렛대 법칙을 적용하여 확인해 보기 바란다), 액상용액 L의 조성은 점 L_2에서 L_E까지의 액상선(liquidus)을 따라 변하고, 그와 공존하는 고상용액 α의 조성은 점 α_2에서 점 α_E까지 고상선(solidus)을 따라 변한다. 액상에서 A를 많이 함유하는 α-고용체가 석출하기 때문에 액상선이 점점 A로부터 멀어지게 된다.

온도가 T_E에 막 이르면 우리 계는 조성이 α_E인 α-고상용액과 조성이 L_E점에 해당하는 액상이 된다. 온도 T_E를 떠날 때 우리 계는 이미 조성이 α_E인 α-고용체와 조성이 β_E인 β-고용체 두 상으로 되어 있으며, 그들의 상대적 양은 다시 지렛대 법칙에 의하여

$$\frac{\beta\text{-고용체 양}}{\alpha\text{-고용체 양}} = \frac{L_E-\alpha_E}{\beta_E-L_E} \tag{10.66}$$

이 온도 T_E는 식힐 때는 전 조성 영역에서 액상이 존재할 수 있는 가장 낮은 온도, 즉 마지막 고화(solidification)가 일어나는 온도이고, 반대로 덥힐 때는 액상이 나타나는 가장 낮은 온도에 해당한다. 그래서 이 온도를 '**잘 녹는 온도**(eutectic temperature)' 또는 평균 조성이 L_E에 해당하는 α-, β-고용체 이상 혼합물(two-phase mixture)이, 꼭 순수한 A나 B가 각각 정해진 용융온도 $T_{m,A}$, $T_{m,B}$에서 일거에 녹는 것처럼, 이 온

도에서 동시에 녹는다고 하여 **'공융온도'**라 부른다.

이 공융온도보다 낮은 온도에서 평균 조성 X는 끝까지 α-, β-고용체 이상 혼합체로 남아 있게 되는데, 낮아지는 온도와 더불어 α-고용체의 조성은 점 α_E로부터 α_3를 거치는 포화 용해도 곡선을 따라 A가 점점 많아지고, β-고용체의 조성은 점 β_E로부터 β_3를 거치는 포화 용해도 곡선을 따라 B가 점점 많아진다.

여러분들은 다른 조성에 대한 등치선(iospleth) 또는 고화과정(crystallization path)도 이런 방법으로 읽어낼 수 있어야 한다.

다음으로 이 상평형도의 각 상 영역에서 자유도는 각각 몇 개나 되며 그들이 무엇인지 Gibbs의 상법칙을 적용해서 알아보자. 본 계는 2성분(A, B) 계이므로, 압력 P가 일정할 때 Gibbs의 상법칙은 다음과 같다.

$$F = C + 1 - \phi = 3 - \phi \tag{10.67}$$

따라서

(i) 3개의 단일 상($\phi = 1$) 영역(L, α, β)에서는 $F = 2$, 즉 독립변수가 T와 x_B,

(ii) 3개의 두 상($\phi = 2$) 영역($L+\alpha$, $L+\beta$, $\alpha+\beta$)에서는 $F = 1$, 즉 독립변수가 T나 x_B,

(iii) 세 상($\phi = 3$) L, α, β가 공존하는 선분 $\alpha_E - L_E - \beta_E$ 위에서는 $F = 0$, 즉 모든 것이 고정된다.

즉 이들 3상들의 조성은 점 α_E, L_E, β_E로 고정되고 온도는 T_E로 고정된다. 한 상이라도 사라지지 않으면 이들 열역학적 변수는 결코 변하지 않는다.

10.5.4 섞임 자유에너지 대 조성 그림

이 상평형도에 기술된 상평형 관계로부터, A와 B의 자연상태(natural standard state)를 기준으로 세 상의 상대적 전체 몰당 섞임 자유에너지 ΔG_L^M, ΔG_α^M, ΔG_β^M를 $T = T_1$, T_2, T_E, T_3에서 정성적으로 그려보면 각각 그림 10.17(b), (c), (d), (e)와 같다. 각 온도에서 주어진 계가 가장 낮은 자유에너지를 가지는 영역을 공통접선과 함께 표시해 두었으니, 각 평형상 존재 영역을 (a)에 있는 상평형도와 비교함으로써 이 정보가 서로 어떻게 투영되는지 그 켯속을 이해해 두기 바란다.

아울러 이 자유에너지 그림마다 양 끝 조성축에 자연 기준상태와 인공 기준상태를 그릴 수 있는 범위 내에 있는 경우 같이 표시해 두었으니, 온도에 따라 이 기준상태의 상대적 위치가 어떻게 바뀌는지 잘 관찰해 두기 바란다. 예를 들어 그림 (c)에서

ΔG_α^M 곡선이 $x_B = 1$축과 만나는 절편은 이 도표의 범위를 벗어나 표시할 수 없는데, 이 곡선을 $x_B = 1$로 외삽하면 대개 그 절편의 상대적 위치를 찾을 수 있을 것이다. 이 점은 순수한 B가 A 얼개를 가지는 인공 혹은 가상 상태로서 그 에너지 차이가 클수록 B의 자연상태 기준점 $\Delta \overline{G}_B^M = 0$으로부터 위로 멀리 벗어나게 될 것이다. 이미 앞에서 완전용액 상평형도를 다룰 때 공부한 바 있지만, 여기서 다시 한 번 복습하자.

지금 온도 T_2에서 끝 성분 B의 자연상태는 이 온도에서 열역학적으로 안정한 B 얼개의 고체 μ_B^o이다. 그러나 A 얼개의 α 고용체를 만들기 위해서는 열역학적 기술을 편하게 하기 위하여 우선 B를 A 얼개를 가지는 불가능한 혹은 불가능하지 않으면 불안정한 고체상태(μ_B^*)로 먼저 만든 다음 이를 A와 섞는 것이다. 이때 α 고용체 중에 있는 성분 B의 상대적 부분 몰당 섞임 자유에너지를 구해 보면

$$\Delta \overline{G}_B^M = \mu_{B,\alpha} - \mu_{B,S}^o = (\mu_{B,\alpha} - \mu_{B,\alpha}^*) + (\mu_{B,\alpha}^* - \mu_{B,S}^o) \tag{10.68}$$

만약 우리 용액 α가 이상용액이라면 제일 우변의 첫째 항은

$$\mu_{B,\alpha} - \mu_{B,\alpha}^* = RT \ln x_{B,\alpha} \tag{10.69}$$

와 같이 간단히 표현할 수 있을 것이고, 둘째 항은 B 얼개의 순수한 고체(S) B를 $A(\alpha)$ 얼개의 고체로 바꿀 때 필요한 Gibbs 자유에너지 $\Delta G_{tr,B}^o$에 해당하며 온도만의 함수가 될 것이다.

$$\Delta G_{tr,B}^o = \mu_{B,\alpha}^* - \mu_{B,S}^o \tag{10.70}$$

식 (10.60), (10.65)에서처럼 인공 기준상태($\mu_{B,\alpha}^*$)에 대한 α-용액에서의 B의 활동도($x_{B,\alpha}$)를 자연 기준상태($\mu_{B,S}^o$)에 대하여 기술하면,

$$a_{B,\alpha}^{(o)} = x_{B,\alpha} \exp\left(\frac{\Delta G_{tr,B}^o}{RT}\right) \tag{10.71}$$

처럼 될 것이다.

10.5.5 활동도 대 조성

자연 기준상태에 대한 성분 A와 B의 활동도를 각 온도에서 조성에 대하여 그린 것이 그림 10.17(b′), (c′), (d′), (e′)이다. 여기서는 상황을 간단하게 하기 위하여 3개의 용액이 각각 이상용액이라 가정하였다. 그림 10.15의 완전용액을 다룰 때 설명한 것을 상기하면, 지금의 경우도 쉽게 이해할 수 있을 것이다.

10.6 | 고상 용해도를 무시할 수 있는 경우의 상평형도

10.6.1 상호 고상 용해도가 점점 적어질 때 일어나는 일

만약 A에 B를 또는 B에 A를 섞어 넣을 때 결정얼개 면에서, 상대적 크기 면에서 전자친화도나 원자가 면에서 서로 궁합이 점점 더 안 맞게 되면 기준상태에 비하여 섞임으로 인한 자유에너지 감소가 점점 적어지게 되므로 상대적 용해도는 점점 적어지게 될 것이다. 이러다가 극한에 이르면 서로 거의 안 섞이는 상황, 즉 상호 용해도를 무시할 수 있는 상황이 도래할 것이다. 이럴 때 상평형도와 거기에 대응하는 섞임 자유에너지 곡선과 활동도는 어떻게 될까?

용해도가 제한된 경우의 상평형도 그림 10.17(a)를 보면, 고용체 α의 B−용해도 한계는 점 α_E에 해당하는 조성이고, 고체용액 β의 A−용해도 한계는 점 β_E에 해당하는 조성이다. 이제 A/B 서로의 용해도가 점점 줄어든다면 용해도 한계점 α_E와 β_E가 각각 $x_B=0$과 $x_B=1$에 가까워지게 될 것이다. 따라서 그림 10.17(a)의 상평형도는 그림 10.18(a)처럼 변화하게 될 것이다. 즉 상대적 용해도가 줄어들수록 α−단일 상과 β−단일 상의 경계가 점점 펴져, 궁극적으로 용해도가 0이 되면 각각 $x_B=0$축과 $x_B=1$축에 일치하게 될 것이다. 해서 궁극적으로 상평형도는 그림 10.19(a)처럼 될 것이다.

여기서 잊지 말 것은 비록 용해도가 겉보기에는 0이라 하더라도 정확히 0이 되지는 않는다는 사실이다. 왜냐하면 앞에서도 이미 설명했다시피 열역학적인 이유로 이 세상에 절대적으로 순수한 것은 있을 수 없기 때문이다. 그러므로 상평형도가 비록 그림 10.19(a)와 같다 하더라도 이는 용해도가 0이 아니라 다만 눈에 안 보일 정도로 적을 따름이라고 이해해야 한다. 다시 말하여, 용해도 한계는 항상 α_E, $\beta_E>0$이되 다만 ≈ 0이라는 것이다. 그래서 용해도가 0이라고 하지 않고 무시할 수 있는 경우라고 말한다[그림 10.19(a) 오른쪽 끝의 확대한 그림 참조].

용해도가 줄어듦에 따라 상평형도가 이렇게 변형되면 그에 따라 상대적 전체 몰당 섞임 자유에너지 곡선도, 예를 들어 그림 10.18(a)의 온도 T_1에서, 그림 10.18(b)에서 보는 것처럼 ΔG_L^M(그림에서 L로 표시된 곡선)은 변형이 없는데 ΔG_α^M와 ΔG_β^M는 점점 조성축 $x_B=0$과 $x_B=1$에 달라붙으면서(화살표 방향), 공통접선을 그었을 때 용해도 한계에 해당하는 이 자유에너지 곡선들의 최소점도 두 조성축의 원점으로 다가간다. 그럴 수밖에 없는 것이 ΔG_L^M과 ΔG_α^M 또는 ΔG_β^M 곡선에 공통접선을 그었을 때 용해도가 0으로 수렴하기 위해서는 ΔG_α^M 또는 ΔG_β^M에의 접점이 양 끝 조성축의 원점을 지날 수밖에 없기 때문이다. 이 사실은 ΔG_α^M와 ΔG_β^M 표현식을 보면 자명해진다. 이들 고용체가 각각 이상용액이라 가정하고, B가 α−고용체의 얼개를 가지는 인

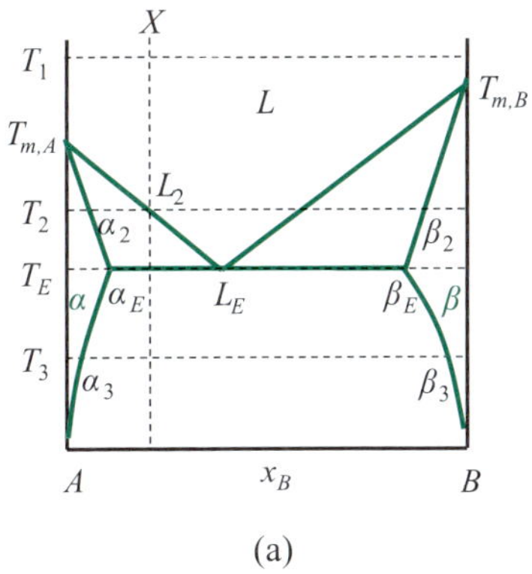

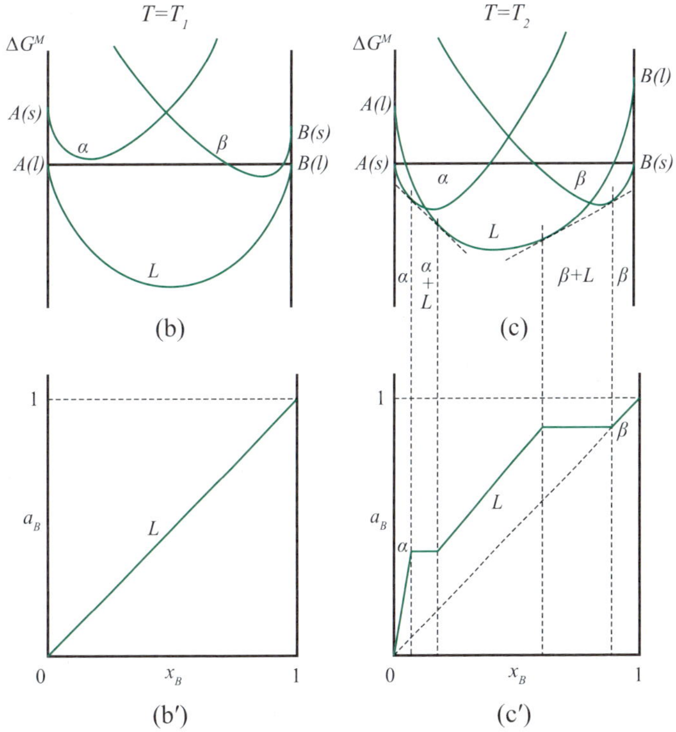

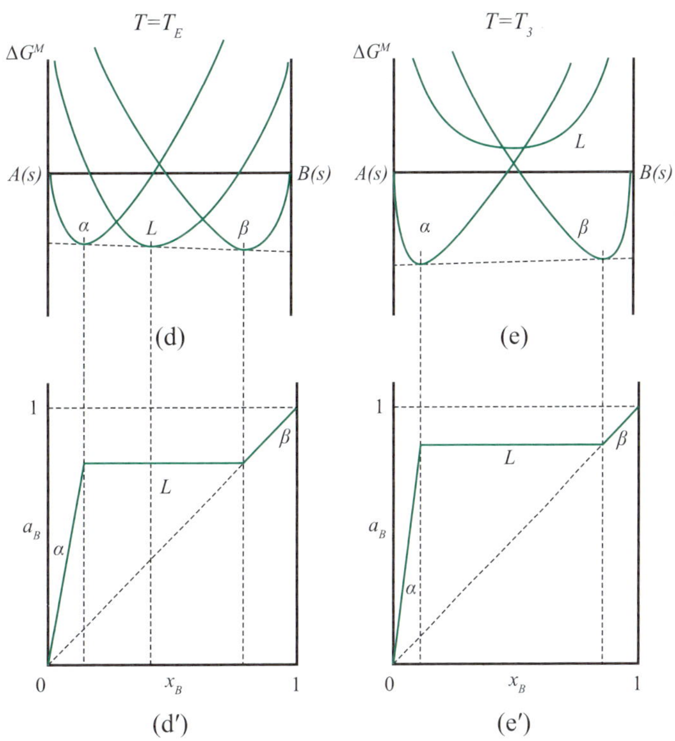

그림 10.17 제한 고용체를 만드는 경우의 상평형도(a)와 몇몇 온도에서의 상대적 전체 몰당 섞임 자유에너지와 대응되는 활동도: (b,b') $T=T_1$, (c,c') $T=T_2$, (d,d') $T=T_E$, (e,e') $T=T_3$.

공 기준상태 $\mu^*_{B,\alpha}$와 A가 β–고용체의 얼개를 가지는 인공 기준상태 $\mu^*_{A,\beta}$를 도입하여 이 둘을 표현해 보면,

$$\Delta G^M_\alpha = RT(x_{A,\alpha}\ln x_{A,\alpha} + x_{B,\alpha}\ln x_{B,\alpha}) + x_{B,\alpha}(\mu^*_{B,\alpha} - \mu^o_B) \tag{10.72}$$

$$\Delta G^M_\beta = RT(x_{A,\beta}\ln x_{A,\beta} + x_{B,\beta}\ln x_{B,\beta}) + x_{A,\beta}(\mu^*_{A,\beta} - \mu^o_A) \tag{10.73}$$

이 자유에너지 곡선이 양 조성축과 만나는 절편은 각각

$$\Delta G^o_{tr,B} = \mu^*_{B,\alpha} - \mu^o_B \tag{10.74}$$

$$\Delta G^o_{tr,A} = \mu^*_{A,\beta} - \mu^o_A \tag{10.75}$$

이 된다. 만약 이 두 절편이 각각 무한대로 커지게 되면 식 (10.72)와 (10.73)은 각각

$$\Delta G^M_\alpha \approx x_{B,\alpha}(\mu^*_{B,\alpha} - \mu^o_B)\ ;\ \Delta G^M_\beta \approx x_{A,\beta}(\mu^*_{A,\beta} - \mu^o_A) \tag{10.76}$$

로서 기울기가 ∞인 직선이 되므로, $x_{B,\alpha} \to 0$이면 $\Delta G^M_\alpha \approx 0$, $x_{A,\beta} \to 0$이면 $\Delta G^M_\beta \approx 0$이 되는 것이다. 이미 짐작했겠지만 결국 상호 용해도 한계를 결정하는 열역학적 인자는 식 (10.74)와 (10.75), 즉 인공 기준상태와 자연 기준상태의 에너지 차이이다. 이 에너지 차이가 의미하는 바를 10.3.2절의 완전 고용체가 되기 위한 조건에 비추어 챙겨 두기 바란다.

그러면 이렇게 상평형도가 그림 10.18(a)처럼 변형되고, 따라서 섞임곡선의 분포가 그림 10.18(b)처럼 변형될 때 각 성분의 활동도는 어떻게 될까? 그림 10.18(b)와 같이 고용체의 섞임 자유에너지가 용해도 한계에 따라 체계적으로 변화할 때, 이 계의 전체

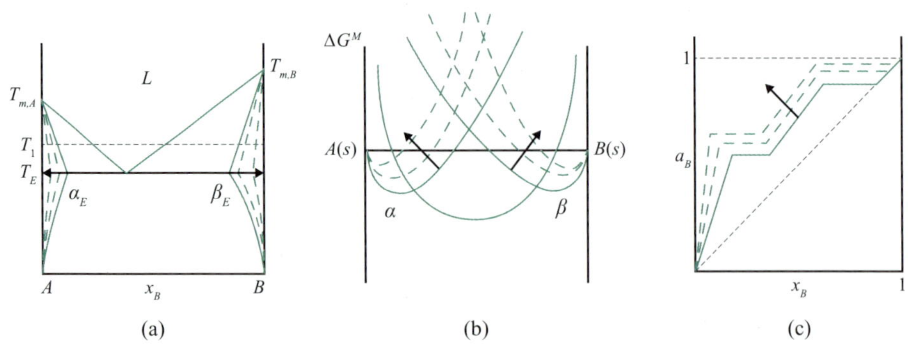

그림 10.18 (a) 제한용액에서 용해도가 0으로 수렴할 때의 상평형도 변화, (b) 온도 T_1에서 그에 수반되는 고용체 α, β의 상대적 전체 몰당 섞임 자유에너지 변화, (c) 성분 A와 B의 활동도 변화.

자유에너지 곡선에 자로 접선을 대어 $x_B=0$에서 1까지 움직이면서 양 조성축의 절편으로부터 $\Delta\overline{G}_A^M$와 $\Delta\overline{G}_B^M$을 읽어 A와 B의 활동도를 결정하여 그려보면 그림 10.18(c)와 같게 된다. 여러분들도 실제 자를 대어 접선을 긋고 그로부터 절편을 찾아 활동도가 실제 이 그림처럼 변해 가는 것을 직접 확인해 보기 바란다. 주의할 것은 α-고용체 안에 B의 용해도가 0일 경우 $x_B=0$에서 a_B가 액상용액과 공존할 때 가졌던 일정한 값에서 급작스레 $a_B=0$으로 불연속적으로 떨어지는 것처럼 보이는데, 그것은 그냥 그리 보일 따름이라는 것이다. 그림 10.18(a)에서 α-고용체 단일 상의 경계가 $x_B=0$축으로 다가가되 결코 일치하지 않는 것처럼, 그래서 10.18(b)의 자유에너지 곡선이 곧추 서 보일지언정 결코 그렇지 않는 것처럼, 여기 이 활동도도 용해도가 0으로 수렴해 가면 다만 그 기울기가 무한대로 커져 갈 따름일 뿐이다. 이는 a_A의 경우에도 마찬가지이다.

10.6.2 거의 섞이지 않는 경우의 상평형도

10.6.2.1 상평형도, 섞임 자유에너지 및 활동도

액상에서는 완전히 다 섞이나 고상에서는 서로의 용해도를 무시할 수 있을 경우의 상평형도는 $T_{m,B}>T_{m,A}$인 경우 그림 10.19(a)와 같다. 액상용액을 이상용액이라 가정하고 (i) $T>T_{m,B}$, (ii) $T_{m,A}<T<T_{m,B}$, (iii) $T_E<T<T_{m,A}$, (iv) $T=T_E$, (v) $T<T_E$에서의 섞임 자유에너지 분포를 보면 그림 10.19(b)~(f)에 개략적으로 보인 바와 같다. 이때 각각 상응하는 활동도는 그림 10.19(b′)~(f′)와 같다. 여러분들은 서로 다른 이 다섯 온도에서의 자유에너지 분포와 그에 따른 활동도의 켯속을 확실히 이해해 두기 바란다.

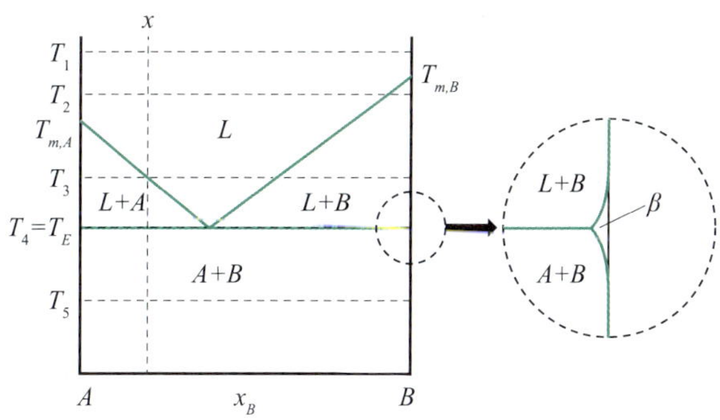

(a)

그림 10.19 (a) 상호 용해도를 무시할 수 있을 때의 상평형도.

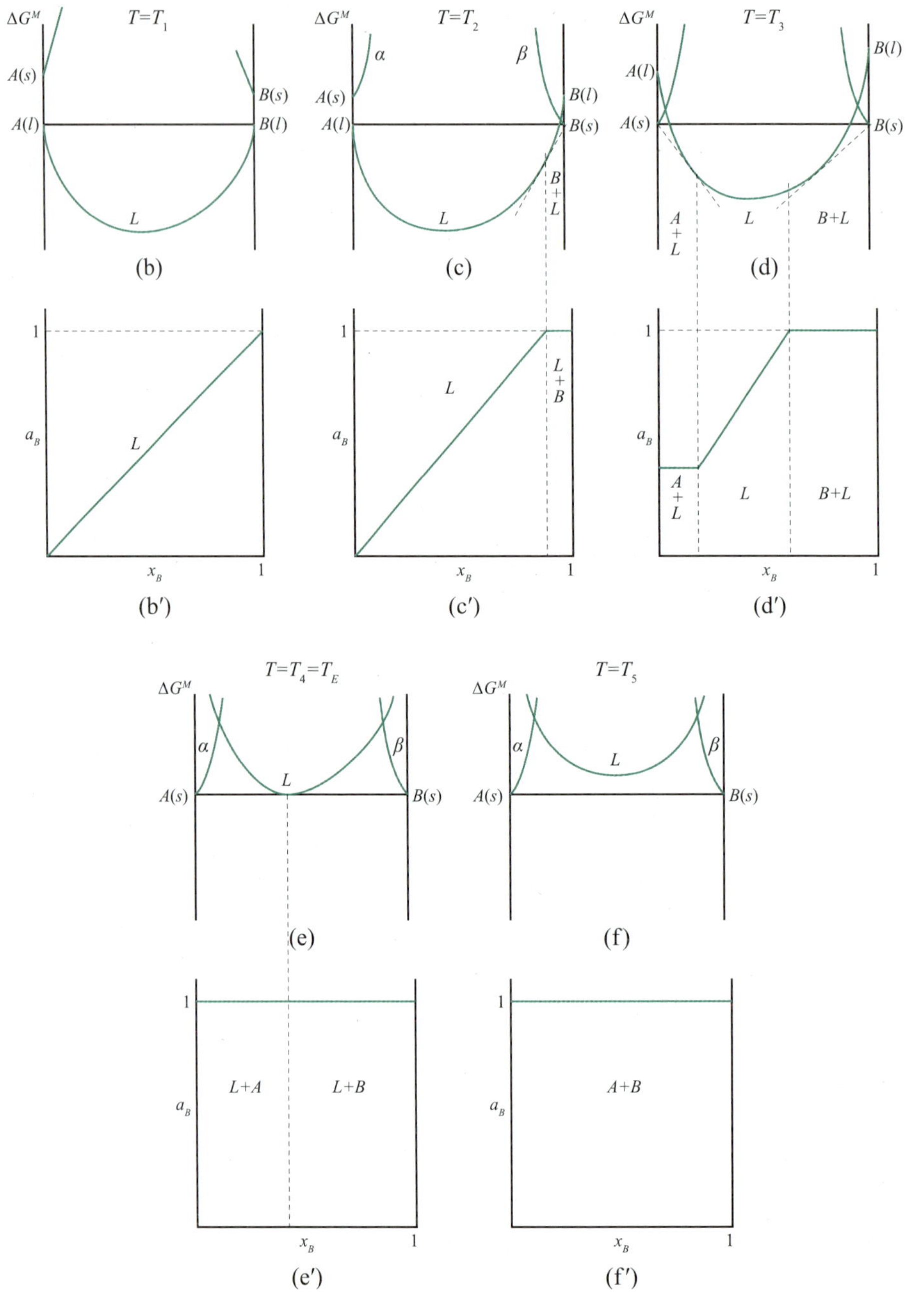

그림 10.19 (b)~(f) 서로 다른 다섯 온도에서의 상대적 전체 몰당 섞임 자유에너지, (b′)~(f′) 그에 상응하는 A와 B의 조성에 따른 활동도.

10.6.2.2 액상선

이때 $T_{m,A}$와 점 E를 잇는 액상선 $x_{A,L}$과 $T_{m,B}$와 점 E를 연결하는 액상선 $x_{B,L}$을 계산해 보자. 이렇게 상호 용해도를 무시할 수 있는 경우, 우리 액상 L은 조성 범위 $x_B=0$에서 점 E에 해당하는 조성까지 실질적으로 순수한 자연상태 고상 $A(\mu^o_{A,S})$와 평형을 이루고 있고, 점 E로부터 $x_B=1$까지의 조성 범위에서는 실질적으로 순수한 자연상태 고상 $B(\mu^o_{B,S})$와 평형을 이루고 있다. 그러므로 주어진 온도와 압력하에서 두 상이 평형을 이루어 공존하고 있으면 각 성분의 화학포텐셜이 모든 상에서 다 동일해야 한다. 그러므로 우리 액상용액을 이상용액이라 가정하면

$$\mu^o_{A,S} = \mu_{A,L} = \mu^*_{A,L} + RT\ln x_{A,L} \tag{10.77}$$

$$\mu^o_{B,S} = \mu_{B,L} = \mu^*_{B,L} + RT\ln x_{B,L} \tag{10.78}$$

이 식으로부터 액상의 조성을 온도의 함수로, 즉 액상선을 다음과 같이 얻는다.

$$x_{A,L} = \exp\left(-\frac{\Delta G^o_{m,A}}{RT}\right) \tag{10.79}$$

$$x_{B,L} = \exp\left(-\frac{\Delta G^o_{m,B}}{RT}\right) \tag{10.80}$$

여기서

$$\Delta G^o_{m,i} = \mu^*_{i,L} - \mu^o_{i,S} = \Delta H^o_{m,i} - T\Delta S^o_{m,i} \quad (i=A,B) \tag{10.81}$$

는 순수한 끝 성분 $i(=A,B)$의 용융 자유에너지(free energy of melting)로서, 액상과 고상의 열용량 $C_{P,i(L)}$와 $C_{P,i(S)}$가 서로 같으면 간단히 식 (10.45)와 같이 주어진다. 그러나 이 둘이 서로 다르면

$$\Delta H^o_{m,i}(T) = \Delta H^o_{m,i}(T_{m,i}) + \int_{T_{m,i}}^{T} (C_{P,i(L)} - C_{P,i(S)})dT \tag{10.82}$$

$$\Delta S^o_{m,i}(T) = \frac{\Delta H^o_{m,i}(T_{m,i})}{T_{m,i}} + \int_{T_{m,i}}^{T} \frac{C_{P,i(L)} - C_{P,i(S)}}{T}dT \tag{10.83}$$

와 같이 계산해야 한다.

10.6.2.3 공융점

그림 10.19(a)의 상평형도에서 보면 이 두 액상선이 만나는 점이 공융온도 T_E와 공융조성 $x_{B,E}$에 해당한다. 두 액상선의 식 (10.79), (10.80)을 이용하여 공융점을 계산해 보자. 공융점에서는

$$x_{A,L} + x_{B,L} = x_{A,E} + x_{B,E} = 1 \tag{10.84}$$

이므로, 식 (10.79)와 (10.80)을 합하면

$$\exp\left(-\frac{\Delta G^o_{m,A}}{RT_E}\right) + \exp\left(-\frac{\Delta G^o_{m,B}}{RT_E}\right) = 1 \tag{10.85}$$

이 식으로 공융점 T_E를 결정한다. 이리 구해진 T_E를 식 (10.79) 혹은 (10.80)에 대입하면 공융조성 $x_{B,E}$가 결정된다.

10.6.2.4 실제상황과의 비교

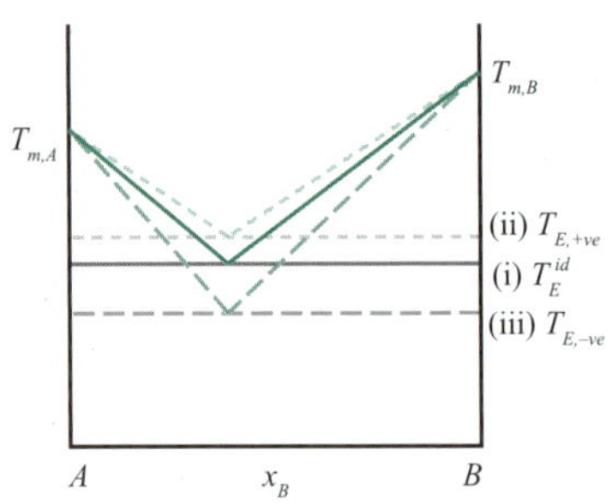

그림 10.20 액상용액의 거동에 따른 상평형도: (i) 액상용액이 이상거동을 할 때 $T_E = T_E^{id}$, (ii) $T_E > T_E^{id}$인 경우, (iii) $T_E < T_E^{id}$인 경우.

지금까지 우리는 A/B 상호 용해도가 거의 없는 경우, 이들 간에 만들어지는 액상용액이 이상용액이라는 가정하에서 공융점 T_E^{id}[식 (10.85)]과 공융조성 $x_{B,E}^{id}$[식 (10.79) 혹은 (10.80)]를 계산하였다. 그러나 실제 측정되는 공융온도 T_E를 이렇게 계산된 이상적인 공융온도와 비교해 보면 대개 다음 세 가지 경우가 가능할 것이다(그림 10.20).

$$\text{(i) } T_E = T_E^{id} \;;\; \text{(ii) } T_E > T_E^{id} \;;\; \text{(iii) } T_E < T_E^{id}$$

(i)의 경우라면 당연히 액상용액이 이상용액 거동을 보이는 경우임을 말할 나위가 없다. 그러나 (ii)나 (iii)의 경우라면 이는 당연히 우리 액상용액이 비이상 용액 거동을 보이기 때문일 터인데, 어떨 때가 양으로 벗어나는 경우이고 어떨 때가 음으로 벗어나는 경우에 해당할까? 우선 정성적으로 유추해 보자. 양으로 벗어나는 액상용액이면 이상 액상용액에 비하여 각 성분들의 액상으로부터 탈출하려는 경향이 더 커서 더 높은 온도에서 고체로 될 것이고, 음으로 벗어난다면 액상으로부터의 탈출경향이 이상용액에서보다 더 적어지니까 더 낮은 온도까지 액상이 버틸 것이다. 따라서

(i) $T_E > T_E^{id}$ 면 이상용액 거동으로부터 양으로 벗어나고,
(ii) $T_E < T_E^{id}$ 면 이상용액 거동으로부터 음으로 벗어난 것이다.

이를 정량적으로 분석해 보자. 실제 액상용액이 비이상 거동을 보이면 이상용액일 때 해당하는 두 액상선의 식 (10.79)와 (10.80)은 몰분율 대신에 활동도로 표시되어야 한다:

$$a_{i,L}^{(*)} = \exp\left(-\frac{\Delta G_{m,i}^o}{RT}\right) \qquad (i = A, B) \tag{10.86}$$

이럴 때 실제 공융조성이 $x_{i,E}$인 공융온도에서 만약

(i) $a_{i,L}^{(*)} = x_{i,E}$ 면 우리 액상용액은 이상거동을 하고,
(ii) $a_{i,L}^{(*)} > x_{i,E}$ 면 이상거동으로부터 양으로 벗어나고,
(iii) $a_{i,L}^{(*)} < x_{i,E}$ 면 음으로 벗어나는 것이다.

익힘문제

10.1 액상용액보다도 고상용액이 이상용액 거동으로부터 훨씬 더 심하게 양으로 편기할 때 전형적인 상평형도는 그림 10.21과 같다. 다음과 같은 온도 범위 내의 한 온도에서 (i) 액상용액(L)과 고상용액(S)의 ΔG^M을 조성 x_B에 대하여 그리고, (ii) 그에 대응하는 a_B 대 x_B 그림을 그려라.

(a) $T_{m,A} < T < T_{m,B}$

(b) $T_{m,min} < T < T_{m,A}$($T_{m,min}$은 조성 변화 없이 녹는 온도, azeotrope temperature)

(c) $T < T_C$(T_C는 두 고용체 S^{I}과 S^{II}가 다 섞이는 온도)

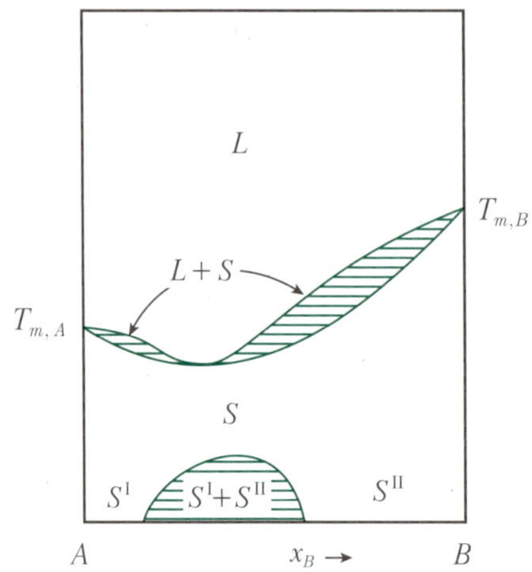

그림 10.21

10.2 A–B 액상용액의 상대적 전체 몰당 섞임 자유에너지(relative integral molar Gibbs free energy of mixing)가 다음과 같이 주어진다.

$$\Delta G^M/\mathrm{J \cdot mol^{-1}} = 8400x_Ax_B + RT(x_A \ln x_A + x_B \ln x_B)$$

(a) 600 K일 때 성분 B의 활동도를 조성 x_B의 함수로 구하고, 그 함수를 x_B에 대하여 그려라.

(b) 600 K일 때 순수한 B의 용융 자유에너지(free energy of melting)는 $\Delta G^o_{m,B} = -1200$ J/mol이다. 순수한 고상 B를 기준상태(reference state)로 하여 B의 활동도를 조성의 함수로 구하고, 서로 비교할 수 있도록 (a)의 a_B 대 x_B 그림에 같이 도시하라.

(c) (a)에서 구한 활동도와 (b)에서 구한 활동도의 비를 구하라. 어느 활동도의 값이 더 큰가?

10.3 그림 10.6의 섞임 자유에너지 그림에서, 조성 a에 해당하는 용액과 조성 b에 해당하는 용액을 평균 조성이 점 c에 해당하도록 취하여 기계적 혼합물(mechanical mixture)을 만들면 이 기계적 혼합물의 섞임 자유에너지는 점 c에 해당하는 ΔG^M 값이 됨을 증명하라. 이 기계적 혼합물이 완전히 섞여 1개의 균질한 용액이 되면 그 섞임 자유에너지는 점 d에 해당하는 값을 가진다.

10.4 금속 A와 금속 B는 고체상태로는 거의 서로 섞이지 않는 것으로 알려져 있으나, 액체상태에서는 전 조성 영역에서 다 섞인다. 이들 두 금속의 열역학적 특성은 다음과 같다.

각각의 금속에 대하여, $\Delta c_p = c_{p,liquid} - c_{p,solid} = 0$; $\Delta H^o_{m,A} = 2\Delta H^o_{m,B} = 12.00$ KJ/mol ; $\Delta S^o_{m,A} = \Delta S^o_{m,B} = 1R$

다음 물음에 답하라.

(a) 이 계의 상평형도를 개략적으로 그려라.

(b) 성분 A와 B의 녹는 온도를 계산하고 위 상평형도에 표시하라.

(c) 액상용액을 이상용액으로 가정하고, 공융온도(eutectic temperature)를 계산하고 이를 상평형도에 표시하라.

(d) 이때 공융조성(eutectic composition)을 계산하고 이를 상평형도에 표시하라.

(e) 800 K, 600 K, 400 K에서 각각 ΔG^M을 조성 x_B에 대하여 그려라.

(f) 이들 온도에서 각각 a_B를 조성 x_B에 대하여 그려라.

(g) 이 계의 실제 공융온도는 (c)에서 계산한 공융온도보다 약간 높다. 이 경우 액상용액은 이상용액 거동으로부터 양으로 벗어나는지 음으로 벗어나는지를 말하고 그 이유를 설명하라.

10.5 Au와 Si은 고체상태에서는 서로 안 섞이며, 공융온도와 공융조성은 각각 $T_E = 636$ K, $x_{Si} = 0.186$이다. 이 공융조성 액상용액의 Gibbs 자유에너지를 **(a)** 순수한 액체 Au와 순수한 액체 Si을 기준상태로 선택했을 때, **(b)** 순수한 고체 Au와 순수한 고체 Si을 기준상태로 선택했을 때에 대하여 각각 계산하라. 636 K일 때 각 구성분의 몰당 용융 자유에너지(molar free energy of melting)는 각각

$$\Delta G^o_{m,\mathrm{Au}}/\mathrm{Jmol^{-1}} = 12,600\left(\frac{1338-636}{1338}\right) = 6611$$
$$\Delta G^o_{m,\mathrm{Si}}/\mathrm{Jmol^{-1}} = 50,200\left(\frac{1658-636}{1658}\right) = 30,943$$

이다.

10.6 CaO – MgO 계는 고체상태에서는 서로 제한된 용해도를 보이며, 2370°C에서 1개의 공융점을 가진다. 2개의 고상용액에서 용질이 Henry의 법칙을 따라 2300°C에서 MgO에 CaO가 녹아들 때 $\gamma^o_{\mathrm{CaO}} = 12.88$이고, CaO에 MgO가 녹아들 때는 $\gamma^o_{\mathrm{MgO}} = 6.23$의 값을 가진다. 2300°C에서 MgO에서 CaO의 포화 용해도와 CaO에서 MgO의 포화 용해도를 각각 계산하라.

10.7 용융점이 각각 2324 K, 2538 K인 $Al_2O_3(=A)$와 $Cr_2O_3(=C)$는 액상에서도 고상에서도 전 조성 영역에서 다 섞인다. $\Delta S^o_{m,A} = \Delta S^o_{m,C}$ 이고 모두 이상용액을 만든다고 가정하여 다음을 계산하라.

(a) $x_A = 0.5$인 고용체를 가열할 때 용융이 시작되는 온도

(b) 이때 처음으로 생겨나는 액상의 조성

(c) 용융이 마무리되는 온도

(d) 이때 마지막으로 액화하는 고용체의 조성

10.8 순수한 Fe가 녹을 때 수반되는 자유에너지 변화(용융 자유에너지)가 온도의 함수로 다음과 같이 주어진다.

$$\Delta G^o_{m,Fe}/\mathrm{cal} = 3130 - 0.3T\ln T + 0.518T$$

1477°C에서 $x_{\mathrm{Cu}} = 0.12$인 Fe – Cu 액상용액이 $x_{\mathrm{Cu}} = 0.05$인 Fe – Cu 고상용액과 평형을 이룬다. 고상용액을 이상용액으로 가정하고, 이 액상용액에서 Fe의 활동도를 다음 두 가지 기준상태에 대하여 계산하라.

(a) 순수한 액상 Fe를 기준상태로 취하는 경우

(b) 순수한 고상 Fe를 기준상태로 취하는 경우

Chapter 11

기체끼리의 화학반응

11.1 | 화학반응식

11.2 | 화학반응 평형조건

11.3 | 조성변수 변환

11.4 | 화학반응 평형과 반응 자유에너지

11.5 | 활동도 몫과 반응평형상수

11.6 | 반응평형은 계의 엔탈피와 엔트로피의 타협 결과

11.7 | 화학반응 평형에 미치는 온도, 압력의 영향 – Le Chatelier 원리

11.8 | 기체반응 평형의 예

11.1 | 화학반응식

반응물질(reactants) A, B 등이 반응하여 D, E 등의 물질들을 생성하는 화학반응을 통상

$$aA + bB + \cdots = cC + dD + \cdots \tag{11.1}$$

와 같이 나타낸다. 여기서 **정비계수**(stoichiometric coefficients) a, b, c, d,⋯ 등은 이 반응에 참여하는 각 물질들의 반응 단위량으로서 당연히 항상 양수이다.

이런 화학반응식을 때로는 좌변의 반응물질들을 전부 우변 생성물질(products)들 쪽으로 이항하여 항등식 형태로

$$0 = cC + dD + \cdots + (-a)A + (-b)B + \cdots \tag{11.2}$$

와 같이 쓰면 조금 편할 때가 있다. 앞으로 화학반응식을 다음과 같이 표현하도록 하자:

$$0 = \sum_i \nu_i A_i \tag{11.3}$$

여기서 A_i는 식 (11.2)의 A, B, C, D⋯와 같이 반응에 참여하는 각 **반응종**(reacting species)을 총칭한다. 그런데 반응식을 이렇게 쓰고 나면 정비계수 ν_i는 A_i가 **반응물**(reactant)이면 음수(<0), **생성물**(product)이면 양수(>0)가 된다. 예를 들어 산소와 수소가 반응하여 물을 생성하는 반응을 이런 형태로 쓰면 다음과 같이 되는 것처럼:

$$0 = (+1)\mathrm{H_2O} + (-1)\mathrm{H_2} + \left(-\frac{1}{2}\right)\mathrm{O_2} \tag{11.4}$$

11.2 | 화학반응 평형조건

온도와 압력이 일정하게 유지되는 통(reacting chamber) 안에 초기에(시각 $t = 0$) 반응물질 A_i를 n_i^o 몰씩 넣어 두면, 이들 사이에 화학반응이 일어나 궁극적으로 화학반응 평형이 이루어지게 될 것이다. 이때 반응종들의 양은 각각 얼마나 될까? 온도와 압력이 일정할 때 우리 계의 상태는 우리 계 전체의 Gibbs 자유에너지 G'이 낮아지는 방향으로 변화 혹은 진화(evolution)해 가다가 G'이 최소가 될 때 평형이 된다는 사실을 우리는 알고 있다. 따라서 G'을 최소로 하는 n_i가 평형일 때의 농도가 될 것이다. 이 에너지 최소 원리에 근거하여 화학반응 평형상태를 계산해 보자.

지금 우리 계에 반응종 A_i가 n_i몰씩 있다고 하자. 그러면 우리 계 전체의 Gibbs 자유에너지 G'은 각 성분 i의 양 n_i의 함수로서

$$G' = \sum n_i \mu_i \tag{11.5}$$

화학반응에 의하여 n_i가 δn_i만큼 변화하고 그래서 화학포텐셜도 $\delta\mu_i$만큼 변화할 때, G'의 변화 $\delta G'$은

$$\delta G')_{T,P} = \sum \mu_i \delta n_i + \sum n_i \delta \mu_i \tag{11.6}$$

그런데 온도와 압력이 일정할 때 Gibbs–Duhem 식에 의하여

$$\sum n_i \delta \mu_i = 0 \tag{11.7}$$

이므로,

$$\delta G')_{T,P} = \sum \mu_i \delta n_i \tag{11.8}$$

평형에 이르면 계의 전체 자유에너지는 최소가 되므로

$$\delta G')_{T,P} = \sum \mu_i \delta n_i = 0 \tag{11.9}$$

질량보존에 의하여 n_i들이 실제 서로 무관하지는 않지만, 우리 편하게 일단 n_i들이 저들끼리 서로 무관한 독립변수라 가정하고 이 식의 함수적 겻속을 살펴보자. 온도와 압력이 일정하니 각각 성분 i의 화학포텐셜은 당연히 각 성분들의 몰수 n_1, n_2, n_3,⋯의 함수인데, 이 식 (11.9)를 만족하기 위해서는 δn_i의 계수인 이 화학포텐셜이 각각 0이 되어야 한다.

$$\mu_i = \mu_i(T, P; n_1, n_2, \cdots, n_i, \cdots) = 0 \qquad (i = 1, 2, 3, \cdots) \tag{11.10}$$

원칙적으로 독립적인 성분 i 각각에 대하여 이런 식이 하나씩 있으므로, 이 식들을 연립하여 풀면 평형상태 때의 각 성분의 몰수 $n_i^{(eq)}$를 계산할 수 있다. 그러나 i가 많아질수록 이 연립방정식을 푼다는 것은 매우 복잡한 일이 아닐 수 없다. 이런 복잡함은 결국 각 조성의 농도를 변수로 선택한 데서 오는 것이니만큼, 이 농도변수를 다음과 같이 축약하면 이 수학적 함수 최소화 과정은 매우 간단해질 수 있다.

11.3 | 조성변수 변환

반응물질 i의 초기량이 n_i^o이고 반응이 진행되는 어느 순간 t에 그 양을 n_i라고 하면, 반응식 (11.3)에 의하여 각 반응종 i의 반응에 참여한 단위 수가 서로 동일함을 알 수 있을 것이다.

$$\frac{n_1 - n_1^o}{\nu_1} = \frac{n_2 - n_2^o}{\nu_2} = \cdots = \frac{n_i - n_i^o}{\nu_i} = \cdots = \xi \qquad (11.11)$$

이 동일한 값 ξ를 이 반응의 '**반응진행변수**(extent of reaction, advancement of reaction)'라 부른다. 이 반응진행변수는 당연히 $t=0$일 때 항상 0이지만, 주어진 반응에서 가질 수 있는 최대값은 초기에 넣어 준 반응물질 중 어느 하나가 제일 먼저 고갈되는 때에 해당하는 값이 된다. 예를 들어 식 (11.4)에서 각각의 초기량을 단위부피당 몰수(mol/L)로 나타내어

$$n_{H_2}^o = 3 \ ; \ n_{O_2}^o = 1 \ ; \ n_{H_2O}^o = 0$$

이라 하면, 수소는 반응에 참여하는 단위가 3, 산소는 2가 되므로 산소가 먼저 고갈되어 반응이 멎을 것이므로 이때 반응진행변수의 최대값은

$$\xi \le \frac{0 - n_{O_2}^o}{(-1/2)} = 2$$

가 될 것이다. 실제 반응진행변수의 상한은 모든 반응물질 중 초기 반응단위 수가 가장 적은 반응물질의 한계 진행 정도로 결정된다.

이렇게 반응진행변수를 도입하면 임의 순간에 각 반응물질의 농도 n_i는 그 초기량과 반응진행변수 하나로 표시할 수 있다.

$$n_i = n_i^o + \nu_i \xi \qquad (11.12)$$

대개 반응계에서는 초기에 넣어 주는 반응물질들의 양을 알고 있기 때문에 반응물질 개수만큼이나 많은 조성변수를 오로지 반응정도변수 하나로 표시할 수 있게 되는 것이다.

11.4 | 화학반응 평형과 반응 자유에너지

화학반응 평형조건 식 (11.8)을 반응진행변수로 표현해 보자. 식 (11.12)에 의하여

$$\delta n_i = \nu_i \delta\xi \tag{11.13}$$

이므로, 식 (11.8)은

$$\delta G')_{T,P} = \sum \mu_i \nu_i \delta\xi \quad \text{또는} \quad \Delta G \equiv \left(\frac{\partial G'}{\partial \xi}\right)_{T,P} = \sum \nu_i \mu_i \tag{11.14}$$

여기서 계 전체 자유에너지 G'의 ξ에 대한 변화율 혹은 기울기를 **반응 자유에너지**(Gibbs free energy of reaction 또는 간단히 reaction free energy) ΔG라 정의한다.

이 식 (11.14)가 의미하는 바는 다음과 같다. 반응계의 전체 자유에너지를 반응진행변수에 대하여 그리면 대개 그림 11.1과 같다. 이 G' 대 ξ 곡선에서

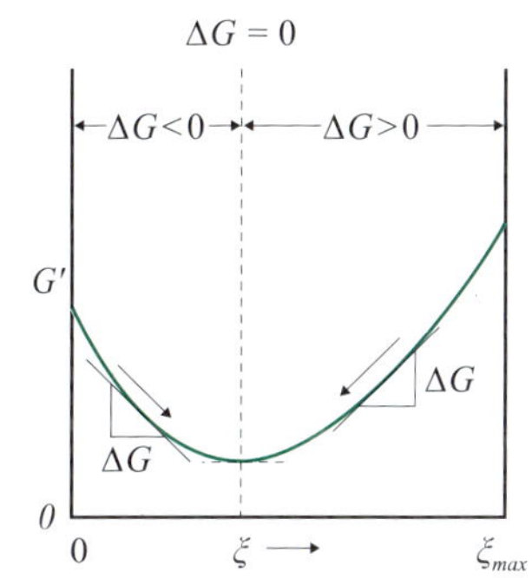

그림 11.1 반응계의 전체 Gibbs 자유에너지 대 반응진행변수 그림. 이 곡선의 기울기가 반응 자유에너지에 해당하며, 전체 자유에너지가 최소가 되는 점에서 화학평형이 이루어진다.

(i) $\Delta G \equiv (\partial G'/\partial\xi)_{T,P} < 0$**이면**

생성물들의 자유에너지가 반응물 쪽의 자유에너지보다 낮아서 반응은 자발적으로 에너지가 낮아지는 방향, 즉 ξ가 커지는 방향으로 바로 진행되고(proceed),

(ii) $\Delta G \equiv (\partial G'/\partial\xi)_{T,P} > 0$**이면**

거꾸로 생성물의 자유에너지가 반응물의 그것보다 높아서 반응은 자발적으로 에너지가 낮아지는 방향, 즉 ξ가 줄어드는 방향으로 거꾸로 진행되고(recede),

(iii) $\Delta G \equiv (\partial G'/\partial\xi)_{T,P} = 0$**이면**

생성물의 자유에너지와 반응물의 자유에너지가 서로 같아져서 어느 쪽으로도 치우치지 않는 **반응평형**(chemical reaction equilibrium)이 이루어진다.

11.5 | 활동도 몫과 반응평형상수

반응에 참여하고 있는 각 반응종의 화학포텐셜은

$$\mu_i = \mu_i^o(T,P) + RT\ln a_i \tag{11.15}$$

이때 기준포텐셜 μ_i^o은 대개 자연 표준상태에 대한 것인데, 계산의 편의에 따라 인공상태 기준을 사용하기도 한다. 이 기준포텐셜 μ_i^o는 $a_i=1$에 해당하는 상태이니 순수한 i로서 조성에는 무관하고, 원칙적으로 온도와 압력만에 의하여 결정된다. 그러나 기체의 경우는 그 표준상태를 $P=1$ atm의 순수한 상태로 취하므로 실제 온도만의 함수가 되고, 액체나 고체와 같은 응집상(condensed phase)의 경우는 압력의 효과가 거의 무시할 수 있을 정도로 적으므로 실질적으로 역시 온도만의 함수가 된다.

활동도의 함수로 나타낸 이 포텐셜 식을 반응 자유에너지 식 (11.14)에 대입하여 정리하면,

$$\Delta G = \sum \nu_i \mu_i = \Delta G^o + RT \ln Q_a \tag{11.16}$$

이다. 여기서

$$\Delta G^o \equiv \sum \nu_i \mu_i^o \tag{11.17}$$

로서, 모두 표준상태(^{o})에 있는 반응물질들이 모두 표준상태에 있는 생성물질로 변화했을 때 수반되는 Gibbs 자유에너지 변화로서 **표준반응 자유에너지**(standard reaction free energy)라 부른다. μ_i^o가 그러니, ΔG^o도 실질적으로 온도만의 함수이다. 그리고

$$Q_a \equiv \prod a_i^{\nu_i} = \frac{\prod_{i=P} a_i^{\nu_i}}{\prod_{i=R} a_i^{|\nu_i|}} \tag{11.18}$$

그 정비량만큼 거듭제곱한 모든 반응종들의 활동도를 모두 곱한 것으로서, 정비량 ν_i의 부호를 고려하면 결국 생성물질들($i=P$)에 대한 활동도 곱을 반응물질들($i=R$)의 활동도 곱으로 나눈 **몫**(quotient)에 해당한다. 그래서 이 몫 Q_a를 주어진 반응식의 **활동도 몫**이라 부른다.

특별히 반응평형이 이루어지면

$$\Delta G = \Delta G^o + RT \ln Q_a^{eq} = 0 \tag{11.19}$$

이 되고, 이때의 활동도 몫 Q_a^{eq}을 (활동도로 나타낸) **반응평형상수** K_a로 정의한다.

$$K_a \equiv Q_a^{eq} = \exp\left(-\frac{\Delta G^o}{RT}\right) \tag{11.20}$$

그러므로

(i) $Q_a < K_a$면 $\Delta G < 0$이어서 반응은 바로 진행되고,

(ii) $Q_a > K_a$면 $\Delta G > 0$이어서 반응은 거꾸로 진행된다.

이 대목에서 강조할 것은 $\Delta G^o(T)$가 온도만의 함수이므로 이 평형상수 $K_a(T)$도 온도만의 함수라는 사실이다.

특별히 기체들만의 반응일 경우, 이 기체들이 전부 이상기체라면 각 기체의 활동도는 그 기체의 분압과 같으므로 활동도의 곱이 분압의 곱과 같다. 그래서 K_a를 보통 K_P로 쓰기도 한다.

$$K_a = K_P = \prod P_i^{\nu_i} \tag{11.21}$$

11.6 | 반응평형은 계의 엔탈피와 엔트로피의 타협 결과

주어진 온도와 압력하에서 우리 반응계는 그 전체 Gibbs 자유에너지 G'이 최소가 될 때 반응평형이 이루어진다. $G'(=H'-TS')$이 최소가 되기 위해서는 H'는 가능한 적고, S'는 가능한 커야 한다. 화학반응식 (11.1)에서 보면 엔탈피가 가장 적은 상황은 반응물질이 전부 생성물질로 되거나 반응물질로 전부 남아 있거나 하는 경우이다. 그러나 엔트로피가 최대가 되는 상태는, 열 엔트로피는 그리 큰 차이가 없다고 보면, 반응물질들과 생성물질들이 모두 동일한 분율로 존재하여 그 섞임 엔트로피가 최대가 되는 상태이다. 그러므로 G'을 최소로 하기 위해서는 엔탈피도 적절히 낮추면서 엔트로피도 적절히 증가시킨 상태가 되어야 한다. 즉 엔탈피와 엔트로피 효과가 서로 적절히 **타협**(trade-off)함으로써 엔탈피가 가장 낮은 상태와 엔트로피가 가장 높은 상태 중간 어디쯤 적절한 곳에서 G'을 최소가 되도록 하는 것이다. 실제 엔탈피와 엔트로피가 타협을 하여 G'을 최소화하는 그 켯속을 알아보자.

이상기체 A기 이상기체 B와 반응하여 이상기체 C를 생성하는 다음 반응을 생각하자.

$$A + B = 2C \tag{11.22}$$

반응이 시작되기 전($t=0$) 각 반응종들의 몰수를

$$n_A^o = 1 \ ; \ n_B^o = 1 \ ; \ n_C^o = 0$$

이라 하고, 반응 을 시작하여 시간 t가 경과한 후에 각 반응종의 몰수가

$$n_A \ ; \ n_B \ ; \ n_C$$

라 하면, 질량보존법칙에 의하여

$$\xi = \frac{n_A - n_A^o}{(-1)} = \frac{n_B - n_B^o}{(-1)} = \frac{n_C - n_C^o}{2} \tag{11.23}$$

따라서

$$n_A = 1 - \xi \ ; \ n_B = 1 - \xi \ ; \ n_C = 2\xi \tag{11.24}$$

그러므로 우리 계에 있는 반응종 A, B, C 전체 몰수는 반응진행변수 ξ에 상관없이 항상

$$n_A + n_B + n_C = n_A^o + n_B^o = 2 \text{ mol}$$

이고, 이때 반응종 각각의 몰분율은

$$x_A = \frac{1-\xi}{2} \ ; \ x_B = \frac{1-\xi}{2} \ ; \ x_C = \xi \tag{11.25}$$

이다. 그리고 ξ의 전체 범위는

$$0 \le \xi \le 1$$

이제 주어진 온도와 압력하에서 $G' = G'(\xi)$을 계산해 보자. 우리 기체는 모두 이상기체이므로

$$\mu_i = \mu_i^o + RT \ln x_i \tag{11.26}$$

따라서 식 (11.5)에 의하여

$$\begin{aligned} G' &= (1-\xi)\mu_A + (1-\xi)\mu_B + 2\xi\mu_C \\ &= (\mu_A^o + \mu_B^o) + \xi\Delta G^o + 2RT\left[(1-\xi)\ln\frac{1-\xi}{2} + \xi\ln\xi\right] \end{aligned} \tag{11.27}$$

여기에 표준반응 자유에너지는

$$\Delta G^o = 2\mu_C^o - \mu_A^o - \mu_B^o \tag{11.28}$$

예를 들어 $\Delta G^o = -10$ kJ일 때 $G' - (\mu_A^o + \mu_B^o)$를 ξ에 대하여 그려보면 그림 11.2

와 같다.

식 (11.27)의 두 번째 등식을 보면, 우변 첫 번째 항 $\mu_A^o + \mu_B^o$는 반응물질 A와 B가 서로 섞이기 전 두 기체의 Gibbs 자유에너지 합으로서 주어진 온도만으로 결정되는 상수이다.

둘째 항 $\xi\Delta G^o$는 표준상태의 반응물질 A, B가 표준상태의 C를 만든다고 할 때 A, B, C 간 섞임 엔트로피는 고려하지 않고 오로지 반응진행변수 ξ에 따른 표준반응 자유에너지(standard Gibbs free energy of reaction)만의 변화이다. $\xi = 1$이 되면 당연히 A와 B가 몽땅 C로 바뀌어 $G' = 2\mu_C^o$ 또는 $G' - (\mu_A^o + \mu_B^o) = \Delta G^o$가 된다. 에너지 면에서만 보면, $\Delta G^o > 0$이면 표준상태의 A와 B가 그대로 있는 것이 에너지가 최소가 되어 안정할 것이고, $\Delta G^o < 0$이면 몽땅 표준상태 C로 되는 것이 에너지가 최소로 안정할 것이다.

식 (11.27) 우변 마지막 항은 반응물질 A, B와 생성물질 C가 섞일 때 섞임 엔트로피의 기여분 $T\Delta S_{conf}$에 해당한다. 먼저 주목할 것은 $\xi = 0$일 때 y-축의 절편, 다시 말하여 $-T\Delta S_{conf}(\xi = 0) = -2RT\ln 2 = G' - (\mu_A^o + \mu_B^o)$라는 사실이다. 이 상태는 반응이 시작되기 전($\xi = 0$), 이상기체 A 1몰과 이상기체 B 1몰이 섞인 상태의 기하 공간 섞임 엔트로피에 해당하는 값으로서 이때 A와 B의 몰분율은 공히 $x_A = x_B = 1/2$이다. $\xi = 1$이 되어 모두 C, 2몰로 되면 똑같은 것들끼리만 있으므로 섞임 엔트로피는 0이 되어 $\xi = 1$축의 절편, $-T\Delta S_{conf}(\xi = 1) = 0$이 된다. 이때 섞임 엔트로피가 최대가 되는 반응정도변수를 구해 보면

$$\frac{\partial(T\Delta S_{conf})}{\partial\xi} = 2RT\left(-\ln\frac{1-\xi}{2} + \ln\xi\right) = 0 \tag{11.29}$$

즉

$$\xi = \frac{1}{3} \tag{11.30}$$

일 때이다. 이때가 $n_A = n_B = n_C = 2/3$몰로서 3개 반응종의 몰수가 서로 같아지는 때이다. 빨갛고 파랗고 하얀 세 종류 당구공을 섞을 때 섞임 엔트로피가 최대로 되는 조합은 이들 세 종류가 서로 같은 농도로 있을 때이다. 만약 이 화학반응의 $\Delta G^o = 0$이라면, G'이 최소가 되는 상황은 이 섞임 엔트로피가 최대가 되는 조성 식 (11.29)이었을 것이다.

$\Delta G^o = -10$ kJ인 지금의 예에서 에너지가 최소가 되는 조건은 $\xi = 1$, 엔트로피가 최대가 되는 조건은 $\xi = 1/3$일 때이다. 그러므로 이들 두 인자의 합인 G'이 최소가 되는

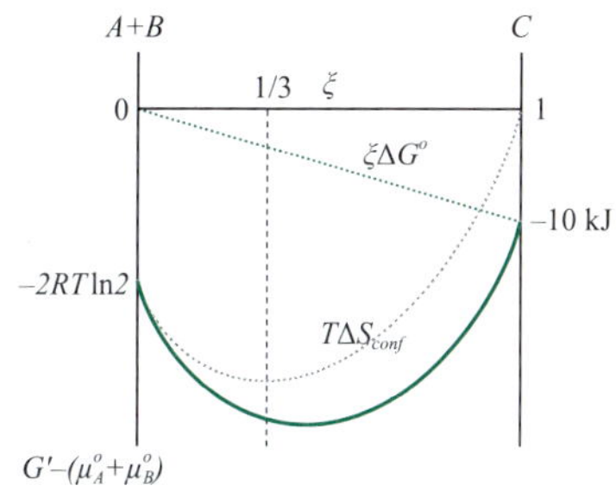

그림 11.2 화학반응계 A+B=2C의 반응진행변수 ξ에 따른 전체 Gibbs 자유에너지 G'. ΔG_o=−10 kJ로 두고, $G' - (\mu_A^o + \mu_B^o)$를 $\xi\Delta G^o$와 $T\Delta S_{conf}$ 두 기여의 합으로 나타내었다.

점은 이 두 ξ값 사이가 될 것이다. 그림 11.2에서 보면 이 두 항의 합인 $G' - (\mu_A^o + \mu_B^o)$ 값이 최소가 되는 점이 이 두 특정 값 사이에 떨어지고 있는 것을 볼 수 있다. 실제 계산해 보면,

$$\frac{\partial G'}{\partial \xi} = \Delta G^o + 2RT\left(-\ln\frac{1-\xi}{2} + \ln\xi\right) = 0 \qquad (11.31)$$

다시 말하여, 화학반응식 (11.22)의 반응평형은 주어진 온도 T에서

$$\frac{\xi^2}{\left(\frac{1-\xi}{2}\right)^2} = \exp\left(-\frac{\Delta G^o}{RT}\right) \qquad (11.32)$$

를 만족하는 ξ값에서 이루어진다. 식 (11.24)의 관계를 이용하여 이 식을 각 반응종의 몰분율로 다시 써보면

$$\frac{x_C^2}{x_A x_B} = K_a \qquad (11.33)$$

식 (11.20)에 다름 아니다. 과연 화학평형은 에너지 감소와 엔트로피 증가가 절묘하게 타협한 결과이다.

11.7 | 화학반응 평형에 미치는 온도, 압력의 영향 – Le Chatelier 원리

11.7.1 우리 계는 항상 외부에서 가해지는 자극을 무위화하는 방향으로 반응한다

그러면 온도와 압력이 바뀌면 화학반응 평형은 앞으로 아니면 뒤로 어떻게 움직일까? 온도나 압력이 바뀐다고 해서 이상기체인 경우 섞임 엔트로피 ΔS_{conf}가 최대가 되는 조성이 바뀔 리 없다. 그러면 결국 표준반응 에너지 ΔG^o 값이 온도와 압력에 의하여 변화하는 양상에 따라 앞으로 가든 뒤로 가든 결정될 것이다. 이를 정량적으로 분석하기 전에 먼저 자연계가 외부의 자극에 대하여 어떻게 반응하는지 일상 경험으로부터 알아보자. 우리 자연계는 항상 외부에서 오는 자극을 포용하여 무위화하는 방향으로 반응한다. 이게 우리 자연계가 안정되게 존재할 수 있는 길이다. 서로가 포용하지 않고 부딪치면 갈등이 생기게 마련이다. 외부로부터 압력이 높아지면 이를 포용

하기 위해서는 우리 계의 부피가 줄 수밖에 없고, 외부의 온도가 올라가면 이를 포용하기 위하여 우리 계가 열을 받아들일 수밖에 없다. 외부에서 딱딱한 것으로 공격해오면 이를 무위화하기 위하여 부드러운 것으로 막는 것이 무술의 이치이기도 하다. 그래서 주위의 압력이 높아지면 우리 화학반응 평형은 부피가 줄어드는 방향으로 이동하고, 주위의 온도가 올라가면 우리 화학반응 평형은 열을 흡수하는 방향으로 이동할 것이 예상된다. 이 원리는 열역학 법칙들이 확립되기 전에 이미 이해되고 있었던 것으로 Le Chatelier 원리라고 불리는데, 결국은 이미 배운 에너지 최소 원리, 엔트로피 최대 원리에 다름 아니다. 이제 온도와 압력의 효과를 정량적으로 분석해 보자.

11.7.2 온도의 영향

화학반응 평형상수 K_a와 표준반응 자유에너지 ΔG^o와의 관계식 (11.20)을 다시 쓰면

$$\ln K_a = -\frac{\Delta G^o}{RT} \tag{11.34}$$

이 식의 양변을 $1/T$에 대하여 미분하면, Gibbs-Helmholtz 식에 의하여

$$\left[\frac{\partial \ln K_a}{\partial(1/T)}\right]_P = -\frac{1}{R}\frac{\partial(\Delta G^o/T)}{\partial(1/T)} = -\frac{\Delta H^o}{R} \quad \text{또는} \quad \left(\frac{\partial \ln K_a}{\partial T}\right)_P = \frac{\Delta H^o}{RT^2} \tag{11.35}$$

그러므로

(i) $\Delta H^o > 0$, **즉 흡열반응(endothermic)이면**

$\partial \ln K_a / \partial T > 0$, 즉 온도가 증가하면 화학반응이 촉진되어 평형이 ξ가 증가하는 방향, 다시 말해 생성물질이 많아지는 방향으로 이동하고,

(ii) $\Delta H^o < 0$, **즉 발열반응(exothermic)이면**

$\partial \ln K_a / \partial T < 0$, 즉 온도가 증가하면 화학반응이 억제되어 ξ가 감소하는 방향, 다시 말해 생성물질이 적어지는 방향으로 이동한다.

11.7.3 압력의 영향

식 (11.32)에서 보면 $\Delta G^o = \Delta G^o(T)$이므로 $K_a = K_a(T)$로서 활동도로 나타낸 평형상수는 전체 압력 P에 무관하다. 그러면 화학평형 조성도 전체 압력에 무관하다는 말

인가? Le Chatelier 원리에 의하면 외부 기압이 커지면 당연히 화학평형은 계의 부피가 작아지는 방향으로 이동할 것이 예상된다.

이상기체의 경우 활동도는 그 분압과 같고($a_i = P_i$) 한 기체의 분압은 Dalton의 법칙에 의하여 $P_i = x_i P$이므로 식 (11.18)의 $K_a(=K_P)$를 다시 쓰면

$$K_P(T) = K_x P^{\Delta\nu} \tag{11.36}$$

여기서 K_x는 몰분율로 나타낸 평형상수

$$K_x \equiv \prod_i x_i^{\nu_i} \tag{11.37}$$

이고, $\Delta\nu$는 생성물질($i=P$)의 정비계수 합과 반응물질($i=R$) 각각의 정비계수 절대값 합과의 차이

$$\Delta\nu \equiv \sum_i \nu_i = \sum_{i=P} \nu_i - \sum_{i=R} |\nu_i| \tag{11.38}$$

이다. 주어진 온도와 압력하에서 $\Delta\nu > 0$이면 반응이 앞으로 진행될수록 기체의 몰수가 많아지므로 반응계의 부피가 커지고, $\Delta\nu < 0$이면 부피가 작아진다. 식 (11.36)을 양변 log를 취하여 P에 대하여 미분하면,

$$\left(\frac{\partial \ln K_P}{\partial P}\right)_T = \left(\frac{\partial \ln K_x}{\partial P}\right)_T + \frac{\Delta\nu}{P} = 0 \quad \text{또는} \quad \left(\frac{\partial \ln K_x}{\partial P}\right)_T = -\frac{\Delta\nu}{P} \tag{11.39}$$

예상했던 대로

(i) $\Delta\nu > 0$이면 $\partial \ln K_x / \partial P < 0$ 이므로, 압력이 증가하면 평형조성이 부피가 줄어드는 방향으로 이동하므로 반응이 억제되고,

(ii) $\Delta\nu < 0$이면 $\partial \ln K_x / \partial P > 0$ 이므로, 압력이 증가하면 평형조성이 부피가 줄어드는 방향인 생성물질이 많아지는 방향으로 이동한다.

(iii) $\Delta\nu = 0$이면 $\partial \ln K_x / \partial P = 0$ 이므로, 평형조성은 P에 무관하다.

11.8 | 기체반응 평형의 예

시편 주위 산소의 활동도 또는 분압을 조절하기 위한 목적으로 실험실에서 실제 많이 사용하는 기체반응 중 하나가

$$CO + \frac{1}{2}O_2 = CO_2 \tag{11.40}$$

이다. 이 기체반응의 평형상수는

$$K_P = \frac{P_{CO_2}}{P_{CO}P_{O_2}^{1/2}} = \exp\left(-\frac{\Delta G^o}{RT}\right) \tag{11.41}$$

압력이 $P = 1$ atm로 일정한 조건에서 초기에 CO, O_2, CO_2 기체를

$$n_{CO}^o : n_{O_2}^o : n_{CO_2}^o = 1 : 0 : r$$

의 비로 섞어 우리 계 안으로 흘려보내 화학평형에 이르렀을 때, CO_2가 x만큼 분해하여 그 비가

$$n_{CO} : n_{O_2} : n_{CO_2} = (1+x) : (x/2) : (r-x)$$

가 되었다면, 각각의 분압은 $P = P_{CO} + P_{O_2} + P_{CO_2} = 1$ atm이므로

$$P_{CO} = \frac{1+x}{1+(x/2)+r} \;;\; P_{O_2} = \frac{x/2}{1+(x/2)+r} \;;\; P_{CO_2} = \frac{r-x}{1+(x/2)+r} \tag{11.42}$$

이를 식 (11.41)에 대입하면

$$K_P = \frac{(r-x)(1+x/2+r)^{1/2}}{(1+x)(x/2)^{1/2}} = \exp\left(-\frac{\Delta G^o}{RT}\right) \tag{11.43}$$

해석적으로는 이 식을 r에 대해서 풀어 식 (11.42)의 중간 식에 대입하면 CO와 CO_2의 혼합비가 r일 때 평형산소분압을 알 수 있다.

그런데 실제 이와 같이 CO/CO_2 혼합기체를 불어 넣는 경우 생성되는 산소분압은 1보다 매우 적다. 즉 $x \ll 1$이다. 그러면 식 (11.43)은

$$K_P \approx \frac{r(1+r)^{1/2}}{(x/2)^{1/2}} \tag{11.44}$$

와 같이 근사할 수 있고, 따라서 평형산소분압은 식 (11.42)에 의하여

$$P_{O_2} \approx \frac{x/2}{1+r} \approx \frac{r}{K_P^2} \tag{11.45}$$

산소분압을 CO/CO_2 혼합비 r로 제어할 수 있는 것이다.

기체반응식 (11.40)에 대하여

$$\Delta G^o = -282400 + 86.81T \text{ J/mol} \tag{11.46}$$

와 같이 주어져 있다. 그러므로 예를 들어 1000°C일 때 $K_P = 1.130 \times 10^7$. 이 값을 식 (11.45)에 대입해 보면, 1000°C에서 기체 혼합비를 $r = 1000/1$, 100/1, 10/1, 1/1, 1/10, 1/100, 1/1000으로 하면 그때 구현되는 평형산소분압은 각각 $P_{O_2} = 8\times10^{-11}$, 8×10^{-12}, 8×10^{-13}, 8×10^{-14}, 8×10^{-15}, 8×10^{-16}, 8×10^{-17} atm이 됨을 알 수 있다. 실제 주어진 계의 산소분압은 이런 방법으로 조절한다.

이 산소분압은 수소와 수증기의 평형반응식 (11.4)를 이용해서도 조절하는데, 그 열역학적 논리는 위와 동일하다. 이 반응식의 표준반응 자유에너지를 열역학 자료집에서 찾아서 H_2O/H_2 혼합비에 따라 산소분압을 실제 계산해 보고, CO_2/CO로 조절하는 경우와 비교하기 바란다.

익힘문제

11.1 이상기체 A는 다음과 같은 반응에 의하여 이상기체 B와 C로 분해된다.

$$3A = B + C$$

전체 압력 1 atm하에서, 온도가 300 K일 때 A는 40%만큼 분해되고, 온도를 10 K 올리면 41%만큼 분리되는 것이 관찰되었다. 이 분해반응의 반응열은 얼마인가?

11.2 기체 P_4는 다음 반응에 의하여 P_2로 분해된다.

$$P_{4(g)} = 2P_{2(g)}$$

이 분해반응의 표준반응 자유에너지는

$$\Delta G^o/\mathrm{J} = 225{,}400 + 7.90T\ln T - 209.4T$$

이다.

(a) 전체 기압이 1 atm일 때, 어떤 온도에서 각 기체의 몰분율이 $X_{P_4} = X_{P_2} = 0.5$가 되는가?

(b) 2000 K에서 $X_{P_4} = X_{P_2} = 0.5$가 되는 전체 압력을 계산하라.

11.3 기체 암모니아는 다음과 같은 반응을 통하여 질소와 수소로 분리된다.

$$2\mathrm{NH}_{3(g)} = \mathrm{N}_{2(g)} + 3\mathrm{H}_{2(g)}$$

이때 표준반응 Gibbs 자유에너지는

$$\Delta G^o/\mathrm{J} = 87{,}030 - 25.8T\ln T - 31.7T$$

이다. 400°C에서 각각 다음과 같은 조건하에서 분해될 때 기체의 평형조성을 각각 구하라.

(a) 일정한 압력(1 atm)

(b) 일정한 부피

11.4 부피분율로 조성이 50% CO, 25% CO_2, 25% H_2인 혼합기체를 900°C로 유지되고 있는 로(furnace)에 흘려 주고 있다. 로 안의 전체 기압이 1 atm일 때, 이 기체 혼합체($CO-CO_2-H_2-H_2O$)의 평형 조성을 계산하라. 성분기체들 사이 반응의 표준반응 자유에너지는 다음과 같다.

$$H_{2(g)}+\frac{1}{2}O_{2(g)}=H_2O_{(g)}\ :\ \Delta G^o/J=-247,500+55.85T$$
$$CO_{(g)}+\frac{1}{2}O_{2(g)}=CO_{2(g)}\ :\ \Delta G^o/J=-282,400+86.81T$$

11.5 어떤 $CO-CO_2-H_2-H_2O$ 혼합기체의 전체 압력이 1 atm일 때, 1600°C에서의 평형산소분압이 10^{-7} atm이었다. 초기에 CO_2와 H_2를 몇 대 몇으로 섞으면 이 산소분압의 혼합기체를 얻을 수 있는가? 필요한 열역학 데이터는 익힘문제 11.4의 데이터를 참조하라.

11.6 공기와 수소를 4:1로 섞은 다음 1200 K에서 유지하였다. 전체 압력이 **(a)** 1 atm일 때와 **(b)** 10 atm일 때 각각 H_2와 O_2의 평형분압을 구하라. 공기는 부피분율로 21%의 O_2를 포함하고 있다. 필요한 열역학 데이터는 익힘문제 11.4의 데이터를 참조하라.

Chapter 12

응집상과 기상 간의 화학반응

12.1 | 들어가는 말

11장에서 우리는 이상기체들끼리의 화학반응 평형에 대하여 공부하였다. 그러나 실제 재료 계에서 우리가 만나는 반응은 기체 간 반응도 반응이지만, 고체나 액체와 같은 응집상 간의 반응이나 응집상과 기체 간의 반응이 오히려 더 많다. 이 장에서는 앞서 배웠던 이상기체 간 반응평형의 열역학적 논리를 응집상과 기상을 포함하는 일반적 화학반응 평형으로 일반화하고, 이를 적용하여 순수한 응집상과 이상기체를 포함하는 반응평형을 공부한다. 가장 대표적인 반응으로 순수한 금속이 산소와 반응하여 순수한 산화물로 되는 산화반응을 다룬다. 반응에 참여하는 응집상 반응종들이 순수하지 않고 용액인 경우는 뒤에 가서 다룰 것이다.

12.2 | 일반적 화학반응의 평형조건

앞서 우리는 화학반응

$$0 = \sum \nu_i A_i \tag{12.1}$$

에 대하여, 이 반응을 구동하는 반응 자유에너지(reaction free energy) ΔG가 이 반응계 전체의 Gibbs 자유에너지 G'의 반응진도변수 ξ에 대한 변화율로서

$$\Delta G \equiv \left(\frac{\partial G'}{\partial \xi}\right)_{T,P} = \sum \nu_i \mu_i \tag{12.2}$$

와 같이 주어진다는 것을 배웠다. 반응종 i의 화학포텐셜이 기준상태 μ_i^o에 대하여

$$\mu_i = \mu_i^o + RT \ln a_i \tag{12.3}$$

이므로, 이를 대입하면

$$\begin{aligned}\Delta G &= \sum \nu_i \mu_i^o + RT \ln \prod a_i^{\nu_i} \\ &= \Delta G^o + RT \ln Q_a\end{aligned} \tag{12.4}$$

온도와 압력이 일정할 때 자연계의 자발적인 변화 방향이 G'이 낮아지는 방향이므로, 반응은 $\Delta G < 0$이면 앞으로 $\Delta G > 0$이면 뒤로 진행되며, 평형이 되면 G'이 최소가 되므로 $\Delta G = 0$. 이때의 활동도 몫을 특별히 평형상수 $K_a (= Q_a^{eq})$라 부르며,

$$K_a = \prod a_i^{\nu_i} = \exp\left(-\frac{\Delta G^o}{RT}\right) \tag{12.5}$$

이다.

반응물질이 이상기체이면 그 기준상태를 대개 표준상태, 즉 주어진 온도에서 $P=1$ atm인 순수한 기체로 선택한다[$\mu_i^o = \mu_i^o(T, P = 1\text{atm})$]. 그러면 활동도가 그 기체의 분압과 같아지므로($a_i = P_i$), 화학반응식 (12.1)이 이상기체만을 포함하는 경우 $K_a = K_P$로 쓰고

$$K_P = \prod p_i^{\nu_i} = \exp\left(-\frac{\Delta G^o}{RT}\right) \tag{12.6}$$

와 같이 나타내었다. 이때 표준반응 자유에너지 ΔG^o는 온도만의 함수이며, 따라서 반응평형상수 K_P도 온도만의 함수이다. 이것이 이상기체만을 포함하는 화학반응의 평형을 기술하는 요체였다.

응집상을 포함하는 화학반응 평형도 그 논리는 동일하다. 그러나 응집상의 경우는 대개 그 기준상태 μ_i^o를 주어진 온도와 압력하에서 가장 안정한 상태에 있는 순수한 응집상 물질 i, 즉 자연 표준상태(Raoult 표준상태)로 선택한다. 그러면 이때 성분 i의 활동도는 순수한 i의 포화 증기압(P_i^o)에 대한 현재 주어진 응집상 조성에서 내는 증기압(P_i)의 비로서($a_i = P_i / P_i^o$) 원칙적으로 실험적으로 결정되는 양이다. 그러나 응집상 용액열역학을 다룰 때 그랬던 것처럼, 계산의 편의를 위해서는 종종 인공 표준상태를 선택하기도 한다. 그리되면 오로지 활동도의 값만 새로운 눈금에 따라 재조정될 뿐이다.

7장에서 공부한 것처럼, 자연 표준상태이든 아니든 순수한 응집상의 몰당 Gibbs 자유에너지(molar Gibbs free energy) 또는 표준 화학포텐셜(standard chemical potential) μ_i^o는 엄밀하게 말하여 온도와 압력의 함수이다:

$$d\mu_i^o = -s_i^o dT + v_i^o dP \tag{12.7}$$

여기서 s_i^o, v_i^o는 각각 순수한 응집상 i의 몰당 엔트로피와 부피이다. 그러나 재료공학에서 다루는 통상의 압력 범위에서는 $|v_i^o dP| \ll |-s_i^o dT|$이므로, 이상기체에서처럼 μ_i^o는 실질적으로 온도만의 함수 $\mu_i^o \approx \mu_i^o(T)$이다. 따라서 표준반응 자유에너지도 온도만의 함수 $\Delta G^o \approx \Delta G^o(T)$이다.

이제 순수한 고상 금속 M이 이상기체 산소와 반응하여 순수한 고상 산화물 MO가 되는 산화반응(oxidation reaction) 평형을 분석해 보자.

12.3 | 순수한 금속의 산화반응 평형

12.3.1 평형상수 또는 평형산소분압

순수한 고상 금속 M이 산화하여 순수한 고상 산화물 MO가 되는 반응식은

$$M_{(s)} + \frac{1}{2}O_{2(g)} = MO_{(s)} \tag{12.8}$$

이다. 여기서 괄호 안에 든 아래첨자는 이 반응에 참여하는 물질들의 응집상태를 나타내는데 s는 고상, l은 액상, g는 기상을 의미한다. 앞으로 다루게 될 반응식에서 반응물질들의 응집상태를 나타내야 할 필요가 있으면 이렇게 첨자로 그 상태를 나타내겠다.

이 산화반응의 반응 자유에너지는

$$\Delta G = \Delta G^o + RT\ln Q_a = \left(\mu^o_{MO(s)} - \mu^o_{M(s)} - \frac{1}{2}\mu^o_{O_2}\right) + RT\ln\frac{a_{MO}}{a_M P_{O_2}^{1/2}} \tag{12.9}$$

$M(s)$, $MO(s)$, $O_2(g)$ 3상 사이에 반응평형이 이루어지면 $\Delta G = 0$이 되고, 이때 산화반응 평형상수 $K_a(\equiv Q_a^{eq})$는

$$K_a = \frac{a_{MO}}{a_M(P_{O_2}^{eq})^{1/2}} = \exp\left(-\frac{\Delta G^o}{RT}\right) \tag{12.10}$$

이다.

지금 반응물질 M과 MO는 기준상태로 잡은 자연 표준상태에 있으므로

$$a_M = 1\ ;\ a_{MO} = 1$$

따라서 식 (12.10)으로부터 순수한 M과 순수한 MO가 평형을 이루어 공존하는 평형산소분압은

$$P_{O_2}^{eq} = \exp\left(\frac{2\Delta G^o}{RT}\right) \tag{12.11}$$

이 된다.

일정한 온도에서

(i) $P_{O_2} > P_{O_2}^{eq}$이면 $\Delta G < 0$이 되어 반응식 (12.8)은 앞으로 진행된다. 만약 M과 O_2를 닫힌 계 안에 넣어두되 산소의 총량이 M이 다 산화할 수 있을 정도로 충분하지 않다면, 산화반응은 $P_{O_2} = P_{O_2}^{eq}$가 될 때까지만 진행되고 말 것이다. 만약 계 내에 산화반응과 더불어 없어지는 산소를 계속 공급함으로써 산소분압을 일정하게 유지하고 있다면, 이 반응은 M이 다 고갈될 때까지 진행되어 궁극적으로 MO와 O_2 두 상만 남게 될 것이다.

(ii) $P_{O_2} < P_{O_2}^{eq}$이면 $\Delta G > 0$이 되어 반응식 (12.8)은 뒤로 진행된다. 즉 MO가 M으로 환원된다. 닫힌 계 안에 MO와 이런 O_2를 넣어두었다면 MO는 $P_{O_2} = P_{O_2}^{eq}$가 될 때까지 환원될 것이다. 만약 MO가 환원되어 생겨나는 산소를 계속 뽑아내어 계 내의 산소분압을 일정하게 유지한다면, 이 반응은 MO가 다 환원될 때까지 진행되어 궁극적으로 M과 O_2 두 상만 남게 될 것이다. 바로 이 과정이 제철공장의 고로 안에서 일어나는 일이다.

12.3.2 상평형도

$\Delta G^o = \Delta H^o - T\Delta S^o$ 관계식을 식 (12.11)에 대입하여 다시 쓰면,

$$\ln P_{O_2}^{eq} = \frac{2\Delta H^o}{RT} - \frac{2\Delta S^o}{R} \tag{12.12}$$

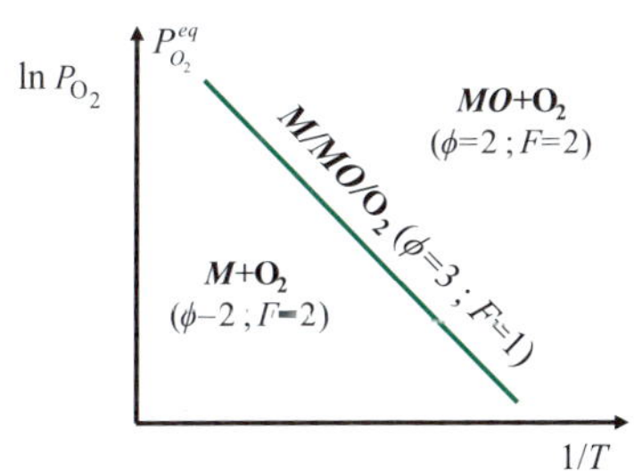

그림 12.1 산화반응 $M+O_2/2=MO$의 평형산소분압 대 온도.

표준상태의 금속 1몰이 표준상태(1 atm) 압력의 산소 1/2몰과 반응하여 표준상태의 산화물 1몰을 만든다는 것은 표준상태에서 금속이 타는 것과 같으므로 이 반응은 발열반응이다. 즉 $\Delta H^o < 0$이다. 동시에 이 표준반응의 엔트로피 변화는 반응식 양쪽에 있는 응집상들의 몰 부피 차이가 그리 크지 않으므로 대개 기체 1/2몰이 사라지는 반응, 즉 부피가 주는 반응에 해당한다. 그러므로 $\Delta S^o < 0$이다.

$\ln P_{O_2}^{eq}$을 $1/T$에 대하여 그려보면 대강 그림 12.1과 같이 기울기(= $2\Delta H^o/R$)가 음(<0)이고, 절편(= $-2\Delta S^o/R$)이 양(>0)인 직선 모양이 된다. 기울기가 음이므로 온도가 올라갈수록 평형산소분압이 올라간다. 이것은 온도가 높을수록 순수한 금속이 더 높은 산소분압까지 안정하거나, 산화물이 더 높은 산소분압에서 금속으로 환원된다는 것을 말한다. 이는 본 산화반응이 발열반응이므로 온도가 오를수록 평형이 흡열반응인 환원의 방향으로 이동하는 것에 다름 아니다.

그림 12.1에서 보면 이 평형산소분압 선 $P_{O_2} = P_{O_2}^{eq}(T)$이 P_{O_2} 대 T 평면을 (i) $P_{O_2} > P_{O_2}^{eq}(T)$인 영역(region) 또는 면(plane)과, (ii) $P_{O_2} < P_{O_2}^{eq}(T)$인 영역(면)으로 나누고 있다. 영역 (i)에서는 고상 M이 다 산화되어 고상 MO와 기상 O_2 두 상만 남게 된다. 이 영역 안에서는 이들 두 상을 유지하면서 온도와 산소분압을 자유로 바꿀 수 있다. 즉 자유도(F)가 2이다. 영역 (ii)에서는 고상 MO가 다 환원되어 고상 M과 기상 O_2만 남게 된다. 역시 T, P_{O_2} 2차원 영역이니 이들 두 변수를 임의로 바꾸어도 이 두 상 중 어느 한 상이 사라지거나 제3의 새로운 상이 생기지 않는다. 독립변수가 2개이다. 그러나 이들 두 영역의 경계선 (iii) $P_{O_2} = P_{O_2}^{eq}(T)$ 선 위에서는 $M(s)$, $MO(s)$, $O_2(g)$ 3개의 상이 동시에 공존하고 있다. 온도가 정의되면 이 선상에서 평형산소분압이 일의적으로 결정되고, 산소분압이 주어지면 이 선의 식 (12.12)에 의하여 온도가 결정된다. 이를 정리하면 표 12.1과 같다.

표 12.1 M–O 2성분계의 열역학 조건에 따른 평형상과 열역학적 독립변수

영역	공존 평형상 (상 개수 ϕ)	독립변수(자유도 F)
$P_{O_2} > P_{O_2}^{eq}(T)$	$MO_{(s)} + O_{2(g)}$ ($\phi = 2$)	T 와 p_{O_2} ($F = 2$)
$P_{O_2} < P_{O_2}^{eq}(T)$	$M_{(s)} + O_{2(g)}$ ($\phi = 2$)	T 와 p_{O_2} ($F = 2$)
$P_{O_2} = P_{O_2}^{eq}(T)$	$M_{(s)} + MO_{(s)} + O_{2(g)}$ ($\phi = 3$)	T 또는 p_{O_2} ($F = 1$)

이 관계를 Gibbs의 상법칙과 비교해 보자. 우리 계에 있을 수 있는 물질(substance)은 M, MO, O_2로 3개이다. 그런데 이들은 1개의 화학반응식 (12.8)로 연계되어 있으므로 물질 2개만 있으면 세 번째 물질은 이 화학반응으로 얻을 수 있다. 따라서 우리 계에 있을 수 있는 모든 물질을 만들기 위해서 필요한 최소한의 원료, 즉 성분 수는 $C = 2$로서 이 경우에는 특별히 우리 계에 있는 원소(M, O)의 개수와 같다. 그러면 상법칙 $F = C + 2 - \phi$에 의하여,

$$\phi = 2\text{면 } F = 2\ ;\ \phi = 3\text{이면 } F = 1$$

이것이 바로 표 12.1에서 보는 바이다.

그림 12.1에 두 영역과 그들 사이 경계선 상에 자유도(F) 값을 표시해 두었다. 독립변수가 결정되면 나머지 모든 열역학 변수들은 모두 종속변수로서 결정되는데, 어떻게 그리되는지 생각해 보기 바란다. 예를 들어 우리 계의 전체 압력 P를 계산해 보라. 답은 이렇다. $F = 1$인 $P_{O_2}^{eq} = P_{O_2}^{eq}(T)$ 선상에서는

$$P(T) = P^{eq}_{O_2(g)}(T) + P^o_{M(v)}(T) + P^o_{MO(v)}(T)$$

이 된다. 여기서 $P^o_{M(v)}(T)$와 $P^o_{MO(v)}(T)$는 각각 순수한 금속 M과 순수한 산화물 MO의 포화 증기압으로서 T만의 함수이다.

지금까지 본 바에 의하면 $M-O$ 2성분계에 대하여 T와 P_{O_2}로 정의되는 평면에 경계선 $P^{eq}_{O_2} = P^{eq}_{O_2}(T)$를 그려 놓고 나면 우리 계에 있을 수 있는 모든 상들의 존재 영역 혹은 조건을 읽어낼 수 있다. 이것이 상평형도이다. 9장의 용액열역학에서는 이런 정보를 온도와 조성으로 정의되는 공간에 표시하였다. 조성은 세기변수인 화학포텐셜의 켤레변수로서 실제 크기변수에 해당하는 변수이다. 이렇게 상평형 관계를 세기변수와 크기변수로 이루어진 공간에 표시한 상평형도를 **제1종 상평형도**(phase diagram of the first kind), 지금의 경우처럼 세기변수로 정의되는 공간에 표시한 것을 **제2종 상평형도**(phase diagram of the second kind)라 부른다.

12.3.3 온도에 따른 반응평형상수

그러면 산화반응 평형상수 또는 평형산소분압은 온도에 따라 정량적으로 어떻게 변화할까? 한 온도에서 평형상수를 알면 우리 계를 구성하는 3상 $M(s)$, $MO(s)$, $O_2(g)$의 열역학적 기본 특성, 이를테면 이들의 정압열용량으로부터 다른 온도에서의 평형상수를 계산할 수 있을까? 이것은 식 (12.10) 또는 (12.11)에서 보듯이 결국은 표준반응 자유에너지의 온도에 대한 함수 $\Delta G^o(T)$로 결정된다. 이제 이 함수를 구해 보자.

Gibbs-Helmholtz 식에 의하면,

$$\frac{\partial(\Delta G^o/T)}{\partial(1/T)} = \Delta H^o(T) \tag{12.13}$$

응집상을 포함하는 반응식의 $\Delta G^o \approx \Delta G^o(T)$인 것과 같은 이유로 $\Delta H^o \approx \Delta H^o(T)$이다. 따라서 이 식을 적분하기 위해서는 표준반응 엔탈피를 온도의 함수로 알아야 한다. 기준온도, 이를테면 실온 T_r(= 298.15 K)에서의 표준반응 엔탈피 $\Delta H^o(T_r)$을 알고, 임의의 온도 T까지 반응물질 중 아무것도 상전이를 하지 않는 경우 Kirchhoff의 식에 의하여

$$\Delta H^o(T) = \Delta H^o(T_r) + \int_{T_r}^{T} \Delta c_p dT \tag{12.14}$$

여기서 Δc_p는 반응식 (12.1) 또는 (12.8)에서 생성물질의 열용량 총합에서 반응물질

의 열용량 총합을 뺀 차이를 나타내는데, 반응종 i의 몰당 정압열용량 $c_{P,i}$는 재료공학에서 다루는 실온 이상의 온도에서는 경험적으로

$$c_{P,i} = a_i + b_i T + c_i T^{-2} \tag{12.15}$$

와 같이 나타낼 수 있으므로,

$$\Delta c_P = \sum \nu_i c_{P,i} = \Delta a + \Delta b T + \Delta c T^{-2} \tag{12.16}$$

여기서

$$\Delta a \equiv \sum \nu_i a_i \ ; \ \Delta b \equiv \sum \nu_i b_i \ ; \ \Delta c \equiv \sum \nu_i c_i \tag{12.17}$$

이 식 (12.16)을 식 (12.14)에 대입하여 적분하고 정리하면,

$$\Delta H^o(T) = I_1 + \Delta a T + \frac{\Delta b}{2} T^2 - \Delta c T^{-1} \tag{12.18}$$

여기서 I_1은 ΔH^o와 T_r을 포함하는 상수 항이다. 이제 이 식을 다시 Gibbs-Helmholtz 식 (12.13)에 넣고 $1/T$에 대하여 T_r부터 T까지 적분하면,

$$\begin{aligned} \frac{\Delta G^o(T)}{T} &= \frac{\Delta G^o(T_r)}{T_r} + \int_{T_r}^{T} \Delta H^o(T) d\left(\frac{1}{T}\right) \\ &= I_2 + \frac{I_1}{T} - \Delta a \ln T - \frac{\Delta b}{2} T - \frac{\Delta c}{2}\left(\frac{1}{T}\right)^2 \end{aligned} \tag{12.19}$$

또는

$$\Delta G^o(T) = I_1 + I_2 T - \Delta a T \ln T - \frac{\Delta b}{2} T^2 - \frac{\Delta c}{2} \frac{1}{T} \tag{12.20}$$

여기서 I_2는 $\Delta G^o(T)$와 T_r을 포함하는 적분상수 항이다. 따라서 기준온도 T_r에서 $\Delta H^o(T_r)$과 $\Delta G^o(T_r)$을 알고, 온도 범위 $[T_r, T]$[3]에서 각 반응종의 몰당 열용량 $c_{P,i}$만 온도의 함수로 알면, 우리는 $K_a(T)$ 또는 $P_{O_2}^{eq}(= K_a^{-2})$를 온도의 함수로 정량적으로 계산할 수 있다.

온도 범위가 그리 넓지 않거나, 설령 넓다 하더라도 많은 경우 $|\Delta b|, |\Delta c| \ll |\Delta a|$이므로 식 (12.20)은 대개의 경우

3 대수학에서 $[a, b]$는 닫힌 범위 $a \le x \le b$를 의미하고, (a, b)는 열린 범위 $a < x < b$를 의미한다.

$$\Delta G^o(T) \approx A + BT - CT\ln T \tag{12.21}$$

로 충분히 정밀하게 근사할 수 있다. 물론 여기서 계수 A, B, C는 상수로서, 본디 식 (12.20)과 비교해 보면 어떤 항을 나타내는지 알 수 있을 것이다. 만약 Δa까지 무시한다면, 식 (12.21)은 더 간단히

$$\Delta G^o(T) \approx A + BT \tag{12.22}$$

와 같이 근사된다. 여기서 여러분들은 $A = \Delta H^o$에 해당하고 $B = -\Delta S^o$에 해당한다는 사실을 짐작할 수 있을 것이다. 아닌 게 아니라 이 식은 $\Delta c_P = 0$이면 참이다. 실제 식 (12.21)에서 C값이 B값에 비하여 많이 작기 때문에 평형산소분압이 그림 12.1 또는 식 (12.12)에서 보는 바와 같이 대개 $1/T$에 대하여 거의 직선 모양으로 나타나게 된다. 정확한 식 (12.20)을 다시 보면, 결국 $\Delta G^o(T)$를 결정하는 으뜸 항은 우변의 첫째와 둘째 항이고, 나머지 항들은 이 직선을 아래나 위로 약간 휘게 하는 정도에 지나지 않는다.

지금까지 우리는 온도 범위 $[T_r, T]$ 안에서 식 (12.8)에서처럼 반응종 각각이 한 종류의 응집상 형태로 주욱 존재할 때, 평형상수 K_a를 기준온도 T_r에서 그 값 $K_a(T_r)$을 알고 다른 임의의 온도 T에서의 값 $K_a(T)$를 주어진 열역학 데이터를 이용하여 계산하는 방법을 공부하였다. 만약 이 온도 범위 안에서 어느 한 반응종, 이를테면 다른 것들은 그대로 있고 $T_{m,A}(<T)$에서 $M(s)$가 녹아 $M(l)$로 상전이를 한다면 이 계산은 어떻게 될까? 상이 이렇게 달라지면 계산에 포함되는 M의 열용량 $c_{P,M}$이 고상의 그것($c_{P,M(s)}$)에서 액상의 그것 ($c_{P,M(l)}$)으로 달라지기 때문에 온도 범위를 $[T_r, T_{m,A}]$와 $[T_{m,A}, T]$ 둘로 나누어 같은 계산을 하고, 상전이를 하는 종의 상전이 엔탈피 $\Delta H^o_{m,M}$를 표준반응 엔탈피 계산 시 고려해 주기만 하면 된다. 따라서 식 (12.14)는 다음과 같이 변형되고,

$$\Delta H^o(T) = \Delta H^o(T_r) + \int_{T_r}^{T_{m,M}} \Delta c_P dT + \Delta H^o_{m,M}(T_{m,M}) + \int_{T_{m,M}}^{T} \Delta c_P dT \tag{12.23}$$

이때 피적분 함수 Δc_P는 각 온도 범위에 따라 다음과 같이 계산된다.

$$[T_r, T_{m,M}]: \quad \Delta c_P = c_{P,MO(s)} - \frac{1}{2}c_{P,O_2(g)} - c_{P,M(s)} \tag{12.24}$$

$$[T_{m,M}, T]: \quad \Delta c_P = c_{P,MO(s)} - \frac{1}{2}c_{P,O_2(g)} - c_{P,M(l)} \tag{12.25}$$

온도 범위에 따라 어떤 반응종의 열용량이 달라졌는지 주의하여 보자. 물론 각 순수한 물질의 정압열용량은 그 물질의 특정상 존재 범위에 따라 그 표현식 (12.15)가

달라진다. 이렇게 계산된 식 (12.23)을 Gibbs-Helmholtz 식 (12.19)에 넣어 적분함으로써 우리가 원하는 $\Delta G^o(T>T_{m,M})$를 구하게 된다.

미국 NIST(National Institute of Standards and Technology. 예전에는 이 기구를 NBS, 즉 National Bureau of Standards라 불렀다)와 같은 국가표준 관련 기관에서 열용량과 같은 기본 열역학 특성들을 정밀·정확하게 측정하여 데이터베이스를 구축하고 있는데, 그 대표적 자료집이 NIST-JANAF Thermochemical Tables[4]이다. 축약된 열역학 자료집을 보면, 각 물질(i)마다 식 (12.15) 형태의 $c_{P,i}$가 이 표현식이 성립하는 온도 범위와 함께 주어져 있고, 각 반응에 대하여 식 (12.21) 형태의 ΔG^o 표현식이 역시 그 타당 온도 범위와 같이 주어져 있다. 예를 들면, Gaskell 책 5판의 부록 A와 같은 데이터들이다. 차제에 이 부록을 한번 훑어보기 바란다.

12.4 | 표준반응 자유에너지 $\Delta G^o(T)$의 의미

어떤 열역학적 조건에서 순수한 금속 하나가 산화하여 산화물로 되는가 아니면 이 순수한 산화물이 환원하여 금속이 되는가는 바로 이 산화반응의 표준반응 자유에너지 $\Delta G^o(T)$에 의하여 전적으로 결정되는 것을 알았다. 이 에너지가 물리화학적으로 의미하는 바를 두 가지 측면에서 살펴보자. 표식을 간단하게 하기 위하여 산소 1/2몰 대신에 1몰을 포함하는 산화물 MO_2를 생각하자.

12.4.1 ΔG^o, MO_2의 $M+O_2$에 대한 열역학적 안정도의 척도

산화반응

$$M + O_2 = MO_2 \tag{12.26}$$

에 대하여, 반응 자유에너지는

$$\Delta G \equiv \frac{\partial G'}{\partial \xi} = \Delta G^o + RT\ln\frac{a_{MO_2}}{a_M P_{O_2}} \tag{12.27}$$

4 Journal of Physical and Chemical Reference Data, Monograph No. 9, **NIST-JANAF Thermochemical Tables**, 4th Edition, Published by the American Chemical Society and the American Institute of Physics for the National Institute of Standards and Technology, 1998.

만약 이 산화반응식 (12.26)에 관계된 반응종들이 주어진 온도 T에서 모두 표준상태에 있다면, 다시 말하여 $a_M = 1$, $a_{MO_2} = 1$, $a_{O_2} = P_{O_2} = 1\,\text{atm}$이라면

$$\Delta G = \Delta G^o = \Delta H^o - T\Delta S^o \tag{12.28}$$

즉 표준반응 자유에너지는 모든 반응종들이 표준상태에 있을 때 그 반응의 구동력, 즉 반응 자유에너지에 다름 아니다.

이때 ΔS^o는 대개 산소기체 1몰이 사라지면서 계의 부피가 주는 데 따른 기하 공간 분포 엔트로피(configurational entropy) 감소에 해당하므로 $\Delta S^o < 0$이 되고, 대개 금속이 타는 반응은 발열반응이므로 $\Delta H^o < 0$인데, 이는 MO_2의 M과 O_2에 대한 상대적 결합에너지에 해당한다. 즉 에너지 측면에서 MO_2는 M보다 그 결합에너지가 더 크다는 말이다. M이 금속결합을 하고 있고 산화물은 대개 이온결합을 하고 있다는 사실을 생각해 보면 어떤 구조의 결합에너지가 더 클지는 금방 이해될 것이다. 이런 이유로 ΔG^o를 T에 대하여 그려보면 그림 12.2처럼 기울기 $-\Delta S^o > 0$이고 절편 $\Delta H^o < 0$인 직선 모양이 된다. 물론 이 온도 범위에서 두 응집상들이 녹거나 끓는 등의 상전이를 하지 않을 때 말이다.

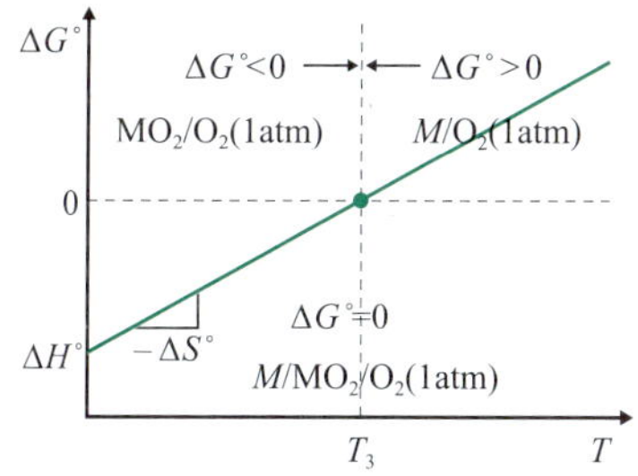

그림 12.2 ΔG^o 대 T 곡선.

이 그림에서 (i) $\Delta G = \Delta G^o = 0$이 되는 온도 $T_3(=\Delta H^o/\Delta S^o)$에서는 $K_a = 1$이 되어 순수한 응집상 $M(a_M = 1)$, 순수한 응집상 $MO_2(a_{MO_2} = 1)$, 1 atm의 기체 산소($P_{O_2} = 1$ atm), 3상이 평형을 이루어 공존하고, (ii) $T < T_3$이면 $\Delta G = \Delta G^o < 0$ 또는 $K_a > 1$, 반응식 (12.26)은 바로 진행되어 표준상태의 M은 모두 산화되어($a_M = 0$) 표준상태의 MO_2와 O_2, 2상만 남고, (iii) $T > T_3$이면 $\Delta G = \Delta G^o > 0$ 또는 $K_a < 1$, 반응식 (12.26)은 거꾸로 진행되어 표준상태의 MO_2는 모두 환원되어($a_{MO_2} = 0$) 표준상태의 M과 O_2, 2상이 안정해진다.

그림 12.2에서 ΔG^o 직선이 같은 기울기를 유지한 채 더 아래에 위치할수록, 다시 말해 ΔH^o가 음으로 더 커질수록 T_3가 커지고, 따라서 우리 산화물은 더 높은 온도까지 안정하다. 이런 의미에서 ΔG^o는 MO_2의 $M + O_2$에 대한 상대적 안정도의 척도가 된다.

12.4.2 ΔG^o, 서로 다른 산화물들의 상대적 안정도의 척도

서로 다른 산화물 MO_2, AO_2, BO_2가 있어 이들 각각의 ΔG^o – 선이 그림 12.3과 같다고 하자. MO_2보다는 AO_2가, AO_2보다는 BO_2가 더 높은 온도까지 안정하다. ΔG^o – 선이 상대적으로 아래에 있을수록 그 산화물이 상대적으로 더 안정하다. 이런 관점에서 ΔG^o는 서로 다른 산화물들의 상대적 안정도의 척도이기도 하다.

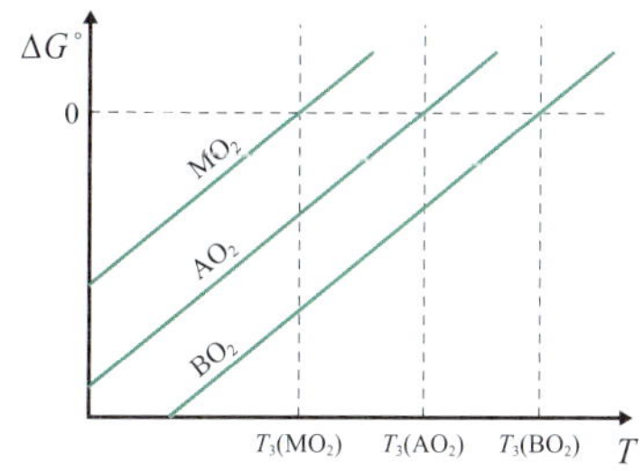

그림 12.3 산화물 MO_2, AO_2, BO_2의 ΔG^o 대 T. ΔG^o가 아래에 위치할수록 산화물이 더 높은 온도까지 안정하다 $[T_3(MO_2) < T_3(AO_2) < T_3(BO_2)]$.

이런 상대적 안정도를 이용하면 상대적으로 더 안정한 산화물을 만드는 금속으로

덜 안정한 산화물을 환원할 수 있다. 예를 들어 다음과 같이 산화하는 금속 A와 B가 있다고 하자.

$$2A + O_2 = 2AO:\ \Delta G^o_{(i)} \quad \text{(i)}$$

$$B + O_2 = BO_2:\ \Delta G^o_{(ii)} \quad \text{(ii)}$$

이때 이들 반응의 표준반응 자유에너지가 그림 12.4(a)와 같다고 하자. 두 ΔG^o 선이 교차하는 온도를 T_o라 하면, 산소분압에 상관없이 $T < T_o$에서는 $\Delta G^o_{(ii)} < \Delta G^o_{(i)}$이므로 BO_2가 AO보다 더 안정하고, $T > T_o$에서는 $\Delta G^o_{(i)} < \Delta G^o_{(ii)}$이므로 AO가 BO_2보다 더 안정하다. 그러므로 $T < T_o$에서는 산화물 AO와 금속 B를 같이 넣어 두면 BO_2가 생기면서 금속 A가 환원되고, $T > T_o$에서는 BO_2와 A를 같이 넣어 두면 AO가 생성되면서 B가 환원된다. 이 사실은 식 (ii)에서 식 (i)를 뺀 반응을 보면 더욱 분명해진다. 식 (ii)에서 식 (i)를 빼면

$$2AO + B = 2A + BO_2 \quad \text{(iii)}$$

이 반응의 표준반응 에너지를 $\Delta G^o_{(iii)}$라 하면

$$\Delta G^o_{(iii)} = \Delta G^o_{(ii)} - \Delta G^o_{(i)}$$

그림 12.4(a)로부터 $\Delta G^o_{(iii)}$를 구하여 그린 것이 그림 12.4(b)이다.

(i) $T = T_o$에서는 반응 (iii)의 구동력 $\Delta G_{(iii)} = \Delta G^o_{(iii)} = 0$이므로 표준상태의 $AO + BO_2 + A + B$, 4상이 평형을 이루고 있다.

(ii) $T < T_o$에서는 $\Delta G_{(iii)} = \Delta G^o_{(iii)} < 0$이므로 반응 (iii)은 앞으로 진행되어 $A + BO_2$ 두 상이 안정해진다. 즉 B가 AO의 A를 치환하여 더 안정한 BO_2를 만들면서 금속 A가 환원된다.

(iii) $T > T_o$에서는 $\Delta G_{(iii)} = \Delta G^o_{(iii)} > 0$이므로 반응 (iii)은 뒤로 진행되어 $B + AO$ 두 상이 안정해진다. 즉 A가 BO_2의 B를 치환하여 더 안정한 AO를 만들면서 금속 B가 환원된다.

이렇게 한 금속으로 다른 금속을 치환하는 반응 (iii)을 **치환반응**(displacement reaction)이라 부르며, 실제 야금에서 많이 사용하는 방법 중 하나이다.

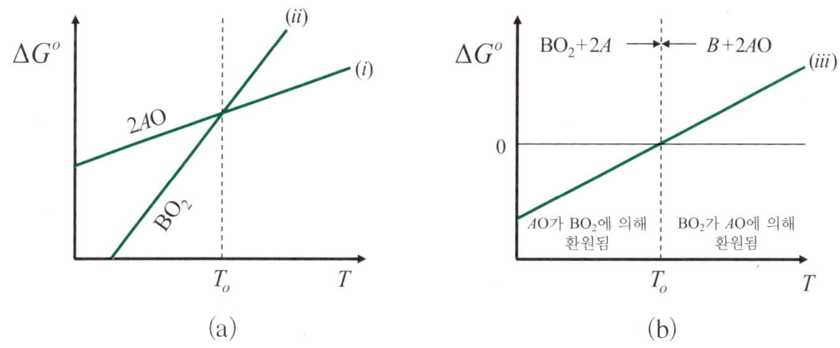

그림 12.4 (a) $2A+O_2=2AO$ 반응(i)과 $B+O_2=BO_2$ 반응(ii)의 $\Delta G^o_{(i)}$, $\Delta G^o_{(ii)}$ 대 T, (b) $B+2AO=BO_2+2A$ 반응(iii)의 $\Delta G^o_{(iii)}$ 대 T.

12.5 | Ellingham 도표

대개의 금속은 지구상에서 산화물, 황화물과 같은 화합물 형태로 존재한다. 금이나 백금같이 순수한 금속 형태로 존재하는 금속은 매우 드물고 귀해서 이런 금속들을 귀금속(noble metals)이라 부른다. 일찍이 야금학의 요체는 이런 화합물 또는 원석으로부터 금속만을 환원 혹은 분리 추출하는 것이었다. 이를테면 산화물에서 금속을 추출하는 가장 직접적인 방법은 이 원광을 주어진 온도에서 주위의 산소분압을 어떤 방법으로 이 금속의 산화반응 평형산소분압 $P^{eq}_{O_2}$보다 낮게 유지하여 환원시키거나, 산화물의 상대적 안정성을 이용하여 한 산화물의 금속 성분을 다른 금속으로 치환함으로써 본디 금속을 얻는 것이다. 이럴 때 필수적인 정보가 이들 화합물의 온도에 따른 표준반응 에너지 $\Delta G^o(T)$이다. 이 데이터만 있으면 지금까지 배운 대로 식 (12.10) 또는 (12.11)에 의하여 $P^{eq}_{O_2}$도 계산할 수 있고, 서로 다른 산화물의 상대적 안정성도 일거에 파악할 수 있다. 요즈음에야 워낙 컴퓨터 등 계산하는 기술 또는 기계가 발달하여 지수함수를 계산하거나 하는 것이 자판기의 단추 하나 누르는 일이지만, 이런 계산을 모두 손으로 해야 한다고 생각해 보자. 여러분들은 식 (12.11)을 손과 머리만으로 계산할 수 있겠는가? 이게 계산기조차도 세상에 나오기 전 1900년대의 상황이다. 그러면 이 계산을 손쉽게 할 수 있는 방법이 없겠는가? 이 방법이 1944년 영국의 물리화학자 H. Ellingham이 고안한 Ellingham 도표이다. 이 도표는 지금도 연구현장에서 주어진 산화반응의 평형산소분압이나 화합물의 상대적 안정성을 온도에 대하여 바로 읽어내는 데 널리 사용되고 있다. 여기서는 산화물에 대하여 Ellingham 도표의 원리와 구성을 공부한다. 이 원리와 구성은 비단 산화물뿐 아니라 황화물, 질화물 등 순수한 금속과 1개의 기상을 포함하는 화학반응에 다 적용된다.

12.5.1 Ellingham 도표의 원리와 구성

금속의 산화반응은 일반적으로 다음과 같다.

$$aM + \frac{b}{2}O_2 = M_aO_b \tag{12.29}$$

여기서 정비계수(stoichiometric coefficients) a, b는 자연수이다. 이를 산소 1몰에 대하여 기술하면,

$$\nu M + O_2 = M_\nu O_2 \quad 또는 \quad 2M_{\nu/2}O \tag{12.30}$$

로 식 (12.26)의 형태가 된다. 여기서 정비계수 $\nu = 2a/b$이다. 이렇게 산소 1몰이 사라지는 반응으로 표현된 반응식 (12.30)의 표준반응 자유에너지 $\Delta G^o (= \Delta H^o - T\Delta S^o)$를 모든 산화물 $M_\nu O_2$에 대하여 절대온도 T의 함수로 그려보면 대개 그림 12.5에 보인 것처럼 일련의 나란한 직선들을 얻게 된다(이 그림에서는 세 종류 임의의 금속 $M = M$, N, Q에 대한 것을 간략하게 나타내었다). 그 이유는 앞에서 설명한 것처럼 ΔG^o 대 T의 기울기가 $-\Delta S^o$인데 이 값이 대충 기체 산소 1몰이 사라지면서 계의 부피가 줄어드는 데 따른 엔트로피 변화에 해당하므로, 식 (12.30)의 형태로 표준화된 반응에 대해서는 거의 다 동일한 값을 가지게 되어 모두가 비슷한 기울기로 나란하게 보이는 것이다. 이때 ΔG^o축의 절편은 $\Delta H^o (< 0)$로 $M_\nu O_2$의 $\nu M + O_2$에 대한 상대적 결합에너지로서, 0 K에서 각 산화물의 상대적 안정도를 나타내고 있다. Ellingham 도표란 ΔG^o 대 T 평면에 모든 $M_\nu O_2$의 $\Delta G^o(T)$를 모아 함께 그린 것에 다름 아니다.

Ellingham 도표의 요체는 특정 M과 $M_\nu O_2$ 사이의 평형산소분압 $P_{O_2}^{eq}$을 계산에 의하지 않고 도표로부터 직접 읽어낼 수 있다는 것이다. 그림 12.5를 보면서 그 컷속을 알아보자. 응집체가 표준상태($a_M = 1$, $a_{M\nu O_2} = 1$)에 있으므로 식 (12.30)의 평형조건으로부터,

$$\Delta G^o = \Delta H^o - T\Delta S^o = RT \ln P_{O_2}^{eq} \tag{12.31}$$

이 식에서 보면 $\Delta G^o (=y)$ 대 T 평면에서 $y_1 = \Delta H^o - T\Delta S^o$는 절편이 ΔH^o이고 기울기가 $-\Delta S^o$인 고정된 붙박이 직선이고, $y_2 = (R \ln P_{O_2}^{eq})T$는 원점 (0,0)을 지나면서 기울기가 $R \ln P_{O_2}^{eq}$인 직선이다. 여러 개 $P_{O_2}^{eq}$ 값, 이를테면

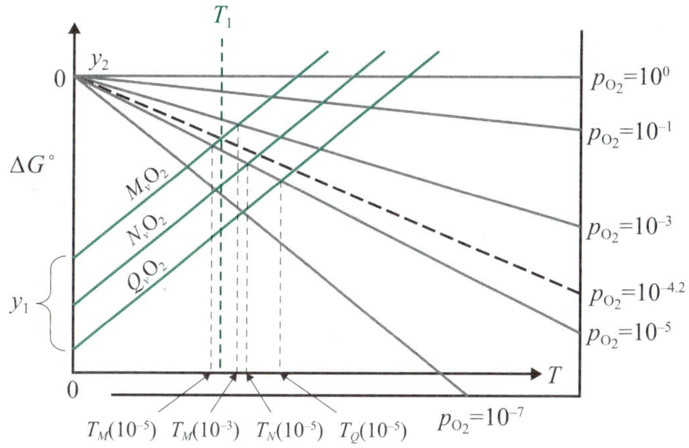

그림 12.5 Ellingham 도표의 구성과 원리.

$$P_{O_2}^{eq}/\text{atm} = \{1,\ 10^{-1},\ 10^{-2},\ 10^{-3},\ 10^{-4}, \cdots, 10^{-100}\}$$

에 해당하는 기울기($= R\ln P_{O_2}^{eq}$)의 직선 y_2를 그으면 원점을 중심으로 일련의 부챗살 모양의 $y_2(P_{O_2}^{eq})$ 직선들이 얻어진다. 그러면 어떤 특정 기울기, 예를 들어 $P_{O_2}^{eq} = 10^{-5}$ atm에 해당하는 직선

$$y_2(P_{O_2}^{eq}) = (R\ln 10^{-5})T \tag{12.32}$$

와 특정 M에 해당하는 고유한 붙박이 직선

$$y_{1,M} = \Delta H_M^o - T\Delta S_M^o \tag{12.33}$$

이 교차하는 점에 해당하는 온도, 즉

$$y_2(P_{O_2}^{eq}) = y_{1,M} \tag{12.34}$$

를 만족하는 온도 T가 이 특정 평형산소분압 $P_{O_2}^{eq} = 10^{-5}$ atm에 해당하는 온도가 되는 것이다[그림 12.5의 $T_M(10^{-5})$]. 금속 종류가 달라지면, 예를 들어 그림 12.5의 $M = N, Q$인 경우 $y_2(P_{O_2}^{eq})$는 그대로 있지만 $y_{1,M}$이 달라지므로 이 특정 평형산소분압에 해당하는 온도가 $T_N(10^{-5})$, $T_Q(10^{-5})$로 달라진다. 주어진 금속 $M = M$에 대하여 다른 평형산소분압의 경우를 보자. $P_{O_2}^{eq} = 10^{-3}$ atm에 해당하는 온도는 그림 12.5에서 직선 $y_{1,M}$과 $y_2(P_{O_2}^{eq} = 10^{-3})$가 만나는 점의 온도 $T_M(10^{-3})$을 온도축으로부터 바로 읽어낼 수 있다.

이렇게 Ellingham 도표는 T가 주어졌을 때 식 (12.11)에 의하여 $P_{O_2}^{eq}(T)$를 구하는

대신, 임의의 평형산소분압에 해당하는 온도 $T(P^{eq}_{O_2})$를 찾도록 고안되었다. 그러면 특정 온도에 해당하는 평형산소분압 $P^{eq}_{O_2}(T)$은 이 도표에서 어떻게 읽어낼 수 있을까? 예를 들어 $M=M$에 대하여 온도가 T_1일 때 평형산소분압을 그림 12.5에서 읽어내 보자. 원점 (0,0)에서 이 특정 온도 T_1에 해당하는 $y_{1,M}$ 상의 점, 즉 좌표점 (T_1, y_{1M})을 지나는 부챗살 직선을 그으면, 이 직선[그림 12.5의 파선(dashed line)으로 된 부챗살]의 기울기가 $P^{eq}_{O_2}=10^{-3}$ 과 10^{-5} atm에 해당하는 부챗살 직선 사이에 있는 것을 볼 수 있다. 이 두 부챗살 직선을 가로질러 y축에 나란한 수직선을 그으면, 이 수직선(지금의 경우 오른쪽의 y축)과 만나는 절편이 $R\ln P^{eq}_{O_2}$가 된다. 이는 두 부챗살 직선을 가로지르는 수직선의 눈금이 바로 $\log P^{eq}_{O_2}$ 눈금에 해당한다는 말이다. 따라서 이 두 부챗살 직선 사이 수직 거리를 대개 10등분하여 짐작해 보면 $T=T_1$에서 M/M_vO_2 평형 산소분압이 대개 $P^{eq}_{O_2}(T_1)=10^{-4.2}$ atm 정도가 된다. 이것이 임의의 온도에서 평형산소분압을 읽어내는 켯속이다.

아주 낮은 산소분압은 대개 CO/CO_2 간의 기체 평형반응,

$$2CO_{(g)}+O_{2(g)}=2CO_{2(g)} \tag{12.35}$$

또는 $H_{2(g)}/H_2O_{(g)}$ 간의 기체 간 평형반응

$$2H_{2(g)}+O_{2(g)}=2H_2O_{(g)} \tag{12.36}$$

을 이용하여 조절한다. 이 기체 간 반응식 (12.35), (12.36)의 표준반응 자유에너지 $\Delta G^o_{(g)}(=\Delta H^o_{(g)}-T\Delta S^o_{(g)})$는

$$CO/CO_2\text{의 경우: } \Delta G^o_{(g)}/\text{J}\cdot\text{mol}^{-1}=-564{,}800+173.62T \tag{12.37}$$

$$H_2/H_2O\text{의 경우: } \Delta G^o_{(g)}/\text{J}\cdot\text{mol}^{-1}=-495{,}000+111.70T \tag{12.38}$$

이 경우도 기체 3몰이 2몰로 부피가 주는 반응이므로 $\Delta S^o_{(g)}<0$이고, CO나 H_2가 타는 발열반응이므로 $\Delta H^o_{(g)}<0$인데, 두 경우 각각의 값들이 얼추 비슷하다.

예를 들어 CO/CO_2로 $P^{eq}_{O_2}$를 조절한다고 하면, 이 산소분압은 반응식 (12.35)의 평형조건

$$\Delta G^o_{(g)}=\Delta H^o_{(g)}-T\Delta S^o_{(g)}=-2RT\ln r^{eq}+RT\ln P^{eq}_{O_2} \tag{12.39}$$

에 의하여, CO_2와 CO 기체의 압력비

$$r^{eq} = \frac{P_{CO_2}}{P_{CO}} \tag{12.40}$$

로 결정된다. 그러므로 지금까지 사용해 온 평형산소분압을 이 압력비 r로 대체할 수 있는 것이다. 금속 M의 산화반응식 (12.30)의 평형조건 (12.34)에서 $y_2(P_{O_2}^{eq})$를 식 (12.39)를 이용하여 $y_2(r^{eq})$의 형태로 대체하면,

$$y_2(r^{eq}) = RT\ln P_{O_2}^{eq} = \Delta H_{(g)}^o + T(2R\ln r^{eq} - \Delta S_{(g)}^o) \tag{12.41}$$

이 직선을 $\Delta G^o - T$ 면에 그리면 $y_2(P_{O_2}^{eq})$이 $P_{O_2}^{eq}$ 값에 따라 원점을 중심으로 하는 부챗살 모양의 직선들이었던 반면에(그림 12.5), $y_2(r^{eq})$은 절편이 $\Delta H_{(g)}^o$이고 기울기가 $2R\ln r^{eq} - \Delta S_{(g)}^o$인 직선으로서 그림 12.6에 보인 것처럼 일련의 r값에 따라 y축의 $\Delta H_{(g)}^o$를 중심으로 하는 부챗살 모양의 직선 군이 된다. 이 중심점은 CO/CO_2의 경우 $\Delta H_{(g)}^o = -564.8$ kJ, H_2/H_2O의 경우 $\Delta H_{(g)}^o = -495.0$ kJ이다.

그림 12.5에서 주어진 계 M/M_vO_2의 $P_{O_2}^{eq}(T)$를 이 그림에서 읽어 내렸던 것처럼, 그림 12.6에서 $P_{O_2}^{eq}(T)$에 해당하는 $r^{eq}(T)$을 읽어보자. $T=T_1$이면 $y_{1,M}$과 이 온도에서 만나는 $y_2(r^{eq})$ 부챗살 직선에 해당하는 $r^{eq}=10^1$. $T=T_2$이면 붙박이 선 y_1이 이 온도에서 교차하는 부챗살 직선 y_2는 $r^{eq}=10^0$와 10^{-1} 사이에 있는데, 이들 두 선 사이의 직선 거리는 바로 $\log r^{eq}$ 차이에 해당하므로 이 두 부챗살 사이의 직선 거리로부터 눈대중 해 보면 $r^{eq}=10^{-0.5}$임을 알 수 있다. 이렇게 일련의 r^{eq}값을 도표에 표시해 둠으로써 평형산소분압 $P_{O_2}^{eq}(T)$을 읽고 이것을 다시 분위기 기체들의 반응평형식 (12.41)에 대입하여 $r^{eq}(T)$를 계산하는 대신에, 그림으로부터 바로 $r^{eq}(T)$값을 읽게 된 것이다. 어떤가? 계산기조차도 없던 시절에 얼마나 편리한 보조장치인가!

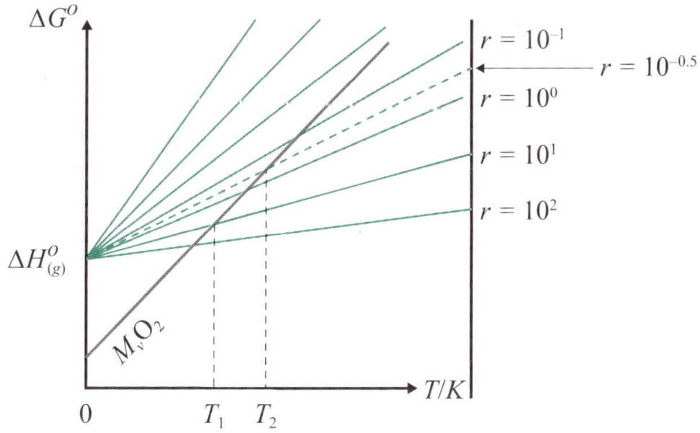

그림 12.6 그림 12.5에서 $y_2(P_{O_2}^{eq})$를 $y_2(r)$로 치환한 Ellingham 도표.

12.5.2 실제 Ellingham 도표

그림 12.7은 자주 찾는 산화물에 대한 실제 Ellingham 도표의 한 예이다. Ellingham은 여러 산화물에 대하여 $\Delta G^o(T)(=y_{l,M})$ 직선을 함께 그리고, 그 그림 가장자리에 일정한 간격으로 P_{O2}^{eq} 값을 배치하고 이들 값 바로 옆에는 원점을 향하는 조그마한 선분을 그려 두었는데, 이는 투명한 자 같은 것을 이용하여 원점과 이 선분을 연결하여 부챗살 직선 $y_2(P_{O_2}^{eq})$를 손쉽게 겹쳐볼 수 있도록 한 장치이다. 그리고 이 산소분압 눈금을 그려 둔 가장자리 바깥 가장자리에는 $P_{CO}/P_{CO_2}(=1/r)$ 값과 함께 조그마한 선분을 붙여 두었다. 이때 이 선분과 왼쪽 y축 바깥에 'C'라고 표시한 점을 연결하면 일련의 부챗살 직선 군이 생기는데, 이 직선이 바로 $y_2(r^{eq})$이다. 마지막으로 가장 바깥 가장자리에 일련의 $P_{H_2}/P_{H_2O}(=1/r)$ 값을 y축 왼쪽 점 'C' 바로 위 'H'라고 표시한 점과 연결하면 이 기체 혼합체에 해당하는 부챗살 직선 군 $y_2(r^{eq})$를 얻게 된다. 여기 점 'C'와 'H'는 각각 해당 기체 반응의 $\Delta H_{(g)}^o$ 값에 해당하는 점(각각 −564.8 kJ과 −495.0 J)이다. 이 표 한 장이면 모든 금속에 대하여 산화반응 평형산소분압을 온도에 대해 바로 읽어 내릴 수 있고, 그것을 CO/CO_2나 H_2/H_2O 압력비로도 바로 환산할 수 있다. 정말 기막힌 아이디어가 아닐 수 없다. 그래서 그 발명자 이름 Ellingham이 오늘날까지 회자되는 것이다.

여러분들은 이 도표에서 특정 금속 하나를 선택하여 온도에 따른 평형산소분압을 찾아보고, 이를 분위기 기체의 분압비로 환산해 보는 연습을 함으로써 이 도표를 보는 법을 숙지해 두기 바란다.

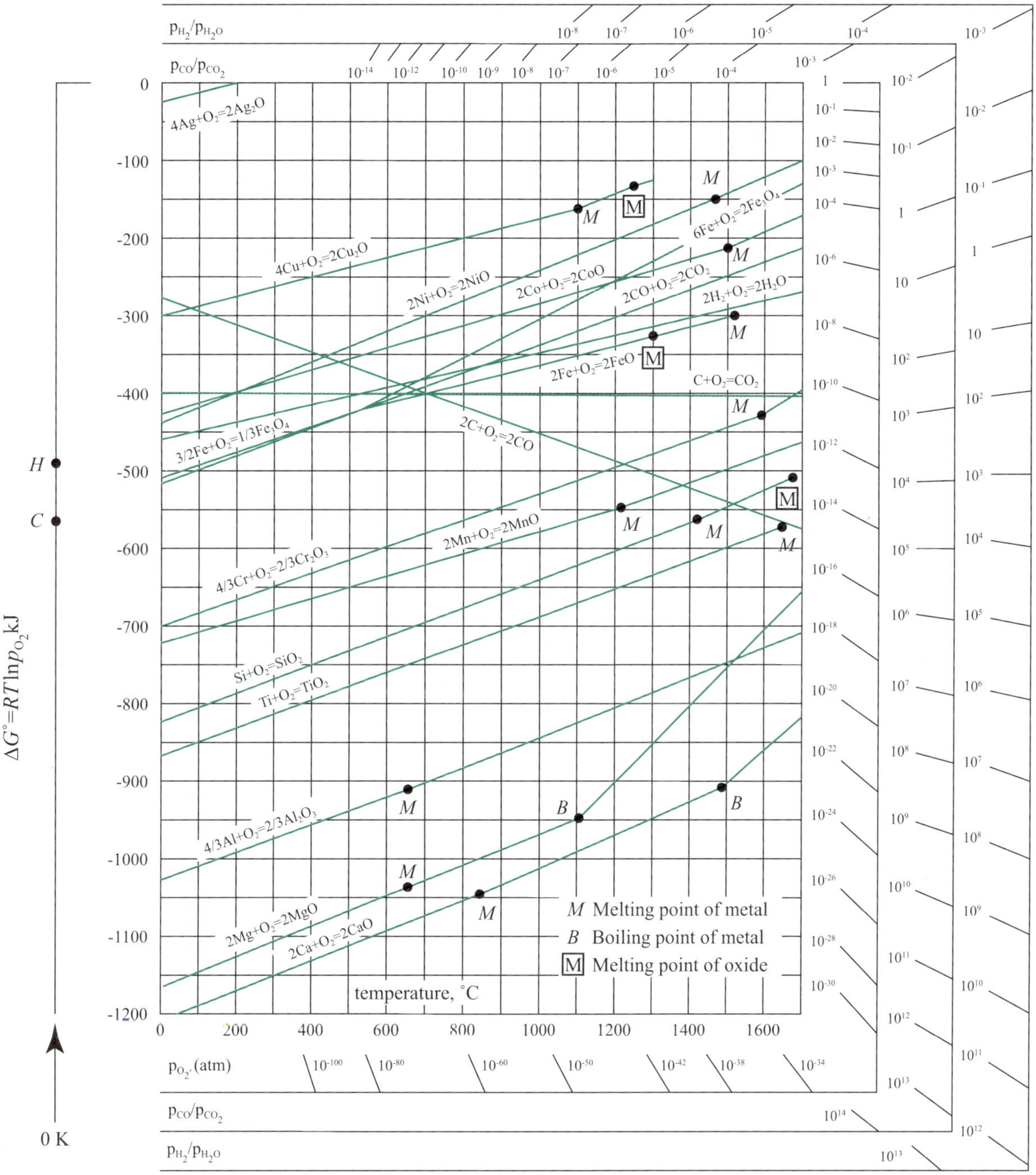

그림 12.7 실제 Ellingham 도표 예, 산화물의 경우. (David R. Gaskell, Introduction to the Thermodynamics of materials 5E, Taylor & Francis, 2008, p. 359)

12.6 | 응집상의 상전이와 Ellingham 선의 모양

그림 12.7에 모아둔 각 금속들마다의 Ellingham 선, ΔG^o−선들을 살펴보면, 낮은 온도 영역에서 일정한 기울기로 올라가던 선이 특정 온도에서 위로 꺾이거나 혹은 아래로 꺾이는 것들이 있다. 이런 상황을 영어로는 각각 'elbow upward' 'elbow downward'라 한다. 그림 12.7의 도표에서는 꺾이는 점에 M 또는 B 또는 $\boxed{\mathrm{M}}$으로 표시되어 있는데, 각각 당해 금속이 녹는 점(melting point), 금속이 끓는 점(boiling point), 당해 산화물이 녹는 점에 해당한다. 이는 응집상 반응물질이나 생성물질이 상전이를 하면 Ellingham 선이 위로 꺾이거나 아래로 꺾이는 일이 일어난다는 것을 의미한다. 왜 그리 되는지 그 열역학적 이유를 찾아보자.

12.6.1. 반응물질이 상전이를 할 때는 위로 꺾인다

고상(s) M이 고상(s) MO_2로 산화하는 반응

$$M_{(s)} + O_{2(g)} = MO_{2(s)} \tag{i}$$

을 생각하자. 이 경우 M의 용융점이 MO_2의 용융점보다 낮아($T_{m,M} < T_{m,MO_2}$), $T = T_{m,M}$에서 반응물질 M이 고상(s)으로부터 액상(l)으로 먼저 상전이를 한다고 하자. 그러면 $T_{m,M} \le T < T_{m,MO_2}$인 온도 범위에서는 액상($l$) M이 고상 MO_2로 산화하는 것이므로 그 반응식은

$$M_{(l)} + O_{2(g)} = MO_{2(s)} \tag{ii}$$

이때 반응식 (i)과 (ii)의 표준반응 자유에너지 $\Delta G^o_{(\mathrm{i})}$과 $\Delta G^o_{(\mathrm{ii})}$는 각각

$$\Delta G^o_{(\mathrm{i})} = \Delta H^o_{(\mathrm{i})} - T\Delta S^o_{(\mathrm{i})} = \mu^o_{MO_2(s)} - \mu^o_{O_2(g)} - \mu^o_{M(s)} \tag{iii}$$

$$\Delta G^o_{(\mathrm{ii})} = \Delta H^o_{(\mathrm{ii})} - T\Delta S^o_{(\mathrm{ii})} = \mu^o_{MO_2(s)} - \mu^o_{O_2(g)} - \mu^o_{M(l)} \tag{iv}$$

이들 두 Ellingham 선 사이의 관계를 알기 위하여 식 (iv)에서 (iii)을 빼면,

$$\Delta G^o_{(\mathrm{ii})} = \Delta G^o_{(\mathrm{i})} - \left(\mu^o_{M(l)} - \mu^o_{M(s)}\right) \tag{v}$$

식 (v) 우변의 두 번째 항은 순수한 금속 M이 녹을 때 수반되는 몰당 표준용융 자유에너지 $\Delta G^o_{m,M}$에 다름 아니다.

$$(\mu^o_{M(l)} - \mu^o_{M(s)}) \equiv \Delta G^o_{m,M} = \Delta H^o_{m,M} - T\Delta S^o_{m,M} \qquad \text{(vi)}$$

여기서 표준용융 엔탈피 $\Delta H^o_{m,M} > 0$이고, 표준용융 엔트로피 $\Delta S^o_{m,M} > 0$이다. 식 (v)에 (iii)과 (vi)을 대입하여 정리하면,

$$\begin{aligned}\Delta G^o_{(\text{ii})} &= \Delta G^o_{(\text{i})} - \Delta G^o_{m,M} \\ &= (\Delta H^o_{(\text{i})} - \Delta H^o_{m,M}) + T(-\Delta S^o_{(\text{i})} + \Delta S^o_{m,M})\end{aligned} \qquad \text{(vii)}$$

Ellingham 선 $\Delta G^o_{(\text{ii})}(T)$는 $\Delta G^o_{(\text{i})}(T)$에 비하여 그 절편은 −방향으로 $\Delta H^o_{m,M}$만큼 더 크고, 기울기는 $\Delta S^o_{m,M}$만큼 위로 더 가파르다. 따라서 Ellingham 선 $\Delta G^o_{(\text{i})}(T)$는 $T = T_{m,M}$에서 위로 꺾이게 되는 것이다. 그림 12.8이 이 상황을 기하적으로 설명해 주고 있다.

이렇게 한 Ellingham 선이 위로 꺾이면 우리는 그 꺾이는 점에서 반응물질이 상전이를 했다는 사실을 알게 되고, 이 상전이 온도 아래와 위의 Ellingham 선을 서로 비교함으로써 두 절편의 차이로부터 표준 상전이 엔탈피를, 두 기울기의 차이로부터 표준 상전이 엔트로피 값을 읽어낼 수 있다.

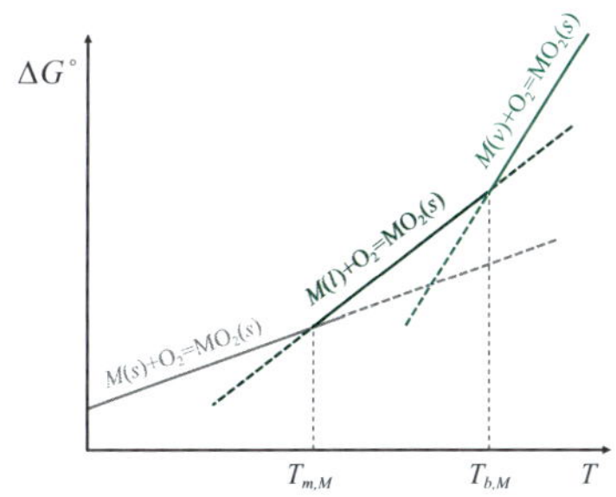

그림 12.8 M이 먼저 상전이를 할 때 Ellingham 선은 위로 꺾인다.

이제 한발 더 나아가자. 만약 생성물질 MO_2가 상전이를 하기 전에 M이 온도 $T = T_{b,M}$에서 또 한 번 상전이를 하여, 이를테면 끓는다고 하자. 그러면 그림 12.8의 Ellingham 선은 또 어떻게 꺾일까? 이 그림에서 보듯이 $T_{m,M}$에서 위로 꺾인 Ellingham 선이 $T_{b,M}$에서 다시 한 번 위로 꺾이게 되고, 이리 꺾이면서 생기는 기울기 및 절편의 차이로부터 표준 비등 엔트로피와 표준 비등 엔탈피를 읽어낼 수 있을 것이다. 여러분들은 그림 12.8에서 이런 기하적 관계를 숙지해 두기 바란다.

12.6.2. 생성물질이 상전이를 할 때는 아래로 꺾인다

같은 산화반응 (i)에 대하여, 이번에는 M이 상전이를 하기 전에 $MO_{2(s)}$가 먼저 상전이를 하는 경우에 Ellingham 선에 어떤 변화가 생길까? 이를테면 $T = T_{m,MO_2}$에서 MO_2가 먼저 녹는다고 하자($T_{m,MO_2} < T_{m,M}$). 그러면 온도 범위 $T_{m,MO_2} \leq T \leq T_{m,MO}$에서는 고상 M이 산화하여 액상(l) MO_2가 되므로, 산화반응식은

$$M_{(s)} + O_{2(g)} = MO_{2(l)} \qquad \text{(viii)}$$

와 같고, 이때 표준반응 자유에너지 $\Delta G^o_{(\text{viii})}$는

$$\Delta G^o_{(\text{viii})} = \Delta H^o_{(\text{viii})} - T\Delta S^o_{(\text{viii})} = \mu^o_{MO_2(l)} - \mu^o_{O_2(g)} - \mu^o_{M(s)} \qquad \text{(ix)}$$

Ellingham 선 $\Delta G^o_{(\text{i})}(T)$과의 관계를 알기 위하여, 식 (ix)에서 식 (iii)을 빼면

$$\begin{aligned}\Delta G^o_{(\text{viii})} &= (\mu^o_{\text{MO2}(s)} - \mu^o_{\text{O2}(g)} - \mu^o_{M(s)}) + (\mu^o_{\text{MO2}(l)} - \mu^o_{\text{MO2}(s)}) \\ &= \Delta G^o_{(\text{i})} + \Delta G^o_{m,\text{MO2}} \qquad (\text{x}) \\ &= (\Delta H^o_{(\text{i})} + \Delta H^o_{m,\text{MO2}}) + T(-\Delta S^o_{(\text{i})} - \Delta S^o_{m,\text{MO2}})\end{aligned}$$

$T > T_{m,\text{MO}_2}$에서 Ellingham 선 $\Delta G^o_{(\text{viii})}(T)$는, $\Delta G^o_{(\text{i})}(T)$에 비하여 그 절편은 MO_2의 표준 용융 엔탈피 $\Delta H^o_{m,\text{MO2}}(>0)$만큼 양의 방향으로 올라가고, 기울기는 그 표준 용융 엔트로피 $\Delta S^o_{m,\text{MO2}}(>0)$만큼 작아지게 되므로, Ellingham 선은 반응물질의 상전이 온도 T_{m,MO_2}를 중심으로 아래로 꺾어지게 된다. 그림 12.9는 이 상황을 기하적으로 보여준다. 여러분들은 한 Ellingham 선이 이렇게 아래로 꺾일 때 꺾이는 점으로부터 상전이 온도를, 기울기 감소로부터 표준 상전이 엔트로피를, 절편의 상향이동으로부터 표준 상전이 엔탈피를 읽어낼 수 있어야 한다.

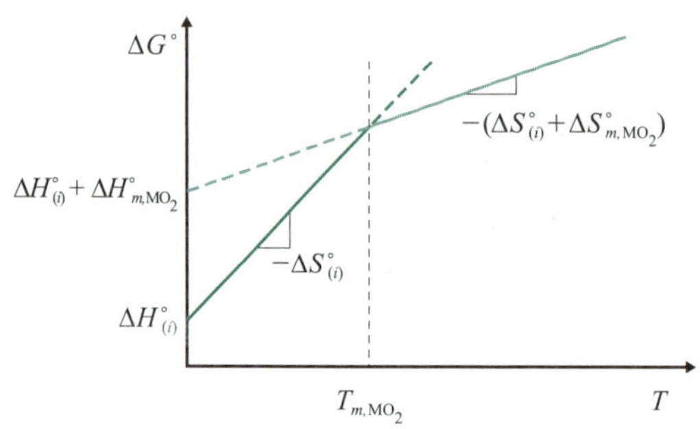

그림 12.9 산화반응 $M+O_2=MO_2$에서 생성물질 MO_2가 상전이를 하면 그 전이온도 T_{m,MO_2}에서 Ellingham 선이 아래로 꺾인다.

익힘문제

12.1 아주 순수한 질소기체를 얻기 위하여 통상의 질소를 정제하는 공정 중 하나가 질소기체를 약 500°C에서 구리 거즈(gauze) 위를 통과시킴으로서 잔류 산소를 제거하는 것이다. 이때 산화반응

$$2Cu_{(s)} + \frac{1}{2}O_{2(g)} \rightarrow Cu_2O_{(s)}$$

이 일어나며, 이 반응의 표준 Gibbs 자유에너지는 다음과 같다.

$$\Delta G^o/\text{cal} = -39{,}850 + 15.06T$$

(a) 산화과정 중 반응평형이 이루어진다고 가정하고, 정제한 질소기체의 잔류 산소량을 계산하라.

(b) 온도를 800°C로 올리면 어떤 효과가 나타날까? 온도를 300°C로 낮추면? 500°C에서 정제하는 이유를 설명하라.

(c) 질소기체 압력을 올리면 어떤 효과가 나타날까?

12.2 화학반응

$$NiO_{(s)} + CO_{(g)} \rightarrow Ni_{(s)} + CO_{2(g)}$$

의 평형상수 K_{eq} 값을 다음 표와 같이 여러 온도에서 구했다.

온도(°C)	663	716	754	793	852
$K_{eq} \times 10^{-3}$	4.535	3.323	2.554	2.037	1.577

(a) 1000 K에서 K_{eq}, ΔH^o, ΔG^o를 구하라.

(b) 1000 K일 때 15% CO_2 + 5% CO + 80% N_2 기체 분위기에서 Ni이 산화할까?

12.3 고상 Si과 고상 SiO_2 혼합체를 진공로(vacuum furnace)에서 1100 K까지 가열하려고 한다. 이들 두 고상은 서로 섞이지는 않으나, 반응하여 SiO 기체를 만드는 것으로 알려져 있다. 이 반응

$$Si_{(s)} + SiO_{2(s)} \rightarrow 2SiO_{(g)}$$

에 대하여, 표준반응 Gibbs 자유에너지는

$$\Delta G^o/J = 667{,}000 + 25.0T\ln T - 510T$$

(a) 1100 K일 때 SiO 기체의 평형압력을 계산하라.

(b) 1100 K일 때 위 반응의 ΔH^o와 ΔS^o를 계산하라.

(c) 본문의 Ellingham 도표(그림 12.7)를 이용하여 Si/SiO_2 두 고체가 평형을 이루고 있는 로(furnace) 안의 산소분압을 예측하라.

12.4 Si을 1000°C까지 가열해야 하는데 SiO_2 생성을 막기 위하여 수소 분위기에서 가열할 것이 제안되었다. 그런데 수소기체에는 항상 불순물로 수증기(H_2O)가 들어 있어 Si을 산화할 수 있다.

(a) 수증기에 의하여 Si이 SiO_2로 산화되는 반응식을 적어라.

(b) 아래 열역학 데이터를 이용하여, 1000°C일 때 이 반응의 평형상수를 계산하라.

(c) 1000°C에서 Si을 산화시키지 않고 가열하기 위해서는 수소 내 수증기 함량(ppm)을 얼마 이하로 유지해야 하는가?

(d) 위에서 구한 답(최대 수증기 함량)이 적절한지 여부를 그림 12.7의 Ellingham 도표로부터 확인하라.

$$H_{2(g)} + \frac{1}{2}O_{2(g)} \rightarrow H_2O_{(g)} \ ; \ \Delta G^o/J = -246{,}000 + 54.8T$$

$$Si_{(s)} + O_{2(g)} \rightarrow SiO_{2(s)} \ ; \ \Delta G^o/J = -902{,}000 + 174T$$

12.5 다음의 열역학 데이터를 이용하여, $\log P_{O_2}$ 대 $1/T$ 면 위 $873 \le T/K \le 1273$, $-20 \le \log(P_{O_2}/\text{atm}) \le 0$ 범위에서 Co–O 계의 (제2종) 상평형도를 그려라.

$$2CoO_{(s)} = 2Co_{(s)} + O_{2(g)} \ ; \ \Delta G^o/\text{cal} = 111{,}800 - 33.8T \ (298 \sim 1400 \text{ K})$$

$$Co_3O_{4(s)} = 3Co_{(s)} + 2O_{2(g)} \ ; \ \Delta G^o/\text{cal} = 211{,}500 - 86.1T \ (298 \sim 1300 \text{ K})$$

12.6 CoO가 700°C에서 2 atm의 50 vol% CO_2와 50 vol% CO 혼합기체에 노출되어 있다. 이 CoO는 Co_3O_4로 산화할까? 필요한 열역학 데이터는 익힘문제 11.4와 12.5를 참조하라.

12.7 고상 AuCl과 고상 Au 두 상의 평형 Cl_2 분압이 170°C일 때 1.84×10^{-2} atm, 240°C일 때 0.290 atm으로 측정되었다. 이 온도 범위에서 AuCl의 생성 엔탈피를 구하라.

12.8 Mg의 산화반응식 $Mg + O_2/2_{(g)} = MgO_{(s)}$에 대하여 Mg의 응집상태, 즉 고상, 액상, 기상에 따라 다음 3개의 표준반응 자유에너지가 있다.

$$\Delta G^o/\text{J} = -604{,}000 - 5.36T\ln T + 142.0T$$

$$\Delta G^o/\text{J} = -759{,}800 - 13.4T\ln T + 317T$$

$$\Delta G^o/\text{J} = -608{,}100 - 0.44T\ln T + 112.8T$$

어느 것이 Mg의 어느 응집상태에 해당하는 것인지 구별하고, 금속 Mg의 용융점, 용융 엔탈피, 용융 엔트로피, 그리고 Mg의 비등점과 비등 엔탈피, 비등 엔트로피를 구하라.

12.9 $CaCO_3$는 다음 반응에 의하여 CaO와 CO_2로 나누어진다.

$$CaCO_3 \rightarrow CaO + CO_2$$

이때 $CaCO_3$/CaO 고상과 평형을 이루는 CO_2의 압력이 1030 K일 때는 0.10 atm, 921 K일 때는 0.01 atm이었다.

(a) $CaCO_3$ 1몰이 분해할 때의 엔탈피 변화 ΔH를 계산하라.

(b) 몇 도에서 CO_2 평형압력이 1 atm이 될까?

이제 $CaCO_3$, 1 g을 실온에서 부피가 1 L인 진공통 안에 넣고 가열하였다.

(c) 최고 온도 몇 도까지 이 $CaCO_3$ 상이 버틸까?

(d) 이 통의 온도가 1500 K가 되면 통 안의 압력은 얼마나 될까? $CaCO_3$의 분자량은 100이다.

Chapter

13 열역학의 응용: 몇 가지 예

13.1 | 들어가는 말

지금까지 우리는 5개의 경험적 법칙(-1st, 0th, 1st, 2nd, 3rd laws)에 바탕한 열역학의 논리적 체계를 공부하고, 이 논리를 적용하여 상평형, 용액의 거동, 화학반응 평형 등을 이해하고 기술하는 방법론을 공부하였다. 이제 남은 일은 이 논리체계를 실제 문제에 적용하는 것이다. 이 장에서는 다음 세 가지 구체적 문제를 다룬다.

(i) 반응종이 응집상 용액을 이루고 있는 경우의 산화반응 평형
(ii) 화합물을 포함하는 2성분계의 상평형 및 상평형도
(iii) 비화학양론 화합물

13.2 | 반응종이 응집상 용액을 이루고 있는 경우의 화학반응 평형

13.2.1 산화평형 산소분압

응집상 M과 MO를 포함하는 산화반응

$$M+\frac{1}{2}O_2=MO \tag{13.1}$$

에서, M과 MO가 다 순수한 자연 표준상태(μ_M^o, μ_{MO}^o)에 있는 경우 주어진 온도에서의 평형산소분압을 $P_{O_2}^o$라 하자. 이때 다음 질문에 대한 답을 찾아보자.

(i) MO는 순수한 표준상태에 그대로 있는데 M이 만약 표준상태가 아니고 용액 중의 한 성분이라면(μ_M), 이때 산화평형 산소분압은 $P_{O_2}^o$보다 클까 작을까?
(ii) 반대로 M은 순수한 표준상태 그대로 있는데 MO가 용액 중의 한 성분을 이루고 있다면(μ_{MO}), 이때 산화평형 산소분압은 $P_{O_2}^o$보다 클까 작을까?
(iii) M, MO 둘 다 용액을 이루고 있다면?

(i)의 경우 $\mu_M < \mu_M^o$ 이므로 M은 순수할 때보다 그 자유에너지가 더 낮다. 따라서 이렇게 더 낮은 에너지 상태에서 M을 빼내어 MO를 만들려면, 당연히 더 높은 산소분압이 요구될 것이다. 그러므로 평형산소분압은 M이 순수할 때보다 더 커야 한다. (ii)의 경우는 반대로 $\mu_{MO} < \mu_{MO}^o$이므로, 반응물 MO의 자유에너지가 표준상태보다

더 낮다. 그러므로 더 낮은 산소분압으로도 순수한 M과 평형을 유지할 수 있을 것이다. 그러므로 평형산소분압은 더 낮을 것이다. (iii)의 경우는? 일반적인 해를 찾기 위해서는 용액열역학과 반응열역학을 조합하여 분석하는 것이 필요하다.

반응식 (13.1)의 평형조건은

$$K_a = \frac{a_{MO}}{a_M P_{O_2}^{1/2}} = \exp\left(-\frac{\Delta G^o}{RT}\right) \tag{13.2}$$

M과 MO가 다 순수한 경우, 즉 표준상태에 있는 경우 $a_M = a_{MO} = 1$이므로 이때의 평형산소분압 $P_{O_2}^o$는

$$P_{O_2}^o = \exp\left(\frac{2\Delta G^o}{RT}\right) \tag{13.3}$$

이 관계식을 식 (13.2)에 대입하면,

$$P_{O_2} = \left(\frac{a_{MO}}{a_M}\right)^2 P_{O_2}^o \tag{13.4}$$

따라서

(i) MO는 순수하나 M이 용액 중에 있는 경우: $a_{MO} = 1$, $a_M < 1$이므로 $P_{O_2} > P_{O_2}^o$
(ii) M은 순수하고 MO가 용액 중에 있는 경우: $a_{MO} < 1$, $a_M = 1$이므로 $P_{O_2} < P_{O_2}^o$
(iii) M, MO 둘 다 용액 중에 있는 경우: $a_{MO} < 1$, $a_M < 1$이므로 두 용액의 조성에 따라 평형산소분압의 상대적 크기가 달라진다.

이제 실제 예를 통하여 이런 거동을 관찰해 보자.

13.2.2 $Mn_xFe_{1-x} - Mn_yFe_{1-y}O - O_2$ 계의 평형

닫힌 계 안에서 조성이 x인 Mn_xFe_{1-x} 금속용액과, 조성이 y인 산화물 용액 $Mn_yFe_{1-y}O$ [= $(MnO)_y(FeO)_{1-y}$]와 기체 O_2, 3개의 상이 주어진 온도에서 열역학적 평형을 이루고 있을 때 평형산소분압은 어떻게 될까?

이렇게 계가 복잡해질수록 계산에 앞서 먼저 해야 할 일은 Gibbs 상법칙을 가지고 현재 주어진 계의 독립변수가 몇 개이며 어떤 것들인지 따져보는 것이다. 자유도(F)

를 알기 위해서는 우선 성분 수(C)부터 결정해야 한다. 지금 우리 계에 구별 가능한 물질(substance)은 Mn, Fe, MnO, FeO, O_2로 도합 $N=5$개이다. Gibbs 상법칙에서 말하는 성분 수 C는 우리 계를 복제하는 데 필요한 최소의 물질 수이다. 지금 우리 계에서 보면 MnO는 Mn과 O로부터 화학반응

$$\mathrm{Mn} + \frac{1}{2}\mathrm{O_2} = \mathrm{MnO} \tag{13.5}$$

를 통하여 만들 수 있고, FeO도 Fe와 O의 화학반응

$$\mathrm{Fe} + \frac{1}{2}\mathrm{O_2} = \mathrm{FeO} \tag{13.6}$$

로 만들 수 있다. 따라서 우리 계에 있는 모든 구별 가능한 물질들을 구현하는 데 필요한 최소의 물질 수(C)는 모든 물질 수(N)에서 이렇게 독립적인 화학반응 수(R)를 제한 수에 해당한다. 그러므로 우리 계의 성분 수 C는

$$C = N - R = 5 - 2 = 3 \tag{13.7}$$

이 된다. 이 성분으로 우리는 Mn－Fe－FeO－MnO－O_2 중 어느 3개를 선택해도 무방하다. 편의상 Mn, Fe, O 3개를 우리 계의 성분으로 선택하자. 여기서 한 가지 첨언할 것은 성분 수가 지금은 우연히도 우리 계에 있는 원소들(Mn, Fe, O)의 수($E=3$)와 같은데, 일반적으로 한 계의 열역학적 성분 수는 원소의 수(E)보다 많을 수 없다는 사실이다.

$$C = N - R \le E \tag{13.8}$$

그러면 우리 계의 자유도 F는? 우리 계는 현재 온도가 고정되어 있고, 공존하는 상이 금속용액＋산화물 용액＋기상(산소)으로 상의 수 $\phi=3$이므로, Gibbs 상법칙에 의하여

$$F = C + 1 - \phi = 3 + 1 - 3 = 1 \tag{13.9}$$

즉 자유도가 1이다.

일정한 온도에서 우리 계를 열역학적으로 기술하는 데 필요한 변수들은 각 상의 조성과 전체 압력 P인데, 우리 계의 경우 그들은 x, y, $P_{O_2}(\approx P)$이다. 그러므로 이들 3개의 변수 중 하나만 결정되면 나머지 모든 것이 일의적으로 결정되어야 한다. 이리

되는 컷속을 보자.

열역학적 평형상태에서는 화학반응식 (13.5)와 (13.6)도 평형에 있으므로, 화학반응 평형조건으로부터,

$$K_{MnO}(T) \equiv \frac{a_{MnO}}{a_{Mn}P_{O_2}^{1/2}} = \exp\left(-\frac{\Delta G_{MnO}^o}{RT}\right) \tag{13.10}$$

$$K_{FeO}(T) \equiv \frac{a_{FeO}}{a_{Fe}P_{O_2}^{1/2}} = \exp\left(-\frac{\Delta G_{FeO}^o}{RT}\right) \tag{13.11}$$

두 응집상 용액 각각에 대하여 두 성분들의 활동도는 Gibbs–Duhem 식

$$x d\ln a_{Mn} + (1-x) d\ln a_{Fe} = 0 \tag{13.12}$$

$$y d\ln a_{MnO} + (1-y) d\ln a_{FeO} = 0 \tag{13.13}$$

에 의하여, 둘 중 하나만 (이를테면 a_{Mn}과 a_{MnO}) 독립적이다. 나아가 이들 활동도는 정의에 따라

$$a_{Mn} = \gamma_{Mn} x \tag{13.14}$$

$$a_{MnO} = \gamma_{MnO} y \tag{13.15}$$

여기에 활동도 계수는 상평형과는 상관없이 주어진 용액 자체의 특성이다. 그러면 5개의 미지수

$$\{a_{Mn'}, a_{Fe} ; a_{MnO'}, a_{FeO'} ; P_{O_2}\}$$

에, 관계식이 (13.10)~(13.13) 4개가 있으므로 x, y, P_{O_2} 중 1개만 주어지면 우리 계는 일의적으로 결정되는 것이다.

논의를 간단히 하기 위하여, 우리 두 응집상 용액을 이상용액이라 가정하고 실제 계산을 한번 해 보자. 이상용액이면

$$a_{Mn} = x, a_{Fe} = 1-x \ ; \ a_{MnO} = y, a_{FeO} = 1-y$$

이 값들을 반응평형식 (13.10)과 (13.11)에 대입하면,

$$\frac{y}{xP_{O_2}^{1/2}} = K_{MnO}(T) \ ; \ \frac{1-y}{(1-x)P_{O_2}^{1/2}} = K_{FeO}(T) \tag{13.16}$$

그러면 주어진 온도 T에서 3개 변수 $\{x, y, P_{O_2}\}$ 중 하나만 정의하면 나머지 둘은 따라서 결정된다.

예를 들어 $T = 2073$ K라 하자. 이 온도에서는 두 용액 다 액상인데, 열역학 자료집으로부터

$$\Delta G^o_{MnO(l)}/\text{J} = -344,800 + 55.90T \;;\; \Delta G^o_{FeO(l)}/\text{J} = -232,700 + 45.13T$$

따라서 $T = 2073$ K에서

$$K_{MnO}(T) = 5.861 \times 10^5 \text{ atm}^{-1/2} \;;\; K_{FeO}(T) = 3.145 \times 10^3 \text{ atm}^{-1/2}$$

이 값을 식 (13.16)에 대입하고, $0 \le x \le 1$ 범위에서 몇 개 특정 x값에 대하여 대응하는 y값과 P_{O_2} 값을 계산해 보면 표 13.1과 같다.

표 13.1 1800°C에서 Mn_xFe_{1-x}와 $Mn_yFe_{1-y}O$가 평형을 이루고 있을 때 켤레조성 x, y와 그때의 평형산소분압 P_{O_2}/atm

x	0.0	0.1	0.2	0.5	0.0053	1.0
y	0.0	0.954	0.979	0.995	0.5	1.0
P_{O_2}/atm	1.02×10^{-7}	2.65×10^{-10}	6.97×10^{-11}	1.15×10^{-11}	2.56×10^{-11}	2.92×10^{-12}

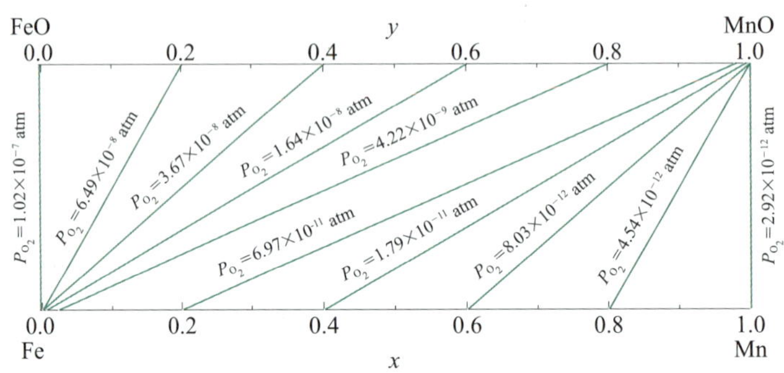

그림 13.1 1800°C에서의 Mn−Fe−O 계 상평형도.
각 묶음선 위의 산소분압은 x, y 켤레와 평형을 이루는 평형산소분압.

이렇게 평형을 이루어 대응되는 조성 x와 y를 **켤레조성**(conjugate compositions)이라 하는데, 그림 13.1에서는 이 대응조성을 2개 같은 길이의 나란한 Fe−Mn 축과 FeO−MnO 축에 표시한 다음 이 두 켤레조성을 직선으로 연결하였다. 이 직선이 켤레조성 묶음선이고, 각 묶음선마다 일정한 평형산소분압이 정의되므로 이 묶음선은

바로 평형산소분압 등압선에 해당한다. 이것은 바로 1800°C에서 Mn–Fe–O의 상평형도에 다름 아니다.

13.3 | 화합물을 형성하는 응집상 2성분계

화합물 A_aB_b는 반응물질 A와 B가 $a:b$로 반응하여 만들어진 생성물로 볼 수도 있고, 양쪽 끝 성분 A와 B가 $a:b$로 섞인 용액으로도 볼 수 있을 것이다. 전자로 간주하면 화학반응 평형으로 기술되고, 후자로 보면 용액열역학의 논리로 기술되어야 할 것이다. 그러면 이들 두 기술 사이의 관계는 어떻게 될까? 두 번째 예로 이 경우를 다루어 보자.

13.3.1 상평형도와 섞임 자유에너지 대 조성 그림

지금 $A-B$ 2성분계가 있어서, 이들 사이에 화합물 A_3B, AB, AB_3가 형성되는데, 이들 화합물이 전부 **정비조성 화합물**(stoichiometric compound)이고, 상호 용해도가 (거의) 없다고 하자. 이런 경우의 전형적 상평형도가 그림 13.2(a)이다.

여기서 정비조성 화합물이란 화합물 A_aB_b의 조성 $a:b$가 고정되어 있는 화합물을 말한다. 열역학적인 이유로 어떤 화합물도 그 조성이 정비조성으로 고정될 수 없고, 정도의 차이는 있지만 일정한 범위에 걸쳐 단일 상 A_aB_b가 존재한다. 이것은 상대적 용해도를 피할 수 없다는 말과도 같다. 그래서 엄밀한 의미에서 모든 화합물은 **부정비조성 화합물**(nonstoichiometric compounds)이라 불러 마땅한데, 특별히 이 존재 영역이 매우 좁은 또는 동등한 의미로 상대적 용해도를 무시할 수 있는 화합물을 통상 정비조성 화합물이라 부른다. 그래서 그림 13.2의 상평형도에서 보면 중간 화합물들의 조성이 모두 1개의 직선으로 나타나 있다. 그러나 이도 확대해 보면 면도날 단면처럼 비록 좁긴 하지만 단일 상 화합물이 존재하는 영역을 이 직선의 두께 안에 품고 있을 것이다. 이런 기하적인 이유 때문에 '정비조성 화합물'을 '**선 화합물**(line compound)'이라 부르기도 한다.

이제 그림 13.2(a) 상평형도의 온도 T_1에서 섞임 자유에너지 대 조성 그림을 그려보자. 이 섞임 자유에너지 관점에서 보면 어떤 화합물이든 그것은 결국 용액으로 볼 수밖에 없다. 그러나 상대적 용해도가 무시할 수 있을 정도로 작으려면 이 화합물의 섞임 자유에너지 곡선은 면도날처럼 좁고 끝이 뾰족한 모양이 될 수밖에 없다. 이 온도 T_1에서는 전 조성 영역에 걸쳐 3개의 중간 화합물이 나타나므로, 그 섞임 자유에너지 대 조성 그림은 개략적으로 그림 13.2(b)와 같아야 할 것이다. 어떤 경우에 섞임 자유에너지 곡선이 이렇게 직선 모양으로 나타나게 되는지 잠시 용액열역학으로 돌아가자.

지금 A와 B를 섞어 조성이 $x_A(=1-x_B)$인 A_3B 구조의 용액을 만든다고 하면, 이때 이 용액의 자연 표준상태 $A_{(s)}$, $B_{(s)}$에 대한 상대적 몰당 섞임 자유에너지 ΔG^M은

$$\Delta G^M = x_A \Delta \overline{G}_A^M + x_B \Delta \overline{G}_B^M = x_A(\mu_A - \mu_A^o) + x_B(\mu_B - \mu_B^o) \tag{13.17}$$

A_3B와 같은 같은 구조를 가지는 그래서 전 범위에 걸쳐 섞일 수 있는 필요조건을 만족하는 양 끝 성분의 가상적 인공 표준상태 μ_A^*와 μ_B^*를 도입하면,

$$\begin{aligned}\Delta G^M &= [x_A(\mu_A - \mu_A^*) + x_B(\mu_B - \mu_B^*)] + [x_A(\mu_A^* - \mu_A^o) + x_B(\mu_B^* - \mu_B^o)] \\ &= RT(x_A \ln a_A^* + x_B \ln a_B^*) + (x_A \Delta G_{tr,A}^o + x_B \Delta G_{tr,B}^o)\end{aligned} \tag{13.18}$$

여기서 a_k^*는 성분 $k(=A,B)$의 가상적 인공 표준상태(*)를 기준으로 한 활동도이고, $\Delta G_{tr,k}^o(>0)$는 순수한 성분 k를 현재의 자연 표준상태(μ_k^o)에서 인공 표준상태(μ_k^*)로 전이할 때의 자유에너지 증가로서, 주어진 온도에서 각각 상수이다. 그러므로 전체 곡선의 개형은 A축과 B축의 절편이 각각 $\Delta G_{tr,A}^o(>0)$, $\Delta G_{tr,B}^o(>0)$이고 아래로 볼록한 곡선이 된다. 만약 이 두 절편 값이 +로 매우 크고, 동시에 $x_A=0.75$에서 이 용액이 음으로 극단적으로 편기하게 되면 이 섞임 자유에너지 곡선은 결국 그림 13.2(b)에서 보는 것처럼 A_3B에 해당하는 1개의 직선 모양으로 나타나게 될 것이다. 이런 의미에서 선 화합물 혹은 정비조성 화합물은 이상거동으로부터 음의 방향으로 극단적으로 벗어난 비이상 용액이라 할 수 있다.

13.3.2. 활동도 대 조성 그림

섞임 자유에너지가 주어졌으니, 조성에 따라 각 성분의 활동도가 어떻게 변화하는지를 아는 것은 이제 손바닥 뒤집기보다 쉽다. 그림 13.2(b)의 ΔG^M 대 x_B 그림에 공통접선을 그어 2개의 화합물이 공존하는 영역을 찾고, 그때 이 공통접선이 B-조성축($x_B=1$)과 만나는 절편 값이 $\Delta \overline{G}_B^M = RT\ln a_B$가 된다. 그러므로 $x_B=1$부터 $x_B=0$까지 이 섞임 자유에너지 곡선에 접선을 그어 B축 절편을 읽어 나가면 그 활동도 a_B의 변화가 그림 13.2(c)와 같다. 여러분도 투명한 삼각자 하나를 준비해서 실제 B축 절편이 이 그림과 같이 되는지 확인해 보기 바란다. 그리고 각 조성 영역에서 Gibbs 상법칙을 적용하여 이 2성분계에 대하여 자유도를 구해 보고, 두 상이 공존하는 영역에서 왜 활동도가 고정되어야 하는지도 생각해 보기 바란다.

2성분계 용액에서 성분들의 활동도는 휘발성이 큰 성분의 증기압을 측정함으로써 실험적으로 결정할 수 있다. 지금 $A-B$ 계의 경우, B가 훨씬 더 휘발성이 크다고 가정

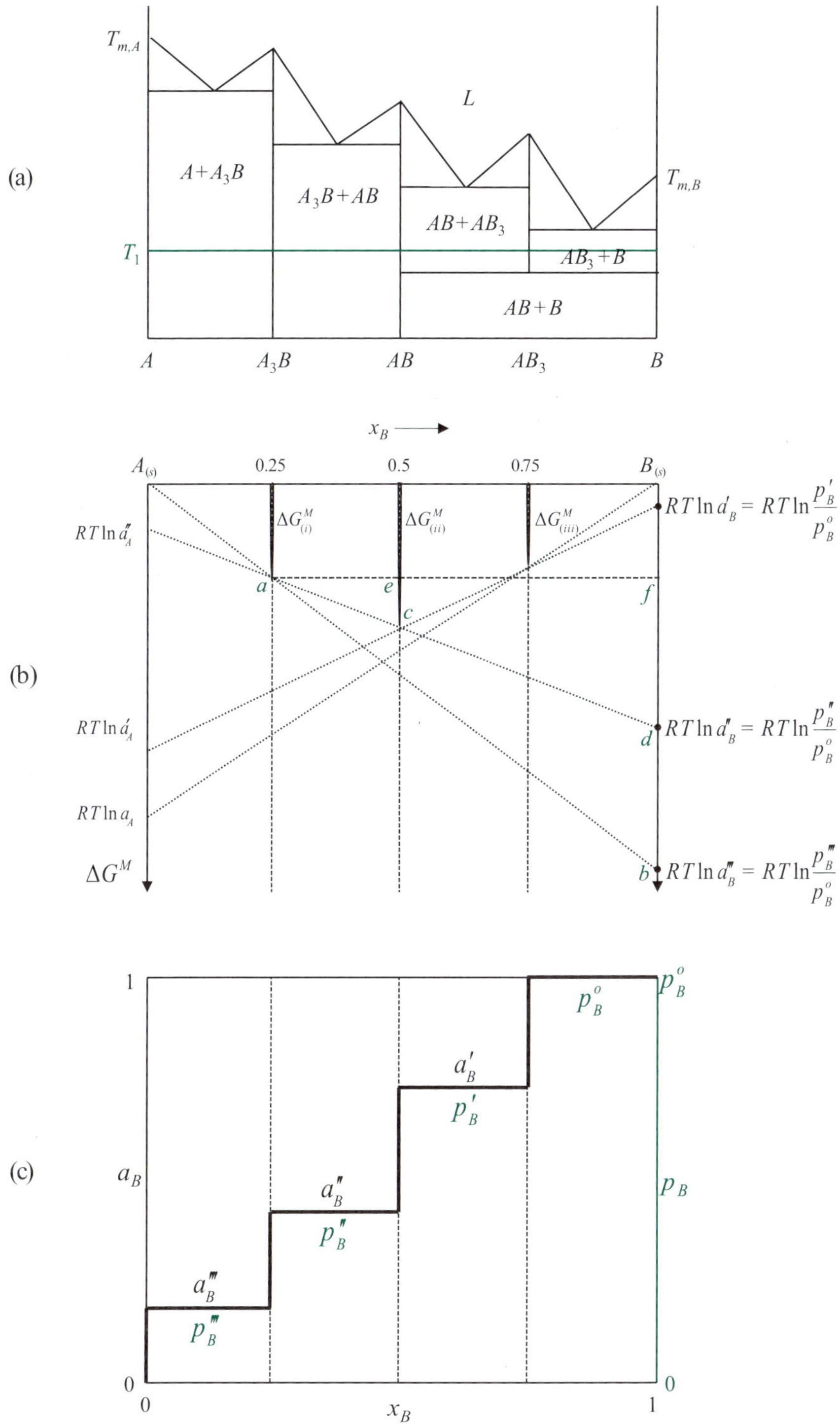

그림 13.2 (a) 정비조성 화합물을 만드는 $A-B$ 2성분계 상평형도 예, (b) 온도 T_1일 때 ΔG^M 대 x_B 그림과 공통접선, (c) 온도 T_1일 때 성분 B의 활동도 대 조성 그림.

하자. 그러면 자연 표준상태(Raoult 표준상태)에 대한 B의 활동도 a_B는

$$a_B = \frac{P_B}{P_B^o} \tag{13.19}$$

와 같이 결정된다. 여기서 P_B^o는 현재 주어진 온도 T_1에서 자연 표준상태에 있는 B, 즉 순수한 고상 B의 포화 증기압이다. 조성에 따른 B의 활동도 변화를 알므로, 식 (13.19)에 따라 성분 B의 평형 증기압 변화도 금방 알 수 있을 것이다. 그림 13.2(b)의 오른쪽 y축에 공통접선들이 만나는 절편 값에 그때의 활동도와 평형 증기압을 표시해 두었는데, 이 값들을 조성에 대하여 그린 것이 그림 13.2(c)이다.

거꾸로 임의의 온도 T_1에서 임의의 겉보기 조성을 가지는 $A-B$ 혼합체를 열역학적 평형에 이르게 한 후 휘발성이 큰 성분 B의 평형 증기압 P_B를 겉보기 조성 x_B에 대하여 측정한다면 그림 13.2(c) 오른쪽 축에 보인 것과 같은 P_B 대 x_B 분포를 얻고, 이로부터 a_B 대 x_B 분포를 결정하고[그림 13.2(c)], 그러면 그것을 이용하여 그림 13.2(b)에 기술한 기하적 관계를 이용하여 자유에너지 대 조성 그림을 확립하고, 나아가 이런 측정을 여러 온도에서 행함으로써 궁극적으로 그림 13.2(a)와 같은 상평형도를 확립할 수 있을 것이다. 이것이 실제 상평형도를 실험적으로 확립하는 한 가지 실험방법이다. 이를테면 내부가 진공인 유리 실린더 안에 A x_A몰과 B x_B몰을 넣고 온도 T_1에서 평형상태에 이르게 한 후 적절한 방법으로 휘발성이 큰 B의 평형 증기압을 재면, 그게 바로 이 조성에서의 B의 활동도가 되는 것이다.

13.3.3 화합물의 섞임 자유에너지와 표준생성 자유에너지

그러면 이제 주어진 화합물을 음의 방향으로 편기된 용액으로 볼 때 그 섞임 자유에너지 ΔG^M과 이를 화학반응의 반응물로 볼 때 그 표준화학반응 자유에너지 ΔG^o와의 관계를 정량적으로 따져보자.

(i) 화합물 A_3B

이 화합물을 용액으로 보면 0.75몰의 A와 0.25몰의 B가 섞여 있는 것이다. 이 섞임 과정을 그때 수반되는 상대적 몰당 섞임 자유에너지 $\Delta G^M_{(\mathrm{i})}$와 함께 화학반응식의 형태로 쓰면,

$$0.75A_{(s)} + 0.25B_{(s)} = (A_{0.75}B_{0.25})_{(s)} : \Delta G^M_{(\mathrm{i})} \tag{13.20}$$

이것은 결국 0.75몰의 자연 표준상태 A와 0.25몰의 자연 표준상태 B를 반응시켜

0.25몰의 표준상태 A_3B를 얻는 화학반응에 다름 아니다.

$$0.25(3A_{(s)} + B_{(s)}) = 0.25(A_3B)_{(s)} \ ; \ 0.25\Delta G^o_{A3B} \tag{13.21}$$

그러므로

$$\Delta G^M_{(\mathrm{i})} = 0.25\Delta G^o_{A3B} \tag{13.22}$$

그림 13.2(b)에서 보면, 점 $A_{(S)}$와 A_3B의 상대적 몰당 섞임 자유에너지 곡선의 끝점 a를 연결하는 공통접선이 B–축과 만나는 절편(점 b)의 값이 $RT\ln a'''_B = RT\ln P'''_B / P^o_B$이다. 직각삼각형 $A_{(S)}-b-B$와 $A_{(S)}-a-0.25$가 닮은 꼴이므로, 점 0.25에서 점 a까지의 길이가 점 B에서 점 b까지 길이의 1/4이 된다. 따라서

$$\Delta G^M_{(\mathrm{i})} = \frac{1}{4}\Delta G^o_{A_3B} = \frac{1}{4}RT\ln\frac{P'''_B}{P^o_B} \tag{13.23}$$

즉 휘발성이 더 큰 한 성분의 평형 증기압 P'''_B을 측정함으로써 화합물 A_3B의 표준생성 자유에너지를 결정할 수 있다.

이 대목에서 용액열역학의 논리와 화학반응 평형의 논리를 비교해 보자. 용액열역학에 의하면,

$$\begin{aligned}\Delta G^M_{(\mathrm{i})} &= 0.75\Delta \overline{G}^M_A + 0.25\Delta \overline{G}^M_B \\ &= 0.75(\mu_A - \mu^o_A) + 0.25(\mu_B - \mu^o_B) \\ &= (0.75\mu_A + 0.25\mu_B) - (0.75\mu^o_A + 0.25\mu^o_B)\end{aligned} \tag{13.24}$$

식 (13.20)의 반응평형 조건에 의하면,

$$0.25\Delta G^o_{A3B} = 0.25\mu^o_{A3B} - (0.75\mu^o_A + 0.25\mu^o_B) \tag{13.25}$$

식 (13.24)와 (13.25)를 비교해 보면,

$$3\mu_A + \mu_B = \mu^o_{A3B} \tag{13.26}$$

즉 표준상태 화합물 A_3B 1몰은 A 3몰과 B 1몰로 이루어진 용액과 같다.

(ii) 화합물 AB

$$\text{섞임반응식:} \quad 0.5A_{(s)} + 0.5B_{(s)} = A_{0.5}B_{0.5} : \Delta G^M_{(\mathrm{ii})} \tag{13.27}$$

$$\text{화학반응식:}\quad 0.5A_{(s)} + 0.5B_{(s)} = 0.5(AB) : 0.5\Delta G^o_{AB} \tag{13.28}$$

그러므로

$$\Delta G^M_{(\text{ii})} = 0.5\Delta G^o_{AB} \tag{13.29}$$

그림 13.2(b)에서 보면 $\Delta G^M_{(\text{ii})}$은 $\Delta G^M_{(\text{i})}$에다 선분 ec의 길이를 더한 것과 같고, 선분 ec는 직각삼각형 adf와 직각삼각형 ace가 닮은 꼴이라는 사실로부터 선분 fd 길이의 1/3에 해당하므로,

$$\begin{aligned}\Delta G^M_{(\text{ii})} = 0.5\Delta G^o_{AB} &= \Delta G^M_{(\text{i})} + \frac{1}{3}\left(RT\ln\frac{P''_B}{P^o_B} - \Delta G^M_{(\text{i})}\right)\\ &= \frac{1}{6}RT\ln\frac{P'''_B}{P^o_B} + \frac{1}{3}RT\ln\frac{P''_B}{P^o_B}\end{aligned} \tag{13.30}$$

식 (13.26)에서와 마찬가지로, 식 (13.29)가 의미하는 바는

$$\mu_A + \mu_B = \mu^o_{AB} \tag{13.31}$$

표준상태 화합물 AB 1몰은 A 1몰과 B 1몰로 이루어진 용액과 같다.

(iii) 화합물 AB_3

$$\text{섞임반응식:}\quad 0.25A_{(s)} + 0.75B_{(s)} = A_{0.25}B_{0.75} : \Delta G^M_{(\text{iii})} \tag{13.32}$$

$$\text{화학반응식:}\quad 0.25A_{(s)} + 0.75B_{(s)} = 0.25(AB_3) : 0.25\Delta G^o_{AB_3} \tag{13.33}$$

그러므로

$$\Delta G^M_{(\text{iii})} = 0.25\Delta G^o_{AB_3} \tag{13.34}$$

역시 그림 13.2(b)의 기하학적 관계로부터,

$$\begin{aligned}\Delta G^M_{(\text{iii})} = 0.25\Delta G^o_{AB_3} &= RT\ln\frac{P'_B}{P^o_B} + \frac{1}{2}\left(\Delta G^M_{(\text{ii})} - RT\ln\frac{P'_B}{P^o_B}\right)\\ &= \frac{1}{2}RT\ln\frac{P'_{O_2}}{P^o_{O_2}} + \frac{1}{6}RT\ln\frac{P''_{O_2}}{P^o_{O_2}} + \frac{1}{12}RT\ln\frac{P''_{O_2}}{P^o_{O_2}}\end{aligned} \tag{13.35}$$

그리고

$$\mu_A + 3\mu_B = \mu^o_{AB_3} \tag{13.36}$$

즉 표준상태 화합물 AB_3 1몰은 A 1몰과 B 3몰로 이루어진 용액과 같다.

13.3.4. 화합물 안에서 성분의 활동도 변화

그림 13.2(c)에서 조성에 대한 B의 활동도 변화를 보면 두 상이 공존하는 조성 영역에서는 일정하게 유지되다가 1개의 화합물 조성점에서 계단식으로 또는 불연속적으로 변하는 것을 볼 수 있다. 이것은 A_3B가 비록 그 조성이 고정된 것처럼 보이지만, 실제 이 화합물의 존재 영역은 A가 포화되는 조성과 AB가 포화되는 조성 사이로서, B의 활동도로 말하면 $a'''_B \le a_B \le a''_B$ 이 영역이다. 마찬가지로 화합물 AB는 A_3B로 포화된 조성에서 AB_3로 포화된 조성 영역, 즉 $a''_B \le a_B \le a'_B$ 범위에서 단일 상으로 존재하고, 화합물 AB_3는 AB가 포화된 조성과 B가 포화된 조성 영역, 즉 $a'_B \le a_B \le 1$ 범위에서 단일 상으로 존재한다. 활동도가 불연속적으로 변하는 것 같은데, 사실은 이 단일 상 조성 영역에서 연속적으로 변화하는데, 다만 이 활동도의 변화 폭에 대한 조성 변화 폭이 너무 좁아서 불연속적으로 변하는 것처럼 보일 뿐이다. 그림 13.2(b)에서 각 화합물에 해당하는 섞임 자유에너지 곡선 끝에 자를 대고 왼쪽의 공통접선에서부터 오른쪽의 공통접선까지 이 끝 점을 중심으로 돌려보면, 그 상이 안정한 영역 안에서 이 접선의 기울기가 그래서 양 조성축의 절편이 연속적으로 변화하는 것을 볼 수 있을 것이다. 예를 들어 화합물 AB의 경우, B축 절편이 $RT\ln a''_B$ 에서 $RT\ln a'_B$ 까지 연속적으로 바뀐다. 이때 이 접선의 A축 절편이 이 B의 활동도에 대응되는 A의 활동도로서 $RT\ln a_A$가 된다. 이때 이 두 성분의 활동도들 사이의 정량적 관계는 다음과 같다.

예를 들어 화합물 AB_3의 경우, 식 (13.36)의 양변에 $\mu^o_A + 3\mu^o_B$ 를 똑같이 빼 주면

$$(\mu_A - \mu^o_A) + 3(\mu_B - \mu^o_B) = \mu^o_{AB_3} - \mu^o_A - 3\mu^o_B \tag{13.37}$$

따라서

$$RT\ln a_A + 3RT\ln a_B = \Delta G^o_{AB_3} \tag{13.38}$$

또는

$$a_A a_B^3 = \exp\left(\frac{\Delta G^o_{AB_3}}{RT}\right) \tag{13.39}$$

이다. 식 (13.38)의 왼쪽 두 항이 그림 13.2(b)에서 $\Delta G^M_{(\mathrm{iii})}$ 선 끝에서 접선을 그었을 때

양쪽 조성축과 만나는 절편에 해당한다. 식 (13.39)에서 보면 일정한 온도에서 A의 활동도와 B의 활동도 곱이 일정하므로 하나가 올라가면 다른 하나가 줄어든다. 바로 Gibbs-Duhem 식의 관계이다. 이 상에 대하여 Gibbs-Duhem 식을 써보면 조성이 1:3으로 고정되어 있으므로

$$d\ln a_A + 3d\ln a_B = 0 \tag{13.40}$$

이 식을 적분한 것이 바로 식 (13.38)이다.

그런데 정확한 Gibbs-Duhem 식은

$$x_A d\ln a_A + x_B d\ln a_B = 0 \tag{13.41}$$

으로 그 조성을 포함하고 있다. 지금 우리가 다루고 있는 정비조성 화합물의 경우 사실은 그 조성이 비록 좁은 영역이긴 하지만 변화하는데, 워낙 그 범위가 좁아서

$$x_A : x_B \approx 1:3 \tag{13.42}$$

으로 근사한 것이다. 부정비조성 화합물 같으면 이 단일 상 조성 영역에서 변화하는 조성을 고려해 주어야 한다. 이것이 부정비 화합물 열역학의 시작이다.

13.4 | 부정비 화합물을 포함하는 2성분계

13.4.1 부정비 화합물의 열역학적 연원과 표현

양 끝 성분 $A-B$ 사이에 응집상 중간 화합물 AB가 생길 때, 우리는 이 중간 화합물을 화학반응의 생성물로서 화학반응 평형 열역학으로 기술할 수도 있지만, $A-B$ 사이의 용액($A_{0.5}B_{0.5}$)으로 보고 용액열역학 관점에서 이 화합물을 기술할 수도 있다는 것을 배웠다. 이때 이 용액의 상대적 몰당 섞임 자유에너지 곡선 $\Delta G^M(x_B)$은 일반적으로 식 (13.18)과 같이 주어지는데, $\Delta G^o_{tr,A}, \Delta G^o_{tr,B} \gg 0$이고 동시에 $x_B = 0.5$에서 $\gamma_A, \gamma_B \ll 1$이면 이 곡선의 끝 부분은 $x_B = 0.5$를 중심으로 바늘처럼 가늘고 뾰족하여 거의 1개의 수직선처럼 보일 것이다. 그래서 A와 AB, B와 AB 사이에 공통접선을 그으면 이 두 접선이 겉보기에 $x_B = 0.5$에서 서로 교차하여 화합물의 조성이 $x_B = 0.5$로 고정된 것처럼 보인다. 이런 이유로 이런 화합물을 **정비(조성) 화합물**(stoichiometric compound) 또는 **선 화합물**(line compound)이라 불렀다.

만약 이 용액의 비이상성이 점점 적어지고 동시에 양 조성축의 절편이 점점 아래로 내려온다면 어떤 일이 생길까? 그림 13.3(a)를 보자. $\Delta G^M(x_B)$ 곡선의 모양이 대강 (i)→(ii)→(iii)의 형태로 변형되면서 바늘 끝처럼 뾰족했던 섞임곡선의 아랫부분이 점점 평퍼짐해질 것이다. 이 곡선에 양 조성점 A와 B로부터 공통접선을 그으면, (i)의 경우 동일한 조성점 $x_B=0.5$에서 만나는 것 같지만, (ii)→(iii)으로 곡선의 아랫부분이 평퍼짐해질수록 양 접점, 즉 A-**포화조성점**(A-saturated composition)과 B-**포화조성점**(B-saturated composition) 사이의 거리가 멀어지는 것을 볼 수 있다. 화합물 AB의 존재 영역은 A가 포화된 조성에서 B가 포화된 조성까지이므로 AB 단일 상이 안정한 조성 영역이 $x_B=0.5$를 중심으로 넓어지게 되는 것이다. (i)의 경우도 확대해 보면 두 접점이 붙어 있지 않고 서로 떨어져 있으리라는 것을 쉬이 짐작할 수 있을 것이다. 이런 의미에서 응집상 화합물은 정도의 차이만 있을 뿐, 모두가 예외 없이 부정비(조성) 화합물(nonstoichiometric compounds)이다. 한 화합물이 단일 상으로 존재하는 조성 영역을 이 상의 **안정 영역**(stability range) 또는 **동질 영역**(homogeneity range)이라 부른다. 정비조성은 무슨 특별한 의미를 갖는 것이 아니고 그저 이 화합물의 동질 영역 안의 한 특정 조성에 지나지 않는다. 심지어 경우에 따라서는 AB에 해당하는 정비조성점이 이 상의 존재 영역 바깥에 있을 수도 있다.

A도 B도 모두 응집상이고 이들 사이에 1개의 화합물 AB가 생기는 경우, 일반적인 $\Delta G^M(x_B)$ 곡선분포, 각 평형상의 존재 영역, 특정 조성점들을 그림 13.3(b)에 요약하였다. 여기에는 AB에 대한 섞임 자유에너지 곡선 (iii) ΔG^M_{AB} 뿐만 아니라 A도 B도 엄

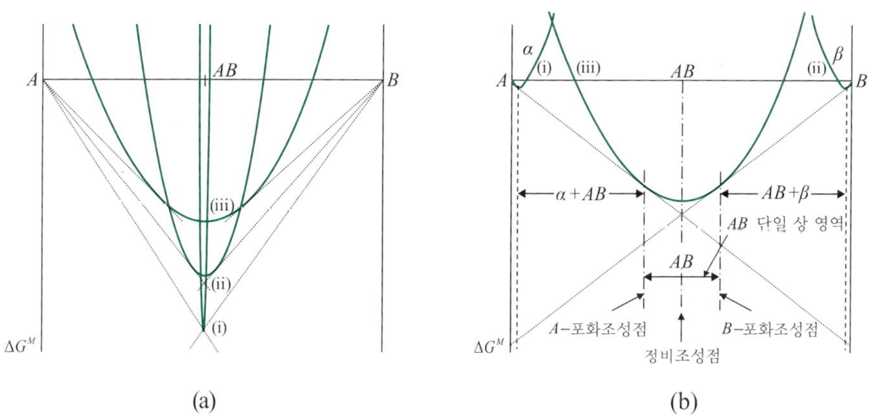

그림 13.3 (a) 부정비조성 화합물의 열역학적 연원. 화합물 AB의 ΔG^M_{AB} 대 x_B 곡선 모양이 (i)에서 (iii)으로 평퍼짐해질수록 AB가 존재할 수 있는 조성 영역이 넓어지며, 아무리 뾰족해져도 양쪽 끝 성분과의 공통접선은 엄밀한 의미에서 서로 만날 수 없다. (b) 부정비 화합물 AB를 포함하는 A-B 2성분계의 ΔG^M 대 x_B 곡선과 각 평형상의 존재 영역. 정비조성은 오로지 1개의 특정 조성에 불과하다.

밀한 의미에서는 순수하지 않고 상호 용해도(mutual solubility)로 인하여 각각 용액으로 존재할 것이므로 이들 2개의 용액 α, β에 대한 섞임 자유에너지 곡선 (i) ΔG_α^M, (ii) ΔG_β^M 도 함께 표시하였다. 만약 $A-B$ 간 상호 용해도가 무시할 수 있을 정도로 작다면 이 두 섞임 자유에너지 곡선은 각 조성축에 착 달라붙어 그 축에 겹치고 있는 것처럼 보일 것이다. 그림 13.3(a)가 그런 경우이다.

일반적으로 부정비 산화물 M_aO_b는 그 단일 상 영역에서 조성이 M으로 포화된 조성(M-saturated composition)에서 O로 포화된 조성(O-saturated composition)까지 변하므로, 보통

$$M_{a+\delta}O_b \quad \text{또는} \quad M_aO_{b+\delta}$$

와 같이 나타낸다. 이때 δ는 정비조성으로부터 벗어난 정도(deviation from stoichiometric composition)를 나타내는 변수로서 간단히 **부정비량**(nonstoichiometry)이라 부른다. $\delta = 0$일 때를 **정비조성**이라 하고, 특별히 $|\delta| \ll 1$인 화합물을 통상 **정비(조성) 화합물**이라 부른다.

13.4.2 부정비 화합물의 열역학

부정비 화합물에 관한 한 가장 극적인 계가 Fe–O 계이다. 이 계에는 광물명으로 wüstite라 부르는 $Fe_{1-\delta}O$, magnetite라 부르는 $Fe_{3-\delta}O_4$, hematite라 부르는 $Fe_{2+\delta}O_3$ 등 3종의 산화물이 중간 화합물로 존재한다. 특히 wüstite, $Fe_{1-\delta}O$는 온도에 따라 다르지만 δ가 $0.05 \le \delta \le 0.15$ 범위에 있어서, 'FeO'라는 정비조성 화합물은 숫제 이 자연계에 존재조차 하지 않는다. 그래서 이 가상의 정비(조성) 화합물을 나타낼 때에는 그 격자분자식 양쪽에 따옴표를 붙여 "FeO"와 같이 쓴다. 아닌 게 아니라 $Fe_{1-\delta}O$는 부정비가 가장 큰 화합물로 알려져 있다. 이제 이 대표적인 계를 예로 들어 부정비 화합물을 열역학적으로 기술하는 방법을 공부하자.

13.4.2.1. 상평형도와 섞임 자유에너지 및 활동도 대 조성 그림

Fe–O 2성분계의 상평형도는 그림 13.4와 같다. 이 상평형도에서는 Fe와 O를 성분으로 선택하는 대신에 "FeO"와 Fe_2O_3를 성분으로 선택하였다. 열역학의 최대 강점 중 하나는 열역학의 논리는 성분을 무엇으로 선택하든지 상관없다는 사실이다. 이 상평형도에서 보면 여느 상평형도에서는 볼 수 없는 쇄선(dot-and-dash line)들이 그어져 있는데, 이들은 산소분압 등압선으로서 $1 \sim 10^{-30}$ atm까지의 영역에 걸쳐서 단일 상

영역에서는 음의 기울기를 가지는 사선으로, 두 상 영역에서는 나란한 평행선으로 그어져 있는 것을 볼 수 있다.

예를 들어 1200°C일 때를 보면 “FeO”축에서 오른쪽으로 산소의 양이 점점 증가하면서 (i) γ–Fe + wüstite, 두 응집상 영역(점 a까지), (ii) wüstite 단일 응집상 영역(점 a에서 b까지), (iii) wüstite + magnetite, 두 응집상 영역(점 b에서 c까지), (iv) magnetite 단일 응집상 영역(점 c에서 d까지), (v) magnetite + hematite, 두 응집상 영역(점 d에서 e까지)이 차례로 나타난다.

이 온도에서 섞임 자유에너지 대 조성 그림은 Fe와 O를 성분으로 선택할 때 표준상태 Fe($x_O = 0$)에서 표준상태 $O_2/2$($x_O = 1$)까지, (i) 엄밀하게 말하면 O가 용해된 Fe–용액, (ii) wüstite($Fe_{1-\delta}O$) 용액, (iii) magnetite($Fe_{3-\delta}O_4$) 용액, (iv) hematite($Fe_{2+\delta}O_3$) 용액 등 4개의 서로 다른 응집상 용액에 대한 섞임 자유에너지 곡선들로 구성될 터인

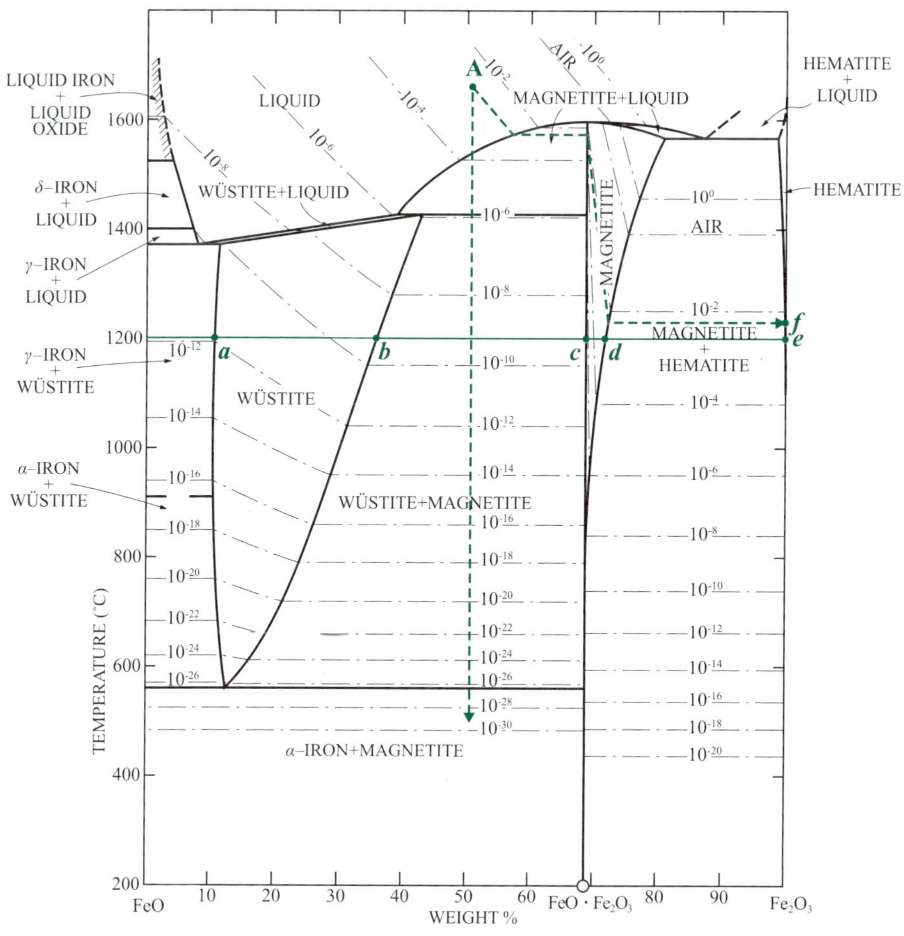

그림 13.4 FeO–Fe_2O_3 계의 상평형도.
(A. Muan and E. F. Osborn, *Phase Equilibria among Oxides in Steelmaking*, 1965)

데, 여기에 공통접선을 그리고 그 접점들로부터 각 평형상의 존재 영역을 찾으면 위의 상평형도에서 읽어낸 5개의 영역을 찾을 수 있을 것이다. 실제 O의 Fe에 대한 용해도는 무시할 수 있을 정도로 적으므로 이 Fe-용액을 순수한 Fe로 보고, Fe-축($x_O=0$)에서 O-축($x_O=1$)까지 $Fe_{1-\delta}O$와 $Fe_{3-\delta}O_4$에 대한 상대적 몰당 섞임 자유에너지 곡선만을 그려보면 그림 13.5(a)와 같다. 이 그림에서 O의 몰분율로 나타낸 조성축 x_O는 균일한 단위 간격으로 표시하지 않고, 화합물의 조성을 편리하게 나타내기 위하여 임의로 조절하여 표시하였다. 그러나 열역학적 분석에는 아무런 영향이 없다.

이제 Fe-축 원점($x_O=0$)으로부터 wüstite 용액의 섞임곡선(w)에 공통접선을 그으면 점 a에서 만난다. 이 조성점 a가 바로 상평형도 13.4의 점 a로서, Fe가 포화된 wüstite 조성 $Fe_{1-\delta^*}O$에 해당한다. 이 점 a로부터 곡선(w)을 따라 접선을 계속 그어 나가다 보면 조성점 b에서 magnetite 용액 섞임곡선(m) 상의 점 c에 닿는 공통접선을 또 하나 얻게 된다. 이 점들 역시 상평형도 13.4의 점 b, c와 같은 점으로서, 조성점 b는 O가 포화된 wüstite 조성 $Fe_{1-\delta^{**}}O$에 해당하고, 점 c는 Fe가 포화된 magnetite 조성으로 이 경우에는 특별히 Fe_3O_4 정비조성점에 해당한다. 이 점 c로부터 접선을 계속 그어 나가면 궁극적으로 O가 포화된 magnetite 조성점과 Fe가 포화된 hematite 조성점이 연결되는 공통접선이 생길 것이다. 요약하면, 상평형도(그림 13.4)의 1200°C 묶음선(tie line)에 대응하여, 그림 13.5(a) 섞임 자유에너지 그림에서

(i) $x_O=0$에서 조성점 a까지: $Fe+Fe_{1-\delta^*}O$ 두 응집상 영역(실제 상의 수는 산소 기상을 포함하여 $\phi=3$)

(ii) 조성점 a에서 b까지: $Fe_{1-\delta}O$ 단일 응집상 영역(산소 기상을 포함하여 $\phi=2$)

(iii) 조성점 b에서 c까지: $Fe_{1-\delta^{**}}O+Fe_3O_4$ 두 응집상 영역(산소 기상을 포함하여 $\phi=3$)

전체 몰당 섞임 자유에너지 곡선 ΔG^M의 한 접선이 양 조성축과 만나는 절편이 각각 그 성분 k(=Fe,O)의 부분 몰당 섞임 자유에너지 $\Delta\overline{G}_k^M = RT\ln a_k$에 해당한다. 휘발성이 더 큰(그래서 측정하기 쉬운) 성분 O의 활동도 $a_O(\equiv P_{O_2}^{1/2})$를 O-축 절편으로부터 읽어 조성 범위 $x_O=0$부터 조성점 c까지 조성에 대하여 그려보면 그림 13.5(b)와 같게 된다. $Fe+Fe_{1-\delta^*}O$ 두 응집상 영역에서 산소의 활동도 혹은 산소분압이 $P_{O_2}^*$로 일정하고, wüstite $Fe_{1-\delta}O$ 단일 응집상 영역에서는 산소의 함량과 더불어 산소의 활동도가 단조증가하다가, $Fe_{1-\delta^{**}}O+Fe_3O_4$ 두 응집상 영역이 되면 다시 산소의 활동도 또는 산소분압이 $P_{O_2}^{**}$로 고정된다. 이때 만약 wüstite의 δ-변화 폭 혹은 존재 영역

$[\delta^*, \delta^{**}]$이 점점 좁아진다면 a_O의 x_O에 대한 기울기가 점점 더 가팔라지다가, 궁극적으로 $\delta^{**}-\delta^* \approx 0$이 되면 a_O는 불연속적으로 증가하는 것처럼 보일 것이다. 이것이 바로 그림 13.2에서 본 선 화합물(line compound)의 경우에 해당한다.

주어진 온도에서 순수한 금속 Fe를 $P^*_{O_2}$보다 낮은 산소분압하에 두면 Fe는 그대로 있고, 더 높은 산소분압하에 두면 Fe는 모두 산화하여 wüstite가 되고 만다. 오로지 산소분압이 $P^*_{O_2}$로 일정하게 유지되는 경우에만 $Fe + Fe_{1-\delta^*}O$ 두 상이 평형을 이루어 공존한다. $Fe_{1-\delta^{**}}O + Fe_3O_4$ 경우에도 마찬가지이다.

이 평형산소분압은 실험적으로 손쉽게 측정할 수 있다. 예를 들어 길쭉한 Fe 박편을 그 길이 방향으로 온도 물매를 걸어 두고 일정한 산소분압하에 노출시켜 평형상태에 이르게 한 후 급랭하여 이 박편의 길이 방향으로 상 분석을 하였을 때, 높은 온도 쪽에 Fe가 그대로 있고 낮은 온도 쪽에 wüstite가 생겼다면 이들 두 상의 경계면 온도가 바로 이 산소분압이 $P^*_{O_2}$가 되는 온도에 해당한다. 실제 이 방법으로 US Steel Corp.의 Darken과 Gurry[5]는 이 Fe−O 계의 상평형도를 최초로 정밀하게 확립하고 열역학적 특성을 분석함으로써 불후의 재료열역학 고전을 남겼다.

13.4.2.2. 부정비 화합물의 섞임 자유에너지와 생성 자유에너지

그러면 부정비 화합물의 표준생성 자유에너지는 어떻게 정의하면 될까? 그림 13.5(a)의 wüstite상 $Fe_{1-\delta}O$를 가지고 생각해 보자. 역시 용액과 화학반응 생성물 두 가지 관점에서 기술할 수 있을 것이다. 우선 용액의 관점에서 보자. 표준상태의 Fe와 O를 $(1-\delta^*)$:1의 비율로 섞어 입자 수 1몰에 해당하는 응집상 용액 $Fe_{1-\delta^*}O$를 만드는 과정을 화학식 형태로 기술하면,

$$\frac{1}{2-\delta^*}\left[(1-\delta^*)\mathrm{Fe} + \frac{1}{2}\mathrm{O}_2\right] = \frac{1}{2-\delta^*}(\mathrm{Fe}_{1-\delta^*}\mathrm{O}) \tag{13.43}$$

이때 수반되는 상대적 전체 몰당 섞임 자유에너지는 그림 13.5(a)에서 조성점 $Fe_{1-\delta^*}O$로부터 점 a까지의 길이에 해당한다.

$$\Delta G^M_{\mathrm{Fe}1-\delta^* O} = \frac{1}{2-\delta^*}\left[(1-\delta^*)\Delta\overline{G}^M_{\mathrm{Fe}} + \Delta\overline{G}^M_{\mathrm{O}}\right] \tag{13.44}$$

---

5 L.S. Darken and R. W. Gurry, *The System Iron−Oxygen. I. The Wüstite Field and Related Equilibria*, J. Am. Chem. Soc., 67 (1945) 1398~1412.

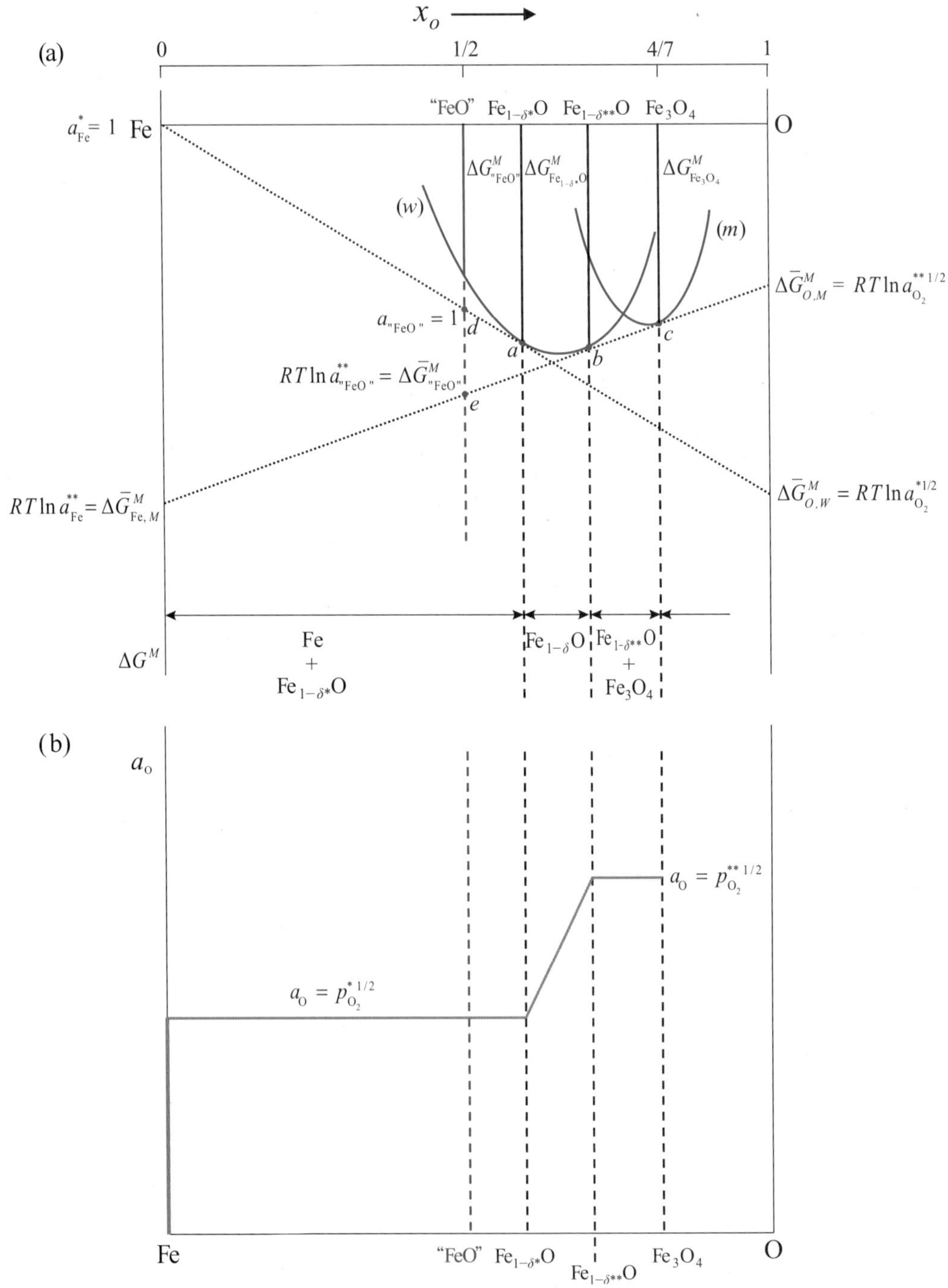

그림 13.5 (a) 1200°C일 때 Fe−O 계의 ΔG^M 대 x_O 그림, (b) 이에 대응하는 a_O 대 x_O 그림(점 *a*, *b*, *c*는 그림 13.4의 상평형도 점 *a*, *b*, *c*에 해당한다).

각 성분의 상대적 부분 몰당 섞임 자유에너지 $\Delta\overline{G}_k^M(k=\text{Fe,O})$는 원점($x_\text{O}=0$, $\Delta G^M=0$)과 점 a를 지나는 공통접선이 양 조성축과 만나는 절편 값이므로, 그림 13.5(a)로부터

$$\Delta\overline{G}_\text{Fe}^M = 0\ ;\ \Delta\overline{G}_\text{O}^M = \Delta\overline{G}_\text{O,w}^M = RT\ln P_{\text{O}_2}^{*1/2} \tag{13.45}$$

따라서

$$\Delta G_{\text{Fe}_{1-\delta^*}\text{O}}^M = \frac{1}{2-\delta^*}RT\ln P_{\text{O}_2}^{*1/2} \tag{13.46}$$

한편 $Fe_{1-\delta^*}O$를 화학반응의 생성물로 보면, 그 생성반응식은

$$(1-\delta^*)\text{Fe} + \frac{1}{2}\text{O}_2 = \text{Fe}_{1-\delta^*}\text{O} \tag{13.47}$$

이 $Fe_{1-\delta^*}O$를 표준상태로 잡으면, 화학반응 평형조건 $\sum v_i\mu_i = 0$으로부터 이 반응식의 표준반응 자유에너지 $\Delta G^\circ_{\text{Fe}_{1-\delta^*}\text{O}}$는

$$\Delta G^\circ_{\text{Fe}_{1-\delta^*}\text{O}} = \mu^\circ_{\text{Fe}_{1-\delta^*}\text{O}} - (1-\delta^*)\mu^\circ_\text{Fe} - \frac{1}{2}\mu^\circ_{\text{O}_2} = RT\ln P_{\text{O}_2}^{*1/2} \tag{13.48}$$

이 된다. 이 결과를 식 (13.46)과 비교해 보면,

$$\Delta G^\circ_{\text{Fe}_{1-\delta^*}\text{O}} = (2-\delta^*)\Delta G^M_{\text{Fe}_{1-\delta^*}\text{O}} \tag{13.49}$$

여기에서 wüstite 단일 응집상 영역(그림 13.5의 점 a에서 b까지) 왼쪽 바깥에 있는 가상의 정비 화합물 "FeO"를 생각하자. 이 가상의 정비 화합물을 다음과 같이 용액으로 보고

$$0.5\left(\text{Fe} + \frac{1}{2}\text{O}_2\right) = 0.5\text{"FeO"} \tag{13.50}$$

그 몰당 섞임 자유에너지 $\Delta G^M_{\text{"FeO"}}$가 그림 13.5(a)에서 조성점 "FeO"에서 점 d까지의 길이와 같다고 하자. 그러면 이 그림의 Fe에서 O까지의 조성축과 점 a를 지나는 공통접선이 만드는 직각삼각형의 성질에 의하여,

$$\Delta G^M_{\text{"FeO"}} = \frac{1}{2} RT \ln P^{*1/2}_{O_2} \tag{13.51}$$

이 가상의 정비 화합물을 가상의 화학반응식

$$\text{Fe} + \frac{1}{2}\text{O}_2 = \text{"FeO"} \tag{13.52}$$

의 생성물로 보고 이 가상의 "FeO"를 표준상태($a_{\text{"FeO"}} = 1$)로 취급하면, 화학반응의 평형조건으로부터

$$\Delta G^o_{\text{"FeO"}} = \mu^o_{\text{"FeO"}} - \mu^o_{\text{Fe}} - \frac{1}{2}\mu^o_{O_2} = RT \ln P^{*1/2}_{O_2} \tag{13.53}$$

이 되고, 이것을 식 (13.51)과 비교해 보면

$$\Delta G^o_{\text{"FeO"}} = 2\Delta G^M_{\text{"FeO"}} \tag{13.54}$$

이다. 이 결과는 위의 식 (13.47)~(13.49)와 동일하다.

그렇다면 온도에 따라 부정비량 δ^*가 달라지는 Fe가 포화된 부정비 화합물 $\text{Fe}_{1-\delta^*}\text{O}$의 생성식 (13.47)에 대하여 표준생성 자유에너지를 기술하는 대신, 조성이 고정된 가상의 정비 화합물 "FeO"의 생성식 (13.52)에 대하여 표준생성 자유에너지를 기술하는 것이 더 간단하지 않을까? 이뿐만이 아니다. 사실은 이것이 열역학 논리에도 맞다. Gibbs-Helmholtz 식을 적용하여 표준생성 자유에너지로부터 표준생성 엔탈피를 계산해 보자. Gibbs-Helmholtz 식은 전체 압력과 조성이 고정되어 있을 때 사용하는 식이다. 생성식 (13.47)에서는 반응식의 정비계수 δ^*가 온도에 따라 변한다. 그러므로 $\text{Fe}_{1-\delta^*}\text{O}$의 생성식에는 적용할 수 없다. 그러나 생성식 (13.52)에서는 반응식의 정비계수가 고정되어 있으므로, 표준생성 반응 엔탈피를 정의할 수 있다.

$$\Delta H^o_{\text{"FeO"}} = \left[\frac{\partial(\Delta G^o_{\text{"FeO"}}/T)}{\partial(1/T)}\right]_{P,composition} = \frac{1}{2}R\left[\frac{\partial \ln P^*_{O_2}}{\partial(1/T)}\right] \tag{13.55}$$

13.4.2.3. Wüstite 조성과 성분들의 활동도

그림 13.5(b)에서 보면, 일정한 온도에서 $\text{Fe}_{1-\delta}\text{O}$ 단일 상의 부정비량 δ가 δ^*에서 δ^{**}까지 증가할 때, O의 활동도 a_O는 $P^{*1/2}_{O_2}$에서 $P^{**1/2}_{O_2}$까지 증가한다. 지금 조성 수 $C = 2$(Fe,O)이고 상 $\phi = 2$(wüstite와 기상)이므로, 우리 계의 자유도는 $F = C + 2 - \phi = 2$

이다. 그러므로 부정비량을 포함하여 모든 열역학적 특성은 2개의 독립변수에 의하여 일의적으로 결정되어야 한다. 이 2개의 변수를 T와 $a_O(\equiv P_{O_2}^{1/2})$ 또는 산소분압 P_{O_2}로 선택하면 부정비량 δ 역시

$$\delta = \delta(T, P_{O_2}) \tag{13.56}$$

이런 관계식을 조성에 관한 **상태방정식**이라 부르며, 실험적으로 손쉽게 측정할 수 있다. 그러면 주어진 온도에서 조성과 산소분압, 즉 산소의 활동도와의 관계식 $\delta = \delta(a_O)$를 알 때 성분 Fe의 활동도 $a_{Fe}(\delta)$는 어떻게 변화할까? 정량적으로 한번 계산해 보자.

온도가 일정할 때 구성분 Fe와 O로 이루어진 2성분계 wüstite 상 $Fe_{1-\delta}O$에 대한 Gibbs-Duhem 식을 쓰면,

$$(1-\delta)d\mu_{Fe} + d\mu_O = 0 \tag{13.57}$$

따라서

$$(1-\delta)d\ln a_{Fe} + d\ln a_O = 0 \tag{13.58}$$

이 식을 δ^*부터 임의의 δ까지 적분하면 $a_{Fe}(\delta^*) = 1$이므로

$$\ln a_{Fe}(\delta) = -\int_{P_{O_2}^*(\delta^*)}^{P_{O_2}(\delta)} \frac{1}{1-\delta} d\ln P_{O_2}^{1/2} \tag{13.59}$$

즉 상태방정식 (13.56)을 이 식에 따라 적분하면 된다.

지금까지 우리는 우리 계를 Fe와 O로 이루어진 계로 보고 각 성분의 활동도 등을 계산하였다. 앞에서 이미 말했듯이, 열역학은 성분의 선택에 무관하다. 이번에는 우리 계를 정비조성 "FeO"와 O의 2성분계로 기술해 보자. 우리 계 전체의 Gibbs 자유에너지 G는 구성분의 선택에 무관하므로,

$$G = (1-\delta)\mu_{Fe} + \mu_O = (1-\delta)\mu_{\text{"FeO"}} + \delta\mu_O \tag{13.60}$$

그러면 Gibbs-Duhem 식은

$$(1-\delta)d\mu_{\text{"FeO"}} + \delta d\mu_O = 0 \quad \text{또는} \quad (1-\delta)d\ln a_{\text{"FeO"}} + \delta d\ln a_O = 0 \tag{13.61}$$

이 대목에서 그림 13.5(a)를 다시 보자. 점 a에 해당하는 조성 $Fe_{1-\delta^*}O$는 순수한 Fe와 평형을 이루고 있으므로 $a_{Fe} = 1$인데, 점 d에 해당하는 정비조성 "FeO"도 이와 동

일한 공통접선 위에 있으므로 $Fe_{1-\delta^*}O$는 가상의 순수한 정비조성 화합물 "FeO"와도 평형을 이루고 있는 것과 같다. 따라서 점 d의 "FeO"를 표준상태 "FeO", 즉 $a_{\text{"FeO"}}=1$인 상태로 간주하고, 식 (13.61)을 점 a로부터 적분하여 $a_{\text{"FeO"}}$를 계산해 보면,

$$\ln a_{\text{"FeO"}}(\delta) = -\int_{P^*_{O_2}(\delta^*)}^{P_{O_2}(\delta)} \frac{\delta}{1-\delta} d\ln P_{O_2}^{1/2} \tag{13.62}$$

임의조성의 wüstite 용액 $Fe_{1-\delta}O$를 Fe−O 2성분계로 기술하면 $a_{Fe(\delta)}$가 식 (13.59)로 주어지고, "FeO"−O 2성분계로 기술하면 $a_{\text{"FeO"}(\delta)}$가 식 (13.62)로 주어진다. 같은 것을 다른 각도에서 보는 차이일 뿐 본질은 같은 것이니, 이들 두 표현식은 서로 호환될 수밖에 없을 것이다. 반응식 (13.52)의 화학반응 평형조건을 써보면,

$$\frac{a_{\text{"FeO"}}}{a_{Fe}a_O} \equiv K_a = \exp\left(-\frac{\Delta G^o_{\text{"FeO"}}}{RT}\right) \tag{13.63}$$

그러므로

$$\int d\ln a_{\text{"FeO"}} = \int d\ln a_{Fe} + \int d\ln P_{O_2}^{1/2} \tag{13.64}$$

또는 적분 구간 $\left[P^*_{O_2}(\delta^*), P_{O_2}(\delta)\right]$에서

$$\ln a_{\text{"FeO"}}(\delta) = \ln a_{Fe}(\delta) + \int_{P^*_{O_2}(\delta^*)}^{P_{O_2}(\delta)} d\ln P_{O_2}^{1/2} \tag{13.65}$$

이 식을 식 (13.62)에 대입하여 정리하면 바로 식 (13.59)이다. 한 평형계의 열역학적 기술은 성분의 선택에 무관하다.

13.4.2.4. 각 성분의 상대적 부분 몰당량

단일 응집상 wüstite의 상태방정식 (13.56)을 보면 평형산소분압이 온도와 조성의 함수 $P_{O_2} = P_{O_2}(T,\delta)$로 일의적으로 주어진다. 이는 다시 말하여 표준상태 기체 산소에 대한 상대적 부분 몰당 섞임 자유에너지 $\Delta\overline{G}^M_O$이 T와 δ의 함수로 결정된다는 말이다:

$$\Delta\overline{G}^M_O(T,\delta) \equiv \mu_O - \frac{1}{2}\mu^o_{O_2} = \frac{1}{2}RT\ln P_{O_2} \tag{13.66}$$

마찬가지로 Fe와 "FeO"의 그것에 대해서도 각각:

$$\Delta\overline{G}^M_{\text{Fe}}(T,\delta) \equiv \mu_{\text{Fe}} - \mu^o_{\text{Fe}} = RT\ln a_{\text{Fe}} \tag{13.67}$$

$$\Delta\overline{G}^M_{\text{“FeO”}}(T,\delta) \equiv \mu_{\text{“FeO”}} - \mu^o_{\text{“FeO”}} = RT\ln a_{\text{“FeO”}} \tag{13.68}$$

이들 3개의 상대적 부분 몰당 섞임 자유에너지는 겉보기에는 서로 다르지만, Gibbs-Duhem 식으로 연계되어 있어서 이 중 1개만 독립적이다. 이들 정보는 모두 실험적으로 얻는 1개의 상태방정식 (13.56)으로부터 나오는 것이다. 서로 연계되어 있지만 이들 성분이 한 부정비 화합물 바대에 들어갈 때 그 부분 몰당 엔탈피 변화가 어떻게 되는지 알아보자. 식 (13.66)~(13.68)에 Gibbs-Helmholtz 식을 적용하면,

$$\Delta\overline{H}^M_{\text{O}} = \left[\frac{\partial(\Delta\overline{G}^M_{\text{O}}/T)}{\partial(1/T)}\right]_\delta = \frac{1}{2}R\left[\frac{\partial\ln P_{\text{O}_2}}{\partial(1/T)}\right]_\delta \tag{13.69}$$

$$\Delta\overline{H}^M_{\text{Fe}} = \left[\frac{\partial(\Delta\overline{G}^M_{\text{Fe}}/T)}{\partial(1/T)}\right]_\delta = R\left[\frac{\partial\ln a_{\text{Fe}}}{\partial(1/T)}\right]_\delta \tag{13.70}$$

$$\Delta\overline{H}^M_{\text{“FeO”}} = \left[\frac{\partial(\Delta\overline{G}^M_{\text{“FeO”}}/T)}{\partial(1/T)}\right]_\delta = R\left[\frac{\partial\ln a_{\text{“FeO”}}}{\partial(1/T)}\right]_\delta \tag{13.71}$$

상평형도 13.4의 wüstite 단일 상 영역에서 측정된 상태방정식 (13.56)으로부터 각각의 부분 섞임 엔탈피를 계산한 것이 그림 13.6이다.

여기서 다시 한 번 강조하지만, 이들 3개의 부분 몰당량들은 Gibbs-Duhem 식

$$(1-\delta)d\Delta\overline{H}^M_{\text{Fe}} + d\Delta\overline{H}^M_{\text{O}} = (1-\delta)d\Delta\overline{H}^M_{\text{“FeO”}} + \delta d\Delta\overline{H}^M_{\text{O}} = 0 \tag{13.72}$$

로 연계되어 있어서 서로 독립적이지 않다.

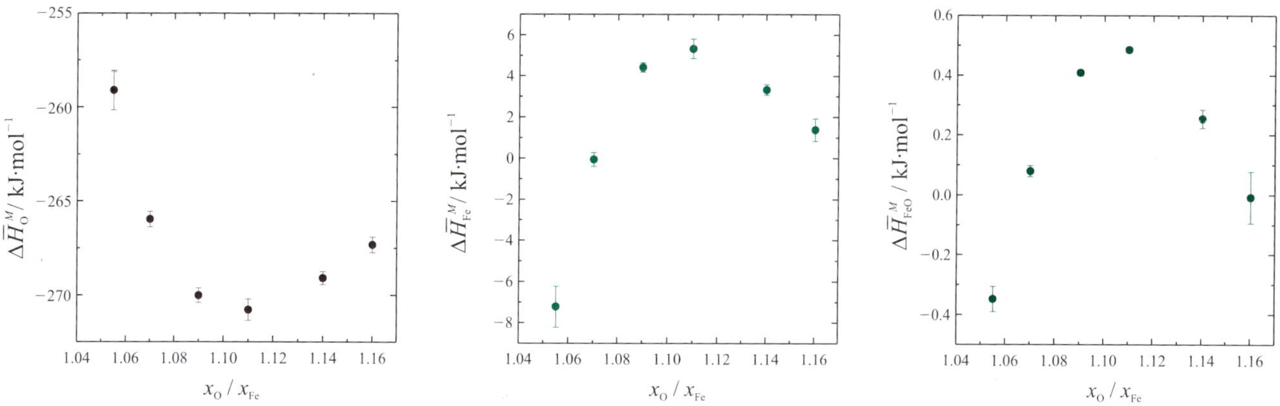

그림 13.6 $Fe_{1-\delta}O$의 상태방정식 $P_{O_2}=P_{O_2}(T,\delta)$로부터 계산한 성분의 상대적 부분 몰당 엔탈피. [data from L.S. Darken and R. W. Gurry, J. Am. Chem. Soc., 67 (1945) 1398~1412]

13.4.2.5. $Fe_{1-\delta}O$와 Fe_3O_4의 상평형

그림 13.5(a)와 (b)에서 보면 일정한 온도에서 $Fe_{1-\delta}O$의 산소분압이 $P^{**}_{O_2}$에 이르면 wüstite의 조성은 $Fe_{1-\delta^{**}}O$로 산소가 포화되면서 건너편 정비조성의 Fe_3O_4 상과 평형을 이루게 된다. 이때 열역학적 자유도는 $Fe_{1-\delta^*}O$와 Fe가 평형을 이루어 공존할 때처럼 $F = C + 2 - \phi = 2 + 2 - 3 = 1$이 된다.

이때 반응평형식을 써보면

$$\frac{3}{1-\delta^{**}}\mathrm{Fe}_{1-\delta^{**}}\mathrm{O} + \frac{1-4\delta^{**}}{2(1-\delta^{**})}\mathrm{O}_2 = \mathrm{Fe}_3\mathrm{O}_4 \tag{13.73}$$

$Fe_{1-\delta^{**}}O$와 Fe_3O_4를 각각 표준상태($a_{\mathrm{Fe}_{1-\delta^{**}}\mathrm{O}} = 1, a_{\mathrm{Fe3O4}} = 1$)로 잡으면, 식 (13.73)의 반응평형 조건($\sum v_i \mu_i = 0$)으로부터 Fe_3O_4 몰당 표준생성 반응 자유에너지 $\Delta G^o_{\mathrm{Fe3O4}}$는

$$\begin{aligned}\Delta G^o_{\mathrm{Fe3O4}} &\equiv \mu^o_{\mathrm{Fe3O4}} - \frac{3}{1-\delta^{**}}\mu^o_{\mathrm{Fe}_{1-\delta^{**}}\mathrm{O}} - \frac{1-4\delta^{**}}{2(1-\delta^{**})}\mu^o_{\mathrm{O_2}} \\ &= \frac{1-4\delta^{**}}{2(1-\delta^{**})}RT\ln P^{**}_{\mathrm{O_2}}\end{aligned} \tag{13.74}$$

평형산소분압 $P^{**}_{O_2}$와 그때의 wüstite 조성 δ^{**} 2개만 포함하고 있어서 간단해 보이지만 온도에 따라 δ^{**}가 바뀌기 때문에 Gibbs–Helmholtz 식도 적용할 수 없는 등 열역학적 논리의 모순이 나타난다. 그러면 어떻게 열역학적 논리의 일관성을 확보할 수 있을까?

이런 모순은 오로지 식 (13.73)을 용액 생성반응으로 보았을 때, 용액 Fe_3O_4의 구성분(components)을 O와 더불어 조성이 온도에 따라 바뀌는 $Fe_{1-\delta^{**}}O$로 선택했기 때문에 생기는 일이다. 그러므로 이런 모순을 피하기 위해서는 조성이 고정된 물질을 열역학적 성분(end members)으로 선택해야 한다. 현재의 계에서 가장 자연스러운 선택은 (i) Fe−O거나, (ii) "FeO"−O이다. 열역학적 기술은 구성분의 선택에 무관해야 하므로, 이 두 가지 선택 각각에 대하여 생성 자유에너지를 기술한 다음 그들이 결국은 동일한 정보를 포함하고 있다는 것을 확인해 보자. 각 경우에 열역학적 관계를 용액열역학과 반응평형 열역학의 논리를 병행하여 설명할 터이니, 그림 13.5(a)를 참조하면서 따라오기 바란다.

(i) Fe와 O를 열역학적 성분으로 선택한 경우

Fe_3O_4는 3몰의 Fe와 4몰의 O로 이루어져 있다. 그러므로 우리 Fe_3O_4를 표준상태로 잡으면,

$$\mu^o_{\mathrm{Fe3O4}} = 3\mu_{\mathrm{Fe}} + 4\mu_{\mathrm{O}} \tag{13.75}$$

이는 반응식

$$3\mathrm{Fe} + 4\mathrm{O} = \mathrm{Fe_3O_4} \tag{13.76}$$

의 평형조건에 다름 아니다.

이 반응의 표준반응 자유에너지(standard reaction free energy) 또는 Fe_3O_4 1몰에 대한 표준생성 자유에너지(standard formation free energy) $\Delta G^o_{\mathrm{Fe3O4/Fe}}$는 궁극적으로 (3/7)Fe + (4/7)O 용액의 상대적 몰당 섞임 자유에너지 $\Delta G^M_{\mathrm{Fe3O4}}$의 7배와 같으므로, 그림 13.5(a) 도형의 기하적 성질로부터

$$\begin{aligned}\Delta G^o_{\mathrm{Fe3O4/Fe}} &= \mu^o_{\mathrm{Fe3O4}} - 3\mu^o_{\mathrm{Fe}} - 4\mu^o_{\mathrm{O}} \\ &= 3(\mu_{\mathrm{Fe}} - \mu^o_{\mathrm{Fe}}) + 4(\mu_{\mathrm{O}} - \mu^o_{\mathrm{O}}) \\ &= 3RT\ln a^{**}_{\mathrm{Fe}} + 4RT\ln P^{**\,1/2}_{\mathrm{O_2}} \\ &= 7\Delta G^M_{\mathrm{Fe3O4}}\end{aligned} \tag{13.77}$$

그림 13.5(a)에서 $\Delta G^M_{\mathrm{Fe_3O_4}}$은 조성점 Fe_3O_4($x_{\mathrm{O}} = 4/7$)로부터 점 c까지 길이에 해당하고, $\mu_{\mathrm{Fe}} - \mu^o_{\mathrm{Fe}}(= \Delta\overline{G}^M_{\mathrm{Fe,M}})$와 $\mu_{\mathrm{O}} - \mu^o_{\mathrm{O}}(= \Delta\overline{G}^M_{\mathrm{O,M}})$은 점 b와 c를 지나는 공통접선이 각각 Fe−축($x_{\mathrm{O}} = 0$)과 O−축($x_{\mathrm{O}} = 1$)을 끊는 절편 값이다. 실험으로 쉽게 측정할 수 있는 조성 δ^{**}와 $P^{**}_{\mathrm{O_2}}$에 대응하는 $\ln a^{**}_{\mathrm{Fe}}$ 값은 식 (13.59)에 의하여,

$$\ln a^{**}_{\mathrm{Fe}} = -\int_{\delta^*(P^*_{\mathrm{O_2}})}^{\delta^{**}(P^{**}_{\mathrm{O_2}})} \frac{1}{1-\delta}\, d\ln P^{1/2}_{\mathrm{O_2}} \tag{13.78}$$

생성반응 (13.76)의 모든 정비계수는 상수이므로, Fe_3O_4의 표준생성 엔탈피도 식 (13.55)에서처럼 Gibbs−Helmholtz 식에 의하여 일의적으로 정의된다:

$$\Delta H^o_{\mathrm{Fe3O4/Fe}} = 3R\left[\frac{\partial \ln a^{**}_{\mathrm{Fe}}}{\partial(1/T)}\right] + 4R\left[\frac{\partial \ln P^{**\,1/2}_{\mathrm{O_2}}}{\partial(1/T)}\right] \tag{13.79}$$

(ii) "FeO"와 O를 열역학적 성분으로 선택한 경우

이번에는 Fe_3O_4를 3"FeO"와 O의 집합으로 보면

$$\mu^o_{\mathrm{Fe3O4}} = 3\mu_{\mathrm{``FeO"}} + \mu_{\mathrm{O}} \tag{13.80}$$

이고, 이는 반응식

$$3\text{“FeO”} + \text{O} = \text{Fe}_3\text{O}_4 \tag{13.81}$$

의 평형조건에 해당한다.

이 반응의 표준반응 자유에너지(standard reaction free energy) 또는 Fe_3O_4 1몰에 대한 표준생성 자유에너지(standard formation free energy) $\Delta G^o_{\text{Fe3O4/“FeO”}}$ 는 궁극적으로 (3/4)“FeO”+(1/4)O 용액의 상대적 몰당 섞임 자유에너지 $\Delta G^M_{\text{Fe3O4/“FeO”}}$의 4배와 같다.

$$\begin{aligned}\Delta G^o_{\text{Fe3O4/“FeO”}} &= \mu^o_{\text{Fe3O4}} - 3\mu^o_{\text{“FeO”}} - \mu^o_{\text{O}} \\ &= 3(\mu_{\text{“FeO”}} - \mu^o_{\text{“FeO”}}) + (\mu_{\text{O}} - \mu^o_{\text{O}}) \\ &= 3RT\ln a^{**}_{\text{“FeO”}} + RT\ln P^{**\,1/2}_{\text{O}_2} \\ &= 4\Delta G^M_{\text{Fe3O4/“FeO”}}\end{aligned} \tag{13.82}$$

여기서 $\mu^o_{\text{“FeO”}}$ 와 $\mu_{\text{“FeO”}}$ 는 그림 13.5(a)에서 각각 점 d와 e에 해당하는 값으로, 만약 이 그림을 그림 13.4처럼 “FeO”–O를 양끝 성분으로 해서 그린다면 점 d가 원점이 되었을 것이다. 그러므로 점 d에서 e까지의 길이가 $\Delta\overline{G}^M_{\text{“FeO”}} = \mu_{\text{“FeO”}} - \mu^o_{\text{“FeO”}} = RT\ln a^{**}_{\text{“FeO”}}$ 에 해당하며, 이 값은 식 (13.65)에 의하여

$$\ln a^{**}_{\text{“FeO”}} = \ln a^{**}_{\text{Fe}} + \int_{P^*_{O_2}}^{P^{**}_{O_2}} d\ln P^{1/2}_{\text{O}_2} \tag{13.83}$$

또는 식 (13.78)을 대입하면

$$\ln a^{**}_{\text{“FeO”}} = -\int_{\delta^*(P^*_{O_2})}^{\delta^{**}(P^{**}_{O_2})} \frac{\delta}{1-\delta} d\ln P^{1/2}_{\text{O}_2} \tag{13.84}$$

그러면 식 (13.79)의 표준생성 엔탈피도 논리적 결함 없이 Gibbs–Helmholtz 식에 의하여

$$\Delta H^o_{\text{Fe3O4/“FeO”}} = 3R\left[\frac{\partial \ln a^{**}_{\text{“FeO”}}}{\partial(1/T)}\right] + R\left[\frac{\partial \ln P^{**\,1/2}_{\text{O}_2}}{\partial(1/T)}\right] \tag{13.85}$$

와 같이 주어지게 된다.

식 (13.76)에서 식 (13.81)을 빼면

$$3(\text{Fe} + \text{O}) = 3\text{“FeO”} \tag{13.86}$$

따라서

$$\Delta G^o_{Fe3O4/Fe} - \Delta G^o_{Fe3O4/\text{"FeO"}} = 3\Delta G^o_{\text{"FeO"}} \quad (13.87)$$

여기에 식 (13.77)과 (13.78), (13.82)와 (13.84)를 대입하여 정리하면 식 (13.53)을 다시 회수할 수 있을 것이다.

결론: 그러므로 어떤 부정비 화합물을 포함하는 계라도 그 성분(components)을 비록 가상의 화합물이라도 정비 화합물로 선택함으로써 조성 변화로 인한 논리적 모순 없이 그 열역학적 거동을 기술할 수 있다. 실제 모든 부정비 화합물의 표준생성 자유에너지, 생성 엔탈피, 생성 엔트로피 등은 정비조성을 표준상태로 삼아 보고되어 있다.

13.4.2.6. "FeO"-"Fe_2O_3" 계의 제1종 상평형도

Fe−O 2성분계의 열역학적 변수의 수는 $F = C + 2 - \phi = 2 + 2 - \phi$이다. 따라서 $\phi = 2$(1개의 응집상과 산소기체)면 $F = 2$, $\phi = 3$(2개의 응집상과 산소기체)이면 $F = 1$이 된다. 우리 계의 열역학적 변수로는 온도(T)와 조성, 또는 T와 조성의 켤레 세기변수인 산소분압(P_{O_2})을 선택하는 것이 실제 응용하기에 편리하다.

이제 다시 그림 13.4의 상평형도를 보자. 이 상평형도는 T와 조성($x = weight\%$)을 변수로 선택하여 열역학적 조건에 따른 상평형 관계를 기술하고 있다. wüstite와 같이 단일상 영역에서는 $F = 2$이므로 모든 평형특성은 T와 x에 의하여 일의적으로 결정된다. 따라서 이 단일 상의 평형산소분압도 식 (13.56)처럼 T와 x에 의하여 일의적으로 결정된다. 이런 이유로 wüstite와 같은 단일 응집상 영역에서 산소분압 등압선은 사선이 된다. 1200°C로 온도를 고정시키면, 평형산소분압은 당연히 조성만에 의하여 결정된다. 이게 이 상평형도에서 점 a와 b 사이에서 일어나는 일이다.

wüstite + magnetite 영역처럼 응집상 2개가 산소와 더불어 평형을 이루고 있는 3상 영역에서는 $F = 1$로서 평형산소분압이 T와 조성 중 하나에 의하여 결정된다. 예를 들어 온도가 1200°C로 고정되면 평형산소분압이 고정되므로, 점 b와 c 사이에서 보는 것처럼 두 평형 응집상의 조성이 b와 c로 고정된 가운데 그 등압선이 평균 조성에 상관없이 조성축에 나란하게 나타나는 것이다.

그러면 액상조성 A를 조성을 일정하게 유지하면서 식힐 때는 상변화가 어떻게 되는지 살펴보자. 응집상의 평균 조성을 일정하게 유지하면서 상변화가 일어나도록 하기 위해서는 밀봉된 용기를 액상 A로 가득 채워 기상의 부피를 무시할 수 있도록 해야 한다. 온도를 내리면, 그림 13.4에서 조성점 A에서부터 수직으로 내리 그은 점선 $x = 50weight\%$ 등조성선(isopleth)을 따라 산소분압이 약 3×10^{-3} atm부터 낮아지면서

$$\text{액상} \rightarrow (\text{액상} + \text{magnetite}) \rightarrow (\text{wüstite} + \text{magnetite}) \rightarrow (\alpha - \text{iron} + \text{magnetite})$$

순서로 전이한다. 온도가 500°C 근처에 이르렀을 때 평형산소분압은 10^{-30} atm 정도가 된다.

만약 액상 A 주위의 평형산소분압을 이 점 A에서의 평형산소분압(3×10^{-3} atm)으로 일정하게 유지하면서 식히면, 응집상 단일 상 영역에서는 사선이 되고 두 상 응집상 영역에서는 가로로 평형한 선이 되는 산소분압 등압선[그림의 쇄선(dash-dot line)]을 따라

액상→(액상+magnetite)→magnetite→(magnetite+hematite)→hematite

순서로 응집상 간 상전이를 한다. 이 쇄선이 Fe_2O_3축과 만나는 점 e의 온도(약 1220°C)에서

$$2Fe_3O_4+\frac{1}{2}O_2=3Fe_2O_3 \tag{13.88}$$

의 반응평형이 이루어지는데, 온도가 더 낮아지게 되면 이 일정한 산소분압하에서 반응은 오른쪽으로 움직여서 magnetite는 다 사라지고, 이 분압의 산소기체와 함께 hematite 응집상 1개가 남게 된다.

13.4.2.7. "FeO"-"Fe_2O_3" 계의 제2종 상평형도

그림 13.4의 상평형도는 각 평형상의 존재 영역과 함께 상태방정식 $P_{O_2}=P_{O_2}(T,x)$를 T 대 x 열역학적 평면에 도시한 것으로서, 각 단일 응집상의 존재 영역이 온도와

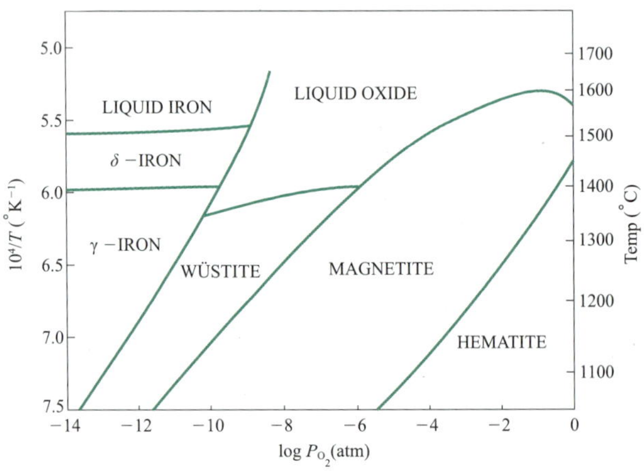

그림 13.7 T 대 $\log P_{O_2}$ 면에 나타낸 Fe−O 계의 상평형도. [Wagner, J. B, Jr., *Defects in Oxides*, American Ceramic Society Bulletin 53, 3 (1922), 224]

조성 범위로 나타난다. 그러나 실험의 관점에서는 이 단일 응집상의 존재 영역을 실험으로 손쉽게 조절 또는 제어할 수 있는 세기변수 범위로 나타내는 게 편리하다. 그림 13.4의 상평형도를 T 대 $\log P_{O_2}$ 평면으로 다시 그린 제2종 상평형도가 그림 13.7이다. 이때 단일 상의 평형조성은 상태방정식 $x = x(P_{O_2}, T)$로 주어진다. 두 종류 상평형도를 비교해 보면, $T-x$ 면에서 산소분압이 수평인 두 응집상 영역이 $T-P_{O_2}$ 평면에서는 선으로 나타나고 있다.

익힘문제

13.1 반응식

$$Mn_{(s)} + \frac{1}{2}O_{2(g)} = MnO_{(s)} \qquad \text{(i)}$$

에 대하여,

(a) 다음 관계식을 유도하라.

$$\Delta G = \Delta G^o + RT\ln Q \qquad \text{(ii)}$$

여기서 $Q_a = \dfrac{a_{\mathrm{MnO}}}{a_{\mathrm{Mn}} a_{\mathrm{O_2}}^{1/2}}$ (iii)

(b) ΔG^o의 의미는 무엇인가?

(c) ΔG는 무엇을 의미하는가?

(d) 반응평형상수 K_p와 Q_a는 어떻게 다른가?

(e) 반응식 (i)의 모든 반응물질과 생성물질이 다 표준상태에 있다면, 반응 (i)은 씌여진 대로 진행할까, 안 할까? 이유를 설명하라.

(f) 온도 T, 압력 P에서 Fe–Mn 고용체와 FeO–MnO 고용체와 분압이 P_{O_2}인 산소기체가 열역학적 평형을 이루고 있다. 만약 Fe–Mn 고용체는 정규용액(regular solution)이고 FeO–MnO 고용체는 이상용액이라고 하면, 이때 두 고용체의 조성을 계산할 수 있는 일반적인 관계식을 유도하라.

13.2 1000°C, 산소분압 10^{-11} atm하에서 A/B 고상합금이 AO/BO 산화물 고용체와 평형을 이루고 있다. 각각의 용액을 이상용액이라 가정하고 금속과 산화물 고용체의 조성을 계산하라. 이 온도에서 산화물 AO와 BO의 표준생성 Gibbs 자유에너지는 각각

$$\Delta G^o_{AO} = -146,220 \text{ J} \ ; \ \Delta G^o_{BO} = -109,660 \text{ J}$$

이다.

13.3 1200 K일 때 순수한 액상 Pb와 순수한 액상 PbO와 평형을 이루고 있는 산소기체의 분압이 2.16×10^{-9} atm이다. 이 액상 PbO에 SiO_2를 넣어 납규산염(lead silicate) 액상용액을 만들면 평형산소분압이 5.41×10^{-10} atm로 감소한다. 이 납규산염 액상용액 중 PbO의 활동도 a_{PbO}를 계산하라.

13.4 A–B 계의 상평형도는 아래 그림 13.8(a)와 같다. 성분 A의 증기압은 매우 낮은 데 반하여, 성분 B의 증기압은 A의 그것에 비하여 매우 높다. 이런 경우 화합물 AB의 표준생성 자유에너지를 그림 13.8(b)와 같은 소위 '이슬점 장치(dew point apparatus)'를 사용하여 실험적으로 구할 수 있다.

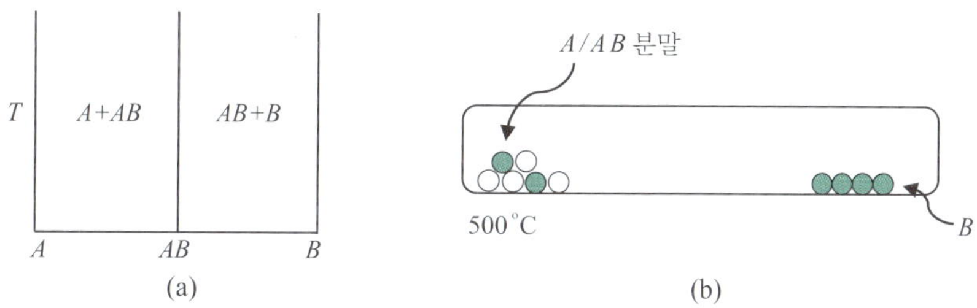

그림 13.8

이제 A와 AB 분말을 그림 (b)와 같이 튜브 한쪽 끝 부분에 넣고, 내부를 진공으로 만든 다음 밀폐한다. 그러고 나서 이 튜브 전체를 500°C에서 충분히 오랫동안 유지하여 계가 열역학적 평형에 이르도록 한 후, $A+AB$가 들어 있는 튜브의 왼쪽은 그대로 500°C로 유지한 채 오른쪽 끝 부분을 서서히 식히면 331°C에 이르러 이 부분에 B 증기가 고체로 응축하는 것을 볼 수 있다.

B의 용융점은 950°C, 고체상태 몰당 부피는 10 cm^3/mol이고, 그 평형 증기압 P_B는

$$\log(P_B/\text{atm}) = -5970/T + 5.22$$

이다.

(a) 500°C일 때 화합물 AB의 표준생성 자유에너지 $\Delta G^o_{f,AB}$를 구하라. 이 계산 중 혹 가정한 것이 있거든 다 열거하라.

(b) 어떤 상황이 되면 $\Delta G^o_{f,AB} = 0$이 되는가?

(c) (a)의 500°C일 때 이 계의 ΔG^M 대 x_B 그림과 a_B 대 x_B 그림을 가능한 한 정량적으로 그려라. AB의 상대적 몰당 섞임 자유에너지는 얼마인가?

(d) 이 온도에서 AB 화합물 두 성분의 활동도 a_A와 a_B 사이의 관계식을 구하라.

13.5 아래 그림 13.9는 압력이 일정할 때 $BaO(B)-TiO_2(T)$ 2성분계의 상평형도로서, 이 두 끝 조성 사이에 $Ba_2TiO_4(B_2T)$, $BaTiO_3(BT)$, $BaTi_2O_5(BT_2)$, $BaTi_3O_7(BT_3)$, $BaTi_4O_9(BT_4)$와 같은 중간 화합물들이 있다.

(a) (i) 'Hex. $BaTiO_3$', (ii) 'Cubic $BaTiO_3$ + liquid'라고 표시된 영역과, (iii) '1210°'라고 표시된 선상에서 열역학적 자유도는 각각 얼마인가?

(b) 1127°C에서 고상 TiO_2를 기준상태(Raoult 기준상태)로 한 TiO_2의 활동도 a_T를 조성 x_T에 대하여 개략적으로 그려라.

(c) 이 a_T 대 x_T 그림을 바탕으로 1127°C에서 ΔG^M을 x_T에 대하여 그려라.

(d) 이 계의 몇몇 화합물에 대하여 1400 K일 때 그 생성 자유에너지가 아래 표에서와 같이 주어져 있다.

화합물	BaO	Ba_2TiO_4	$BaTiO_3$	TiO_2
ΔG_f°/kJ-mol^{-1}	−416.372	−1731.231	−1255.054	−691.634

이 온도에서 Ba_2TiO_4와 $BaTiO_3$가 서로 평형을 이루고 있을 때 TiO_2와 BaO의 활동도를 각각 계산하라.

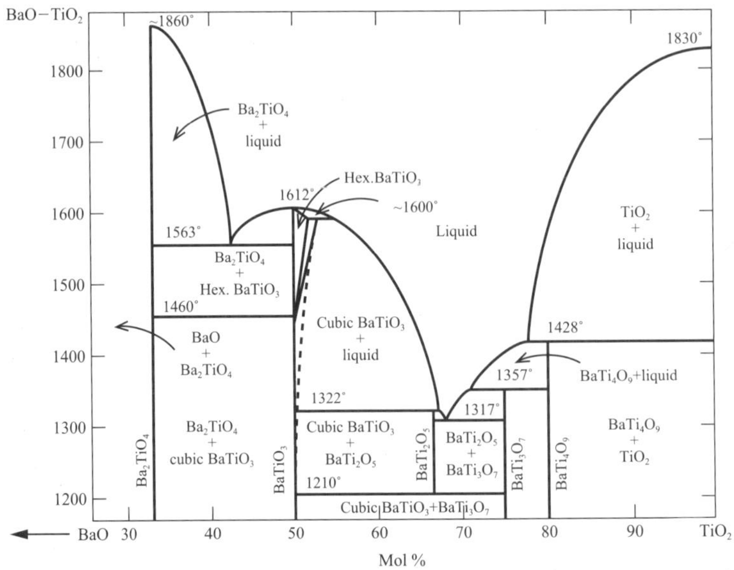

그림 13.9 $BaO-TiO_2$ 상태도.
(National Bureau of Standards, *Phase diagrams for Ceramists*, American Ceramic Society, 1975)

13.6 750 K에서 액상 Te이 순수한 고체 TeO_2로 포화되어 있을 때(즉 Te/TeO_2가 평형을 이루어 공존하고 있을 때) 액상 Te에 용해되어 있는 산소의 함량이 몰분율로2.04×10^{-4}이다. 이런 액상 Te를 같은 온도에서 산소분압이 10^{-20} atm인 기체와 평형을 이루게 하면 액상 Te에 녹아 있는 산소의 몰분율은 얼마인가? 산화반응 $Te_{(l)} + O_{2(g)} = TeO_{2(s)}$에 대하여,

$$\Delta G^o = -337{,}205 + 196.77T \text{ J/mol}-O_2$$

이다.

13.7 1000°C에서 Fe_xO(wüstite)가 Fe_3O_4(magnetite)와 평형을 이루고 있다.

(a) 이때 Fe_xO 상의 성분 Fe의 활동도(a_{Fe})를 구하라. 성분 Fe의 표준상태는 같은 온도일 때 순수한 Fe로 잡는다.

(b) 이때 Fe_xO의 열역학적 성분을 Fe–O 대신 "FeO"와 O로 보고, 성분 "FeO"의 활동도(a_{FeO})를 계산하라. "FeO"의 표준상태는 Fe로 포화된 Fe_xO와 평형을 이루는 가상의 정비 화합물 "FeO"로 잡는다.

Fe–O 계에 대해서는 다음 사실들이 실험적으로 알려져 있다.

(i) Fe/Fe_xO 두 상이 공존할 때의 평형산소분압:

$$\log P_{O_2(Fe/Fe_xO)}/\text{atm} = -\frac{27{,}300}{T} + 6.613$$

(ii) Fe_xO/Fe_3O_4 두 상이 공존할 때의 평형산소분압:

$$\log P_{O_2(Fe_xO/Fe_3O_4)}/\text{atm} = -10.497 - \frac{29{,}477}{T} + 6.7516\log T$$

(iii) 1000°C일 때 Fe_xO의 조성:

$$\frac{1}{x} = 0.043\log P_{O_2} + 1.687$$

연습문제 풀이

제1장 열역학 제-1법칙

1.1 (i) 필요조건 [$M(x,y)dx + N(x,y)dy = dz(x,y) \rightarrow \partial M/\partial y = \partial N/\partial x$] 증명:

$Mdx + Ndy$가 완전(exact)하면 $dz = Mdx + Ndy$인 완전미분(exact differential) $dz(x, y)$가 존재한다. 이 때

$$dz = \left(\frac{\partial z}{\partial x}\right)_y dx + \left(\frac{\partial z}{\partial y}\right)_x dy$$

이므로,

$$\left(\frac{\partial z}{\partial x}\right)_y = M; \quad \left(\frac{\partial z}{\partial y}\right)_x = N$$

이고, 이차미분의 경우 미분의 순서에 무관하므로,

$$\frac{\partial}{\partial y}\left(\frac{\partial z}{\partial x}\right) = \frac{\partial}{\partial x}\left(\frac{\partial z}{\partial y}\right) \qquad \text{즉,} \qquad \frac{\partial M}{\partial y} = \frac{\partial N}{\partial x}$$

(ii) 충분조건 [$\partial M/\partial y = \partial N/\partial x \rightarrow M(x,y)dx + N(x,y)dy = dz(x,y)$]의 증명.

완전미분 dz가 존재한다면, $\partial z(x,y)/\partial x = M(x,y)$일 것이므로, 이를 적분하면

$$z(x,y) = \int M(x,y)dx + g(y)$$

따라서 $g(y)$는 반드시 y만의 함수가 되어야 한다.

이 식의 양변을 y에 대하여 편미분하면

$$\frac{\partial z}{\partial y} = N(x, y); = \frac{\partial}{\partial y}\int M(x, y)dx + \frac{dg(y)}{\partial y}$$

또는 $$\frac{dg(y)}{\partial y} = N(x, y) - \frac{\partial}{\partial y}\int M(x, y)dx$$

이식의 우변을 x에 대하여 편미분하면

$$\frac{\partial}{\partial x}\left(\frac{\partial g}{\partial y}\right) = \frac{\partial N}{\partial x} - \frac{\partial}{\partial y}\left(\frac{\partial}{\partial y}\int Mdx\right) = \frac{\partial N}{\partial x} - \frac{\partial M}{\partial y}.$$

그러므로 $\partial M/\partial y = \partial N/\partial x$이면 $\partial(dg/dy)/\partial x = 0$, 즉 $g(y)$가 y만의 함수가 된다. 이 증명방법은 $g(y)$를 구하는 방법이기도 하나. (Q.E.D.)

1.2 (a) 불완전 $\because \dfrac{\partial M}{\partial y} = e^y \neq \dfrac{\partial N}{\partial x} = e^y + 1$

(b) 완전 $\because \dfrac{\partial M}{\partial y} = \dfrac{\partial N}{\partial x} = 1$

모함수 $f(x,y)$: $f = \int Mdx + g(y) = x^2 + xy + g(y);$

$$\frac{\partial f}{\partial y} = x + 2y = x + \frac{dg}{dy}, \quad \therefore g(y) = \int 2ydy = y^2 + C$$

따라서 $f = x^2 + xy + y^2 + C$. 여기서 C는 적분상수.

(c) 완전 $\because \dfrac{\partial M}{\partial y} = \dfrac{\partial N}{\partial x} = e^x;$

모함수 $f(x,y)$: $f = \int Ndy = (1 + e^x)y + g(x);$

$$\frac{\partial f}{\partial x} = e^x y + \frac{dg}{dx} = e^x(y-x), \quad \therefore g = -\int xe^x dx + C = e^x(1-x) + C$$

(d) 완전 ∵ $\frac{\partial M}{\partial y} = \frac{\partial N}{\partial x} = 6xy^2$

모함수 $f(x,y)$: $f = \int Mdx + g(y) = \frac{2}{5}x^5 + x^2y^3 + g(y)$

$$\frac{\partial f}{\partial y} = 3x^2y^2 + \frac{dg}{dy} = 3y^2(x^2+y^2), \quad \therefore g = \int 3y^4 = \frac{3}{5}y^5 + C$$

1.3 $dV = \left(\frac{\partial V}{\partial r}\right)_h dr + \left(\frac{\partial V}{\partial h}\right)_r dh = 2\pi rhdr + nr^2 dh;\ \frac{\partial^2 V}{\partial h \partial r} = \frac{\partial^2 V}{\partial r \partial h} = 2\pi r$

1.4 (a) $dV = \left(\frac{db}{dT} + \frac{R}{P}\right)dV - \frac{RT}{P^2}dP$ (b) $\frac{\partial^2 V}{\partial P \partial T} = \frac{\partial^2 V}{\partial T \partial P} = -\frac{R}{P^2}$

제2장 열역학 제1법칙

2.1 정압과정으로 경로가 정의되어 있으므로($dP=0$) 경로에 의존하는 q가 ΔH와 같아진다.

2.2 부피가 커지면 입자들 사이의 거리가 멀어진다. 따라서 입자들 간에 인력이 작용하면 부피가 커 질수록 내부 에너지가 커지게 되고, 척력이 작용하면 작아진다. 아무런 작용이 없으면 내부에너지의 변화가 없다.

2.3 일정한 압력하에서 계의 온도를 올릴 때는 부피팽창이 수반되므로 부피가 일정한 경우에 비하여 외부 압력에 대하여 $PV-$일, $P(\partial V/\partial T)_P \Delta T$ 만큼 더 에너지가 더 필요하게 됨. 그래서 이상기체의 경우 $C_P - C_v = P(\partial V/\partial T)_P = R > 0$이 된다.

2.4 (b) (아래 계산 값에서 $R=0.08205$ L−atm/mol)

경로 (i): $w=(1\text{atm})(V_2-V_1)=75.0\text{R}$; $\Delta U = C_V \Delta T = 112.5\ R$; $q = \Delta U + w = 187.5\ R$; $\Delta H = q = 187.5\ R$

경로 (ii): $\Delta U=0$; $q=w=RT_2\ln(V_3/V_2)=(373\ln2)R$; $\Delta H=0$

경로 (iii): $q=0$; $w=-\Delta U=-C_V\Delta T=112.5\ R$; $\Delta H=C_P\Delta T=-187.5\ R$

2.5 $P\Delta V=(1\text{ atm})(1674-1\text{ cm}^3)=40.51$ cal (물 1g의 부피를 1 cm^{3}로 가정)

2.6 (a) $w=P\Delta V=731$ cal; $\Delta U=q-w=9730-731=8999$ cal; $\Delta H=q=9730$ cal

(b) $\Delta U=q=8999$ cal; $\Delta H=q=9730$ cal

(c) $\text{w}=P\Delta V=-0.0395$ cal; $\Delta H=q=1436$ cal; $\Delta U=q-w=1436$ cal

2.7 최종온도 T_f: $-c_V(T_f-T_i)=P_{ex}(V_f-V_i)=P_{ex}(RT_f/P_{ex}-RT_i/P_i)$ $\therefore T_f=235.6\text{K}$; $q=0$; $-\Delta U=w=P_{ex}(RT_f/P_{ex}-RT_i/P_i)=144.0\ R=1.20$ kJ/mol; $\Delta H=\Delta U+\Delta(PV)=-201.6\ \text{R}=-1.68$ kJ/mol

2.8 $\Delta U=-\text{w}$이므로, $c_V(T_f-T_i)=-P_{ex}(V_f-V_i)=-P_{ex}(RT_f/P_{ex}-RT_i/P_i)$. 여기서 $P_{ex}=101.9$ kPa. 팽창 직후 병에 남아있는 기체의 밀도, $n/\text{V}=P/RT$. 그러므로 병 속의 온도가 다시 $T_i(=294.2\text{K})$로 상승했을 때 병 속의 압력 $P=P_{ex}T_i/T_f$. 따라서,

(a) $T_f=271.4$ K, $P=110.5$ kPa (b) $T_f=277.9$ K, $P=107.9$ kPa.

2.9 (a) $w = RT(1-P'/P_1) + RT(1-P_2/P')$ (b) $dw/dP' = 0,\ \therefore P' = \sqrt{P_1P_2}$

(c) $w_{\max} = 2RT(1-\sqrt{P_2/P_1})$

2.10 (a) $P-V$ 면에서 $V=10$ L, $P=10$ atm을 중심으로 하는 반경이 5인 원

(b) $w=$(이 원의 면적)$=25\varpi$ L−atm$=7958$ J$=q$ ∵$\Delta U=0$.

(c) $T_{\max}=(PV)_{\max}/R$; $T_{\min}=(PV)_{\min}/R$. PV 값이 극한값이 되는 점에서는 $\partial(RT)=P\partial V+V\partial P=0$이고, 또한 $2(P-10)$ $P-10)\partial P+2(V-10)\partial V=0$이어야 하므로 이 두식을 만족하는 조건은 $P=V=10\pm5/2^{1/2}$.

$\therefore T_{\max} = (10+5/\sqrt{2})^2/R = 2233$ K; $T_{\min} = (10-5/\sqrt{2})^2/R = 509$ K

제3장 열역학 제2법칙

3.1 (명제 Clausius 선언(=C)과 명제 Kelvin 선언(=K)이 동등함을 증명하는 논리적 방법은 C가 참이 아니면 K가 참이 아니고, K가 참이 아니면 C가 참이 아님을 보이는 것이다.)

(i) C가 참이 아니면, K도 참이 아니다: 우리 열엔진이 높은 온도(T_H) 열원으로부터 q_2 만큼 열을 받아 외부로 $w(=q_2-q_1)$ 만큼 일을 하고 낮은 온도(T_L) 열원(주위)에 q_1 만큼 열을 내어 놓는다고 하자. 만약 C가 참이 아니면, T_L로부터 T_H로 q_1 만큼 열이 저절로 이동할 수 있다. 그러면 알짜 효과는 한 개의 열원 T_H에서 q_2-q_1 만큼이 주위(T_L)에 아무런 흔적도 남기지 않고 저절로 고스란히 일로 변환된 것과 같다. 즉, K가 참이 아니다.

(ii) K가 참이 아니면, C도 참이 아니다: K가 참이 아니면 우리 엔진이 주위(T_L)로부터 열 q_1을 받아 고스란히 일 $w(=q_1)$로 변환할 수 있다. 이 일은 열원 T_H에 저절로 열화 할 수 있다. 그러면 알짜 효과는 다른 곳에 아무런 흔적도 남기지 않고 낮은 온도(T_L)에서 높은 온도(T_H)로 열 q_1이 저절로 전달된 것과 같다. 즉, C가 참이 아니다.

그러므로 $C \equiv K$이다. (Q.E.D.)

3.2 열역학 제1법칙에 의하면,

$$\int dU = \int \delta q_{rev} - \int \delta w_{rev} = 0$$

그러므로 일반적으로

$$\int \delta q_{rev} = \int \delta w_{rev} \nabla \neq 0$$

그러나 높은 온도 열원에서 많은 양의 열을 받고(또는 내어 놓고) 낮은 온도 열원에 적은 양의 열을 내어 놓음으로서 (또는 받음으로서)

$$\int \frac{\delta q_{rev}}{T} = 0$$

이 될 수 있다. (Q.E.D.)

3.3 (a) $\int_{V_1}^{V_2} \delta q_{irr}/T = 0 \quad \because \ \delta q_{irr} = 0$; (b) $\int_{V_1}^{V_2} \delta q_{rev}/T = \int_{V_1}^{V_2} (P/T)\,dV/T = R\ln(V_2/V_1)$

3.4 (a) 가역적으로 열전달을 하는 경우 $\Delta U = \int_{T_1}^{T_f} CdT/T + \int_{T_2}^{T_f} CdT/T = 0$ 이므로 $T_f = \sqrt{T_1\,T_2}$.

(b) 제1법칙에 따라, $w = C\left(T_2 - \sqrt{T_1\,T_2}\right) - C\left(\sqrt{T_1\,T_2} - T_1\right) = C\left(\sqrt{T_2} - \sqrt{T_1}\right)$.

3.5 (a) 냉장고: $\eta_R = |q_c|/|w| = T_c/(T_h - T_c)$; 열펌프: $\eta_P = |q_h|/|w| = T_h/(T_h - T_c)$

(b) $w = q_c/\eta_R = 79.71\ \text{kcal}/(273\ \text{K}/30\ \text{K}) = 8.76\ \text{kcal}$

3.6 (b) 678.6 K

3.7 (a) $w = w_{ab} + w_{cd} = (P_{ab} - P_{cd})(V_b - V_a)$; (b) $T_{cd} > T_{ab}$;

(c) $w = q_{cd}(T_{cd} - T_{ab})/T_{cd}$; (d) $\Delta T/T_{cd}\Delta P = -0.0906\ \text{cm}^3/79.8\ \text{cal} = -2.75 \times 10^{-5}/\text{atm}$ (참고: Clapeyron 식, $\Delta T/\Delta P = \Delta V/\Delta S$. 여기서 ΔS는 엔트로피 변화)

3.8 (a) 1단계: $w=0$(자유팽창), $\Delta U=0$ (이상기체의 경우 $U=U(T)$), $\therefore q=0$; 2단계: $w_{rev}=q_{rev}=-RT\ln 2$, $T=298$ K. 따라서

$$\oint \frac{\delta q}{T} = \int_{1단계} \frac{\delta q}{T} + \int_{2단계} \frac{\delta q}{T} = 0 - R\ln 2 < 0.$$

(b) $\Delta S=-R\ln_2$; (c) $\Delta S=R\ln_2$; (d) $\Delta S=R\ln_2 \neq q/T=0$

3.9 $\Delta S=mgh/T=(1\ \text{kg})(9.80\ \text{m/s}^2)(1\ \text{m})/(273.15\ \text{K})=0.0359\ \text{J/K}$

3.10 수은을 물에 넣을 때 부피 변화는 무시할 수 있다고 가정하고 열역학 1 법칙에 의하여 최종온도를 구하면 $200 \times 0.140 \times (373.15 - T) = 100 \times 4.184(T - 293.15)$이므로 $T=298.17$ K.

(a) $\Delta H_{Hg}=(200\text{ g})(0.140\text{ jg}^{-1}\text{K}^{-1})(-74.98\text{ k})= -2099.4\text{ J}$;

$\Delta S_{Hg}=(200\text{ g})(0.140\text{ jg}^{-1}\text{K}^{-1})\text{In}(298.17\text{ k}/393.15\text{ K})= -6.29\text{ J/K}$;

(b) $\Delta H_{w}=(100\text{ g})(4.184\text{ jg}^{-1}\text{K}^{-1})(5.02\text{ k})=2099.4\text{ J}$;

$\Delta S_{w}=(100\text{ g})(4.184\text{ jg}^{-1}\text{K}^{-1})\text{In}(298.17\text{ k}/293.15\text{ K})=7.08\text{ J/K}$;

(c) $\Delta H= \Delta H_{Hg} + \Delta H_{w}=0$; $\Delta S= \Delta S_{Hg}+ \Delta S_{w}=0.79\text{ J/K}>0$.

제4장 엔트로피의 물리적 의미

4.1 정압조건일 때 $\delta q_{rev}=dH$

4.2 (a) 1 몰이라고 하면, $\Delta S/R = \ln(V_2/V_1)= \Delta\ln\Omega_{conf} < 0$;

(b) $\Delta S/R = \Delta\ln\Omega_{th}+\Delta\ln\Omega_{conf} = C_v\ln(T_2/T_1) + R\ln(V_2/V_1) = 0$

4.3 (a) $\Omega_{200}(100) = \dfrac{200!}{100! \times 100!}$;

(b) 200개를 무작위로 집어 내었을 때 빨간 공을 ν개 뽑고 흰 공을 $(200-\nu)$개 뽑는 방법의 가지 수 $\Omega_{200}(\nu)$는

$$\Omega_{200}(\nu)=\frac{200}{\nu!(200-\nu)!}.$$

빨간 공을 집을 확률을 p, 흰공을 집을 확률을 q라 하면, 이항분포(binomial distribution)에 의하여,

$$(p+q)^{200}=\sum_{\nu=0}^{200}\frac{200!}{\nu!(200-\nu)!}p^{\nu}q^{200-\nu}.$$

이들이 무작위로 섞여 있으므로 $p=q=1/2$. 그러므로

$$\sum_{\nu=0}^{200}\frac{200!}{\nu!(200-\nu)!}=2^{200}.$$

4.4 (a) $q = 1 + e^{-\varepsilon/kT}$; $\lim_{T\to 0} q = 1$, $\lim_{T\to\infty} q = 2$(q는 주어진 온도에서 한 개의 입자가 있을 수 있는 미시상태의 수에 해당).

(b) $P(0) = \dfrac{1}{q}$; $P(\varepsilon) = \dfrac{e^{-\varepsilon/kT}}{q}$

(c) $U = 0 \cdot P(0) + \varepsilon \cdot P(\varepsilon) = \dfrac{\varepsilon}{(1+e^{\varepsilon/kT})}$; $\lim_{T\to 0} U = 0$, $\lim_{T\to\infty} U = \dfrac{\varepsilon}{2}$.

(d) $\dfrac{S}{k} = -[P(0)\ln P(0) + P(\varepsilon)\ln P(\varepsilon)]$

4.5 (a) A와 B 각각 부피가 2배가 된 것과 같으므로, $\Delta S= \Delta S_A+ \Delta S_B=R\ln(2/1)+R\ln(2/1)= R\ln4$

(b) A는 몰당 부피가 1/2에서 2로, B는 몰당 부피가 1에서 2로 된 것과 같으므로, $\Delta S= \Delta S_A+ \Delta S_B=R\ln(2/0.5)+R\ln(2/1)=R\ln8$.

(c) 각 1 몰이었을 때(a): 부피 변화가 없으므로 $\Delta S= \Delta S_A+ \Delta S_B=0+0=0$; 2몰과 1몰이었을 때(b): 전자는 부피가 1/2에서 2/3로 늘고, 후자는 1에서 2/3로는 것과 같으므로, $\Delta S= \Delta S_A+ \Delta S_B=2R\ln(4/3)+R\ln2/3=R\ln(32/27)$

4.6 Ag는 0.185 mol, Au는 0.101 mol. 그러므로 섞임 엔트로피 변화는

$$\Delta S/R=-0.185\ln(0.185/0.286)-0.101\ln(0.101/0.286)=0.186$$

4.7 (i) 배치 엔트로피, (ii)열 엔트로피, (iii) 배치 엔트로피, (iv) 열+배치 엔트로피, (v) 배치 엔트로피

제5장 보조함수

5.1 (a) $\left(\dfrac{\partial H}{\partial V}\right)_T=T\left(\dfrac{\partial S}{\partial V}\right)_T+V\left(\dfrac{\partial P}{\partial V}\right)_T=T\left(\dfrac{\partial P}{\partial T}\right)_V+\dfrac{1}{\frac{1}{V}\left(\frac{\partial V}{\partial P}\right)_T}=-T\dfrac{\left(\frac{\partial V}{\partial T}\right)_P}{\left(\frac{\partial V}{\partial P}\right)_T}+\dfrac{1}{\frac{1}{V}\left(\frac{\partial V}{\partial P}\right)_T}=\dfrac{\alpha T-1}{K_T}$

(b) $\left(\frac{\partial H}{\partial T}\right)_V = T\left(\frac{\partial S}{\partial V}\right)_V + V\left(\frac{\partial P}{\partial T}\right)_V = T\left(\frac{\partial P}{\partial T}\right)_V + V\left[-\frac{\left(\frac{\partial V}{\partial T}\right)_P}{\left(\frac{\partial V}{\partial P}\right)_T}\right] = C_V + \frac{V\alpha}{\kappa_T}$

(c) $\left(\frac{\partial H}{\partial V}\right)_S = T\left(\frac{\partial P}{\partial V}\right)_S = -V\frac{\left(\frac{\partial S}{\partial V}\right)_P}{\left(\frac{\partial S}{\partial P}\right)_V} = -V\frac{\frac{C_P}{T}\left(\frac{\partial T}{\partial V}\right)_P}{\frac{C_V}{T}\left(\frac{\partial T}{\partial P}\right)_V} = -\frac{C_P\alpha^{-1}}{C_V\frac{\kappa_T}{\alpha}} = -\frac{C_P}{C_V\kappa_T}$

(d) $\left(\frac{\partial H}{\partial S}\right)_T = T + V\left(\frac{\partial P}{\partial S}\right)_V = T + TV\left(\frac{\partial P}{C_V\partial T}\right)_V = T + \frac{TV}{C_V}\frac{\alpha}{\kappa_T}$

(e) $\left(\frac{\partial H}{\partial S}\right)_T = T + V\left(\frac{\partial S}{\partial P}\right)_T^{-1} = T - V\left(\frac{\partial V}{\partial T}\right)_P^{-1} = T - \frac{1}{\alpha}$

(f) $\left(\frac{\partial H}{\partial P}\right)_T = T\left(\frac{\partial S}{\partial P}\right)_T + V = -T\left(\frac{\partial V}{\partial T}\right)_P + V = V(-T\alpha + 1)$

(g) $\left(\frac{\partial T}{\partial P}\right)_H = -\frac{\left(\frac{\partial H}{\partial P}\right)_T}{\left(\frac{\partial H}{\partial T}\right)_P} = -\frac{V(1-T\alpha)}{C_P}$

(h) $\left(\frac{\partial T}{\partial P}\right)_S = -\frac{\left(\frac{\partial S}{\partial P}\right)_T}{\left(\frac{\partial S}{\partial T}\right)_P} = -\frac{-\left(\frac{\partial V}{\partial T}\right)_P}{\frac{C_P}{T}} = \frac{\alpha VT}{C_P}$

(i) $\left(\frac{\partial C_P}{\partial P}\right)_T = \frac{\partial^2 H}{\partial P\partial T} = \frac{\partial}{\partial T}\left(\frac{\partial H}{\partial P}\right)_T = \frac{\partial}{\partial T}[V(1-T\alpha)]_P = -TV\left[\alpha^2 + \left(\frac{\partial \alpha}{\partial T}\right)_P\right]$

(j) $\left(\frac{\partial C_V}{\partial V}\right)_T = \frac{\partial^2 U}{\partial P\partial T} = \frac{\partial}{\partial T}\left(\frac{\partial U}{\partial V}\right)_T = \frac{\partial}{\partial T}\left[T\left(\frac{\partial S}{\partial V}\right)_P - P\right]_V = \frac{\partial}{\partial T}\left[T\left(\frac{\partial P}{\partial T}\right)_V - P\right]_V = T\left[\frac{\partial(\alpha/\kappa_T)}{\partial T}\right]_V$

5.2 이상기체의 경우 $\alpha = 1/T$, $R = C_P - C_V$을 윗 식에 대입하고 변수분리하여 적분.

5.3 (a) $\Delta U = 0$; $\Delta H = 0$; $\Delta S = R\ \ln_2$; $\Delta F = \Delta U - T\Delta S = -RT\ \ln_2$; $\Delta G = \Delta H - T\Delta S = -RT\ \ln_2$

(b) $\Delta U = C_V(T_2 - T_1)$; $\Delta H = C_P(T_2 - T_1)$; $\Delta S = S_2 - S_1 = C_P\ln(T_2/T_1) - R\ln(P2/P1)$;

$\Delta F = \Delta U - T_2\Delta S - (T_2 - T_1)S_1$; $\Delta G = \Delta H - T_2\Delta S - (T_2 - T_1)S_1$

(c) $\Delta U = C_V(T_2 - T_1)$; $\Delta H = C_P(T_2 - T_1)$; $\Delta S = S_2 - S_1 = C_P\ln(T_2/T_1)$;

$\Delta F = \Delta U - T_2\Delta S - (T_2 - T_1)S_1$; $\Delta G = \Delta H - T_2\Delta S - (T_2 - T_1)S_1$

(d) $\Delta U = C_V(T_2 - T_1)$; $\Delta H = C_P(T_2 - T_1)$; $\Delta S = S_2 - S_1 = C_V\ln(T_2/T_1)$;

$\Delta F = \Delta U - T_2\Delta S - (T_2 - T_1)S_1$; $\Delta G = \Delta H - T_2\Delta S - (T_2 - T_1)S_1$

5.4 $P = 1000$ atm 일 때도 $\kappa_T P \approx 10^{-3} \ll 1$이므로 $V(=10.28\times10^{-3}$ L/mol)도 압력에 무관한 상수로 간주할 수 있음. 따라서

(a) $\Delta H = \int_1^{1000}\left(\frac{\partial H}{\partial P}\right)_T dp = \int_1^{1000} V(1-\alpha T)dp = 10.21$ L-atm/mol

(b) $\Delta U = \int_1^{1000}\left(\frac{\partial U}{\partial P}\right)_T dp = \int_1^{1000} V(\alpha T + \kappa_T P)dp = 0.0523$ L-atm/mol

(c) $\Delta G = \int_1^{1000}\left(\frac{\partial G}{\partial P}\right)_T dp = \int_1^{1000} Vdp = 10.27$ L-atm/mol

(d) $\Delta F = \int_1^{1000}\left(\frac{\partial F}{\partial P}\right)_T dp = \int_1^{1000} \kappa_T Vpdp = 0.0052$ L-atm/mol

(e) $\Delta S = \int_1^{1000}\left(\frac{\partial S}{\partial P}\right)_T dp = \int_1^{1000} \alpha Vdp = -1.962\times10^{-4}$ L-atm/mol·K

5.5 $q = \Delta H = 296$ cal/g; $\Delta U = \Delta H - P\Delta V = 266$ cal/g; $\Delta S = \Delta H/T = 1.02$ cal/gK; $\Delta F = \Delta U - T\Delta S = -30$ cal/g; $\Delta G = 0$

5.6 (a) $G_B - G_A = \int_A^B \left(\frac{\partial G}{\partial P}\right)_T dP = \int_A^B VdP$; $F_B - F_A = \int_A^B \left(\frac{\partial F}{\partial V}\right)_T dV = -\int_A^B PdV$;

(b) $(G_B - G_A) - (F_B - F_A) = \int_A^B VdP + \int_A^B PdV = \int_A^B d(PV) = P_B V_B - P_A V_A$

(c) $G - F = (U + PV - TS) - (U - TS) = PV$. $\therefore \Delta G - \Delta F = \Delta PV$

(d) 그림으로 부터,

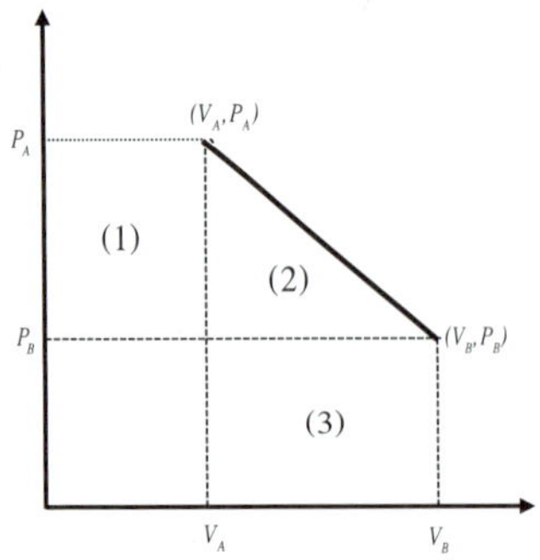

$$\begin{aligned}\Delta G - \Delta F &= -[(1)+(2)]+[(2)+(3)] = -(1)+(2)\\ &= -[(P_A + P_B)V_A] + P_B(V_B + V_A)\\ &= -P_B V_B - P_A V_A\end{aligned}$$

제6장 열용량

6.1 (a) $q = 1 + e^{-\beta\varepsilon}$ (b) $U = <\varepsilon> = \dfrac{\varepsilon e^{-\beta\varepsilon}}{1 + e^{-\beta\varepsilon}}$ (c) $C_V = -\dfrac{1}{kT^2}\dfrac{\partial U}{\partial \beta} = k\left(\dfrac{\varepsilon}{kT}\right)^2 \dfrac{e^{-\varepsilon/kT}}{(1 + e^{-\varepsilon/kT})^2}$

(d) $\lim_{T\to\infty} C_V = k$; $\lim_{T\to 0} C_V = 0$

6.2 $S_{368.5}$(monoclinic)$-S_0$(rhombic)$=(8.810\pm0.05)+(0.261\pm0.002)=9.07\pm0.05$ cal/mol-K;

$S_{368.5}$(monoclinic)$-S_0$(monoclinic)$=9.04\pm0.10$ cal/mol-K. 이들이 실험오차 범위에서 서로 같으므로,

S_0(monoclinic)$=S_0$(rhombic). $\therefore S_0$(rhombic)$=0$면, S_0(monoclinic)$=0$.

6.3 $\lim_{T\to0}\left(\dfrac{\partial V}{\partial T}\right)_P = \lim_{T\to0}\left(-\dfrac{\partial S}{\partial P}\right)_T = 0$ (i.e., $\alpha\to0$); $\lim_{T\to0}\left(\dfrac{\partial P}{\partial T}\right)_V = \lim_{T\to0}\left(\dfrac{\partial S}{\partial V}\right)_T = 0$ (i.e., $\alpha\to0$)

6.4 (a) −20°C에서 물이 저절로 얼 때 주위의 엔트로피 변화를 구하기 위해서는 이 때 물이 얼면서 주위로 방출하는 열, 즉 −20°C에서의 ~~표준용융~~엔탈피를 알아야 함. 이 엔탈피를 $\Delta H^{\circ}_{f,253}$라 하면, 엔탈피가 상태함수이므로

$$\Delta H^{\circ}_{f,253} = \int_{253}^{273} C^{\circ}_{p,ice}dT + \Delta H^{\circ}_{f,253} + \int_{253}^{273} C^{\circ}_{p,water}dT = 70 \text{ cal/g}$$

$$\therefore \Delta S_{surr} = (1000 \text{ g})\,\Delta H^{\circ}_{f,253}/253 \text{ K} = 277 \text{ cal/K}$$

계의 엔트로피는 상태함수이므로 가역경로를 따라,

$$\Delta S_{sys} = \left(1 \ \text{In}\frac{273}{253} - \frac{80}{273} + 0.5 \ \text{In}\frac{253}{273}\right)\times1000 = -255 \text{ cal/K}$$

따라서 전체엔트로피 변화, $\Delta S_{sys+surr} = 22$ cal/K.

(b) $w_{ex} \leq -\Delta G)_{T,P} = -(\Delta H - T\Delta S) = 5485$ cal

6.5 (a) $\Delta H^0 = 66,752$ J/mol (b) $\Delta S^0 = 157$ J/mol·K

6.6 $\Delta H^o_{rxn} = -402.7$ kcal/mol; $\Delta S^o_{rxn} = -77.9$ kcal/mol·K; $\Delta G^o_{rxn} = -270.3$ kcal/mol

6.7 (a) 단열통 안에서 495 K의 액상주석이 분율 x만큼 고화하고 그 때 나온 잠열로 x만큼의 고체와 $(1-x)$ 만큼의 액체를 두 상이 공존하는 온도인 505 K 까지 올린 과정이므로 에너지 보존법칙에 의하여, $x=0.0426$ (참고: 495 K에서 ~~용융~~엔탈피는 7084 J);

(b) 단열통안에서 일어나는 일이므로 주위의 엔트로피 변화는 없고 계만의 엔트로피 변화만 있으며, 엔트로피가 상

태함수이므로 초기상태 (1 액체; 495 K)에서 최종상태 (x고상+$(1-x)$액상; 505 K)까지의 엔트로피 변화를 계산하면 $\Delta S = 0.0056$ J/K

6.8 $\Delta H \approx V(1-\alpha T)\Delta P = C_P \Delta T$이므로 $T_f = 327$ K; $\Delta S \approx -\alpha V \Delta P = C_P \ln(T_f/298)$로부터 $T_f = 297.6$K.

6.9 압력 P가 일정한 단열통 안에서 반응이 일어나는 경우, $q=0$이고 $w = P\Delta V$이므로 열역학 1법칙에 의하여 $\Delta U = q - P\Delta V$, 즉 $\Delta(U+PV) = \Delta H = 0$인 과정이다. 따라서:

(a) 표에 주어진 엔탈피 데이터에 의하면, 298.15K 초기의 전체 엔탈피는 $\sum n_i H_i$(reactants)$=-1281.794$ kJ. 표에 주어진 고온에서의 엔탈피 값을 이용하여 반응생성물의 엔탈피를 같은 방법으로 각각 구해 보면: 1400K 때 $\sum n_i H_i = -1386.948$ kJ; 1500K 때 $\sum n_i H_i = -1334.306$ kJ; 1600K 때 $\sum n_i H_i = -1281.087$ kJ; 2000K 때 $\sum n_i H_i = -1063.451$ kJ. 초기 엔탈피 값과 동일한 값을 가지는 온도를 찾기 위하여 내삽하면 $T_f = 1597$K. ($\sum n_i H_i$ 값을 T에 대하여 그리고 직선회귀법으로 내삽)

(b) 초기에 가열된 공기를 주입했으므로 초기 엔탈피 값은 $\sum n_i H_i$(reactants)$=-1281.794 +175.584 = -1106.210$ kJ. 이 값과 동일한 값을 갖는 반응생성물의 온도를 위와 같이 내삽해서 찾으면 $T_f = 1922$K.

제7장 1성분계의 상평형

7.1 (a) 증기상(v)과 응집상(c) 간 평형 조건은 $d\mu_v = d\mu_c$. 이상기체의 경우, 모든 기체는 다른 모든 기체에 대하여 없는 것과 같으므로, $d\mu_v = -s_v dT + v_v dp$. 그러나 순수한 응집상의 경우는 그 화학포텐셜이 온도와 전체압력 P(증기압+불활성기체에 의한 압력)에 의하여 결정되므로, $d\mu_c = -s_c dT + v_c dP$. 그러므로,

$$-s_v dT + v_v dp = -s_c dT + v_c dP$$

따라서 T가 일정한 경우: $\left(\frac{\partial P}{\partial P}\right)_T = \frac{V_C}{V_V} \approx \frac{V_C}{RT_V/p}$, 즉$\left(\frac{\partial \ln P}{\partial P}\right)_T \approx \frac{V_C}{RT}$

전체압력 P가 일정한 경우: $\left(\frac{\partial P}{\partial T}\right)_P = \frac{S_V - S_C}{V_V} \approx \frac{\Delta h_{vap}}{(RT/p)T}$, 즉$\left(\frac{\partial \ln P}{\partial T}\right)_T \approx \frac{\Delta h_{vap}}{RT^2}$

(b) $\left(\frac{\partial \mu_c}{\partial P}\right)_T = v_c > 0$

7.2 3169.5 Pa (0.071% 증가)

7.3 언 물 (얼음)로부터 승화 건조

7.4 (a) $\Delta G(298\text{K}) = \Delta H - T\Delta S = 2.898$ kJ/mol. (b) $\Delta G > 0$이므로 흑연. (c) $\Delta G_{dia} = V_{dia}\Delta P = 346.4$ J/mol. (d) 14,928 atm ($\approx$15,000 atm). (e) $(\partial \Delta G/\partial T)_P = -\Delta S$로 부터, $\Delta G(900\text{K}) = 4.921$ kJ/mol.

7.5 1202 K (실제는 1180 K)

7.6 Clausius−Clapeyron 식으로부터 평형증기압이 2 atm일 때의 평형온도는 458.6 K. 이상기체 법칙법칙부터 기상에 있는 몰분률은 온도를 올리기 전 0.0406, 올린 후 0.0532.

7.7 (a) 194.6 K. (b) $\Delta H_{sub} \approx \Delta H_m + \Delta H_{vap}$이므로, $\Delta H_{vap} \approx 2114\ R$. $p = 73.2$ atm. (c) 1 atm 하에서는 ice가 녹을 때 액체가 생기지 않으므로. (d) 73.2 atm (25°C에서 CO_2 액체와 기체가 공존할 때 평형 압력은 실제 67 기압)

7.8

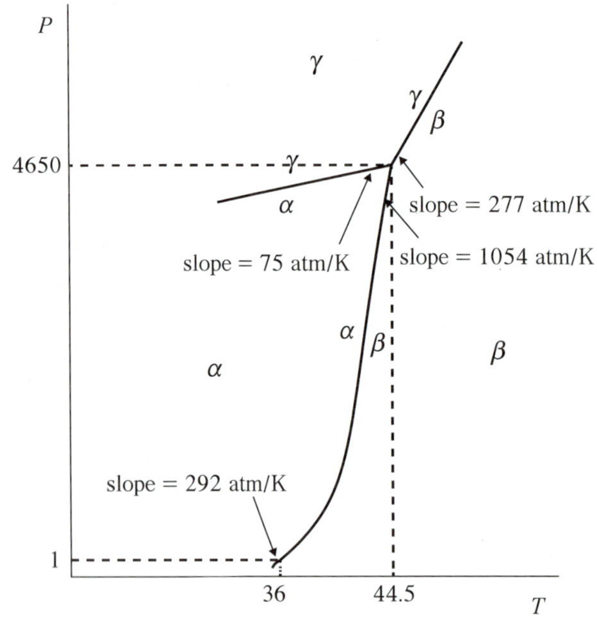

7.9 909.2℃

제8장 혼합기체

8.1 기체 분자 자체의 부피와 분자들 간의 인력

8.2 (a) $Z=Z(T,V)$로 나타내는 방법: $x<1$일 때 $1/(1-x)=1+x+x^2+x^3+....$이므로

$$Z=\frac{PV}{RT}=\frac{1}{(1-b/V)}-\frac{a}{RT}\cdot\frac{1}{V}=1+\left(b-\frac{a}{RT}\right)\frac{1}{V}+\left(\frac{b}{V}\right)^2+\left(\frac{b}{V}\right)^3+....$$

(b) $Z=Z(T,P)$로 나타내는 방법: Z의 P에 관한 다항식, $Z=\sum_{n=0} A_nP^n$이 윗 식에 $1/V=P/ZRT$를 대입한 식과 같아야 하므로,

$$Z=A_0+A_1P+A_2P^2+A_3P^3....=1+\left(b-\frac{a}{RT}\right)\frac{P}{ZRT}+b^2\left(\frac{P}{ZRT}\right)^2+b^2\left(\frac{P}{ZRT}\right)^3+....$$

$P=0$을 양변에 대입하고 비교하면, $A_0=1$.

양변에서 $1(=A_0)$을 제거하고 P로 양변을 나누면,

$$A_1+A_2P+....=\frac{1}{ZRT}\left(b-\frac{a}{RT}\right)+b^2\left(\frac{1}{ZRT}\right)P+....$$

양변에 $P=0$를 대입하면, $\lim_{P\to0}Z=1$이므로, $A_1=\frac{1}{RT}\left(b-\frac{a}{RT}\right)$.

윗 식에 A_1을 대입하고 오른 쪽으로 이항하고 양변을 P로 나누면,

$$A_2+A_3P+....=A_1\left(\frac{1-Z}{ZP}\right)+b^2\left(\frac{1}{ZRT}\right)^2+b^3\left(\frac{1}{ZRT}\right)^3P+...$$

$Z(T,P)$ 다항식으로부터 $\lim_{P\to0}\frac{Z-1}{P}=A_1$임을 알고, 윗식에 $P=0$를 대입하면,

$$A_2=-A_1^2+\left(\frac{b}{RT}\right)^2=\left(2b-\frac{a}{RT}\right)\frac{a}{(RT)^3}$$

이런 과정을 반복해서 나머지 계수들도 구한다.

8.3 $(\mu - \mu^{o})/RT = \ln P$

8.4 $\Delta S = \int_{1L}^{2L} \left(\frac{\partial S}{\partial V}\right)_T dV = \int_{1L}^{2L} \left(\frac{\partial P}{\partial T}\right)_V dV = 0.71R;$

$\Delta G = \int_{1L}^{2L} \left(\frac{\partial G}{\partial V}\right)_T dV = \int_{1L}^{2L} V\left(\frac{\partial P}{\partial V}\right)_T dV = -22.73 \text{ L·atm/mol}$

8.5 (a) $x=1/2$. (b) $\Delta\bar{G}_A^M = -RT\ln 2 = \Delta\bar{G}_B^M$. (c) $P=2$ atm. (d) $\Delta\bar{G}_A^M = 0 = \Delta\bar{G}_B^M$

8.6 (a) $\Delta G^M = RT\left(\frac{4}{12}\ln\frac{4}{12} + \frac{n}{12}\ln\frac{n}{12} + \frac{8-n}{12}\ln\frac{8-n}{12}\right)$. (b) $n=4$. (c) $\Delta G^M = -(300\ \ln 3)R$

8.7 (a) $\Delta S^M = x_{Ar}\Delta\bar{S}_{Ar}^M + x_{Ne}\Delta\bar{S}_{Ne}^M = -R(x_{Ar}\ \text{In}\ x_{Ar} + x_{Ar}\ \text{In}\ x_{Ar})$이므로, $x_{Ar}=0.5$일 때 $\Delta\bar{S}_{Ar}^M = -R\ \text{In}\ 0.5. = 5.76$ J/mol-K

(b) $\bar{S}_{Ar}^M = S_{298}^o(Ar) + \Delta\bar{S}_{Ar}^M = 154.72 + 5.76 = 160.48$ J/mol·K

(c)

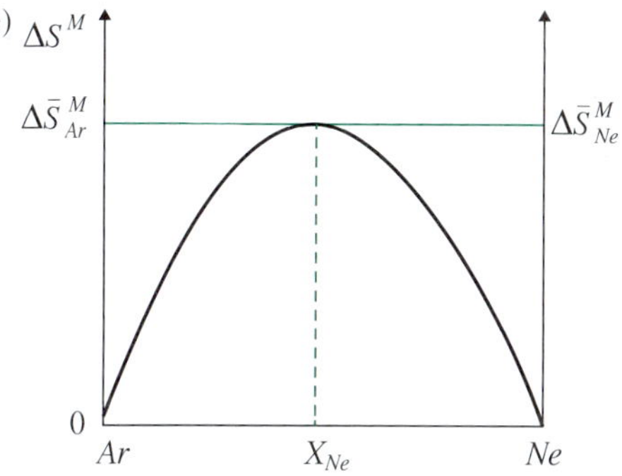

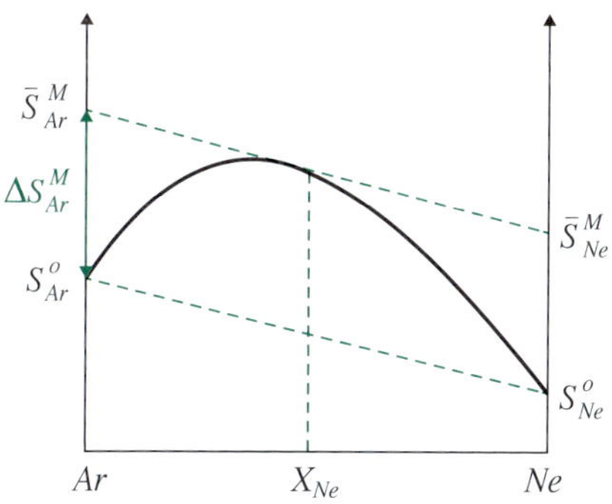

제9장 용액열역학

9.1 0.467 atm

9.2 $RT\ln\gamma_{Cu} = -38.300x_{Zn}^2$(Gibbs−Duhem식을 적분하여 얻어 보라.)

9.3 $a_{Bi}=0.444$

9.4 (a) $\bar{V}_A^M = V_m - x_B\frac{dV_m}{dx_B} = 100 + 2.5x_B^2;\ \bar{V}_B^M = V_m - x_A\frac{dV_m}{dx_A} = 80 + 2.5x_A^2$

(b) $\Delta V^M = 2.5x_A x_B$

9.5 1173K 에서 $MgCl_2(=A)$은 액상이고 $MgF_2(=B)$은 고상이므로 이 자연표준상태에 대한 액상용액의 상대적 몰당쉬임자유에너지 ΔG^M(1173 K)은

$$\Delta G^M(1173\text{ K}) = \Delta G^M + \Delta G_{m,B}^o.$$

B의 최대 용해도는 순수한 고상 B와 평형을 이루고 있는 액상용액에 해당하므로

$$\Delta\overline{G}_B^M = \mu_{B,l} - \mu_{B,s}^\circ = \Delta G^M(1173\text{ K}) - \frac{d\Delta G^M(1173\text{ K})}{dx_A}x_A = 0.$$

따라서 최대용해도 $x_B=0.507$.

9.6 (a) $x_{\text{Mg}}=0.5$인 용액 2 몰을 만들 때 나오는 섞임열에 의하여 용액의 온도가 올라 갔으므로

$$-2\Delta H^M = 2C_p\Delta T.\ \therefore \Delta T = 121\text{ K}$$

(b) $\Delta S = 2\,\Delta S^M + 2C_{\text{P}}\ln(1121/1000) = 3.50\text{ cal/K}$.

9.7 $\Delta T = 2.37\text{K}$

9.8 $\overline{G}_{Fe}^{M,xs} = \alpha x_{Ni}^2 = -870\text{ J/mol}$

9.9 (a) 고상 Ni 0.1몰과 액상 Cu 0.9몰을 섞을 때 엔탈피 변화로서

$$\Delta H^M = 0.1\,\Delta H_{m,\,Ni}^\circ(1500\text{ K}) = 1{,}606\text{ J}$$

(b) 주위의 엔트로피 변화: $\Delta S_{sur}=-1.07$ J/K; 계의 엔트로피 변화: $\Delta S_{sys}=11.94$ J/K

9.10 (a) 정규용액의 경우 $\Delta G^M = \Delta G^{M,\,id} + \alpha x_A x_B$이므로, $\Delta V^M = \frac{\partial\Delta G^M}{\partial P} = \frac{\partial\alpha}{\partial P}x_A x_B = \beta x_A x_B$. $\therefore \alpha = \alpha_o + \beta\text{P}$. 따라서,

$T_{cr} = \frac{\alpha_o + \beta\text{P}}{2R}$

(b) $\partial T_{cr} / \partial P = \beta / 2R$

제10장 2성분계 섞임자유에너지 대 조성 그림

10.1

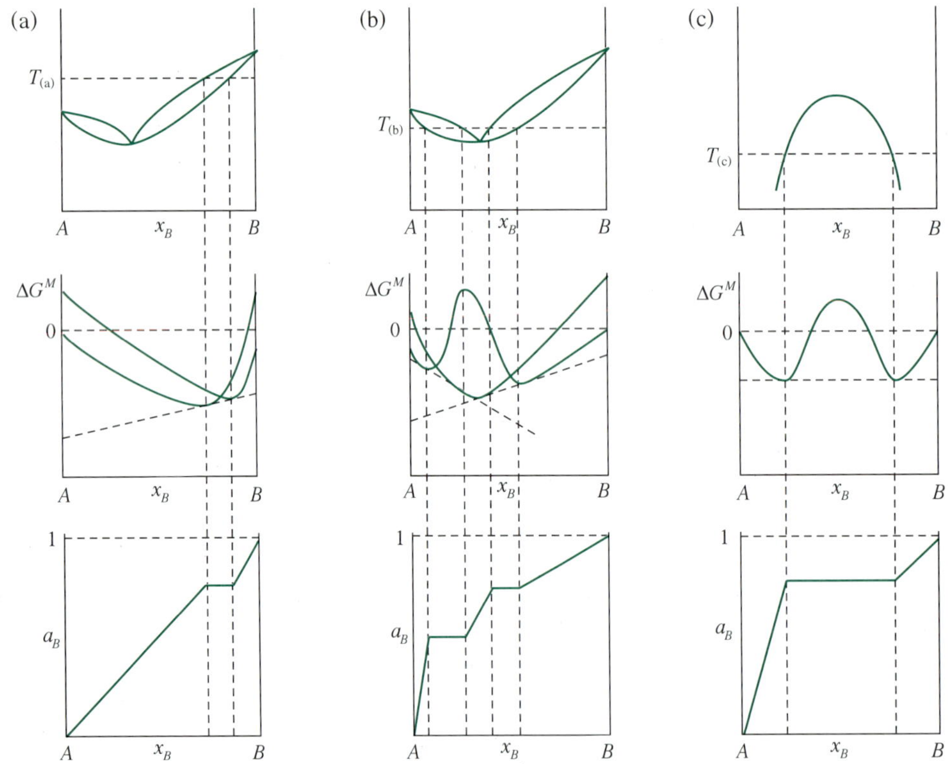

10.2 (a) $\Delta\overline{G}_B^M = \Delta G^M - x_A(d\Delta G^M/dx_A)$로부터, $a_{B,l} = x_B e^{1.684x_A^2}$

(b,c) $\mu_B - \mu_{B,l}^\circ = a_{B,l} = x_B e^{1.684x_A^2}$; $\mu_B - \mu_{B,s}^* = RT\ln a_{B,s}$. $\therefore a_{B,s} = a_{B,l}exp\frac{\Delta G_{M,B}^o}{RT} = 0.786\cdot a_{B,l}$

10.3 질량보존 법칙 또는 지렛대 법칙에 의하여 평균조성 c에 해당하는 기계적혼합체의 상대적 섞임자유에너지는

$$\Delta G_C^M = \frac{(x_b - x_c)\,\Delta G_A^M + (x_c - x_a)\,\Delta G_B^M}{x_b - x_a}$$

이고, 선분 ab의 직선식에 의하여 점 c에 해당하는 ΔG^M 값.

10.4 (b) $T_{m,A}=1443$ K; $T_{m,B}=722$ K. (c) $T_E=577$ K. (d) $x_B=0.778$. (e) 양으로.

10.5 (a) $\Delta G^M=-11{,}140$ J/mol. (b) $\Delta G^M=0$.

10.6 MgO에서 CaO의 포화용해도 $x_{caO}=0.066$; CaO에서 MgO의 포화용해도 $x_{MgO}=0.15$.

10.7 (a) 2418 K. (b) $x_A=0.62$. (c) 2444 K. (d) $x_A=0.38$

10.8 (a) 고상 Fe를 기준으로 삼을 때, $x_{Cu}=0.05$인 고상용액의 Fe의 활동도는 이상용액으로 가정하므로 $a_{Fe}=0.95$. 액체상태를 기준으로 하나 고체상태를 기준으로 하나 $x_{Cu}=0.12$인 액상용액 중 Fe의 화학포텐셜은 동일하므로

$$\mu_{Fe}=\mu^o_{Fe,s}+RT\ \mathrm{In}\ 0.95=\mu^o_{Fe,l}+RT\ \mathrm{In}\ a_{Fe,l}.\ \therefore a_{Fe,l}=0.95exp\frac{\Delta G^o_{m,Fe}}{RT}=0.919$$

(b) $a_{Fe,s}=0.95$.

제11장 기체끼리의 화학반응

11.1 $\Delta H^o=888\ R=7.38$ kJ

11.2 (a) 1428 K. (b) 164 atm.

11.3 (a) 본디 1 mol NH_3가 ξ몰 만큼 분해했다고 하면, 반응평형이 이루어 진 후 전체 몰수는 $(1+\xi)$이고 전체압력이 $P=1$ atm이므로: $K_p=\sum x_i^{\nu i}P^{\Delta\nu}$로 부터 $\xi=0.9907$. 따라서, $P_{N_2}=0.2488$ atm; $P_{H_2}=0.7465$ atm; $P_{NH_3}=0.0047$ atm. (b) 반응평형이 이루어 지면 전체 몰 수가 $(1+\xi)$로 증가하므로 부피가 일정하게 유지되는 경우에는 전체 압력이 $P'=(1+\xi)P=(1+\xi)$ atm으로 증가. 따라서 $K_p=\sum x_i^{\nu i}P'^{\Delta\nu}$로부터 $\xi=0.9818$. $\therefore P_{N_2}=0.4909$ atm; $P_{H_2}=1.4727$ atm; $P_{NH_3}=0.0182$ atm.

11.4 $x_{H2}=0.198$, $x_{CO_2}=0.198$, $x_{CO}=0.552$, $x_{H_2O}=0.052$.

11.5 $CO_2/H_2=1.276$

11.6 (a) $P_{N_2}=1.05\times10^{-8}$ atm, $P_{O_2}=0.0756$ atm. (b) $P_{H_2}=3.31\times10^{-8}$ atm, $P_{O_2}=0.756$ atm.

제12장 응집상과 기상 간의 화학반응

12.1 (a) $P_{O_2}=1.12\times10^{-16}$ atm. (b) $\left(\frac{\partial\ \mathrm{In}\ P_{O_2}}{\partial(1/T)}\right)=2\,\Delta H^o<0$이므로 온도가 낮아질수록 산소분압이 적어진다. 온도가 너무 낮으면 동력학직 이유로 열역학적 평형이 쉬 이루어 지지 못함. (c) $\left(\frac{\partial\ \mathrm{In}\ P_{O_2}}{\partial P}\right)=\frac{\Delta V^o}{RT}>0$, 즉 전체압력 P가 커질수록 반응이 오른 쪽으로 촉진되어 산소분압이 낮아 진다.

12.2 (a) $\ln K_{eq}$을 1/T에 직선맞춤하여, $K_{eq}=3026$; $\Delta H^o=-49.91$ kJ; $\Delta G^o=-66.64$ kJ. (b) 평형일 때 $K_{eq}=P_{CO_2}/P_{CO}=3026$. 현재 $Q_a=P_{CO_2}/P_{CO}=3<K_{eq}$ 이므로 NiO가 환원.

12.3 (a) $P_{SiO}=8.14\times10^{-8}$ atm. (b) $\Delta H^o=6.395\times105$ J; $\Delta S^o=309.9$ J/K. (c) $P_{O_2}=10^{-32}$ atm.

12.4 (a) $2H_2O_{(g)}+Si_{(s)}=SiO_{2(s)}+2H_{2(g)}$. (b) $K_{eq}=2.88\times10^{13}$. (c) <0.19 ppm

12.5

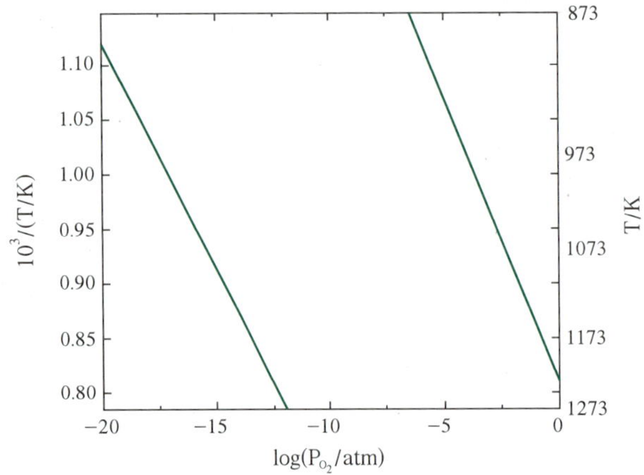

12.6 973 K에서 CoO/Co_3O_4 평형산소분압은 6.26×10^{-5} atm; CoO/Co 평형산소분압은 1.88×10^{-18} atm; $CO/CO_2=1:1$ 혼합기체의 산소분압은 1.12×10^{-21} atm. 그러므로 CoO가 Co로 환원됨.

12.7 $\Delta H_f^o=\left(\dfrac{\partial(\Delta G_f^o/T)}{\partial(1/T)}\right)\approx\dfrac{\Delta(R\ \text{In}\ P1/2_{Cl_2})}{\partial(1/T)}=-37.215$ kJ/mol

12.8 ΔG^o식을 위에서부터 차례대로 (i), (ii), (iii)이라 하면, (i) $Mg_{(s)}$, (ii) $Mg_{(v)}$, (iii) $Mg_{(l)}$; $T_m=928$ K, $\Delta H_m=8.67$ kJ/mol, $\Delta S_m=9.34$ J/mol-K; $T_b=1372$ K, $\Delta H_b=133.92$ kJ/mol, $\Delta S_b=97.62$ J/mol-K.

12.9 (a) $\Delta H^o=\left(\dfrac{\partial(\Delta G^o/T)}{\partial(1/T)}\right)\approx-R\dfrac{\partial\text{ln}\ P_{CO_2}}{\partial(1/T)}=1.666\times10^5$ J/mol.

(b) $\Delta S^o=\dfrac{\partial(RT\ \text{ln}\ P_{CO_2})}{\partial T}=142.6$ J/mol-K. $\Delta G^o=\Delta H^o-T\Delta S^o=0$이 되면 $P_{CO_2}=1$ atm이 되므로, $T=1168$ K.

(c) $P_{CO_2}=\exp\left(-\dfrac{\Delta G^o}{RT}\right)=\dfrac{(1/100)RT}{V}$ 를 만족하는 온도이므로, $T=1165$ K.

(d) 이상기체 법칙에 의하여, $P=1.23$ atm.

제13장 열역학의 응용: 몇 가지 예

13.1 (a) $\Delta G=\sum_i \nu_i\mu_i=\sum_i \nu_i(\mu_i^o+RT\ \text{In}\ a_i)=\Delta G^o+RT\ \text{In}\ Q_a$

(b) 반응물과 생성물 모두 표준상태에 있을 때($a_i=1$) 반응물과 생성물의 상대적 안정성의 척도.

(c) 반응물과 생성물이 임의의 상태에 있을 때($a_i\neq1$) 생성물과 반응물의 상대적 안정성의 척도.

(d) 반응평형상수 K_p는 $\Delta G=0$ 즉 평형일 때의 활동도 비(activity quotient), $Q_a=K_p=\exp\left(-\dfrac{\Delta G^o}{RT}\right)$

(e) $\Delta G^o<0$이면 반응은 앞으로 진행(산화); $\Delta G^o>0$이면 뒤로 진행(환원); $\Delta G^o=0$이면 순수한 Mn/1 atm 산소/순수한 MnO가 열역학적 평형을 이룸.

(f) 2성분계 정규용액의 경우 $a_i=N_ie^{\alpha'(1-N_i)^2}$ (식 (10.25))이므로,

Mn의 산화반응 평형상수: $K_{Mn/MnO}=\dfrac{a_{MnO}}{a_{Mn}a_{O_2}^{1/2}}=\dfrac{N_{MnO}}{(N_{Mn}e^{\alpha'N_{Fe}^2})a_{O_2}^{1/2}}$ (i)

Fe의 산화반응 평형상수: $K_{Fe/FeO}=\dfrac{a_{FeO}}{a_{Fe}a_{O_2}^{1/2}}=\dfrac{N_{FeO}}{(N_{Fe}e^{\alpha'N_{Mn}^2})a_{O_2}^{1/2}}$ (ii)

금속용액의 조성, $N_{Mn}+M_{Fe}=1$. (iii)

산화물용액의 조성, $N_{MnO}+M_{FeO}=1$. (iv)

식 (i)–(iv)로 부터, $N_{Mn}(=1-N_{Fe})$와 $N_{MnO}(=1-N_{FeO})$를 온도와 산소기체 활동도의 함수로 계산할수 있음.

13.2 고상합금의 조성을 A_xB_{1-x}, 산화물고용체의 조성을 $(AO)_y(BO)_{1-y}$라 하면, $x=0.294$, $y=0.929$.

13.3 $a_{PbO}=0.500$

13.4 (a) 500°C에서 A/AB 평형상태 때 B의 평형증기압이 331°C 때의 포화증기압에 해당하므로, 그 포화증기압을 구하면 $P_B(604\ \text{K})=2.167\times10^{-5}$ atm. 500°C때 표준상태 B의 평형증기압 $P_B^o(773\ \text{K})=3.139\times10^{-3}$ atm. 따라서 A/AB 평형상태에서 B의 활동도 $a_B=P_B/P_B^o=6.903\times10^{-3}$. ΔG^M vs. x_B 그림의 기하관계에 의하여, $\Delta G^o_{f,AB}=2\Delta G^M_{AB}=\Delta \overline{G}^M_B=RT\ \ln a_B=-31{,}978$ J/mol.

(b) $A+B=AB$ 반응의 평형상수가 1이 되는 상황이므로 반응물질 모두가 표준상태에 있어 $a_A=a_B=a_{AB}=1$인 경우.

(c)

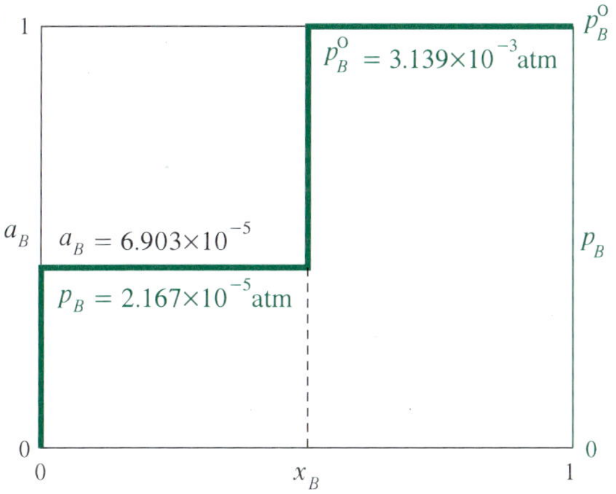

(d) $a_A a_B = e^{\Delta G^o_{f,AB}/RT} = 0.0069$

13.5 (a) 압력이 일정한 계이므로, (i) $F=2$ (단일상 영역); (ii) $F=1$ (두 상 영역); (iii) $F=0$ (삼 상 영역)

(b)

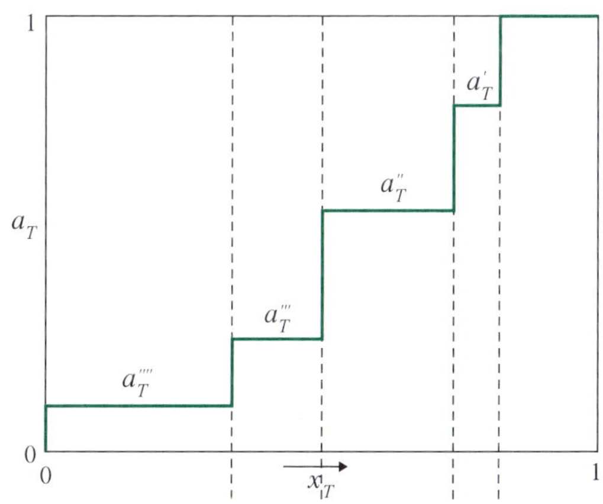

(c)

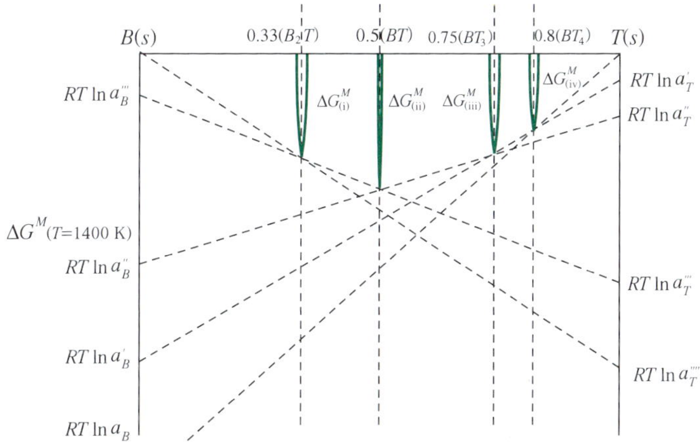

(d) 표의 열역학 데이터로부터

$$2B+T=B_2T,\ \Delta G^o_{f,B_2T}=-206.85\ \text{kJ/mol};\ B+T=BT,\ \Delta G^o_{f,BT}=-147.05\ \text{kJ/mol}$$

그러므로 이 두 화합물의 상대적 몰당섞임자유에너지는 각 각,

$$\Delta G^M_{B_2T}=\frac{1}{3}\Delta G^o_{f,B_2T}=-68.951\ \text{kJ/mol};\ \Delta G^M_{BT}=\frac{1}{2}\Delta G^o_{f,BT}=-73.524\ \text{kJ/mol.}$$

ΔG^M vs. x_T 그림에서 기하학적 관계로부터, 이들 두 용액(화합물)의 ΔG^M을 지나는 공통접선식을 구하여 양 조성축과 만나는 절편을 구하면 그들이 각각 $\Delta \overline{G}^M_B=RT\ \text{In}\ a_B=-59.805$ J/mol; $\Delta \overline{G}^M_T=RT\ \text{In}\ a_T=-87.243$ J/mol이므로,

$$a_B=5.869\times10^{-3};\ a_T=5.557\times10^{-4}$$

13.6 Te와 TeO_2가 평형을 이루고 있을 때 Te에 용해되어 있는 산소의 몰분률이 $x_O=2.04\times10^{-4}\ll1$. 이 때 Te의 활동도는 Raoult의 법칙에 의하여 $a_{Te}=x_{Te}=1-x_O\approx1.00$.

$Te+O_2=TeO_2$ 반응의 평형상수 $K=\exp(-\Delta G^o/RT)=1.612\times10^{13}$이고, $K=a_{TeO_2}/a_{Te}P_{O_2}\approx1/P_{O_2}$이므로, 이 때 평형산소분압 $P_{O_2}=6.20\times10^{-14}$ atm. 이 산소분압일 때 평형용해도가 $x_O=2.04\times10^{-4}(=204$ ppm). 평형반응 $O_2/2=O(\text{in Te})$에 대하여 평형용해도 $x_O=KP_{O_2}^{1/2}$ (Sivert's law)이므로,

$$k=819.0\ \text{몰분률/atm}^{1/2}.$$

그러므로, $P_{O_2}=10^{-20}$ atm 때 평형용해도 $x_O=kP_{O_2}^{1/2}=8.19\times10^{-8}$ (=0.0819 ppm).

13.7 (a) $a_{Fe}=0.0671$. (b) $a_{FeO}=0.791$.

찾아보기

ㅈ

ㅊ

ㅋ

ㅌ

H

J

K

L

M

N

P

R

S

T

V

W

인명